U0272958

内容简介

　　本教材分为 17 个项目，每个项目下设 1～4 个典型任务，共计 41 个典型任务。项目一至项目二属于基本技能部分，主要讲述植物病害诊断技术和植物害虫识别技术；项目三至项目八属于职业技能部分，主要介绍了植物病虫害标本的采集制作与保存、植物病虫害田间调查和预测预报、植物病虫害综合治理、农药使用技术、农田杂草防除技术以及地下害虫防治技术；项目九至项目十七属于专业技能部分，主要介绍了重要农作物包括水稻、小麦、玉米、马铃薯、大豆、棉花、甘薯、烟草、糖料作物、蔬菜、果树的病虫害防治技术。教材体例新颖、层次清晰，深入浅出，实用性、针对性和可操作性强，突出了农业职业综合能力培养的目标。

　　本教材是高等职业教育农业农村部"十三五"规划教材，适用于高等职业院校植物生产类专业，也可供农业职业技能鉴定和科技工作者参考使用。

高等职业教育农业农村部"十三五"规划教材

作物病虫害防治

胡志凤　周　英　主编

中国农业出版社

北　京

图书在版编目（CIP）数据

作物病虫害防治／胡志凤，周英主编 . —北京：
中国农业出版社，2023.3
高等职业教育农业农村部"十三五"规划教材
ISBN 978-7-109-30264-8

Ⅰ.①作…　Ⅱ.①胡…　②周…　Ⅲ.①作物－病虫害
防治－高等职业教育－教材　Ⅳ.①S435

中国版本图书馆 CIP 数据核字（2022）第 223763 号

作物病虫害防治
ZUOWU BINGCHONGHAI FANGZHI

中国农业出版社出版

地址：北京市朝阳区麦子店街 18 号楼
邮编：100125
责任编辑：吴 凯　文字编辑：刘 佳
版式设计：杨 婧　责任校对：刘丽香
印刷：北京通州皇家印刷厂
版次：2023 年 3 月第 1 版
印次：2023 年 3 月北京第 1 次印刷
发行：新华书店北京发行所
开本：787mm×1092mm　1/16
印张：21.75
字数：530 千字
定价：53.00 元

　　本教材根据《教育部关于深化职业教育教学改革全面提高人才培养质量的若干意见》（教职成〔2015〕6号）、《教育部关于全面提高高等教育质量的若干意见》（教高〔2012〕4号）等文件精神，全面贯彻落实《国家中长期教育改革和发展规划纲要（2010—2020年)》和《国务院关于加快发展现代职业教育的决定》（国发〔2014〕19号）的有关要求，在中国农业出版社的组织下编写，主要作为高等职业院校植物生产类专业，尤其是现代农业技术、作物生产与经营、植物保护与检疫技术专业学生的教材。本教材注重理论知识和实践操作的深度融合，以培养学生专业技能为主线，以"基础知识够用、专业知识适用"为原则，突出专业知识的应用性和实用性。

　　根据高等职业教育项目式教学的基本要求，本教材分为17个项目，每个项目下设若干个典型任务，每个任务制订任务目标以及完成任务所必需的相关知识、资源配备、操作步骤、技能考核标准和思考题等，每个任务的思考题可以通过扫描相应的二维码来获取参考答案。每个项目后的二维码中附有拓展知识，供学有余力的学生提高技能之用。另外，重要植物病虫草害的相关内容在书侧有相应的二维码，扫描可以直观地看相关的数字资源，有利于加深学生对相关知识的理解。

　　本教材由胡志凤、周英担任主编，由王燕、亢菊侠、余海波担任副主编。编写分工如下：周英编写前言、项目一中任务一和任务二及拓展知识、项目十五；王庆云编写项目一中任务三和任务四、项目十四；亢菊侠编写项目四、项目十七；王斌编写项目三、项目八；余海波编写项目六、项目十一；郑生岳编写项目五、项目十二；王燕编写项目七、项目十六；胡志凤编写项目二及拓展知识、项目九、项目十；高凤文编写项目十三。教材中配套的数字资源由邱晓红提供。全书由胡志凤和周英统稿。

本教材承蒙东北农业大学孙文鹏博士审稿，并提出了许多极富建设性的建议，在此致谢！

本教材编者在编写过程中参阅、参考和引用了大量有关的文献资料，向其作者表示诚挚的谢意。本教材编写工作得到了黑龙江农业工程职业学院、苏州农业职业技术学院、杨凌职业技术学院、江苏农林职业技术学院、朔州职业技术学院、甘肃农业职业技术学院、黑龙江农业职业技术学院及东北农业大学的大力支持，在此表示衷心的感谢。

本教材围绕工学结合人才培养的要求，在编写形式上有创新，教材力求体现体例新颖，层次清楚，实用性、针对性、应用性和可操作性强，注重理论与实践操作的融合、知识性和直观性的统一。由于编者水平有限，教材中的不妥或疏漏之处在所难免，敬请各位专家、同行以及使用本教材的教师、学生提出宝贵意见，以便进一步修正。

编　者

2022 年 10 月

目录

植物病害诊断技术

任务一 植物病害症状类型识别

▶▶ 任务目标

通过本任务，利用各种学习条件，认识植物病害的常见症状，能够描述植物病害的受害状，为正确识别植物病害奠定基础。

▶▶ 相关知识

一、植物病害的概念

植物一生中一般会出现两种状态，一种是健康状态，另一种是非健康状态。健康状态的植物可以进行正常的生长发育，通过细胞分裂与分化形成根、茎、叶、种子等各种器官。然而植物一旦遇到生物胁迫因子（生物因素）或非生物胁迫因子（非生物因素）的干扰时，植物正常的生长和发育受到干扰或破坏，从生理机能到组织结构上发生一系列变化，表现为内部结构和外部形态上的异常，并最终导致产量降低、品质变劣，甚至局部或全株死亡，这种现象称为植物病害。

植物病害不同于一般的机械创伤，如植物受到昆虫和其他动物的咬伤、刺伤或人为的机械损伤以及冰雹、大风等造成的伤害，是植物在短时间内受外界因素作用而突然形成的，受害植物在表现受害特征前并没有一个持续的病理变化过程，故都不能称为植物病害，而称为损害。

另外，植物病害的概念是建立在经济观点上的。有些植物在外界环境因素和栽培条件影响下，也表现出某些"病态"，但其经济价值非但没有降低，反而有所提高，这种类型不列为植物病害。例如，受黑粉菌寄生的茭，由于病菌的刺激而使幼茎膨大形成味道鲜美的茭白；韭菜黄化栽培，得到更为鲜嫩的韭黄。

二、植物病害的症状

（一）植物病害症状及相关概念

症状是指植物受病原生物或不良的环境因素侵扰后，内部的生理活动和外观的生长发育所表现出的某种异常状态。内部的生理失调经常会导致植物外部的异常表现，也有少数情况下寄主植物内部发生了生理失调，但外观并不表现明显的变化。也有人将症状细化分为形态学症状、组织学症状和细胞学症状。形态学症状一般是指整体植株或器官外部可观察的不正常状态；组织学症状是指通过显微镜观察到的植物组织变化；细胞学症状一般是指由植物细胞水平的异常变化，如病毒侵染造成的植物细胞质的变化。当然，人们主要还是根据形态学症状进行植物病害的诊断。

症状又可分为病状和病征两类。病状是指植物本身受病原物侵染后，在外部形态结构上的异常表现，如变色、坏死、腐烂、萎蔫、畸形等。而病征是指发病部位形成的以病原物为主要成分的特征性结构，如霉状物、粉状物、锈状物、颗粒状物、脓状物等，主要是病原物本身的营养体或是繁殖体。

不同植物的病害类型、不同种的植物病害，其症状存在较大的差异。有的植物病害既有病状，又有明显的病征，如许多真菌病害和细菌病害；有些植物病害只能看到病状而没有病征，如病毒病害和植原体病害。大多数植物病害都有其独特的症状，通过观察症状可以初步推断可能引起病害的病原物种类。但是，时常会出现不同种的植物病害表现相似的症状，或相似的症状实际是由不同的病原引起的；而同一植物病害也会因寄主品种、受害部位、发病阶段、环境条件等方面的差异，造成不同的症状。因此，对于一种正在发生的植物病害，不能简单地根据症状就确定病害的种类。

（二）病状类型

植物病害病状有很多种表现，变化很多，常见的有变色、坏死、腐烂、萎蔫和畸形等多种类型（图1-1-1）。

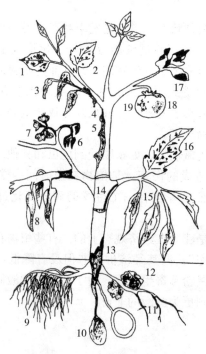

图1-1-1　植物病害病状示意

1. 花叶　2. 穿孔　3. 梢枯　4. 流胶　5. 溃疡　6. 芽枯　7. 花腐　8. 枝枯　9. 发根

10. 软腐　11. 根腐　12. 瘤肿　13. 黑脚（胫）　14. 维管束褐变　15. 萎蔫

16. 角斑　17. 叶枯（疫）　18. 环斑　19. 疮痂斑

（许志刚，2003. 普通植物病理学）

1. 变色　变色是指植物受病原物的侵染而患病后，局部或全株失去正常的绿色或发生颜色变化的现象。常见的有褪绿、黄化、花叶、红叶等。变色主要表现在叶片上，全叶变为淡绿色或黄色，称为褪绿；全叶发黄，称为黄化；叶片上有不规则的深浅绿相间、黄绿相间或黄红相间等杂色，称为花叶；有的叶绿素合成受抑制，而花青素生成过盛，叶片变红或紫红，称为红叶。

2. 坏死　坏死是指植物的细胞和组织受到病原物的侵染、破坏而死亡的现象，即表现为植物原生质体的衰退，从而导致细胞、组织甚至整个植株死亡。发生在叶片上的局部坏死称为叶斑，根据其形状的不同可分为圆斑、角斑、条斑、轮纹斑等，根据其颜色的不同可分为红褐色、铁锈色、灰色坏死等。茎秆、根等部位也会发生坏死，造成叶枯、茎枯、枝枯等。

3. 腐烂　腐烂是指植物细胞和组织受病原生物侵染后发生大面积的消解和破坏的现象。植物的根、茎、果实等部位都可发生，特别是幼嫩的组织，通常可分为根腐、茎腐、穗腐等。腐烂还可分为干腐、湿腐和软腐，这主要取决于病组织失水的速度。细胞消解较慢，而腐烂组织中的水分及时蒸发形成干腐；反之，如细胞消解很快，腐烂组织不能及时失水，则易形成湿腐或软腐。

4. 萎蔫　植物的根或茎部的输导系统被病原物侵害后，水分吸收和输导受阻，表现为失水状态的现象称为萎蔫。萎蔫有生理性和病理性之分。生理性萎蔫是由于土壤中含水量过少或高温时过度的蒸腾作用而使植物暂时缺水，若及时补水，则植物可以恢复正常；病理性萎蔫是指植物根或茎的维管束组织受到破坏而发生供水不足所表现出的萎蔫，如黄萎、枯萎、青枯等，这种萎蔫可以是整株或是局部，一般是不可逆的。

5. 畸形　植物感病后发生增生性或是抑制性病变的现象称为畸形。常见的如皱缩、蕨叶、矮化、徒长、瘤肿等。

对于植物病害的 5 种常见病状类型，在同一发病部位可能会出现一种甚至多种病状，也可能同一病害在不同的发病时期表现出不同的病状。因此，对待病状的情况需加以仔细观察、科学分析。

（三）病征类型

1. 霉状物　植物感病部位产生的各种霉层，它们的颜色、形状、结构和疏密程度等变化较大，如青霉、灰霉、黑霉、赤霉、霜霉等。霉状物是真菌病害的常见病征。

2. 粉状物　植物感病部位产生的白色、黑色等各种颜色的粉状物。白色粉状物多见于病部表面，黑色粉状物多见于受害器官或组织内部。

3. 锈状物　植物感病部位表面形成的小疱状突起，破裂后散出白色或铁锈色的粉状物。常见的有萝卜白锈病、小麦锈病等。

4. 颗粒状物　植物感病部位产生大小、形状及着生情况差异很大的颗粒状物。如炭疽病病菌的分生孢子盘在病部形成针尖大小的黑色颗粒状物，且不易与组织分离；有的是较大的颗粒，如真菌的菌核、线虫的胞囊等。

5. 脓状物　感病部位产生脓状黏液，干燥后形成黄褐色的胶粒，是细菌病害所特有的病征。

三、植物病害的主要类型

植物的一生可遭受各种病害的侵染，一种植物发生的病害种类甚至可达到几百种。不同病原物侵染的植物范围是不同的，有些病原物仅能侵染一种植物，而有些病原物可侵染上百种植物。植物病害的划分方法主要有5类：①根据病原不同，可分为侵染性病害（生物因素）和非侵染性病害（非生物因素）；②根据病原物种类的不同，可分为真菌病害、细菌病害、病毒病害、线虫病害、寄生性种子植物病害等；③根据植物受害部位的不同，可分为叶部病害、茎部病害、根部病害等；④根据受害植物症状的不同，可分为锈病、白粉病、枯萎病、叶斑病、根腐病等；⑤根据病原物传播途径的不同，可分为气传病害、土传病害、种传病害等。

下面介绍最常见的侵染性病害和非侵染性病害。

（一）侵染性病害

侵染性病害是指由生物因素引起的植物病害。例如，由病原真菌、原核生物（细菌、植原体、螺原体等）、线虫、病毒、类病毒、原生动物、寄生性种子植物等引起的病害。这些病害可在植物间传染，故又称为传染性病害。除病毒外，一般能在植物的发病部位分离到病原物。

（二）非侵染性病害

非侵染性病害是由非生物因素引起的植物病害。例如，水分、温度、光照、营养物质、有毒物质等阻碍植物的正常生长而出现的不同症状。这些病害在植物间不能相互传染，故又称为非传染性病害或生理性病害。

1. 水分　水分是植物生长发育必不可少的条件，土壤中的水分过多或过少都会对植物造成不良影响，即产生旱害或涝害。如旱害可使植物的叶片黄化、干枯，严重时造成植物死亡；涝害可使植物叶片黄化、脱落，严重时也可造成植物死亡。

2. 温度　过高或过低的温度都会对植物的生长发育产生影响。如高温可造成植物体内的氧气失调，严重的可使植物根系腐烂和地上部分萎蔫。低温对植物的伤害可分为霜害和冻害两种。霜害的常见症状是叶片变色或表面出现坏死斑点，若低温持续时间不长，伤害过程是可逆的；冻害的症状是受害部位出现水渍状病斑，后期变褐色而组织死亡，有的叶片发黑，最终干枯死亡。

3. 光照　光照过强或不足时，会对植物的生长发育产生影响。光照过强会使植物叶片产生灼伤斑；光照不足易造成植物叶绿素减少、叶片黄化和徒长等现象。

4. 营养物质　植物生长和发育所必需的营养元素包括大量元素（如氮、磷、钾等）和中微量元素（如镁、硫、铁、硼、锰、铜、锌等）。缺少必需的营养元素，植物就会营养失衡，表现为缺素症。例如，缺氮会造成植株生长矮小，分枝减少，叶小而色淡；缺磷会造成生长受抑制，植株矮小，叶片初期灰暗而无光泽，后期叶片发紫易脱落；缺钾会在老叶叶尖和上部叶缘开始发黄，逐步向叶片中部发展，叶片卷曲畸形。

5. 其他　除草剂、杀虫剂、杀菌剂、植物生长调节剂或化肥若使用不当，或土壤中残留的浓度过高，会导致植物产生药害和肥害。不同植物对除草剂、杀虫剂等化学药剂的抵抗能力有差别，同一植物的不同生育阶段也可影响其对化学药剂的敏感程度。

工业废气、废水，受污染的土壤都能直接或间接危害植物。如二氧化硫通过破坏植物细胞中的叶绿体，从而造成植物细胞的萎缩和解体。受害植物初期表现为暗绿色的水渍状斑点，进一步可发展成为坏死斑。一般来讲，嫩叶最敏感，老叶的抗性较强。

四、病害三角

植物和致病因素（即病原物）是植物病害形成的两个基本要素，也可以说，植物病害的形成是植物与病原物相互作用的结果，但是它们之间的相互作用自始至终无不在一定的外界环境条件影响下进行。因此，在自然情况下，植物病害形成的过程涉及植物、病原物和环境3个方面，呈一种三角关系，即"病害三角"关系（图1-1-2）。随着社会的发展，人类活动对农业生产的影响越来越重要，人类活动与植物病害的发生和流行也密切相关，因此，植物病害的发生和流行除了涉及植物、病原物和环境3个自然因素外，还应加上"人为干扰"这个重要的社会因素。

图1-1-2 病害三角

（许志刚，2003. 普通植物病理学）

》》任务实施

一、资源配备

1. 材料与工具 各种植物病害症状类型的病害标本、新鲜标本、挂图、教学多媒体资料（包括幻灯片、录像带、光盘等影像资料）、放大镜及记载用具等。

2. 教学场所 教学实训场所（温室或田间）、实验室或实训室。

3. 师资配备 每15名学生配备1位指导教师。

二、操作步骤

（1）结合教师讲解及对各种类型病害症状的仔细观察，分别描述植物病害病状和病征的类型。

（2）结合教师讲解叙述植物病原物的类群和植物病害的类型。

（3）根据温室和田间植物病害的症状类型观察及实验室标本、幻灯片、挂图等的观察，选择不同症状类型的病害，将其症状类型填入表1-1-1（要求至少描述30种病害）。

表1-1-1 病害症状记录

病害名称	发病部位	病状	病征	备注

三、技能考核标准

植物病害症状识别技术技能考核参考标准见表1-1-2。

表1-1-2 植物病害症状识别技术技能考核参考标准

考核内容	要求与方法	评分标准	标准分值/分	考核方法
基础知识考核（100分）	叙述病状的类型	根据叙述病状类型的多少酌情扣分	25	单人考核，口试评定成绩
	叙述病征的类型	根据叙述病征类型的准确程度酌情扣分	25	
	叙述植物病原物的类群	根据叙述植物病原物类群的多少酌情扣分	25	
	叙述植物病害的类型	根据叙述植物病害类型的准确程度酌情扣分	25	

≫ 思 考 题

1. 植物病害是否都能见到病状和病征？为什么？
2. 非侵染性病害和侵染性病害各有什么特点？

思考题参考
答案 1-1

任务二　植物病原真菌形态识别

≫ 任务目标

通过本任务，利用各种学习条件，对真菌的营养体、繁殖体、主要类群等形态特征进行观察、识别，掌握植物病害诊断的方法，为正确识别真菌奠定基础。

≫ 相关知识

真菌是一类营养体，通常为丝状体，具有细胞壁，异养型，以吸收的方式从外界获取营养，通过产生孢子进行繁殖的真核生物。真菌是生物界中很大的一个类群，世界上已被描述的真菌约有12万种，其与人类的生活和生产有着密切关系。大部分真菌腐生，少数共生和寄生。寄生性真菌中，有些可以寄生在人和动物体，但更多的是寄生在植物上，引起各种病害。在所有病原物中，真菌引起的植物病害最多，农业生产上许多重要的病害如霜霉病、白粉病、锈病、黑粉病等都是由真菌引起的。因此，真菌是最重要的植物病原物类群。

一、植物病原真菌的主要性状

（一）真菌的营养体

真菌营养生长阶段的结构称为营养体，绝大多数真菌的营养体都是可分枝的丝状体，单根丝状体称为菌丝，交错成团的菌丝称为菌丝体，菌丝体在基质上生长的形态称为菌落。菌丝通常呈圆管状，具有细胞壁和细胞质，无色或有色，可无限生长。低等真菌的菌丝没有隔膜称为无隔菌丝，而高等真菌的菌丝有许多隔膜，称为有隔菌丝（图1-2-1）。

菌丝体是真菌获得营养的结构，寄生真菌以菌丝体侵入寄主的细胞间或细胞内。生长在寄主细胞内的真菌，其菌丝的细胞壁与寄主细胞的原生质直接接触，营养物质和水分通过渗透作用和离子交换作用进入菌丝体内。生长在寄主细胞间的真菌，特别是专性寄生真菌，从菌丝体上形成吸收养分的特殊结构——吸器，伸入寄主细胞内吸收养分和水分。吸器的形状因真菌的种类不同而异，有掌状、丝状、囊状、指状和球状等（图1-2-2）。

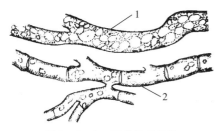

图1-2-1　真菌的营养体

1. 无隔菌丝　2. 有隔菌丝

（许志刚，2003. 普通植物病理学）

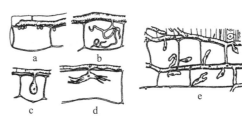

图1-2-2　真菌吸器的类型

a. 白锈菌　b. 霜霉菌　c、d. 白粉菌　e. 锈菌

（李清西，2002. 植物保护）

真菌的菌丝体一般是分散的，但有时也可密集形成菌组织。菌组织有两种类型：一种是由菌丝体组成的比较疏松的疏丝组织，另一种是由菌丝体组成的比较紧密的拟薄壁组织。有些真菌的菌组织还可形成菌核、子座和菌索等特殊结构。

菌核是由菌丝紧密交织形成的一种休眠体，内层是疏丝组织，外层是拟薄壁组织，其形状、大小、菌丝交织的紧密程度在不同真菌中差异很大。初期为白色或浅色，成熟后呈褐色或黑色，表层细胞壁厚而色深，较坚硬。菌核具有贮藏养分和渡过不良环境的功能。当条件适宜时，菌核可萌发产生菌丝或繁殖器官。

子座是由菌组织形成的能容纳子实体的垫状结构（图1-2-3），有时其中还混有部分寄主组织，称为假子座。子座的主要功能是形成产生孢子的机构和渡过不良环境。

菌索是由菌丝体平行交织构成的长条形绳索状结构，外形与高等植物的根相似，又称为根状菌索（图1-2-4）。菌索对不良环境有很强的抵抗力，而且还能沿寄主根部表面或地表延伸，起蔓延和侵入的作用。

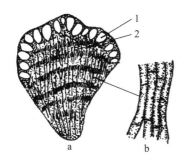

图1-2-3　子座

a. 子座的切面　b. 子座内部的菌丝结构

1. 生殖体　2. 子座组织

（徐洪富，2003. 植物保护学）

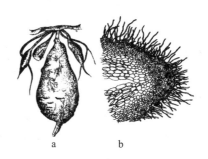

图1-2-4　菌索

a. 甘薯块上缠绕的菌索　b. 菌索的结构

（许志刚，2003. 普通植物病理学）

真菌的繁殖体

（二）真菌的繁殖体

营养阶段后，真菌就开始转入繁殖阶段，形成各种繁殖体即子实体。真菌的繁殖阶段包括无性繁殖和有性繁殖两种类型。

1. 无性繁殖　无性繁殖是指营养体不经过核配和减数分裂直接产生后代个体的繁殖方式。无性繁殖产生的各种孢子均称为无性孢子。常见的无性孢子有以下几种类型（图1-2-5）：

（1）游动孢子。形成于游动孢子囊内。游动孢子无细胞壁，具1～2根鞭毛，释放后能在水中游动。

（2）孢囊孢子。形成于孢子囊内。孢囊孢子有细胞壁，无鞭毛，不能游动，因此又称为静孢子，但孢囊孢子释放后可随风飘散。

（3）分生孢子。产生于由菌丝分化而形成的分生孢子梗上，或由菌丝构成的垫状分生孢子盘上，或在分生孢子器内。分生孢子单胞或多胞，无色或有色，成熟后从孢子梗上脱落。

（4）厚垣孢子。为一些真菌菌丝或孢子中某些细胞膨大变圆、原生质浓缩、细胞壁加厚而形成的一种特殊的无性孢子。厚垣孢子能抵抗不良环境，待条件适宜时再萌发成菌丝。

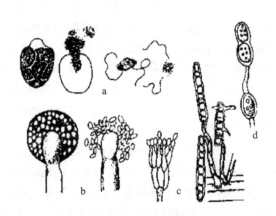

图1-2-5　真菌的无性孢子类型

a. 游动孢子囊及游动孢子　b. 孢子囊及孢囊孢子　c. 分生孢子　d. 厚垣孢子

（李清西，2002. 植物保护）

2. 有性繁殖　有性繁殖是指经过两个性细胞结合后，通过质配、核配、减数分裂产生后代的繁殖方式。有性繁殖产生的各种孢子均称为有性孢子。常见的有性孢子有以下几种类型（图1-2-6）：

（1）卵孢子。两个异型配子囊（雄器和藏卵器）接触后，雄器的细胞质和细胞核经授精管进入藏卵器，与卵球核配，最后受精的卵球发育成厚壁的、二倍体的卵孢子。每个藏卵器中可以有1个或多个卵球。

（2）接合孢子。接合孢子为接合菌的有性孢子，是由两个形态相似的配子囊融合成1个细胞，在该细胞内完成质配和核配过程形成的厚壁孢子。

（3）子囊孢子。子囊孢子为子囊菌的有性孢子，通常是由两个异型配子囊（雄器和产囊体）相结合，经质配、核配和减数分裂而形成的单倍体孢子。子囊内形成子囊孢子，每个子囊一般形成8个子囊孢子。子囊一般为棒状或卵圆形，子囊孢子的形状有多种。

（4）担孢子。担孢子为担子菌的有性孢子。通常是直接由"＋""－"菌丝结合形成双核菌丝，以双核菌丝的顶端细胞膨大成棒状的担子，在担子内经核配和减数分裂，最后在担子外面产生4个外生的单倍体的担孢子。

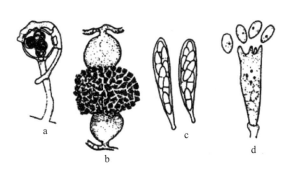

图1-2-6　真菌的有性孢子类型
a. 卵孢子　b. 接合孢子　c. 子囊孢子　d. 担孢子
（李清西，2002. 植物保护）

（三）真菌生活史

1. 真菌生活史的概述　真菌生活史是指真菌的孢子经过萌发、生长和发育，最后又产生同一种孢子的整个生活过程。典型的真菌生活史一般包括无性阶段和有性阶段。无性阶段包括营养生长阶段和无性繁殖阶段，往往在植物的生长季节可以连续多次产生大量的无性孢子。有性阶段一般在植物生长的后期或病菌侵染的后期发生，只产生一次有性孢子，主要是为了繁衍后代和渡过不良环境，并作为病害在下一生长季节的初侵染来源。但有些真菌只有无性阶段而缺乏有性阶段，如半知菌；有的真菌只有有性阶段而缺乏无性阶段；有的真菌在生长季节中无性阶段和有性阶段同时并存。许多真菌在生活史中可以产生两种或是两种以上多达5种类型的孢子，称多型现象。有些真菌在一种寄主上就可以完成生活史，称为单主寄生；有的真菌必须在两种以上的寄主上完成生活史，称为转主寄生。

2. 真菌生活史的类型　从细胞核的倍性变化来看，一个完整的真菌生活史由单倍体和二倍体两个阶段组成。绝大多数真菌的营养体为单倍体，其二倍体阶段在生活史中仅占很短的时期。有些真菌在质配后细胞核不立即融合，形成一个双核的单倍体阶段。在不同类群真菌的生活史中，单核单倍体、双核单倍体、二倍体阶段所占的时期长短不一样，因而构成生活史的多样性，大体划分为以下5种类型：

（1）无性型。只有无性阶段，缺乏有性阶段，如半知菌。

（2）单倍体型。质配后随即进行核配和减数分裂，二核单倍体和二倍体阶段很短，如接合菌和一些低等子囊菌。

（3）单倍体-双核型。有单核单倍体和双核单倍体菌丝，如高等子囊菌和多数担子菌。

（4）单倍体-二倍体型。有明显的单倍体和二倍体世代交替现象，如少数低等水霉菌。

（5）二倍体型。营养体为二倍体，二倍体阶段占据整个生活史的大部分时期，只在形成配子体时才出现短暂的单倍体阶段，如卵菌。

二、真菌的主要类群

关于真菌的分类，学术界历来意见不一，许多人提出了不同的分类系统。Whittaker（1969）提出了生物的五界分类系统，即原核生物界、原生生物界、植物界、真菌界（或菌物界）和动物界。Ainsworth（1971，1973）提出了在真菌界下设两个门，即黏菌门和真菌门。根据营养体和繁殖体的类型，真菌门又可分为鞭毛菌亚门、接合菌亚门、子囊菌亚门、担子菌亚门、半知菌亚门。但在1995年出版的《真菌词典》第八版中，采用了Cavalier-Smith（1988—1989）的生物八界分类系统，随后相继出版了《真菌词典》第九版和第十版。生物八界分类系统中将传统真菌界中无细胞壁的黏菌和根肿菌划归为原生动物界，把细胞壁主要成分为纤维素、营养体为$2n$、具绒鞭状鞭毛的卵菌确定为假菌界（也称色菌界），其他真菌则归入真菌界。因此，传统意义上的"真菌"已分别隶属于3个不同的界内。病原真菌主要分属于壶菌门、接合菌门、子囊菌门、担子菌门，取消了原半知菌亚门，把已知有性阶段的半知菌放到相应的子囊菌门和担子菌门中，将尚未发现有性阶段的半知菌归入半知菌类，又称为无性菌类（表1-2-1）。

表1-2-1 植物病原菌物界和门的主要特征

界	门	无性繁殖	有性繁殖
原生动物界	根肿菌门	游动孢子	合子发育形成厚壁休眠孢子囊（休眠孢子囊）
假菌界	卵菌门	游动孢子	卵孢子
	壶菌门	游动孢子	休眠孢子囊
	接合菌门	孢囊孢子	接合孢子
真菌界	子囊菌门	分生孢子	子囊孢子
	担子菌门	少有分生孢子	担孢子
	半知菌类	分生孢子	无（或未发现）

生物的主要分类单元是域（总界）、界、门、亚门、纲、目、科、属、种，必要时在两个分类单元之间还可增加1级，如亚目、亚科、亚属、亚种等。菌物种的命名采用双名法，每种生物的名称均由两个拉丁词构成，第一个词是属名，第二个词是种名，属名的首字母要大写，种名则一律小写。学名之后加定名人的名字（通常是姓，可以缩写），如果更改原学名，应将原定名人放在学名后的括号内，在括号后再注明更改人的姓名。

（一）根肿菌门

根肿菌的营养体为无细胞壁的原质团。无性繁殖形成薄壁的游动孢子囊，内生游动孢子，游动孢子一端生有长短不等的尾式鞭毛；有性繁殖时，形成大量散生或是成堆的厚壁休眠孢子（囊）。根肿菌门仅含1纲1目1科，如根肿菌属（*Plasmodiophora*）可引起十字花科植物根肿病的芸薹根肿菌（*Plasmodiophora brassicae*）（图1-2-7），粉痂菌属（*Spongospora*）主要危害马铃薯块茎和根部引起粉痂病的马铃薯粉痂菌（*Spongospora subterranea*）。

（二）卵菌门

卵菌营养体大多是发达的无隔菌丝体，且为二倍体。无性繁殖形成游动孢子囊并释放具鞭毛的游动孢子；有性繁殖时，雄器与藏卵器交配形成 1 至多个卵孢子。卵菌大多数为水生，少数两栖或陆生。与植物病害关系密切的重要属有：

1. 腐霉属（*Pythium*）　菌落白色，菌丝无隔膜，孢囊梗菌丝状。孢子囊棒状、姜瓣状或球状，成熟后一般不脱落，萌发时先形成泡囊，在泡囊中产生游动孢子。藏卵器内仅产生 1 个卵孢子（图 1-2-8）。腐霉多生于富含有机质的潮湿土壤中，并常在雨季引起各类植物的根腐病、瓜果腐烂病、猝倒病等。

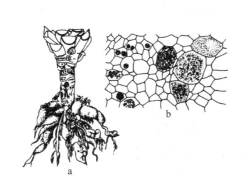

图 1-2-7　芸薹根肿菌

a. 根部危害症状　b. 病组织内的休眠孢子

（许志刚，2003. 普通植物病理学）

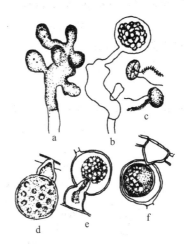

图 1-2-8　瓜果腐霉菌

a. 孢子囊　b. 孢子囊萌发形成泡囊　c. 游动孢子

d. 发育中的藏卵器和雄器　e. 藏卵器和雄器交配

f. 藏卵器、雄器和卵孢子

（许志刚，2003. 普通植物病理学）

2. 疫霉属（*Phytophthora*）　孢囊梗分化不显著至显著。孢子囊近球形、卵形或梨形，成熟后脱落（图 1-2-9）。低温下孢子囊萌发产生游动孢子，在高温时萌发直接产生芽管。孢子囊一般不形成泡囊，这是与腐霉属的主要区别。寄生性较强，多为两栖或陆生，可引起多种作物的疫病，如马铃薯晚疫病、番茄晚疫病、辣椒晚疫病等。

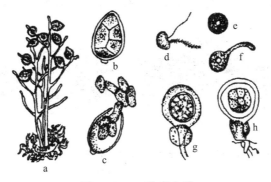

图 1-2-9　致病疫霉

a. 孢囊梗和孢子囊　b. 孢子囊　c. 孢子囊萌发　d. 游动孢子　e. 休止孢

f. 休止孢的萌发　g. 穿过雄器形成的藏卵器　h. 藏卵器中形成的卵孢子

（韩召军，2001. 植物保护学通论）

3. 霜霉属（*Peronospora*） 孢囊梗双叉状分枝，末端细。孢子囊近卵形，成熟时易脱落，萌发时直接产生芽管（图1-2-10）。常见的如危害多种十字花科植物引起霜霉病的寄生霜霉菌（*Peronospora parasitica*）。

4. 单轴霉属（*Plasmopara*） 孢囊梗交互分枝，分枝与主干成直角，小枝末端平钝。孢子囊卵圆形，顶端有乳头状突起，卵孢子黄褐色，表面有皱褶状突起（图1-2-10）。所致病害有葡萄霜霉病等。

5. 假霜霉属（*Pseudoperonospora*） 孢囊梗假二叉状分枝，孢子囊椭圆形，有乳头状突起（图1-2-10）。所致病害有瓜类霜霉病等。

6. 盘梗霉属（*Bremia*） 孢囊梗二叉状分枝，分枝末端膨大呈盘状，边缘生3～6个小梗，小梗上单生孢子囊，卵形，有乳头状突起或不明显（图1-2-10）。所致病害有莴苣霜霉病等。

7. 指梗霉属（*Sclerospora*） 孢囊梗粗壮，顶部具不规则短分枝，呈指状，孢子囊柠檬形或倒梨形，单生梗端，具乳头状突起（图1-2-10）。所致病害有谷子白发病等。

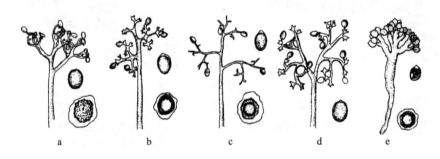

图1-2-10　霜霉菌主要属的形态（孢囊梗、孢子囊和卵孢子）

a. 霜霉属　b. 单轴霉属　c. 假霜霉属　d. 盘梗霉属　e. 指梗霉属

（李清西，2002. 植物保护）

8. 白锈属（*Albugo*） 孢囊梗短粗，棒状不分枝，平行排列在寄主表皮下。孢子囊圆形或椭圆形，串生，自上而下成熟，藏卵器内单卵球，卵孢子壁有纹饰，成熟时突破寄主表皮，借风传播（图1-2-11）。所致病害有十字花科蔬菜白锈病等。

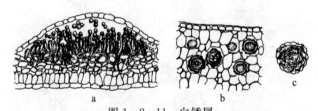

图1-2-11　白锈属

a. 寄生在寄主表皮细胞下的孢囊梗和孢子囊　b. 病组织内的卵孢子　c. 卵孢子

（许志刚，2003. 普通植物病理学）

（三）壶菌门

营养体差异较大，较低等的为单细胞，有的可形成假根，较高等的可形成较发达的无隔菌丝体。无性繁殖产生游动孢子囊，内生多个后生单尾鞭的游动孢子；有性繁殖大多产生休眠孢子囊，萌发时释放出游动孢子。壶菌是最低等的微小真菌，一般水生、腐生，少数可寄生植物，如引起玉米褐斑病的玉蜀黍节壶菌（*Physoderma maydis*）。

（四）接合菌门

本类真菌水生到陆生，多数营腐生生活，少数营寄生生活。菌丝体发达，无隔膜。无性繁殖主要产生在孢子囊内的孢囊孢子，孢囊孢子无鞭毛，不能游动；有性繁殖由相同或不同菌丝所产生的两个同形等大或同形不等大的配子囊，经过接合后形成近球形或双锥形的接合孢子。

与植物病害有关的主要有根霉属（*Rhizopus*），如引起甘薯软腐病的匍枝根霉（*Rhizopus stolonifer*）。根霉属真菌的无隔菌丝分化出假根和匍匐丝，在假根对应处向上长出孢囊梗。孢囊梗单生或丛生，一般不分枝，顶端着生球形孢子囊。孢子囊内有孢囊梗顶端膨大形成的囊轴，孢子囊成熟后为黑色，破裂散出球形、卵形或多角形的孢囊孢子（图 1 - 2 - 12）。

（五）子囊菌门

本门是真菌界中种类最多的类群，多数是陆生，营养方式有腐生、寄生和共生。菌丝体发达、有隔膜，少数（如酵母菌）单胞。许多子囊菌的菌丝体可以形成菌组织，如子座、菌核等。无性繁殖产生分生孢子，有性繁殖产生子囊孢子。子囊菌的分类主要是根据有性阶段的子囊果性质、子囊特征和排列方式等特征。

子囊菌门主要属
病原菌形态识别

1. 外囊菌纲　本纲主要特征是子囊裸生，不形成子囊果。与植物病害关系较大的是外囊菌属（*Taphrina*），其营养体为双核菌丝体。有性繁殖时，双核菌丝在寄主角质层或表皮下形成一层厚壁的产囊细胞，后发育成栅栏状排列的子囊层；无性繁殖不发达，但子囊孢子能进行芽殖，产生芽孢子（图 1 - 2 - 13）。该属为专性寄生菌，所致病害有桃缩叶病等。

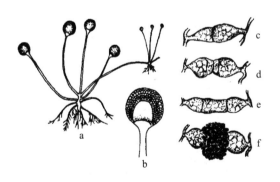

图 1 - 2 - 12　匍枝根霉

a. 孢囊梗、孢子囊、假根和匍匐枝　b. 放大的孢子囊
c. 原配子囊　d. 原配子囊分化为配子囊和配子囊柄
e. 配子囊交配　f. 交配后形成的接合孢子
（许志刚，2003. 普通植物病理学）

图 1 - 2 - 13　畸形外囊菌

1. 寄主表皮　2. 产囊细胞　3. 子囊和子囊孢子
（韩召军，2001. 植物保护学通论）

2. 核菌纲　本纲是子囊菌门中最大的类群。营养体均为有隔菌丝体。无性繁殖发达，产生各种分生孢子；有性生殖大多形成子囊壳，少数种类形成闭囊壳，子囊单层壁，有独

立壳壁。重要的有白粉菌目和球壳菌目。

（1）白粉菌目。菌丝外寄生于寄主植物表面，产生球形或掌状吸器伸入表皮细胞内或皮下细胞吸取营养。分生孢子单胞、椭圆形、无色，串生于短棒状、不分枝的分生孢子梗上，与菌丝一起在寄主体表形成白粉状病征。有性繁殖产生闭囊壳，为球形、黑色，在寄主体表呈黑粒状。闭囊壳内可形成1至多个子囊，闭囊壳四周或顶部有各种形状的附属丝，附属丝形态和子囊数目是分属的主要依据。常见的有白粉菌属（*Erysiphe*）、钩丝壳属（*Uncinula*）、球针壳属（*Phyllactinia*）、叉丝单囊壳属（*Podosphaera*）、单丝壳属（*Sphaerotheca*）、叉丝壳属（*Microsphaera*）、布氏白粉菌属（*Blumeria*）等，均为专性寄生菌，引起多种植物的白粉病（图1-2-14）。

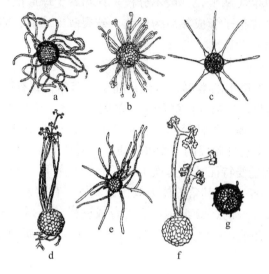

图1-2-14　白粉菌目主要属的形态（闭囊壳及附属丝）

a.白粉菌属　b.钩丝壳属　c.球针壳属　d.叉丝单囊壳属　e.单丝壳属　f.叉丝壳属　g.布氏白粉菌属

（李清西，2002.植物保护）

（2）球壳菌目。无性繁殖产生各种类型分生孢子。分生孢子单胞或多胞，圆形至长形。有性繁殖产生子囊壳，子囊壳球形、半球形或瓶形，单独或成群生在基物上，埋生或表生。重要的植物病原属有以下几个。

①长喙壳属（*Ceratocystis*）。子囊壳具有长喙，喙顶端呈须状（图1-2-15）。子囊近球形，散生于子囊壳内，无侧丝，子囊壁易自溶。子囊孢子单胞、无色、半球形或钢盔形。分生孢子梗长筒形，基部膨大，顶端呈管状孢子鞘，产生内生分生孢子。分生孢子无色、单胞、圆柱形。所致病害有甘薯黑斑病等。

②黑腐皮壳属（*Valsa*）。子座非常发达，为假子座，子囊壳深埋于子座中。子囊壳球形或近球形，具长颈伸出子座（图1-2-15）。子囊棍棒形或圆柱形。子囊孢子无色，弯曲呈腊肠形。所致病害有果树腐烂病等。

③赤霉属（*Gibberella*）。子囊壳单生或群生于子座上，球形或圆锥形，壳壁蓝色或紫色（图1-2-15）。子囊棍棒状，内含8个纺锤形、多胞（少数为双胞）、无色的子囊孢子。无性世代为镰刀菌属，产生镰刀形多胞的大型分生孢子及椭圆形、单胞的小型分生孢

子。所致病害有小麦赤霉病、水稻恶苗病等。

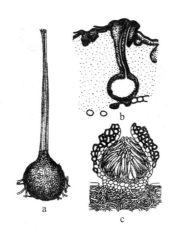

图 1-2-15　球壳菌目主要属的形态（子囊壳及子囊）

a. 长喙壳属　b. 黑腐皮壳属　c. 赤霉属

（许志刚，2003. 普通植物病理学）

3. 腔菌纲　本纲基本特征是子囊果为子囊座，子囊双层壁，子囊直接产生在子座组织溶解形成的子囊腔内。无性繁殖十分旺盛，许多种类很少进行有性繁殖。

重要的属如黑星菌属（*Venturia*），其子座初埋生，后外露或近表生，孔口周围有刚毛。子囊长卵形，子囊孢子圆筒至椭圆形，中部常有一隔膜，无色或淡橄榄绿色。无性孢子卵形、单胞、淡橄榄绿色。所致病害有梨黑星病、苹果黑星病等。

4. 盘菌纲　绝大多数为腐生菌，只有少数寄生性盘菌可引起病害。这类真菌的子囊果是子囊盘，呈杯形、盘形或钟形等，有柄或无柄。子囊棒状或圆柱形，平行排列于盘面上，子囊之间有侧丝，子囊孢子圆形、椭圆形、线形等。多数不产生分生孢子。

重要的属如核盘菌属（*Sclerotinia*），菌丝体能形成菌核，菌核在寄主表面或组织内，为球形、鼠粪状或不规则形，黑色。菌核萌发产生子囊盘，子囊盘为杯状或盘状，褐色。子囊孢子单胞、无色、椭圆形（图 1-2-16）。不产生分生孢子。所致病害有油菜菌核病等。

（六）担子菌门

本类真菌全是陆生，营养方式主要有腐生、寄生和共生。菌丝体发达，有隔膜。无性繁殖不发达，有性繁殖产生担子和担孢子。担子果的有无及发育类型是本类真菌的分类依据。本类真菌是最高等的一个类群，重要的有黑粉菌目和锈菌目。

1. 黑粉菌目　黑粉菌全是植物的寄生菌，主要根据冬孢子的形态、孢子堆组成及寄主范围等分属。重要的属有以下几个：

（1）黑粉菌属（*Ustilago*）。冬孢子堆多着生于花器。冬孢子散生，近球形，茶褐色，表面光滑或具瘤刺、网纹等。萌发产生有隔担子，侧生担孢子（图 1-2-17），有些种类也可直接萌发侵入寄主。所致病害有小麦散黑穗病、大麦坚黑穗病、玉米瘤黑粉病等。

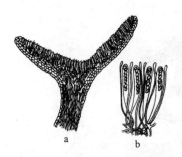

图 1-2-16　核盘菌属

a. 子囊盘　b. 子囊和侧丝

（许志刚，2003. 普通植物病理学）

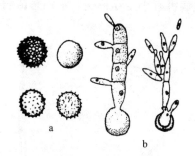

图 1-2-17　黑粉菌属

a. 冬孢子　b. 冬孢子萌发

（李清西，2002. 植物保护）

（2）轴黑粉菌属（*Sphacelotheca*）。以破坏花序和子房最常见。冬孢子堆寄生在寄主各部位，团粒状或粉状，冬中间有由寄主维管束残余组织形成的中轴。冬孢子散生、单胞，萌发方式与黑粉菌属相同。所致病害有玉米丝黑穗病、高粱散黑穗病等。

（3）腥黑粉菌属（*Tilletia*）。冬孢子堆多以破坏禾本科植物子房为主，有腥臭味。冬孢子近球形，淡黄色或褐色，表面光滑或具网纹。冬孢子萌发产生管状无隔担子，顶端束生线形担孢子，有时担孢子可成对作 H 形结合，所致病害有 3 种小麦腥黑穗病。

2. 锈菌目　为专性寄生菌，有高度的专化性和变异性。种内常分化有不同的专化型和生理小种。锈菌生活史复杂，典型锈菌的生活史可依次产生 5 种孢子，即性孢子、锈孢子、夏孢子、冬孢子和担孢子，这种锈菌称为全孢型锈菌；有的锈菌生活史中缺少 1 种至几种孢子，称为非全孢型锈菌，如梨锈菌缺夏孢子。有些锈菌全部生活史可以在同一寄主上完成，有的锈菌必须在两种亲缘关系很远的寄主上寄生才能完成生活史，前者称单主寄生，后者称转主寄生。锈菌主要依据冬孢子形态、萌发方式以及有无冬孢子等性状分类。常见植物病原锈菌属如下：

（1）柄锈菌属（*Puccinia*）。冬孢子双胞，有柄。夏孢子堆初埋生于寄主表皮下，成熟后突破表皮呈锈粉状。夏孢子单胞，球形或椭圆形，有微刺，黄褐色（图 1-2-18）。所致病害有小麦锈病、花生锈病等。

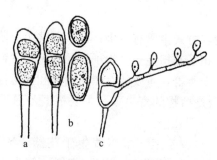

图 1-2-18　柄锈菌属

a. 冬孢子　b. 夏孢子　c. 冬孢子萌发

（李清西，2002. 植物保护）

（2）胶锈菌属（*Gymnosporangium*）。转主寄生，无夏孢子阶段。冬孢子堆生于桧柏小枝的表皮下，后突破表皮形成各种形状的冬孢子角，遇水呈胶质状。冬孢子双胞、浅黄色、柄长、易胶化。性孢子器球形，生于梨、苹果叶片正面表皮下；锈孢子器长筒形、群生，生自病叶背面呈丝毛状（图1-2-19）。所致病害有苹果锈病、梨锈病等。

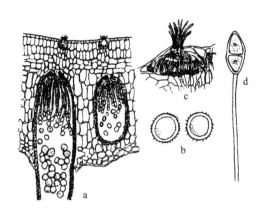

图1-2-19　胶锈菌属
a. 锈孢子器　b. 锈孢子　c. 性孢子　d. 冬孢子
（李清西，2002. 植物保护）

（3）单胞锈菌属（*Uromyces*）。冬孢子单胞、有柄，顶端壁厚呈乳突状。夏孢子堆粉状、褐色，夏孢子单胞、黄褐色、椭圆形、具微刺。所致病害有蚕豆锈病、菜豆锈病等。

（七）半知菌类

本类真菌多数是陆生，营养方式有腐生或寄生。菌丝体发达、有隔膜。无性繁殖产生分生孢子，有性阶段暂无。其原因一是有性阶段尚未发现；二是受某种环境条件的影响，几乎不能或极少进行有性繁殖；三是有性繁殖阶段已退化。因为只了解其生活史的一半，故统称为半知菌或不完全真菌。后来当发现其有性阶段时，多数属于子囊菌，少数属于担子菌。因此，有的真菌（尤其是子囊菌）有两个学名，一个是有性阶段的学名，一个是无性阶段的学名。

半知菌分生孢子的形状和颜色多种多样，分生孢子着生在由菌丝体分化形成的分生孢子梗上。有些半知菌的分生孢子梗和分生孢子直接生在寄主表面，有的生在分生孢子盘上或分生孢子器内，此外，还有少数半知菌不产生分生孢子。引起植物病害的主要为丝孢纲和腔孢纲。

1. 丝孢纲　分生孢子着生在分生孢子梗上，分生孢子梗散生、束生或着生在分生孢子座（分生孢子梗与菌丝体相互交织而成的突出于寄主表面的瘤状结构）上。本纲分为丝孢目、瘤座孢目、无孢目、束梗孢目等4个目。

（1）丝孢目。本目的主要特征是分生孢子梗散生、丛生。重要的植物病原菌属如下：

①粉孢属（*Oidium*）。菌丝表生、白色，以吸器伸入寄主表皮细胞吸取营养。分生孢子梗短棒状，不分枝；分生孢子串生、单胞、椭圆形、无色。多数是白粉菌目各属的无性阶段，引起各种植物的白粉病。

②葡萄孢属（*Botrytis*）。分生孢子梗细长，分枝略垂直，对生或不规则；分生孢子圆

形或椭圆形，聚生于分枝顶端呈葡萄穗状（图1-2-20）。所致病害有蚕豆赤斑病、番茄灰霉病、草莓灰霉病等。

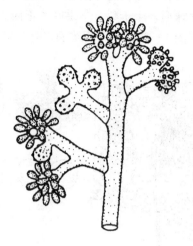

图1-2-20　葡萄孢属分生孢子梗和分生孢子

(许志刚，2003. 普通植物病理学)

③轮枝孢属（*Verticillium*）。分生孢子梗轮状分枝；分生孢子卵圆形，单生。所致病害有茄黄萎病、棉花黄萎病、草莓黄萎病等。

④ 梨孢属（*Pyricularia*）。分生孢子梗细长，淡褐色，不分枝，顶端以合轴式延伸产生外生芽殖型分生孢子，呈屈膝状；分生孢子梨形至椭圆形，无色或淡橄榄色，多为3个细胞。所致病害有稻瘟病等。

⑤链格孢属（*Alternaria*）。分生孢子梗暗褐色，不分枝或稀疏分枝，散生或丛生；分生孢子单生或串生，倒棒状，顶端细胞呈喙状，具纵、横隔膜，砖格状。所致病害有马铃薯早疫病、葱紫斑病、烟草赤星病等。

⑥尾孢属（*Cercospora*）。分生孢子梗黑褐色，不分枝，顶端着生分生孢子；分生孢子线形，多胞，有多个横隔膜。所致病害有花生叶斑病、甜菜褐斑病等。

(2) 瘤座孢目。本目真菌的分生孢子梗着生在分生孢子座上。重要的植物病原菌属如下：

镰刀菌属（*Fusarium*），分生孢子梗简单分枝或帚状分枝，短粗；生瓶状小梗，呈轮状排列于分枝上。通常有两种类型分生孢子，一是大型分生孢子，多胞，无色，镰刀状，聚集时呈粉红色、紫色等；二是小型分生孢子，单胞，无色，卵形，单生或聚生。所致病害有水稻恶苗病、棉花及瓜类枯萎病等。

(3) 无孢目。本目真菌的重要特征是不产生分生孢子，有的产生厚垣孢子。重要的植物病原菌属如下：

①丝核菌属（*Rhizoctonia*）。菌核黑褐色，形状不规则，较小而疏松。菌丝体初无色后变褐色，直角分枝，分枝处有隔膜和缢缩（图1-2-21）。所致病害有多种作物的纹枯病和苗期立枯病等。

②小核菌属（*Sclerotium*）。产生较规则的圆形或扁圆形菌核，表面褐黑色，内部白色，菌核间无丝状体相连。所致病害有多种作物的白绢病等。

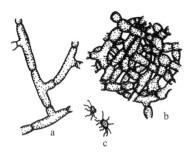

图 1-2-21 丝核菌属

a. 直角状分枝的菌丝 b. 菌核纠结的菌组织 c. 菌核

（许志刚，2003. 普通植物病理学）

（4）束梗孢目。本目真菌的重要特征是分生孢子梗基部联合成束丝。

2. 腔孢纲 本纲真菌的分生孢子产生在分生孢子盘或分生孢子器内。本纲分为黑盘孢目、球壳孢目、盾座孢目 3 个目。

（1）黑盘孢目。本目真菌的重要特征是分生孢子产生于分生孢子盘内。重要的植物病原菌属如下：

①痂圆孢属（*Sphaceloma*）。分生孢子盘半埋于寄主组织内；分生孢子梗短，圆柱形，无色至淡褐色，具 1～2 个隔膜，不分枝，紧密排列于分生孢子盘上；分生孢子较小，单胞，无色，椭圆形，稍弯曲。所致病害有葡萄黑痘病、柑橘疮痂病等。

②炭疽菌属（*Colletotrichum*）。分生孢子盘生于寄主植物角质层下、表皮或表皮下，散生或合生，无色至深褐色；分生孢子梗间生有黑褐色刺状刚毛，分生孢子梗短而不分枝；分生孢子无色，单胞，长椭圆形或新月形（图 1-2-22）。所致病害有苹果炭疽病、辣椒炭疽病等。

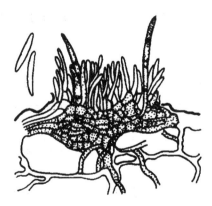

图 1-2-22 炭疽菌属的分生孢子盘和分生孢子

（许志刚，2003. 普通植物病理学）

（2）球壳孢目。本目真菌的重要特征是分生孢子产生在近球形或球形的分生孢子器内。重要的植物病原菌属如下：

①叶点霉属（*Phyllosticta*）。分生孢子器球形，暗色，埋生于寄主组织内，孔口外露；分生孢子单胞，无色，椭圆形，较小。所致病害有棉花褐斑病等。

②拟茎点霉属（Phomopsis）。分生孢子器黑色，球形或圆锥形，顶端有孔口或无，埋生于寄主组织内，部分露出；分生孢子梗短，分枝或不分枝；分生孢子有两种类型，一种为无色、单胞、纺锤形，另一种为无色、单胞、线形。所致病害有茄子褐纹病等。

（3）盾座孢目。本目真菌的重要特征是分生孢子产生于盾形的分生孢子座内。

≫ 任务实施

一、资源配备

1. 材料与工具　植物病原真菌的玻片标本（包括真菌营养体及营养体的变态、无性孢子和有性孢子的形态、与植物病害有关的重要属）、植物真菌性病害标本或新鲜材料、显微镜、放大镜、载玻片、盖玻片、镊子、挑针、解剖刀、小剪刀、培养皿、贮水小滴瓶、乳酚油滴瓶、新刀片、新毛笔、徒手切片夹持物（木髓、新鲜胡萝卜、马铃薯）等。

2. 教学场所　教学实训场所（温室或田间）、实验室或实训室。

3. 师资配备　每15名学生配备1位指导教师。

二、操作步骤

（1）观察实验室现有的植物病原真菌的玻片标本。

（2）结合教师讲解及病原菌的形态观察，描述与植物病害有关重要属的形态特征。

（3）采集新鲜标本，挑取或刮取着生在植物表面的病原真菌，采用水浸制片法观察植物病原真菌的形态，认识病原菌与植物病害之间的关系。

（4）采集新鲜标本，徒手做切片，水浸制片法观察寄生在植物组织内部的病原真菌的形态，认识病原菌与植物病害之间的关系。

（5）绘制观察到的病原真菌的形态，并且标出各部位的名称。

三、技能考核标准

作物致病性真菌形态识别技能考核参考标准见表1-2-2。

表1-2-2　作物致病性真菌形态识别技能考核参考标准

考核内容	要求与方法	评分标准	标准分值/分	考核方法
基础知识考核（60分）	说出无性孢子的类型	根据叙述的无性孢子的类型多少酌情扣分	10	单人考核，口试评定成绩
	说出有性孢子的类型	根据叙述的有性孢子的类型多少酌情扣分	10	
	说出真菌的变态结构	根据叙述的真菌的变态结构多少酌情扣分	10	
	说出病原真菌5个亚门的主要特征	根据阐述病原真菌5个亚门特征的准确程度酌情扣分	10	
	说出所致病害重要属（5个）的形态特征	根据阐述真菌所致病害重要属（5个）的形态特征正确与否酌情扣分	20	
技能考核（40分）	真菌的玻片标本制作	根据真菌的玻片标本制作情况酌情扣分	20	单人操作考核
	植物病原真菌形态观察	根据植物病原真菌形态观察清晰程度酌情扣分	20	

》》思 考 题

1. 根据最新的生物分类系统，原菌物界的成员分别分到哪两界？
2. 真菌界下面的 5 个门有何特征？
3. 什么是病害的侵染循环？包括哪些环节？
4. 什么是侵染过程？其可分为哪几个时期？

思考题参考
答案 1-2

任务三　植物病原原核生物形态识别

》》任务目标

通过本任务，利用各种学习条件，认识植物病原原核生物的基本形态，掌握植物病原原核生物的各代表属及所致植物病害的症状特点，为防治植物病害奠定基础。

》》相关知识

一、植物病原原核生物的一般性状

原核生物是一类含有原核结构的单细胞微生物。其细胞核脱氧核糖核酸（DNA）无核膜包裹，分散在细胞质内，含有 70S 核糖体，无内质网、线粒体等细胞器。原核生物种类繁多，包括细菌、菌原体和放线菌等。其中有些细菌和菌原体可以引起多种植物重要病害，称为植物病原原核生物。

（一）形态和结构

1. 细菌的形态和结构　细菌有 3 种形态，即球状、杆状和螺旋状，分别称为球菌、杆菌和螺旋菌。植物病原细菌主要是杆菌，大小为（0.5～0.8）$\mu m \times$（1～3）μm。细菌的细胞壁是由肽聚糖、脂类和蛋白质组成，其外有黏质层，很少有荚膜。革兰氏染色反应对细菌的鉴别很重要，植物病原细菌革兰氏反应大多为阴性，少数为阳性。大多数植物病原细菌有鞭毛，鞭毛的有无、数量和着生位置在属的分类上有重要意义。具有鞭毛的细菌能运动，细胞质膜下粒状鞭毛基体上产生鞭毛，穿过细胞壁和黏质层延伸到体外的丝状结构，着生在菌体一端或两端的称为极鞭，着生在菌体四周的称为周鞭（图 1-3-1）。

细菌没有固定的细胞核，它的核物质集中在细胞质中央，形成一个椭圆形或近圆形的核区。有些细菌中还有独立于核质之外呈环状结构的遗传因子，称为质粒，它编码控制细菌的抗药性、致病性或育性等性状。一些芽孢杆菌在菌体内可以形成一种称作芽孢的内生孢子。一个菌体只能形成一个芽孢，它具有很强的抵抗力。植物病原细菌一般无芽孢。

2. 植物菌原体的形态和结构　植物菌原体无细胞壁，无革兰氏染色反应，也无鞭毛等其他附属结构，包括植原体和螺原体两种类型，菌体外缘为 3 层结构的单位膜。植原体的形态常为圆形、椭圆形或不规则形，多数植物菌原体属于此类。螺原体菌体呈线条状，在其生活史的主要阶段菌体呈螺旋状，可做旋转运动。

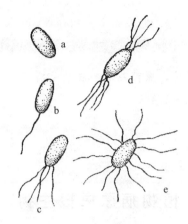

图 1-3-1　细菌形态及鞭毛

a. 无鞭毛　b. 单极鞭毛　c. 单极多鞭毛　d. 双极多鞭毛　e. 周生鞭毛

（二）生长繁殖

植物病原细菌以裂殖的方式繁殖，其是单细胞体，在生长的同时就伴随着细胞数目的增加，细胞分裂时，形成 2 个基本相似的子细胞，子细胞再进行分裂，以此分裂下去而引起细菌数目的增加称为裂殖。细菌的生长非常迅速，适宜的条件下，20～30min 可完成 1 次分裂，即完成 1 个世代。植原体一般认为以裂殖、断裂或出芽繁殖。螺原体繁殖时以芽生长出分枝，断裂而成子细胞。

（三）生理特性

大多数植物病原细菌对营养的要求不严格，可在一般的人工培养基上生长。在培养基上能形成各种不同形状和色泽的菌落，菌落边缘整齐或不规则，表面粗糙或光滑，隆起或平贴，色泽有白色、灰白色或黄色等。有一类寄生在植物维管束内的细菌在人工培养基上难以培养（如木质菌属 *Xylella*）或不能培养（如韧皮杆菌属 *Liberobacter*），称之为维管束难养细菌。植原体至今还不能人工培养。而螺原体需在含甾醇的培养基上才能生长，在固体培养基上形成"煎蛋形"菌落。

（四）遗传和变异

原核生物的遗传物质是细胞质内的 DNA 和质粒。在细菌分裂过程中，遗传物质及基因组也同步分裂，然后均匀地分配到两个子细胞中，从而保证了亲代的稳定性状遗传给子代。原核生物经常发生变异。一种变异是细胞的突变，细菌自然突变率很低，通常为十万分之一，由于细菌繁殖快、繁殖量大，这样就增加了发生变异的概率；另一种变异是通过结合、转化和转导方式，一个细菌的遗传物质进入到另一个细菌体内，使其 DNA 发生部分改变，从而形成性状不同的后代。

二、植物病原原核生物的重要属种

目前采用伯杰提出的分类系统，将原核生物分为 4 个门，即薄壁菌门、厚壁菌门、软壁菌门、疵壁菌门。侵染植物引起病害的细菌种类很多，其中以薄壁菌门引起一些重要病害的病原菌最多。

1. 土壤杆菌属（*Agrobacterium*）　　土壤习居菌。菌体杆状，大小为 $(0.6～1.0)\mu m \times$

（1.5～3.0）μm。鞭毛 1～6 根，周生或侧生。严格好气性，代谢为呼吸型。营养琼脂上的菌落圆形、隆起、光滑、灰白色至白色，质地黏稠，不产生色素。代表病原菌是根癌土壤杆菌（*A. tumefaciens*），其寄主范围极广，可侵害 90 多科 300 多种双子叶植物，尤以蔷薇科植物为主，引起桃、苹果、葡萄、月季等的根癌病。

2. 黄单胞菌属（*Xanthomonas*） 菌体多单生，少双生，短杆状，大小为（0.4～0.7）μm×（1.0～2.9）μm，革兰氏阴性，单鞭毛，极生。严格好气性，代谢为呼吸型，氧化酶阴性或弱，过氧化氢酶阳性。营养琼脂上的菌落黄色、圆形、隆起，产生非水溶性黄色素。引起的植物病害有甘蓝黑腐病、水稻白叶枯病、大豆细菌性斑疹病等。

3. 假单胞菌属（*Pseudomonas*） 菌体呈杆状或略弯，大小为（0.5～1.0）μm×（1.5～5.0）μm，革兰氏阴性，无芽孢，具端鞭毛，能运动。严格好气性，代谢为呼吸型，氧化酶多阴性，过氧化氢酶阳性。营养琼脂上的菌落灰白色、圆形、隆起，有些种可产生荧光色素。引起的植物病害有烟草角斑病、甘薯细菌性萎蔫病、大豆细菌性疫病等。

4. 欧文氏菌属（*Erwinia*） 菌体短杆状，大小为（0.5～1.0）μm×（1～3）μm，革兰氏阴性。除一个种无鞭毛外，其他种均有多根周生鞭毛。兼性好气性，代谢为呼吸型或发酵型，无芽孢。营养琼脂上菌落圆形、隆起、灰白色。重要的植物病原菌有胡萝卜软腐欧文氏菌（*E. carotovora*）和解淀粉欧文氏菌（*E. amylovora*）。引起的植物病害有马铃薯黑胫病、玉米细菌性枯萎病、玉米细菌性茎腐病、白菜软腐病等。

5. 劳尔氏菌属（*Ralstonia*） 菌体短杆状，极生鞭毛 1～4 根，革兰氏阴性，好氧。在普通细菌培养基上菌落隆起、光滑、灰白色至白色。有些菌株在培养基上可分泌一种水溶性褐色素而使培养基变褐色，在灭菌的马铃薯块上则能使其变深褐色至黑色。引起的植物病害有马铃薯、烟草、花生、番茄等的青枯病。

6. 韧皮部杆菌属（*Liberobacter*） 韧皮部杆菌属是新设立的属，这是一类在韧皮部中寄生危害的病原菌。以柑橘黄龙病的病原细菌为代表，至今尚未能人工培养，在电镜下观察其菌体为梭形或短杆状，革兰氏阴性，包括两个种，在亚洲引起黄龙病，在非洲引起青果病。

7. 噬酸菌属（*Acidovorax*） 菌体杆状，直或略弯，大小为（0.2～0.8）μm×（1.0～5.0）μm，革兰氏阴性。极生鞭毛 1 根，2～3 根极鞭少有。营养琼脂上的菌落暗淡黄色、圆形、隆起、边缘平展或微皱。最适生长温度 30～35℃。引起的植物病害有瓜类果斑病。

8. 棒形杆菌属（*Clavibacter*） 菌体短杆状至不规则状，有时呈棒状，大小为（0.4～0.75）μm×（0.8～2.5）μm，无鞭毛，无芽孢，没有荚膜，革兰氏阳性。严格好气性，呼吸型，氧化酶阴性，过氧化氢酶阳性。营养琼脂上的菌落为灰白色、圆形、光滑凸起、不透明。重要的病原菌有马铃薯环腐病菌（*C. michiganensis* subsp. *sepedonicum*），可侵害 5 种茄属植物，主要危害马铃薯的维管束组织，引起环状维管束组织坏死，故称为环腐病。

9. 螺原体属（*Spiroplasma*） 菌体基本形态为螺旋形，有螺旋状分枝。生长繁殖必须有甾醇供应。寄主主要是双子叶植物和昆虫，产生丛生、矮化及畸形症状。重要种为柑橘僵化螺原体（*S. citri*），侵染危害柑橘和豆科植物。

10. 植原体属（*Phytoplasma*）　菌体基本形态圆球形或椭圆形，但在韧皮部筛管中或穿过细胞壁上的胞间连丝时，可变为丝状、杆状或哑铃状等。菌体大小为 80～1 000nm，目前还不能在离体下进行培养，许多性状尚不明确。已报道 300 多种植物受到侵染，引起的主要病害有枣疯病、桃黄化病和泡桐丛枝病等。

三、细菌病害的危害症状

植物细菌病害的症状主要有斑点、腐烂、枯萎、畸形和溃疡。斑点主要发生在叶片、果实和嫩枝上，由于细菌侵染，引起植物局部组织坏死而形成斑点或叶枯。有的在叶斑病后期，病斑中部坏死组织脱落而形成穿孔。植物幼嫩多汁的组织被细菌侵染后，通常表现腐烂症状。这类症状表现为组织解体，流出带有臭味的液汁，主要由欧文氏菌属引起。有些病菌侵入寄主植物的维管束组织，在导管内扩展破坏了输导系统，引起植株萎蔫。常见的是由青枯病假单胞杆菌引起的，棒形杆菌属也能引起枯萎症状。有些细菌侵入植物后，引起根或枝干局部组织过度生长形成瘤肿，或使新枝、须根丛生，或多种畸形症状。发生普遍而严重的土壤杆菌属引起多种植物的根癌病，假单胞杆菌属也可引瘤肿。溃疡主要是指植物枝干局部性皮层坏死，坏死后期因组织失水而稍下陷，有时周围还产生一圈稍隆起的愈合组织，一般由黄单胞杆菌属引起。

四、细菌病害的诊断

植物细菌
病害的鉴别

植物病原原核生物（细菌）病害的病征不如真菌病害明显，通常只有在潮湿的情况下，病部才有黏稠状的菌脓溢出。叶斑病的共同特点是病斑受叶脉限制多呈多角形，初期呈水渍状，后变为褐色至黑色，病斑周围出现半透明的黄色晕圈，空气潮湿时有菌脓溢出。枯萎型的病害，在茎的断面可看到维管束组织变褐色，并有菌脓从中溢出。切取一小块病组织，制成水压片在显微镜下检查，如有大量细菌从病组织中涌出，则为植物病原原核生物（细菌）性病害。根据这一症状特点，可对植物细菌病害做出初步诊断。若需进一步鉴定细菌的种类，除要观察形态和纯培养性状外，还要研究染色反应及各种生理生化反应，以及它的致病性和寄主范围等特性。

≫任务实施

一、资源配备

1. 材料与工具　植物病原原核生物（细菌）病害标本或新鲜材料、带油镜头的显微镜、载玻片、酒精灯、火柴、接种环、挑针、蒸馏水、洗瓶、废渣缸（或大烧杯）、滤纸、镜头纸、香柏油、二甲苯、革兰氏染色液、鞭毛染色液、小玻棒、纱布块等。

2. 教学场所　教学实训场所（温室或田间）、实验室或实训室。

3. 师资配备　每 15 名学生配备 1 位指导教师。

二、操作步骤

（1）观察所给标本症状特点，识别主要植物病原原核生物（细菌）病害种类。

（2）细菌简单染色和革兰氏染色，观察其形态特征。

（3）细菌喷菌现象的观察。

（4）认真绘制观察到的病原物的形态特征。

三、技能考核标准

植物病原原核生物形态识别技能考核参考标准见表1-3-1。

表1-3-1　植物病原原核生物形态识别技能考核参考标准

考核内容	要求与方法	评分标准	标准分值/分	考核方法
基础知识考核（40分）	细菌性病害的识别	根据细菌性病害的识别情况酌情扣分	20	单人考核，口试评定成绩
	重要属识别	根据阐述细菌重要属的正确程度酌情扣分	20	
技能考核（60分）	细菌简单染色技术	根据细菌简单染色操作符合程度酌情扣分	30	单人操作考核
	细菌观察	根据细菌观察清晰程度酌情扣分	30	

》思 考 题

1. 什么是植物病原原核生物？

2. 植物病原细菌的形态有哪些？以什么方式繁殖？

思考题参考
答案1-3

》拓展知识

其他植物病害的
病原物形态识别

作物病害的
发生与流行

项目二 >>>>>>>>

植物害虫识别技术

>> 任务目标

通过本任务，利用各种学习条件，对昆虫各附属器官的类型进行观察、识别，能够描述昆虫的形态特征，为正确识别昆虫奠定基础。

>> 相关知识

一、昆虫的整体特征

昆虫纲特征及其
近缘纲动物形态

昆虫属于动物界节肢动物门昆虫纲，是无脊椎动物中最大的一个类群。地球上的动物种类约 150 万种，其中昆虫约占 100 万种。昆虫的种类繁多，形态各异，但成虫期具有共同的特征（图 2-1-1）：

（1）体躯分成头、胸、腹 3 个明显的体段。

（2）头部有口器和 1 对触角，还有 1 对复眼和 0～3 个单眼。

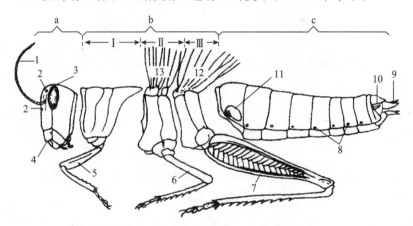

图 2-1-1　昆虫（蝗虫）体躯侧面观

a. 头部　b. 胸部　c. 腹部

Ⅰ. 前胸　Ⅱ. 中胸　Ⅲ. 后胸

1. 触角　2. 单眼　3. 复眼　4. 口器　5. 前足　6. 中足　7. 后足　8. 气门　9. 产卵器

10. 尾须　11. 听器　12. 后翅　13. 前翅

（张红燕，2014. 园艺作物病虫害防治）

（3）胸部有 3 对胸足，一般有 2 对翅。

（4）腹部大多由 9～11 个体节组成，末端具有外生殖器和肛门，有的还有 1 对尾须。

学习昆虫识别的知识就能将它与近缘的节肢动物区别开，如甲壳纲（虾、蟹）、蛛形纲（蜘蛛、蝎子）、多足纲（蜈蚣、马陆）。这些节肢动物均为体躯左右对称，由一系列的体节组成，有些体节上有成对分节的附肢，具外骨骼。

二、昆虫外部形态结构及特征识别

（一）昆虫的头部

头部是昆虫体躯的第一个体段，以膜质的颈与头部相连。头部着生触角、口器、复眼、单眼等器官，是感觉和取食的中心。

头壳呈圆形或椭圆形，头壳表面的沟和缝将头部划分为若干区，分别为头顶、额、唇基、颊和后头。

昆虫的头部
及其附器

1. 昆虫的头式　由于昆虫的取食方式不同，取食器官在头部着生的位置也相应地发生了变化，根据口器的着生方向，可将昆虫的头式分为 3 种（图 2-1-2）。昆虫的头式是昆虫种类识别、判定取食方式及益害的依据之一。

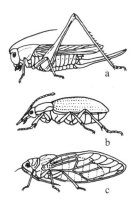

图 2-1-2　昆虫的头式
a. 下口式（蝗虫）　b. 前口式（步甲）　c. 后口式（蝉）

（1）下口式。口器着生在头部的下方，头部的纵轴与身体的纵轴垂直。多见于植食性的昆虫。

（2）前口式。口器着生在头部的前方，头部的纵轴与身体的纵轴几乎平行。多见于捕食性的昆虫，如步甲。

（3）后口式。口器着生在头部的后方，头部的纵轴与身体的纵轴成锐角。多见于吸汁类的昆虫，如蚜虫。

2. 昆虫的触角　昆虫除少数种类外，都有 1 对触角，着生在头部的前方或额的两侧，具有嗅觉和触觉作用，有的还有听觉的功能，有利于昆虫的取食、聚集、避敌、求偶和寻找产卵场所。

触角的基本构造分为 3 部分：柄节、梗节、鞭节。许多昆虫的鞭节因种类和性别不同而出现不同的类型（图 2-1-3），常见昆虫触角类型见表 2-1-1。

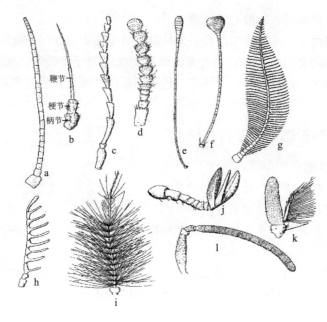

图 2-1-3 昆虫触角类型
a. 丝状 b. 刚毛状 c. 锯齿状 d. 念珠状 e. 棍棒状 f. 锤状 g. 羽毛状 h. 栉齿状
i. 环毛状 j. 鳃片状 k. 具芒状 l. 膝状

表 2-1-1 常见昆虫触角类型、特点及代表性昆虫

触角类型	特点	代表昆虫
刚毛状	触角短，基部两节较粗，鞭节部分则细如刚毛	蜻蜓、蝉
丝状（线状）	触角细长，除基部1~2节稍粗大外，其余各节大小和形状相似	蝗虫、蟋蟀
念珠状	鞭节由近似圆球形、大小相似的小节组成，像一串念珠	白蚁
锯齿状	鞭节各节的端部向一侧作齿状突出，形似锯条	锯天牛、叩头甲
栉齿状（梳状）	鞭节各小节的一边向外突出呈细枝状，形似梳子	雄性绿豆象
双栉齿状（羽毛状）	鞭节各小节向两边伸出细枝，形似羽毛	雄性毒蛾、雄性蚕蛾
膝状	柄节特长，梗节短小，鞭节和柄节弯成膝状	蜜蜂、象甲
具芒状	触角短，鞭节仅1节，但异常膨大，其上生有刚毛状的触角芒	蝇类
环毛状	鞭节各节均生有一圈长毛，近基部的较长	雄蚊
棍棒状（球杆状）	触角细长如杆，近端部数节逐渐膨大	蝶类、蚁蛉
锤状	与球杆状相似，但触角较短，末端数节显著膨大似锤	瓢虫、皮蠹
鳃片状（鳃叶状）	触角末端数节延展成片状，状如鱼鳃，可以开合	金龟甲

3. 昆虫的眼 眼是昆虫的视觉器官，在取食、群集、栖息、繁殖、避敌、决定行动方向等活动中起着重要作用。

昆虫的眼有复眼和单眼两种。复眼1对，着生在头部的侧上方，多为圆形、卵圆形或肾形，由很多六角形小眼集合而成，能分辨物体形象，以及光的波长、强度和颜色，全变态昆虫成虫期和不完全变态若虫期、成虫期都具有复眼。单眼一般3个，呈三角形排列于头顶与复眼之间，只能分辨光的强弱，不能分辨物体和颜色。

4. 昆虫的口器 口器是昆虫的取食器官。因食物的种类、取食方式及食物的性质不同，昆虫的口器在外形和构造上有各种不同的特化，形成了不同的口器类型。取食固体食物的为咀嚼式口器（图 2-1-4），取食液体食物的为吸收式口器（图 2-1-5），兼食固体液体食物的为嚼吸式口器。吸收式口器又因吸收方式不同分为刺吸式口器（如蚜虫）、虹吸式口器（如蛾类）、锉吸式口器（如蓟马）、舐吸式口器（如蝇类）。咀嚼式口器是昆虫最基本的口器类型，其他口器类型均由咀嚼式口器演化而来（表 2-1-2）。

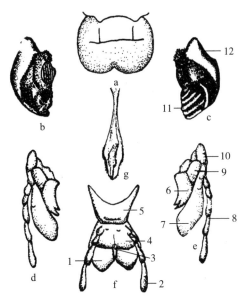

图 2-1-4 昆虫的咀嚼式口器

a. 上唇 b、c. 上颚 d、e. 下颚 f. 下唇 g. 舌

1. 侧唇舌 2. 下唇须 3. 中唇舌 4. 颏 5. 亚颏

6. 内颚叶 7. 外颚叶 8. 下颚须 9. 茎节

10. 轴节 11. 切区 12. 磨区

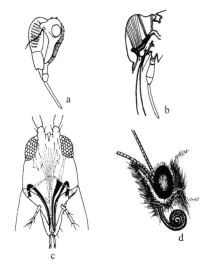

图 2-1-5 昆虫的吸收式口器

a、b. 刺吸式口器（正面观、侧面观）

c. 锉吸式口器 d. 虹吸式口器

表 2-1-2 常见昆虫口器类型、特征、危害特点及防治措施

口器类型	基本构造、特征及作用					危害特点（代表性种类）	防治措施
	上唇	上颚	下颚	下唇	舌		
咀嚼式口器	盖在口器上方的 1 薄片，外硬内软，可辨别食物的味道	位于上唇的下方，1 对，坚硬带齿的块状物，具有切区和磨区，能切断和磨碎食物	位于上颚的下方，1 对，构造复杂（轴节、茎节、外颚叶、内颚叶、下颚须），下颚须具有味、嗅、触觉功能	位于口器的底部，具有托持切碎食物并推向口内的作用，且还有 1 对与下唇须功能相似的下唇须	位于口器的中央，为 1 囊状突出物，帮助吞咽，有味觉作用	使植物受到机械损伤，如缺刻、孔洞；蛀食叶肉形成虫道或白斑（美洲斑潜蝇）；钻蛀枝干（天牛幼虫）、花蕾（蛴螬）、果实（棉铃虫）造成断枝、落蕾、落果等；吐丝卷叶（各种卷叶蛾）、缀叶（樟巢螟）；取食植物的种子或地下部分（蝼蛄）	可选用胃毒性或触杀性能的杀虫剂，制成饵料，喷洒在植物表面或害虫体壁，但对蛀果、蛀秆、卷叶、潜叶危害的昆虫应在钻蛀之前施药

（续）

口器类型	基本构造、特征及作用					危害特点（代表性种类）	防治措施
	上唇	上颚	下颚	下唇	舌		
刺吸式口器	退化为小型片状物，盖在喙基部	特化成2对口针，1对上颚针，较粗在外，1对下颚针，较细，相互嵌合成束，形成食物管和唾液管	延长成分节的喙，保护口针	位于口针的基部		造成变色、斑点、卷缩、扭曲、瘿瘤，甚至使植物枯萎而死。多数昆虫（蚜虫、叶蝉等）还可传播植物病害	可选用内吸性、触杀性或熏蒸性能的杀虫剂，喷洒在植物表面或害虫体壁
虹吸式口器	退化	退化	发达，外颚叶极度延长成管状弯曲的喙，内有食物管	退化	退化	除少数吸果夜蛾吸食果汁外，一般不造成危害（蛾、蝶）	可选用胃毒性能的杀虫剂，将其制成液体，混入昆虫可能取食的液体中，混入昆虫可能取食的液体中，如常用的糖醋液等
锉吸式口器	短小，与下颚的一部分和下唇形成喙，内藏舌和3根口针	右上颚退化或消失，口针由左上颚和1对下颚口针特化而成		舌与下唇相接形成唾液管		常出现不规则的失绿斑点、畸形或叶片皱缩卷曲（蓟马）	可选用内吸性、触杀性或熏蒸性能的杀虫剂，喷洒在植物表面或害虫体壁

（二）昆虫的胸部

昆虫的胸部由前胸、中胸和后胸3个体节组成。每一胸节各有1对足，依次称前足、中足和后足。多数昆虫的中胸和后胸上还具有1对翅，分别称前翅和后翅。足和翅是昆虫主要的运动器官，因此胸部是昆虫的运动中心。昆虫的每一胸节，均由4块骨板组成，位于背面的称背板，两侧的称侧板，腹面的称腹板。

1. 昆虫的足 昆虫的足由6节组成，分别是基节、转节、腿节、胫节、跗节、前跗节。由于生活环境和活动方式的不同，昆虫足的形态和功能也相应地发生了变化，特化成许多不同的类型，如图2-1-6和表2-1-3所示。

2. 昆虫的翅 昆虫是无脊椎动物中唯一有翅的类群，翅在昆虫觅食、求偶、避敌和扩大地理分布等生命活动及进化方面具有重要意义。

昆虫的翅多呈三角形，可将其分为三缘、三角、三褶和四区。翅前面的一边称前缘，后面的称后缘或内缘，外面的称外缘；与身体相连的一角为肩角，前缘与外缘所形成的角为顶角，外缘与后缘间的角为臀角；翅的折叠，可将翅面划分出臀前区和臀区，有的昆虫在臀区的后面还有1个轭区，翅的基部是腋区，如图2-1-7所示。

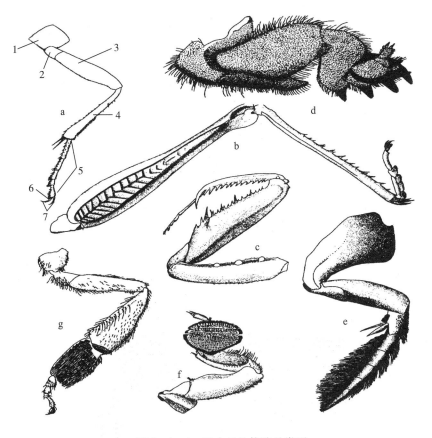

图 2-1-6 昆虫足的构造及类型

a. 步行足（步甲）　　b. 跳跃足（蝗虫的后足）　　c. 捕捉足（螳螂的前足）　　d. 开掘足（蝼蛄的前足）

e. 游泳足（龙虱的前足）　　f. 抱握足（雄龙虱的前足）　　g. 携粉足（蜜蜂的后足）

1. 基节　2. 转节　3. 腿节　4. 胫节　5. 跗节　6、7. 前跗节

（张红燕，2014. 园艺作物病虫害）

表 2-1-3 昆虫足的类型及特点

足的类型	特点	代表性昆虫
步行足	各节细长，适于在物体表面行走	步甲、蚜虫、蟥
跳跃足	后足特化而成，腿节特别膨大，胫节细长，末端有距，适于跳跃	蝗、蟋蟀、跳甲
捕捉足	前足特化而成，基节特别长，腿节粗大，腹面有槽，槽的两边具2排刺，胫节的腹面也有1排刺，弯曲时，可以嵌在腿节的槽内，形似铡刀	螳螂、猎蝽
游泳足	足扁平而细长，胫节和跗节有细长的缘毛似桨状，适于游泳	龙虱、仰泳蝽
开掘足	前足特化而成，胫节宽扁、粗壮、外缘具坚硬的齿，似钉耙，适于掘土	蝼蛄
携粉足	胫节宽扁，表面光滑，侧缘有长毛（花粉篮），第一跗节长而扁大，内有10～12排横列的硬毛（花粉刷）	蜜蜂
抱握足	足粗短，跗节膨大具吸盘状结构，交配时用以抱握雌体	雄龙虱

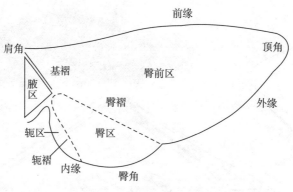

图 2-1-7　昆虫翅的基本构造
（张红燕，2014. 园艺作物病虫害防治）

昆虫由于长期适应不同的生活环境和条件，翅的功能有所不同，因而在形态、质地等方面也出现了差异，从而形成了不同的翅的类型，如图 2-1-8 所示，其各自的特点见表 2-1-4。

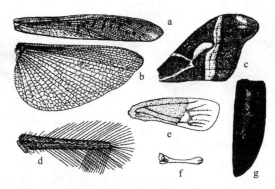

图 2-1-8　昆虫翅的类型
a. 覆翅　b. 膜翅　c. 鳞翅　d. 缨翅　e. 半鞘翅　f. 平衡棒　g. 鞘翅

表 2-1-4　昆虫翅的类型及特点

翅的类型	特点及作用	代表性昆虫
膜翅	膜质，薄而透明，翅脉明显，用于飞翔	蜂类、蚜虫
覆翅	革质，翅脉大多可见，兼有飞翔和保护作用	蝗虫、蝼蛄
鳞翅	膜质，翅面被鳞片，用于飞翔	蛾类、蝶类
缨翅	膜质，狭长，翅脉退化，翅的周缘生有细长的缨毛	蓟马
鞘翅	角质，坚硬，翅脉消失，用于保护身体和后翅	天牛、叶甲
半鞘翅	基半部革质，端半部膜质，兼有飞翔和保护作用	蝽类的前翅
平衡棒	后翅退化为很小的棍棒状，飞翔时用于平衡身体	蚊、蝇、介壳虫雄虫后翅

（三）昆虫的腹部

昆虫的腹部是昆虫的第三体段，腹腔内着生内脏器官和生殖器官，腹部末端生有外生殖器和尾须，因此，腹部是生殖与代谢的中心。昆虫腹部由 9~11 节组成，节与节之间有节间膜相连。腹部各体节只有背板和腹板，而无侧板。腹部 1~8 节的两侧有气门，是呼吸通道。腹部末端有外生殖器，雌性外生殖器称产卵器，雄性外生殖器称交配器，如图 2-1-9 所示。昆虫的产卵器由于生活环境不同也会发生变化。如蝗虫的产卵器是由背产卵瓣和腹产卵瓣组成，产卵时借助 2 对产卵瓣的张合作用，使腹部插入土中而产卵；蝉类的产卵器由腹产卵瓣和内产卵瓣组成，可刺破树木枝条将卵产在植物组织中；蛾、蝶、甲虫、蜂类等多种昆虫没有产卵瓣，产卵时只能产于植物的缝隙处、凹处或裸露处。根据昆虫的产卵方式和产卵习性可进行针对性防治。

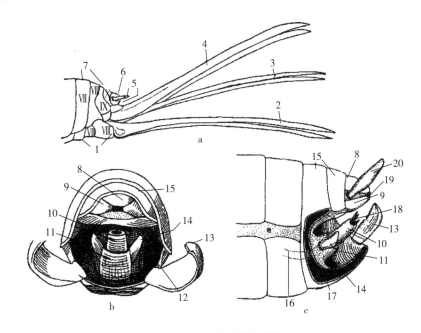

图 2-1-9　蝗虫外生殖器

a. 雌性生殖器（产卵器）　b. 雄性生殖器后面观　c. 雄性生殖器侧面观

1. 腹板　2. 腹产卵瓣　3. 内产卵瓣　4. 背产卵瓣　5. 尾肛侧片　6. 肛上片　7. 背板　8. 肛上板
9. 肛侧板　10. 阳茎　11. 阳茎基　12. 生殖腔　13. 抱雌器　14. 阳茎侧叶　15. 背板
16. 射精管　17. 下生殖板　18. 射精孔　19. 肛门　20. 尾须

（四）昆虫的体壁

体壁是昆虫骨化的皮肤，是包在整个昆虫体躯最外层的组织，具有皮肤和骨骼的功能，又称外骨骼。除具有保持一定的形态、固着肌肉的骨骼功能外，还具有皮肤功能，可防止体内水分的蒸发、微生物及外界有害物质的侵入，以及保护内部器官免受外部机械袭击。同时，体壁上还有很多感觉器官，可接受感应，与外界环境发生联系。

体壁由外向内可以分为表皮层、皮细胞层和底膜 3 部分，其构造模式如图 2-1-10 所示。

1. 表皮层　表皮层是皮细胞层向外分泌的非细胞性物质，表皮层由内向外也分 3 层。内表皮最厚，质地柔软而有延展曲折性；外表皮质地紧密而有坚韧性；上表皮最薄，由于含有稳定的蛋白质、脂类化合物和蜡质，昆虫体壁的上表皮具有不透水性，可以阻止杀虫剂的进入，因此，选择脂溶性的杀虫剂可以提高杀虫效果。

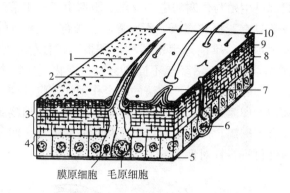

膜原细胞 毛原细胞

图 2-1-10 昆虫体壁构造模式

1. 皮细胞腺孔 2. 刚毛 3. 表皮层 4. 皮细胞层 5. 底膜 6. 腺细胞
7. 非细胞表皮突 8. 内表皮 9. 外表皮 10. 上表皮

2. 皮细胞层 皮细胞层是 1 层排列整齐的单层活细胞，可形成新的表皮。其功能为分泌表皮层和蜕皮液，控制蜕皮，修补伤口，消化吸收内表皮的物质。昆虫体表的刚毛、鳞片、刺、距及各种腺体也是皮细胞层特化而来的。

3. 底膜 底膜是紧贴皮细胞层的薄膜，有保护皮细胞层和间隔体腔的作用。

≫ 任务实施

一、资源配备

1. 材料与工具 各种昆虫标本、多媒体设备及资料（包括视频、图片资料等）、体视显微镜、还软器、放大镜、频振式杀虫灯等。

2. 教学场所 植保实验室、农业应用技术示范园（大棚、温室）、实训基地。

3. 师资配备 每 15 名学生配备 1 位指导教师。

二、操作步骤

依据教师讲解、学生讨论、网络资源的学习，学会对昆虫的形态特征进行描述。选择不同标本，将其外部形态特征填入表 2-1-5（要求至少描述 20 种昆虫）。

表 2-1-5 昆虫外部形态记录

昆虫名称	头式	口器类型	触角类型	足类型	翅类型

三、技能考核标准

昆虫外部形态识别技能考核参考标准见表 2-1-6。

表 2-1-6 昆虫外部形态识别技能考核参考标准

考核内容	要求与方法	评分标准	标准分值/分	考核方法
基础知识考核（100分）	识别头式	根据识别的多少与准确程度酌情扣分	10	单人考核，口试评定成绩
	识别触角类型		30	
	识别口器类型		10	
	识别足类型		20	
	识别翅类型		30	

》思考题

1. 杀虫剂中为什么要加入脂溶性有机溶剂？
2. 昆虫的口器类型与杀虫剂的作用方式之间有何关系？

思考题参考
答案 2-1

》拓展知识

昆虫的发育和变态

昆虫的世代和
年生活史

昆虫生物学性状识别

昆虫的分类基础

昆虫内部器官观察

任务二　直翅目、半翅目、同翅目昆虫识别

》任务目标

通过训练，使学生能够掌握直翅目、半翅目、同翅目昆虫及其主要科的形态特征及识别要点，能识别植物上常发生的直翅目、半翅目、同翅目等 3 目昆虫。

》相关知识

一、直翅目

直翅目昆虫包括蝗、蟋蟀、螽斯、蝼蛄等（图 2-2-1），属有翅亚纲、渐变态类，广泛分布于世界各地，以热带地区种类较多。本目分 3 个亚目、12 个总科和 26 个科，全世界已知近 3 万种，中国已知 1 000 余种。很多种类是农业上的重要害虫。

本目主要特征：咀嚼式口器；后足为跳跃足或前足为开掘足；前胸背板发达，多呈马鞍状；前翅革质，后翅膜质，少数翅 1 对或无翅；雌虫腹末多有明显的产卵器（蝼蛄除外）；雄虫多能用后足摩擦前翅或前翅相互摩擦发音；多有听器；渐变态，若虫与成虫相

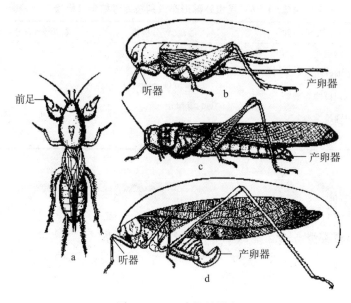

图 2-2-1 直翅目昆虫
a. 蝼蛄科 b. 蟋蟀科 c. 蝗科 d. 螽斯科

似；一般为植食性，多为害虫。常见科介绍如下：

1. 螽斯科 跗节 4 节，产卵器为马刀状、剑形或镰刀形。翅一般发达，但也有短翅型或无翅型。雄虫具发音器，少数种的雌虫也具发音器。尾须一般短。一般为植食性，少数为肉食性。卵产在植物体内。

2. 蟋蟀科 跗节 3 节，产卵器为矛状，尾须很长，仅雄虫具有发音器。本科昆虫为夜出性，发生 1 代需 1 年以上，卵多产于地下。常见的种类如油葫芦。

3. 蝼蛄科 为土栖昆虫，前足开掘足，胫节宽，具 4 齿，跗节基部 2 齿；后足腿节不发达，不适合跳跃。发音器不发达，具听器。产卵器不发达，但尾须很长。1～3 年发生 1 代，是重要的地下害虫。常见的如华北蝼蛄和东方蝼蛄。

4. 蝗科 前胸背板发达，呈马鞍形，盖住中胸。跗节 3 节，具跗垫。鼓膜听器位于第一腹节两侧，雄虫可发音，是靠后足腿节与前翅外缘相互摩擦。体细长，光滑，颜面倾斜，触角剑状，无前胸腹板突，后足腿节中区具羽状隆线，前翅翅末不尖削。常见的如中华蚱蜢。

二、半翅目

半翅目昆虫俗称蝽或椿象，由于很多种能分泌挥发性臭油，因而又称臭虫、臭板虫。多为植食性种类，危害农作物、果树、林木或杂草，刺吸其茎叶或果实的汁液，对农业造成一定程度的危害。

本目主要特征：前翅为半翅，栖息时平覆背上；刺吸式口器；具分节的喙，喙从头端部伸出；前胸很大，中胸小盾片发达（一般呈倒三角形）；腹面中后足间多有臭腺开口；陆生或水生；植食性或捕食性；渐变态（图 2-2-2）。常见科介绍如下：

1. 蝽科 体小至大型。头小，三角形，明显地分为中片和侧片。触角 5 节，偶有 4

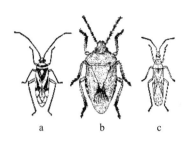

图 2-2-2　半翅目昆虫
a. 盲蝽科　b. 蝽科　c. 缘蝽科

节，喙 4 节，有单眼。前胸大，侧角有时呈刺状。小盾片发达，三角形，超过前翅爪片的长度。前翅膜区的纵脉多从一基横脉上分出。跗节 3 节。大多数为植食性。

2. 红蝽科　体中型，多为红色或黑色，前翅常具星状斑纹。触角 4 节，喙 4 节，无单眼。前翅膜区纵脉多于 5 条，膜区基部有 4 条纵脉围成的 2～3 个大型翅室，并由此发出多条纵脉。跗节 3 节。常栖息于植物或地面上，产卵于泥土或腐败落叶层中。多数种类植食性。

3. 缘蝽科　体中至大型，宽扁或狭长，两侧缘略平行，多为褐色或绿色。触角 4 节，喙 4 节，有单眼。前胸背板及足常有叶状突或尖角。中胸小盾片小，三角形，短于前翅爪片。前翅膜区有多条分叉的纵脉，均出自基部一横脉上。足较长，有时后足腿节粗大，跗节 3 节。植食性，如危害豆类的点蜂缘蝽等。

4. 盲蝽科　体小型，稍扁平。触角 4 节，无单眼。前翅革区分为革片、爪片和楔片。膜区由翅脉在基部围成两个翅室。从侧面看，膜区与革区呈一角度。植食性，有近万种，我国已知 500 种，如绿盲蝽、苜蓿盲蝽、三点盲蝽等。

5. 网蝽科　体小而扁，体长多在 5mm 以下。触角 4 节，以第三节最长，喙 4 节，无单眼。头顶、前胸背板及前翅具网状花纹。足正常，跗节 2 节、无中垫。植食性，多在叶背面或幼嫩枝条群集食害，排出锈渍状污物，并在被害植物组织产卵。重要的有梨网蝽，危害梨、桃、苹果等各种果树。

三、同翅目

同翅目包括蝉、叶蝉、沫蝉、蜡蝉、飞虱、木虱、粉虱、蚜虫、蚧等种类昆虫，属于有翅亚纲、渐变态类。

本目主要特征：刺吸式口器，具分节的喙，但喙出自前足基节之间（与半翅目不同）；前翅质地相同，全为膜质或全为革质，栖息时呈屋脊状覆在背上，也有无翅或 1 对翅的；多为陆生；植食性；多为渐变态或过渐变态（图 2-2-3）。常见科的分类如下：

同翅目、半翅目主要科特征观察

1. 蝉科　体中到大型。单眼 3 个，呈三角形排列于头顶中央。触角着生于复眼之间前方。雄虫在第一腹节腹面具鸣器，雌虫具听器。翅宽大，膜质，善飞。前足腿节膨大，下缘具刺，跗节 3 节。若虫前足为开掘足，营地下生活，危害植物根部。成虫俗称知了，发育历期较长，一般需要 2 年以上时间，最长可达 17 年。常见如蚱蝉。

2. 蜡蝉科　体中至大型，通常色彩美丽，有"羽衣"之称。许多种类额与颊间形成

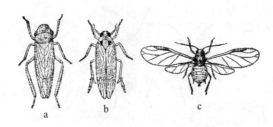

图 2-2-3　同翅目昆虫
a.叶蝉科　b.飞虱科　c.蚜科

隆堤，额常向前伸长似象鼻状。多数种类能分泌白色蜡粉，又称蜡蝉。触角着生在复眼下方，3 节，基部两节膨大如球状，单眼 2～3 个或退化。前翅有翅基片，端部翅脉多分叉，多横脉，呈网状，后翅臀区翅脉也呈网状。后足胫节有刺，跗节 3 节。常见如斑衣蜡蝉。

3. 叶蝉科　俗称浮尘子，体小型。单眼 2 个，位于头顶边缘或头顶与额之间，触角着生于两复眼之间或复眼之前。雄虫无鸣器。后足胫节具两列刺。产卵器锯齿状。很多昆虫是传毒昆虫，如大青叶蝉。

4. 飞虱科　体小型。后足胫节末端具一大而能动的距。雌虫具发达的产卵瓣，产卵于植物茎叶组织中。常有长、短翅两个类型。主要危害水稻和其他禾本科植物，如褐飞虱、白背飞虱、灰飞虱等。

5. 木虱科　体小型。触角较长，9～10 节，末端有 2 条不等长的刚毛。单眼 3 个。翅两对，前翅质地较厚。跗节 2 节。若虫体扁，常分泌蜡质和大量蜜露，虫体在其下。常见如中国梨木虱。

6. 粉虱科　粉虱的 1 龄若虫足发达，可动。触角 4 节。2 龄起，足及触角退化，营固定生活，体变硬，分类上称蛹壳，是一个重要的分类阶段。常见如温室白粉虱。

7. 蚜科　俗称蜜虫，触角一般 6 节，个别种类和某些类型为 5 节或 3 节。无翅个体和若蚜仅具原生感觉孔，位于第五节、第六节的末端，大型。触角的最后一节又可再分为基部和鞭部两部分。有翅成蚜在第 3～6 节上具圆形的次生感觉孔，其数目在不同种类各不相同，是分种的重要依据。腹部在第六节或第七节背两侧具 1 对腹管，腹管具瓦纹或无，其形状和长度是分类的重要依据。腹部末端突出的部分称尾片，尾片呈圆锥形、圆筒形或其他形状。尾片上着生刚毛，刚毛的形状为直或弯，其形状和数量是分种的重要依据。蚜虫不仅可造成直接危害，更可传播多种植物病毒，如黄瓜花叶病毒、小麦黄矮病毒等，蔬菜和大田作物中的多数病毒是由蚜虫传播的。

8. 蚧科（坚蚧、蜡蚧）　体圆形或椭圆形，隆起。体壁坚硬，少数柔软。雌虫和若虫一般营固定生活，足、触角等均退化，仅具两对胸部气门。腹末具臀裂，肛门上方覆盖两块三角形的肛板，雄虫腹末具长蜡丝。常见如朝鲜球坚蚧。

9. 盾蚧科　此科为蚧亚目中最大的科，其介壳为真正的介壳，由前一龄的虫蜕和其分泌物组成。营固定生活，除雄成虫外，均终生不可动。雌虫和若虫腹部的末几节不分节，愈合成一块完整的骨片。无肛环和肛环刺，但腹末具许多叶状的突起，称臀叶。雄虫无复眼。常见如梨圆蚧。

》任务实施

一、资源配备

1. 材料与工具 各种针插昆虫标本、生活史标本、浸渍标本、玻片、多媒体资料（包括视频、图片资料等）、体视显微镜、放大镜、频振式杀虫灯等。

2. 教学场所 植保实验室、农业应用技术示范园（大棚、温室）、实训基地。

3. 师资配备 每15名学生配备1位指导教师。

二、操作步骤

（1）观察直翅目、半翅目、同翅目昆虫的分类示范标本，总结它们在外部形态上的主要区别。

（2）观察蝗虫、蟋蟀、蝼蛄的触角类型和口器类型，以及前后翅的质地、形状，前足、后足的类型，并观察前胸背板、听器、产卵器及尾须等的主要特征。

（3）观察稻绿蝽、盲蝽、猎蝽的前后翅的翅脉的区别。

（4）观察蚱蝉、叶蝉、飞虱、麦蚜、棉蚜等昆虫触角类型、口器类型及喙处伸出位置，前翅质地、休息时翅的状态。观察叶蝉、飞虱的后足胫节的刺和距。观察麦蚜、棉蚜的腹管和触角感觉圈的形状。

三、技能考核标准

昆虫目科特征识别技能考核参考标准见表2-2-1。

表2-2-1 昆虫目科特征识别技能考核参考标准

考核内容	要求与方法	评分标准	标准分值/分	考核方法
昆虫特征识别（100分）	能够准确描述出各个目昆虫的主要特征	根据叙述特征的多少酌情扣分	35	单人考核，口试评定成绩
	能够描述出主要目代表性种类昆虫特征	根据叙述特征的准确程度酌情扣分	35	
	能够根据幼虫特征判断所属分类地位	根据叙述情况酌情扣分	15	
	体视显微镜的使用及清洁保养	根据操作情况或口述酌情扣分	15	

》思 考 题

1. 调查本地区常发生的直翅目、半翅目、同翅目等3目昆虫种类。

2. 列表比较直翅目、半翅目、同翅目及其重要科的主要特征，并举例说明。

思考题参考
答案2-2

任务三 鳞翅目、脉翅目、膜翅目昆虫识别

≫ 任务目标

通过训练，使学生能够掌握鳞翅目、脉翅目、膜翅目昆虫及其主要科的形态特征及识别要点，能识别植物上常发生的鳞翅目、脉翅目、膜翅目等 3 目昆虫。

≫ 相关知识

一、鳞翅目

鳞翅目主要科特征观察

鳞翅目包括蛾、蝶两类昆虫，属有翅亚纲、全变态类。全世界已知约 20 万种，中国已知 8 000 余种，为昆虫纲中仅次于鞘翅目的第二个大目。分布范围极广，以热带种类最为丰富。绝大多数种类的幼虫危害各类栽培植物，体型较大者常食尽叶片或钻蛀枝干，体型较小者往往卷叶、缀叶、吐丝结网或钻入植物组织取食危害。

本目主要特征：翅 2 对，膜质，各有 1 个封闭的中室，翅上被有鳞毛，组成特殊的斑纹，在分类上常用到，少数无翅或短翅型；虹吸式口器；跗节 5 节；无尾须；全变态。幼虫多足型，除 3 对胸足外，一般在第 3~6 及第 10 腹节各有腹足 1 对，但有减少及特化情况，腹足端部有趾钩；幼虫体上条纹在分类上很重要，蛹为被蛹；幼虫绝大多数陆生，植食性，危害各种植物，少数水生。

在分类系统上，一般按照触角的类型特征，将鳞翅目分为异角亚目和锤角亚目 2 个亚目。

锤角亚目：触角端部膨大成球杆状，静息时双翅竖立于体背，白天活动，卵散产，多数为缢蛹。常见如粉蝶科、弄蝶科等。

异角亚目：触角多样，主要有丝状、羽毛状、栉齿状等，静息时双翅平放于身体两侧，昼伏夜出，卵散产或块产，蛹外常有茧。常见如螟蛾科、夜蛾科等。

重要科介绍如下。

1. 木蠹蛾科 体中型，一般具浅灰色斑纹。触角羽状，下颚须及喙管均缺，下唇须短小。幼虫略扁，头及前胸盾硬化，上颚强大，傍额片伸达头顶。多蛀食树木，常见的如柳木蠹蛾、芳香木蠹蛾，是果树和行道树的重要害虫（图 2-3-1）。

2. 卷蛾科 体中或小型，多为褐、黄、棕、灰等色，并有条纹、斑纹或云斑。前翅略呈长方形，肩区发达，前缘弯曲，有的种类雄虫前缘向反面褶叠，静止时，两前翅平叠在背上，合成钟状。下唇须第一节常被有厚鳞，造成三角形。除头部有竖立的鳞毛外，身上的鳞片平贴。幼虫圆柱形，体色多为不同浓度的绿色，有的为白色、粉红色、紫色或褐色，前胸气门前的骨片有 3 根毛，肛门上方常有臀栉。常见种类有苹果小卷叶蛾等（图 2-3-2）。

图 2-3-1　木蠹蛾科
(李清西，2002. 植物保护)

图 2-3-2　卷蛾科
(李清西，2002. 植物保护)

3. 螟蛾科　螟蛾科为鳞翅目中的一个大科，全世界已记载约 1 万种，我国已知 1 000 余种，许多种类为农业上的重要害虫。成虫体小型至中等大小，身体细长、脆弱，腹部末端尖削；有单眼，触角细长；下唇须伸出很长，如同鸟喙；足通常细长。幼虫体细长，前胸气门前片有 2 根毛。重要种类如玉米螟、草地螟等（图 2-3-3）。

4. 尺蛾科　体小至中型，身体较细弱。翅宽大，质薄，鳞片细密，停息时翅平展体侧，有的雌虫无翅或翅退化，腹部细长，听器位于腹基部下方。幼虫腹足 2 对，分别着生于第六和第十腹节上，趾钩一般为双序中带或缺环式。幼虫爬动时弓背而行，故称为"尺蠖"或"步曲"；静息时腹足固定于枝条，身体前部伸直，拟态成枝条状。常见如棉大造桥虫等（图 2-3-4）。

图 2-3-3　螟蛾科
(李清西，2002. 植物保护)

图 2-3-4　尺蛾科
(李清西，2002. 植物保护)

5. 夜蛾科　夜蛾科是鳞翅目中最大的一科，包括 2 万多种，其中有很多危害农作物的种类。体中至大型，粗壮多毛，体色灰暗；触角丝状，少数种类的雄性触角羽状，单眼 2 个；胸部粗大，背面常有竖起的鳞片丛；前翅颜色一般灰暗，多具色斑，后翅多为白色或灰色。幼虫体粗壮，光滑，少毛，色较深；腹足通常 5 对（其中的 1 对臀足发达），但也有少数种类仅为 4 对或 3 对，即第三腹节或第三、第四腹节的腹足退化。卵多数为圆球形或略扁，表面常有放射状的纵脊纹，散产或成堆产于寄主植物或土面上。

成虫均在夜间活动，趋光性强，多数种类对糖、酒、醋混合液有强的趋性。少数种类喙端锋利，能刺破成熟的果实。绝大多数幼虫植食性，危害方式多种多样，有的钻入地下危害，咬断植株根茎、幼苗，如地老虎类；有的蛀茎或蛀果危害，如棉铃虫；有的则暴露在寄主表面危害，如黏虫等（图 2-3-5）。

6. 舟蛾科 舟蛾科又称天社蛾科，与夜蛾科很相似。有些种类前翅内缘有显著的毛丛，后足腿节也有很多长毛。幼虫体生较多的次生刚毛，但不具毛瘤，趾钩单序中带式，臀足退化或变形为长突起，有的特化成枝状，向后伸，静止时头尾两端上翘，似舟形。幼虫食叶。卵表面的刻纹呈多角形网纹，无纵脊，多聚产成堆。蛹表面有细软的毛。常见的种类如苹掌舟蛾、杨扇舟蛾等（图2-3-6）。

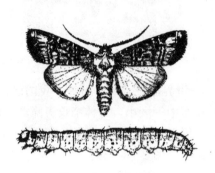

图2-3-5　夜蛾科

（李清西，2002.植物保护）

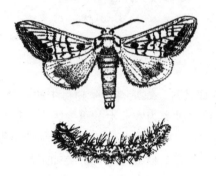

图2-3-6　舟蛾科

（李清西，2002.植物保护）

7. 菜蛾科 体小型，细狭，色暗，成虫在停息时触角伸向前方；下唇须短，向前突出；翅狭，前翅披针状，后翅菜刀形；腹足细长，行动活泼。幼虫细长，通常绿色。常取食植物叶肉，使被害叶呈网状花纹，如小菜蛾危害十字花科蔬菜等（图2-3-7）。

8. 毒蛾科 体中型而粗壮，胸、腹部及前足多毛。口器与下唇须均退化。触角羽状，无单眼。很多种类雌虫腹末有成簇的鳞毛。幼虫被毒毛，毛长短不齐，生于第1～8腹节的毛瘤上，腹部第六、第七节或第七、第八节背面中央各具1个翻缩腺。多危害果树和林木，常见如舞毒蛾、柳毒蛾等（图2-3-8）。

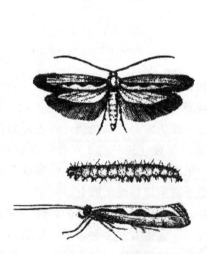

图2-3-7　菜蛾科

（李清西，2002.植物保护）

图2-3-8　毒蛾科

（李清西，2002.植物保护）

9. 刺蛾科　成虫中等大小，体短而粗壮，多毛，黄色、褐色或绿色，有红色或暗色的简单斑纹；喙退化，雌虫触角丝状，雄虫羽状；翅较阔，鳞毛浓密。幼虫蛞蝓形，具枝刺及毒毛；头小，缩入胸内，胸足很小，腹足退化呈吸盘状。幼虫食叶性，危害多种果树及林木等。常见如黄刺蛾、绿刺蛾等（图2-3-9）。

10. 潜叶蛾科　潜叶蛾科的外形与细蛾科很相似，触角第一节很阔，下面凹陷，能盖住复眼，称为"眼帽"，边缘有栉毛。头上有直立的鳞毛，下垂。幼虫体扁，无单眼，胸足和腹足完整或退化，如有则趾钩单列。潜叶性。常见如银纹潜叶蛾。

11. 蛀果蛾科　体中或小型。头顶有粗毛，单眼退化，口器发达。雄蛾的下唇须上举，雌蛾的向前伸。前翅翅脉发达，彼此分离。成虫头顶有粗毛，单眼退化，雄虫下唇须长形、上举。幼虫主要蛀食果实。常见如桃小食心虫（桃蛀果蛾）蛀害苹果、梨、桃、枣等多种果实。

12. 蚕蛾科　体中型而粗壮，喙退化，触角羽状。翅阔，翅的顶角尖出，外缘呈波状弯曲。幼虫第八腹节背面有1短尾角，胸部显著隆起，趾钩双序中带式。有益的种类如家蚕等。

13. 大蚕蛾科　大型或特大型蛾类，喙不发达，触角羽状。翅面上多具透明的眼斑或色斑。幼虫体肥大，多枝刺。常见如柞蚕、乌桕大蚕蛾等。

14. 枯叶蛾科　体中或大型，粗壮而多毛，静止时形似枯叶。单眼和喙管均退化，触角羽状。后翅无翅缰，肩区扩大，静止时常突出在前翅前缘外方。幼虫体粗壮，多长毛，前胸在足的上方有1或2对突起。幼虫是森林、果树的重要害虫。重要种类有杨枯叶蛾、杏枯叶蛾、松毛虫等（图2-3-10）。

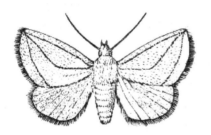

图2-3-9　刺蛾科

（张履鸿，1993. 农业经济昆虫学）

图2-3-10　枯叶蛾科

（张履鸿，1993. 农业经济昆虫学）

15. 天蛾科　体大型，少数中型，行动活泼，飞翔力很强。身体粗壮，末端尖削，纺锤形。头大，复眼突出，触角棍棒状，端部弯曲成钩状，喙发达，有时长过身体。幼虫身体粗壮，表面光滑，腹部第八节背面有1个尾状突（或称尾角），胸部各体节分为6～8个小环，静息时常将体前部举起，头部缩起向下，长时间不活动。农业上常见种类有豆天蛾等（图2-3-11）。

16. 灯蛾科　灯蛾科与夜蛾科体型相似，但体色鲜艳，通常为红色或黄色，且多具条纹或斑点。成虫触角丝状或羽状。成虫具趋光性，多在夜间活动。幼虫体上具毛瘤，生有浓密的长毛丛，毛的长短比较一致，中胸在气门水平上具2～3个毛瘤。幼虫常危害棉花、禾谷类作物、蔬菜和果树等。卵圆球形，表面有网状花纹。蛹有丝质茧，茧上混有幼虫体毛。常见如亚麻灯蛾、黄足灯蛾等。

17. 凤蝶科 多为大型和色彩鲜艳的蝴蝶。翅三角形，后翅外缘呈波状或有一燕尾状突起，底色黄色（极少数白色）或绿色而有黑色斑纹，或黑色而有蓝、绿、红的色斑。幼虫体光滑无毛，后胸隆起最高，前胸背中央有一可翻缩的分泌腺，Y形或V形，红色或黄色，受惊扰时翻出体外。主要危害芸香科、樟科、伞形科等植物。常见如柑橘凤蝶、玉带翠凤蝶等（图2-3-12）。

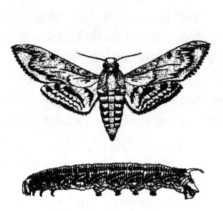

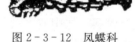

图2-3-11 天蛾科

（李清西，2002. 植物保护）

图2-3-12 凤蝶科

（李清西，2002. 植物保护）

18. 粉蝶科 多数为中等大小的蝴蝶，白色或黄色，有黑色缘斑，少数种类有红色斑点。前翅三角形，后翅卵圆形。后翅内缘凸出，栖息时包裹腹部。幼虫体表有很多小突起和次生刚毛，每体节分为4～6环。幼虫主要危害十字花科、豆科和蔷薇科等植物。常见如菜粉蝶、豆粉蝶等（图2-3-13）。

19. 蛱蝶科 体中或大型，翅色鲜明，翅面有各种鲜艳的色斑。雌、雄蝶前足均退化，雄蝶跗节1节，雌蝶跗节4～5节。幼虫通常色深，头部常有突起或棘刺，体上常有成对的棘刺，趾钩中带式，多为3序，少数双序。幼虫主要取食野生或栽培植物的叶片。常见如黄钩蛱蝶、小红蛱蝶等（图2-3-14）。

图2-3-13 粉蝶科

（李清西，2002. 植物保护）

图2-3-14 蛱蝶科

（李清西，2002. 植物保护）

20. 灰蝶科 小型蝴蝶，纤弱而美丽。触角有白色的环，复眼周围有一圈白色鳞片。通常翅表有灰、蓝、绿等色，并具金属闪光。翅反面灰色，常具眼点，后翅常具纤细的燕尾状突。雌蝶前足发达，雄蝶前足退化。幼虫蛞蝓型，短而扁，头小，常缩入胸内，体光滑或具小瘤突。

21. 眼蝶科 体中型，色暗而不艳，翅上常有眼状斑纹，前足退化。幼虫与弄蝶幼虫相似，但头部有 2 个显著角状突起。如稻眼蝶（图 2-3-15）。

22. 弄蝶科 体小至中型，粗壮，颜色深暗，头比前胸大。触角末端尖出，弯成小钩。翅面上常具白斑或黄斑。幼虫头大，前胸细瘦呈颈状，腹部末端有臀栉。成虫多在早晚活动。幼虫常吐丝缀连数片叶作苞，在苞内食害。如危害水稻的直纹稻弄蝶（直纹稻苞虫）等（图 2-3-16）。

图 2-3-15 眼蝶科
（李清西，2002. 植物保护）

图 2-3-16 弄蝶科
（李清西，2002. 植物保护）

二、脉翅目

脉翅目主要包括草蛉、粉蛉、蚁蛉、褐蛉、螳蛉等昆虫，属有翅亚纲、全变态类。全世界已知约 5 000 种，中国记载近 200 种。绝大多数种类的成虫和幼虫均为肉食性，捕食蚜虫、叶蝉、粉虱、蚧、鳞翅目的幼虫和卵以及蚁、螨等，其中不少种类在害虫的生态控制中起着重要作用。

本目主要特征：咀嚼式口器；翅 2 对，膜质而近似，脉序如网，各脉到翅缘多分为小叉，少数翅脉简单但体翅覆盖白粉；头下口式；触角细长，线状或念珠状，少数为棒状；足跗节 5 节，爪 2 个；卵多有长柄；全变态。重要科介绍如下：

1. 草蛉科 体小至中型，细长而柔弱，草绿色、黄色或灰白色。触角丝状。复眼相距较远，具金属光泽。前后翅形状、脉序相似，前缘区内有 30 条以下的横脉，末端不再分叉。卵长圆形，基部有 1 丝质的长卵柄。幼虫上颚内缘无齿，与下颚形成的吸管长而尖，状似镰刀，伸向头前方。成虫栖居于农林草丛，卵多产在植物的叶片、枝梢、树皮上，散产或集聚成束。有些种类的幼虫有背负枝叶碎片或猎物残骸的习性。成虫、幼虫主要捕食蚜、螨、蚧及鳞翅目、鞘翅目卵和幼虫，故有"蚜狮"之称。常见种类有大草蛉等（图 2-3-17）。

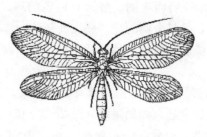

图 2-3-17　大草蛉

（张学哲，2005. 作物病虫害防治）

2. 蚁蛉科　体大型，体翅均狭长，颇似蜻蜓。触角短，棍棒状。前后翅的形状、大小和脉序相似，静止时前后翅覆盖腹背，呈明显的屋脊状；翅痣不明显，但有狭长形的翅痣下室。头小，上颚强大，呈长镰刀状，内缘具齿。足强大，后足胫节与跗节愈合。卵球形，具有两个很小的精孔。幼虫体粗大，身上有毛。成虫栖居于林木、草丛，捕食鳞翅目、鞘翅目幼虫，有趋光性。幼虫穴居沙地，筑漏斗状的陷阱，静伏其中捕食陷落穴中的蚂蚁等小动物，故有"蚁狮"之称。幼虫老熟后化蛹沙土中。

三、膜翅目

膜翅目包括蜂、蚁类昆虫，属有翅亚纲、全变态类，全世界已知约 12 万种，中国已知 2 300 余种，是昆虫纲中最高等的类群。广泛分布于世界各地，以热带和亚热带地区种类较多。

本目主要特征：咀嚼式或嚼吸式口器；翅 2 对，膜质，前翅一般较后翅大，后翅前缘具一排小翅钩列；腹部第一节多向前并入后胸（称为并胸腹节），第二腹节常形成细腰；雌虫一般有锯状或针状产卵器；触角多为膝状；足跗节 5 节；无尾须；全变态或复变态。幼虫一类为无足型，一类为多足型。蛹为离蛹，一般有茧。

本目几乎全部陆生，主要为益虫类，除大多数为天敌昆虫外（寄生蜂类、捕食性蜂类与蚁类），尚有蜜蜂等资源昆虫及授粉昆虫。本目一些种类营群居性或"社会性"生活（蜜蜂和蚁）。常见的重要科介绍如下：

1. 赤眼蜂科　体微小型，长 0.3～1.0 mm，黑色、暗色、淡褐色或黄色。触角短，3 节、5 节或 8 节。前翅宽，或狭而具长缘毛；翅脉呈弓形，痣脉弯；翅面上布有不整齐而稀疏的细毛，故又称纹翅小蜂科。跗节 3 节（图 2-3-18）。常见如玉米螟赤眼蜂、松毛虫赤眼蜂等。

2. 姬蜂科　体型变化甚大，体长（不包括触角和产卵管）3～40 mm，以 10～20 mm 为多。翅一般发达，偶有无翅型和短翅型；前翅前缘脉和亚前缘脉愈合，具翅痣，肘脉基段消失而第一肘室和第一盘室合并为盘肘室，有第二回脉。腹部基部缩缢，具柄或略呈柄状；腹部一般细长，圆筒形、卵形、扁平、侧扁都有，但腹面膜质，死后有一中纵褶（图 2-3-18）。产卵管长短不等，寄生于木材中天牛或树蜂的种类有的超过 50 mm，但均自腹部腹面末端之前伸出。全部种类均为寄生性，幼虫期在寄主体内外取食，成虫期营自由生活，可飞翔或爬行寻找寄主。寄主主要是鳞翅目、鞘翅目、双翅目、膜翅目、脉翅目、毛翅目等全变态昆虫的幼虫和蛹，少数是蜘蛛的成蛛、幼蛛或卵囊，还有一种寄生于伪蝎的卵囊。姬蜂绝大多数直接寄生于许多农林害虫中，是一类重要的益虫。

3. 叶蜂科 体小至中型,体长 3.8～14.0mm,体阔,肥胖如蜜蜂,无腹柄。头阔,复眼大,单眼 3 个。触角 7～10 节,刚毛状、丝状或稍带棒状,仅枝叶蜂属的雄虫触角为栉齿状。翅大,原始脉序。产卵管由 2 对扁枝构成,外侧 1 对称为"锯导",中间 1 对称为"产卵锯",产卵时用以锯开植物组织,故也称叶蜂为"锯蜂"(图 2-3-18)。有些种类为农业及林业害虫,如小麦叶蜂、梨实蜂和松锯蜂等。

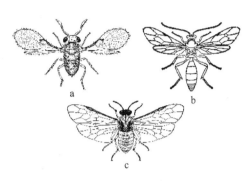

图 2-3-18 膜翅目
a. 赤眼蜂科 b. 姬蜂科 c. 叶蜂科
(张学哲,2005. 作物病虫害防治)

4. 胡蜂科 体中至大型,体表光滑或有毛,黄色或红色,有黑色或褐色斑纹。头与胸部等阔,复眼发达。上颚强壮,有齿。触角长,略呈膝状,多数雄蜂 13 节,雌蜂 12 节。前胸背板向后延伸,到达肩板,足发达,爪简单,中足胫节有 2 短距。腹部第一、第二腹节间通常不呈收缩状。营简单的社会性生活,群体中有蜂后、雄蜂及工蜂,常营造纸质吊钟状或片状的巢。成虫主要捕食鳞翅目幼虫,也取食果汁及嫩叶等。

5. 蜜蜂科 多为黑色或褐色,生有密毛。头与胸部等阔。复眼椭圆形,有毛,单眼排成三角形。下颚须 1 节,下唇须 4 节,下唇舌很长。前、中足胫节各有 1 端距;后足胫节无距,扁平具长毛,末端形成花粉篮,第一跗节扁阔,内侧有几列短刚毛,形成花粉刷。腹部近椭圆形,体毛较少,第六节弯曲,有小齿。喜在树洞或岩洞中作巢,巢质为腹板上腺分泌的蜡质物。具很高的社会性生活习性,1 个巢群内有蜂后、雄蜂及工蜂 3 型,巢群很大,至少有数千头个体。常见如中国蜜蜂(中蜂、东方蜜蜂)和意大利蜜蜂(意蜂)。

6. 小蜂科 体长 0.2～5.0mm,有黑、褐、黄、白、红等颜色。头横宽,触角柄节长,端部有时呈锤状。足转节 2 节,跗节 5 节,后足基节极大,为前足基节的 5～6 倍,后足腿节通常膨大,内缘呈锯齿状;胫节弯曲,生有 2 距。腹柄短,产卵器直而短。重要的种类如广大腿小蜂,寄生于粉蝶、松毛虫以及舞毒蛾等多种昆虫的蛹中。

≫ 任务实施

一、资源配备

1. 材料与工具 各种针插昆虫标本、生活史标本、浸渍标本、玻片、多媒体资料(包括视频、图片资料等)、体视显微镜、放大镜、频振式杀虫灯等。

作物病虫害防治

2. 教学场所 植保实验室、农业应用技术示范园（大棚、温室）、实训基地。

3. 师资配备 每 15 名学生配备 1 位指导教师。

二、操作步骤

（1）观察鳞翅目、膜翅目、脉翅目昆虫分类示范标本，总结其主要特征。

（2）观察菜粉蝶、天蛾等成虫、幼虫的口器、触角、翅的类型。找出粉蝶、弄蝶、眼蝶科的主要区别，以及夜蛾、螟蛾、麦蛾、天蛾科的主要区别。

（3）观察叶蜂、姬蜂、胡蜂、茧蜂、小蜂成虫的胸腹部连接处是否缢缩，幼虫是多足型，还是无足型。

（4）观察草蛉成虫前后翅、口器、触角及幼虫各属何种类型。

三、技能考核标准

昆虫目科特征识别技能考核参考标准见表 2 - 3 - 1。

表 2 - 3 - 1　昆虫目科特征识别技能考核参考标准

考核内容	要求与方法	评分标准	标准分值/分	考核方法
昆虫特征识别（100分）	能够准确描述出各个目昆虫的主要特征	根据叙述特征的多少酌情扣分	35	单人考核，口试评定成绩
	能够描述出主要目代表性种类昆虫特征	根据叙述特征的准确程度酌情扣分	35	
	能够根据幼虫特征判断所属分类地位	根据叙述情况酌情扣分	15	
	体视显微镜的使用及清洁保养	根据操作情况或口述酌情扣分	15	

思考题参考
答案 2-3

思 考 题

1. 调查本地区常发生的鳞翅目、脉翅目、膜翅目等 3 目昆虫种类。

2. 列表比较鳞翅目、脉翅目、膜翅目及其重要科的主要特征。

任务四　鞘翅目、双翅目、缨翅目昆虫识别

任务目标

通过训练，使学生能够掌握鞘翅目、双翅目、缨翅目昆虫及其主要科的形态特征及识别要点，能识别植物上常发生的鞘翅目、双翅目、缨翅目等 3 目昆虫。

》》相关知识

一、鞘翅目

本目昆虫通称甲虫，属有翅亚纲、全变态类，全世界已知约33万种，中国已知约7 000种。该目是昆虫纲乃至动物界中种类最多、分布最广的第一大目。多数种类为世界性分布，如步甲科、叶甲科、金龟甲科和象甲科的某些种类；少数种类主要分布于热带地区，至温带地区种类渐少，如虎甲科、吉丁甲科、天牛科和锹甲科的某些种类；个别种类的分布仅局限于特定范围，如水生的两栖甲科仅分布于中国的四川、吉林和北美洲的某些地区。本目中许多种类是农林作物重要害虫，与人类的经济利益关系十分密切。

本目主要特征：前翅为鞘翅，静止时覆在背上盖住中后胸及大部分甚至全部腹部，也有无翅或短翅型的；咀嚼式口器；触角多为11节，形态不一；跗节5节；多为陆生，也有水生；食性各异，植食性包括很多害虫，捕食性多为益虫，还有不少为腐食性；全变态，少数为复变态。可分为肉食亚目、多食亚目、管头亚目3个亚目，各自特点如下：

肉食亚目：腹部第一节腹板被后足基节窝所分开，前胸背板与侧板间分界明显，触角多为丝状，跗节5节。水生或陆生种类的成虫和幼虫多为捕食性，仅步甲科中有些种类为植食性。

多食亚目：腹部第一节腹板不被后足基节所分开，后足基节不固定在后胸腹板上，前胸背板与侧板间无明显分界。头不呈喙状，外咽缝明显分开。跗节3～5节。食性复杂。包括鞘翅目的多数种类。

管头亚目：头部延伸成喙状，外咽缝愈合成1条或消失。前胸背侧缝和侧腹缝消失。后足基节不固定在腹板上，基节窝也不将腹部第一节腹板完全分开。触角多为膝状或锤状。植食性。

重点科介绍如下：

1. 步甲科　体小至大型，黑色或褐色，具光泽。头小于胸部，前口式。触角细长丝状，着生于上颚基部与复眼之间，触角间距大于上唇宽度。上颚不太大，内颚叶无能动的钩。翅鞘上常有刻点或条纹，有的种类左右前翅愈合，后翅常退化，不能飞翔，但行动敏捷。腹部可见腹板6节。成虫和幼虫常栖息于砖石、落叶下或土中，昼伏夜出，多捕食鳞翅目、双翅目幼虫及蜗牛、蛞蝓等小型软体动物。常见的有中华步甲等（图2-4-1）。

2. 虎甲科　与步甲科很相似，但具有鲜艳的色斑和金属光泽。头下口式，比胸部略宽。触角丝状，着生于额区复眼之间，触角间距小于上唇宽度。复眼大而突出。上颚很发达，长大弯曲而有齿。后翅发达，善飞，白天活动，常静伏地面或低飞捕食小虫。幼虫穴居地洞，在洞口张开上颚等候小虫，以便

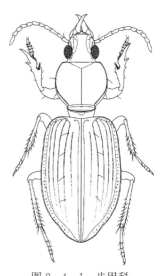

图2-4-1　步甲科

捕捉。常见种类如中华虎甲等（图2-4-2）。

3.鳃金龟科 体小至大型，体色多暗淡。触角8～10节，鳃叶部常发达，由3～7节组成。上唇外露骨化。各足2爪通常大小相等，至少后足相似。腹部气门位于腹板侧上方。幼虫肛门3裂状。常见的如华北大黑鳃金龟等（图2-4-2）。

4.瓢甲科 体小至中型，卵圆形，腹部平坦，背面弧形或半球形拱起，多为红、褐、黄、白、黑色等，常具鲜艳色斑。头小，后部嵌于前胸。触角一般11节，锤状。跗节隐4节。腹部可见5或6节腹板。幼虫行动活泼，蛞型，腹部末端尖削，体上生有很多带有刺毛的突起或分枝的毛状棘，有的附有白色蜡粉。分肉食性（瓢甲亚科：成虫背面具光泽，上颚有基齿，端部对裂或不分裂）和植食性（毛瓢甲亚科：成虫无光泽，上颚无基齿，端部分成许多小齿）两大类，肉食性种类约占80%以上。肉食性种类的成虫和幼虫主要捕食蚜虫、介壳虫、粉虱、螨类等害虫，是一类重要的天敌昆虫，如七星瓢虫、黑缘红瓢虫、异色瓢虫等；植食性的种类，如茄二十八星瓢虫等，属一类重要农业害虫（图2-4-2）。

5.象甲科 通称象鼻虫，体小至大型。头部向前方延长的长短不一，口器着生于头管端部。触角膝状，10～12节，末3节膨大成锤状。跗节隐5节。幼虫体软，肥胖而弯曲，无足。成虫和幼虫均植食性，食叶、钻茎、蛀根或种子。常见如玉米象、蒙古灰象甲等（图2-4-2）。

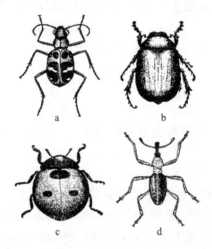

图2-4-2 鞘翅目昆虫

a.虎甲科 b.鳃金龟科 c.瓢甲科 d.象甲科

（张学哲，2005.作物病虫害防治）

6.叩头甲科 体小至中型，多为灰、褐或棕色。触角11～12节，锯齿状、栉齿状或丝状，形状常因性别不同而异。前胸背板后缘角突出成锐刺，前胸与鞘翅相接处明显凹陷，前胸腹板具有向后延伸的刺状突，插入中胸腹板的凹沟内，能做有力的叩头状活动。足较短，跗节5节。腹部可见5节。幼虫通称金针虫，体细长，体壁光滑坚韧，头和末节特别坚硬，生活在土中，取食植物的根、块茎和地下的种子，是重要的地下害虫。农业上重要的种类有沟金针虫、细胸金针虫等（图2-4-3）。

7. 吉丁甲科　体型与叩头甲相似，但前胸后侧角无刺，前胸与鞘翅相接处不凹入，前胸腹板突扁平状，嵌入中胸腹板，不能活动。体常有鲜艳的金属光泽。触角锯齿状。腹部第一、第二节腹板愈合。幼虫俗称"串皮虫"，体细长，前胸常扁平而膨大，无足，腹部9节，柔软，在树木的形成层中串成曲折的隧道，取食危害，是果树和林木的重要害虫（图2-4-4）。

8. 天牛科　体中至大型，长形，略扁。触角长，而后伸，多数种类常长于身体。有些种类雌虫触角多为丝状，而雄虫多为锯齿状。复眼肾形，围绕触角基部，有时断裂成两部分。跗节为隐5节。腹部可见5节或6节。幼虫乳白色或黄白色，圆柱形而扁；前胸背板发达，扁平；胸、腹节背面具骨化区或突起；胸足退化，但保留遗痕。成虫多在白天活动，产卵于树缝，或以其强大的上颚咬破植物表皮，产卵于组织内。幼虫多钻蛀树木的茎或根，深入到木质部，做不规则的隧道，严重影响树势，甚至造成植株死亡。常见如桑天牛、桃红颈天牛、麻天牛等（图2-4-5）。

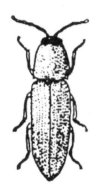 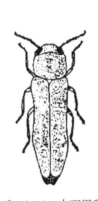 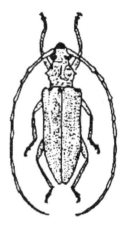

图2-4-3　叩头甲科　　　　2-4-4　吉丁甲科　　　　图2-4-5　天牛科

9. 叶甲科　体小至中型，圆、椭圆或圆柱形，成虫多具艳丽的金属光泽，因而又称为金花虫。触角短，一般11节，个别9或10节，丝状或近似念珠状。复眼圆形。跗节隐5节，某些种类后足特化成跳跃足。腹部可见5节腹板。幼虫伪蝎形，腹足呈退化状。成虫和幼虫均为植食性，取食植物的根、茎、叶、花等部位，许多种类对农、林、果、蔬菜造成严重危害。常见的种类如黄曲条跳甲危害十字花科蔬菜等（图2-4-6）。

10. 豆象科　体小型，卵圆形。头下口式。额延伸成短喙状。复眼大，前缘凹入，包围触角基部。触角锯齿状、栉齿状或棒状，着生于复眼前方。鞘翅短，腹部末节外露。跗节隐5节。腹部可见6节。幼虫复变态，1龄蝎型，2龄开始足完全消失，变成蛴虫型，柔软肥胖，向腹面弯曲。主要危害豆科植物的种子。成虫在豆类的嫩荚上产卵，幼虫孵化蛀入豆粒后，蛀孔很快愈合，成熟归仓后继续在豆粒内危害，直至化蛹并羽化为成虫时，才从豆粒中钻出。常见种类如绿豆象、蚕豆象等（图2-4-7）。

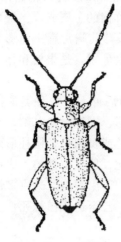

图 2-4-6　叶甲科

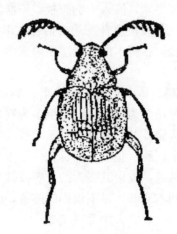

图 2-4-7　豆象科

11. 谷盗科　体小至中型，多为细长圆筒形，体色一般深暗而有光泽，具刻点。头前口式。触角棍棒状，11节，端部3节膨大，向一侧突出。上颚强大。前胸背板宽度大于长度，端缘凹形，两前角突出，前胸与翅鞘之间呈颈状相连。足短，后足基节左右相接；跗节5节，第一节小，第五节长。幼虫蛃型，各节生粗刚毛，腹末具有较大的黑褐色凹形臀叉。大多数种类生活于树皮下或堆积物中，不少种类是重要仓库害虫。常见如大谷盗等。

12. 丽金龟科　体中至大型，多数种类体色艳丽，具蓝、绿、黄等金属光泽。触角9或10节，鳃叶部3节。各足上的1对爪大小不对称，大爪端部常分裂，尤以前、中足明显。腹部前3对气门位于侧膜上，后3对气门位于腹板上。幼虫肛门多为横裂状。常见如铜绿丽金龟。

13. 花金龟科　体中至大型，体背面通常平坦，色泽鲜艳。上唇退化或膜质。触角10节，鳃叶部3节。本科的重要特征是中胸后侧片露出于前胸与鞘翅之间，自背面可见，鞘翅外缘凹入，中胸腹面通常具腹突。幼虫足短小，上唇3叶状，肛门横裂。成虫多取食危害植物的花器，幼虫栖于土中，多以腐殖质为食。常见如白星花金龟、小青花金龟等。

二、双翅目

双翅目包括蚊、蠓、蚋、虻、蝇类昆虫（图2-4-8），属有翅亚纲、全变态类，全世界已知有8.5万余种，中国已记载4 000多种。其种类和个体数量均很多，是昆虫纲中的大目之一。习性复杂，幼虫与成虫的食性、生活场所等往往不同，约有半数种类的幼虫生活在水中。幼虫有植食性、腐食性或粪食性、捕食性、寄生性等，其中许多种类具有重要的经济意义。

本目主要特征：前翅1对，后翅特化为平衡棒，少数无翅；刺吸式或舐吸式口器；足跗节5节；蝇类触角具芒状，虻类触角具端刺或末端分亚节，蚊类触角多为线状（8节以上）；无尾须；全变态或复变态。幼虫无足型，蝇类为无头型，虻类为半头型，蚊类为显头型。蛹为离蛹或围蛹。

图 2-4-8 双翅目昆虫

a. 瘿蚊科 b. 潜蝇科

（张学哲，2005. 作物病虫害防治）

本目可分为长角亚目、短角亚目、芒角亚目 3 个亚目，各自特点如下：

长角亚目：成虫触角长，一般长于头、胸部之和，由 6～18 个相似的环节组成，少数多达 40 节，无芒；下颚须 4～5 节，下垂；翅多无中室。幼虫全头型（瘿蚊科少数种类例外），上颚能左右活动。多为裸蛹，羽化时蛹壳自背面直裂。属双翅目中较原始的类群，包括蚊、蠓、蚋等。

短角亚目：成虫触角短，不长于胸部，3 节，具分节或不分节的端芒；下颚须 1 或 2 节，不下垂；翅具中室，肘室在翅缘前收缩或封闭。幼虫半头型，上颚可上下活动。蛹多为裸蛹，成虫羽化时，由蛹背面直裂。通称虻类。

芒角亚目：成虫触角短，分 3 节，第三节背面具触角芒；下颚须 1 节。幼虫无头型（蛆型）。蛹为围蛹，羽化时蛹体前端呈环形裂开，分类上也称环裂部。通称蝇类。

重要科介绍如下：

1. 大蚊科 体细长似蚊，中或大型。头大，无单眼，雌虫触角丝状，雄虫触角栉齿状或锯齿状。主要特征是中胸背板有 1 个 V 形沟。翅狭长，平衡棒细长。足细长，转节与腿节处常易折断。幼虫圆柱形或略扁，头部大部骨化，腹末通常有 6 个肉质突起；陆生、水生或半水生，通常取食土壤中或水中的腐殖质与植物根部以及真菌和朽木。如稻大蚊等。

2. 瘿蚊科 成虫体微小、纤细，外形似蚊。复眼发达，通常左右愈合成 1 个。触角念珠状，10～36 节，每节有环生放射状细毛。喙或长或短，有下颚须 1～4 节。翅较宽，有毛或鳞毛，翅脉极少，纵脉仅 3～5 条，无明显的横脉。足细长，基节短，胫节无距，爪简单或有齿，具中垫和爪垫。腹部 8 节，伪产卵器极长或短，能伸缩。幼虫体纺锤形，白、黄、橘红或红色，头部退化；中胸腹板上通常有一突出的剑骨片，有齿或分成两瓣，为弹跳器官，是鉴别种的特征之一。成虫早晚活动，产卵于未开花的颖壳内或花蕾及叶片上。幼虫捕食性、腐食性或植食性。捕食性幼虫捕食蚜虫、介壳虫和蜗类等；腐食性幼虫主要生活于树皮下、腐败植物和真菌中，有的专食小麦叶锈病孢子；植食性幼虫危害植物的花、果实等，很多能造成虫瘿。常见如麦黄吸浆虫、麦红吸浆虫。

3. 食虫虻科 或称盗虻科，体小至大型，多毛。头宽，有细颈，能活动。头顶在两复眼间下凹，复眼发达，单眼 3 个。触角 3 节，末节具端刺。口器细长而坚硬，适于刺吸。足细长多刺，爪垫大，爪间突刚毛状。腹部 8 节，细长，雄虫有明显的下生殖板，雌性有尖的伪产卵器。幼虫长圆筒形，分节明显，各胸节有1对侧腹毛。成、幼虫均肉食性，捕食小型昆虫等。

4. 食蚜蝇科　体中型，常有黄、黑相间的横纹，形似蜜蜂。头部大，复眼发达，有单眼。翅外缘有与边缘平行的横脉。幼虫有3种类型：蛆型，体前端尖，后端平截，多生活在叶片上取食蚜虫等；长尾蛆型，大多生活于污水中，尾端有1条极长的呼吸管；短尾蛆型，尾状呼吸管较短，多生活于树洞、腐殖质或污物中。多数种类的成虫以花粉、花蜜等为食。常见如黑带食蚜蝇等。

5. 实蝇科　体小至中型，常有黄、棕、橙、黑等色。头圆球形而有细颈，侧额鬃完全。复眼大，通常有绿色闪光，单眼有或无。触角倒卧而短，触角芒生于背面基部，光裸或有细毛。翅面常有褐色的云雾状斑纹。中足胫节有端距。腹部背面可见4～5节，雌虫腹末产卵器细长，扁平而坚硬，通常分3节。幼虫蛆型，白色或浅黄色，前胸气门突出于表皮之上，有14～38小瓣，后气门有3条平行的长裂缝。幼虫植食性，生活于叶、芽、茎、果实、种子及菊科的花序内，有的造成虫瘿，有的潜入叶内，成虫多聚集在植物的花、果实和叶上。不少种类为我国的重要检疫对象。如地中海实蝇、橘大实蝇。

6. 潜蝇科　体微小至小型，多数为黄、绿或淡黑色，活泼。触角芒光裸或具细毛，着生于第三节背面基部。单眼三角区较小，后顶鬃相背分开。翅宽，腹部扁平，雌虫第七节长且骨化，不能伸缩。幼虫蛆型，前气门位于前胸的近背中线处，崩形、半圆形或分叉；后气门位于腹端最后1节的背面，着生在1对突起上。幼虫潜叶危害，残留上下表皮，造成各种形状的隧道，有不少危害农作物的种类。常见如豌豆潜叶蝇等。

7. 花蝇科　体小至中型，外形与蝇科相似，细长多毛，活泼。复眼发达，雄虫两复眼几乎相接触，触角芒羽状，中胸背板被1条完整的盾间沟划分为前后2片，连同小盾片共3片。幼虫白色至黄色，每一体节具2～6根丝状突起。植食性种类头部不骨化，能缩在前胸中，前气门指状突起数目多，最多12个，潜叶性种类指状突数目较多。后气门具3个气门裂，呈放射状。幼虫多数腐食性，取食腐败的植物质或动物质。植食性的种类是重要的地下害虫之一。农业上的重要种类有种蝇、葱蝇等。

三、缨翅目

通称蓟马，属有翅亚纲、过渐变态类。全世界已记载约6 000种，中国已知340余种。体微小至小型，长0.5～14.0mm，一般为1～2mm。口器锉吸式。通常具两对狭长的翅，翅缘有长的缨毛（图2-4-9）。

本目主要特征：翅极狭长，翅缘密生长毛（缨翅），脉很少或无，也有无翅或1对翅的；足跗节末端有1个能伸缩的泡；锉吸式口器，但不对称（右上颚口针退化）；多为植食性，少为捕食性；过渐变态（幼虫与成虫外形相似，生活环境也一致，但幼虫转变为成虫前，有1个不食不动的类似蛹的虫态，其幼虫仍称为若虫）。许多种类喜活动于花丛中，有些种类除直接吸食危害外，还可以传播植物病害，或使植物形成虫瘿。

图2-4-9　蓟马科

常见的科介绍如下：

1. 管蓟马科 大多数种类体暗色或黑色，翅白色、煤烟色或有斑纹。触角8节，少数7节，具锥状感觉器。腹部第九节宽大于长，比末节短，腹部末节管状，无产卵器。翅面光滑无毛。农业上的重要种类有稻管蓟马危害水稻和小麦等禾本科植物。本科我国已知160余种。

2. 蓟马科 体略扁平。触角6～9节，第三、第四节上有叉状或锥状感觉器，末端1～2节形成端刺。翅缺或有，有翅者翅狭长，末端尖，翅脉少，无横脉。锯状产卵器从侧面看，其尖端向下弯曲。许多种类为农业上的重要害虫，常见的如烟蓟马危害多种农作物。也有少数捕食性种类，如塔六点蓟马捕食叶螨及微小昆虫（图2-4-9）。本科我国已知170余种。

》任务实施

一、资源配备

1. 材料与工具 各种针插昆虫标本、生活史标本、浸渍标本、玻片、多媒体资料（包括视频、图片资料等）、体视显微镜、放大镜、频振式杀虫灯等。

2. 教学场所 植保实验室、农业应用技术示范园（大棚、温室）、实训基地。

3. 师资配备 每15名学生配备1位指导教师。

二、操作步骤

（1）观察鞘翅目、双翅目、缨翅目昆虫分类示范标本的主要特征。

（2）观察步甲、虎甲、金龟甲、瓢甲、象甲、叶甲、天牛等昆虫的前后翅的类型、头式、触角形状、足的类型、跗节数目等的特征，幼虫类型、口器的特征并观察比较步甲和金龟甲腹部第一节腹板是否被后足基节凹（窝）分开。

（3）观察瘿蚊、潜蝇、食蚜蝇成虫的口器、触角、前后翅的类型。

（4）观察蓟马成虫翅的类型。

三、技能考核标准

昆虫目科特征识别技能考核参考标准见表2-4-1。

表2-4-1 昆虫目科特征识别技能考核参考标准

考核内容	要求与方法	评分标准	标准分值/分	考核方法
昆虫特征识别（100分）	能够准确描述出各个目昆虫的主要特征	根据叙述特征的多少酌情扣分	35	单人考核，口试评定成绩
	能够描述出主要目代表性种类昆虫特征	根据叙述特征的准确程度酌情扣分	35	
	能够根据幼虫特征判断所属分类地位	根据叙述情况酌情扣分	15	
	体视显微镜的使用及清洁保养	根据操作情况或口述酌情扣分	15	

≫ 思 考 题

1. 调查本地区常发生的鞘翅目、双翅目、缨翅目等 3 目昆虫种类。
2. 列表比较鞘翅目、双翅目、缨翅目的主要特征及包含的重要科。

思考题参考答案 2-4

≫ 拓展知识

农业害螨

项目三 >>>>>>>>>

植物病虫害标本的采集制作与保存

任务一　病害标本采集、制作与保存

>>任务目标

通过本任务，掌握病害标本的采集、制作、鉴定的方法，学会对所采集的病害标本的种类、症状和发生情况进行分析，并进行诊治。

>>相关知识

一、采集用具

1. 标本夹　用以夹压各种含水分不多的枝叶病害标本。由一些木条平行钉成的两个对称的栅状板组成，一般长 60cm、宽 40cm。

2. 吸水纸　要求吸水力强，保持清洁干燥。外出采集前，标本夹中应夹好一些吸水草纸，以便在病害标本采集以后压干，防止卷缩。

3. 采集箱或采集袋　采集腐烂果实、木质根茎或在田间来不及压制的标本时用。

4. 其他　枝剪、小刀、小锯及放大镜、纸袋、塑料袋、铅笔、记载本、标签、线等。

二、采集方法

将植株的有病部位（如带病的根、茎、叶、果）连同健全部分用刀或剪取下，此法适于干制的标本。

1. 采集要求　要求症状典型和病征完全。

（1）症状典型。不仅要采集某一发病部位的典型症状，还要注意采集不同时期、不同部位的典型症状。

（2）病征完全。尽量采集有病征的标本。真菌病害的病原应尽量在不同适当时期分别采集具有性、无性两个阶段的标本。真菌有性子实体常在地面的病残体上产生，应注意采集。必要时可用数码相机拍摄病害的症状特点和现场环境。

2. 采集记录　采集标本要附有完整的采集记录，主要内容包括寄主名称、品种及生育期，病害名称，受害部位，症状及危害情况，采集地点，栽培环境，采集日期，采集人姓名，标本编号，等等。标本应挂有标签，同一份标本在记录本和标签上的编号必须相符，以便查对。且各种标本的采集应具有一定的数量（5 份以上），以便鉴定和保存。

3. 携带整理 注意临时保存、防止混杂、避免变形和及时整理。

（1）临时保存。在田间采集茎或叶片类标本，先将每一种标本装入一个小采集袋内，再分别放入大采集袋内。不易损坏的标本，如木质化的枝条和枝干等，可以暂时放在采集箱中。

（2）防止混杂。病征是霉状物或粉状物等容易混淆污染的标本，要分别用纸夹（包）好，以免相互混杂而影响对病原的鉴定和病害的诊断。

（3）避免变形。叶片较薄，容易迅速失水、干燥卷缩的标本，应随采随压或用湿布包好，以免叶片干缩卷曲；腐烂类或多汁的病果，可先用标本纸分别包好，然后放在采集箱中，避免因相互挤压而变形或玷污。

（4）及时整理。在田间采集的标本需每天及时进行整理和取舍。选择叶片或果实完整、带有典型病状和病征的标本时，应尽量使标本形状舒展自然；整理比较柔嫩的植物标本时，应多加注意，以免破损。

三、干制标本的制作与保存

干制法适用于一般植物的茎、叶、花及去掉果肉的果皮，制成的标本通常称为蜡叶标本，可以长期保存。

1. 压制 适于压制的标本应随采随压或需经过整理后立即压制，以保持标本原形；对含水量大、叶较厚、不易失水的叶片标本，经过1～2d自然散失一些水分，在将要卷曲但还未卷曲时再进行压制；茎或枝条过粗或叶片过多的标本，应先将枝条劈去一半或去掉部分叶片再进行压制，以免标本因受压不均匀或叶片重叠过多而变形；有些需全株采集的标本过长，可将其折成N形或V形后进行压制。

将需要压制的标本分层放在标本夹中，一层标本，一层吸水纸。一般每层放吸水纸3～4张，多汁或较厚的标本可多加几张，以利吸收标本中的水分。每个标本夹的总厚度以10cm左右为宜，夹好标本后用绳扎紧。压制标本时，应附有用铅笔记录的寄主和编号的临时标签。

2. 干燥 干制标本干燥越快，标本保持原色的效果越好。为使其尽快干燥并避免发霉变质，标本夹应放在阳光充足、通风干燥处自然干燥，同时要勤换标本纸，一般是前3～4d每天至少更换1次干燥的标本纸，以后视标本的干燥情况每2～3d更换1次，直到标本彻底干燥为止。换纸时，要特别注意不要混用已经污染了的纸张，同时要注意保留临时标签。在第一次换纸时，趁标本变软，应及时加以整理，使其保持一定的形态。对于完全干燥的标本，要小心移动以防破碎。

除了自然干燥外，必要时也可进行人工加温快速干燥。将标本放在烘箱或土炕上，温度可提高到35～50℃，但换纸要更加频繁，至少2h换1次；对于某些容易变黑的叶片标本（如梨叶）可平放在有阳光照射的热沙中，使其迅速干燥，以达到保持原色的目的；此外，多汁或大型不好压制的标本，还可装挂在通风良好处风干或晒干。

3. 保存 分为纸套保存和玻面标本盒保存。

（1）纸套保存。用胶版印刷纸（或牛皮纸、报纸）叠成15cm×3cm的纸套，将标本装入纸套内，并在纸套上贴好标签（图3-1-1）。

（2）玻面标本盒保存。教学及示范用病害标本，用玻面标本盒保存比较方便。玻面标本的规格不一，一般适宜大小为28cm×20cm×3cm。标本和标签贴在标本盒底部，在标

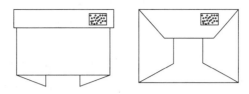

图 3-1-1　植物病害标本纸套折叠方法

本盒侧面注明病害的种类和编号，以便于存放和查找，通常一个标本室内的标本盒应统一规格，整齐、直观且便于整理。

干制标本装入标本纸套和玻面标本盒后，可按寄主或病原种类分别在标本室和标本箱中长期保存，标本室和标本应保持干燥以防生霉，同时可将樟脑放于标本纸套和标本盒中并定期更换，以防虫蛀。

四、浸渍法与浸渍标本的保存

1. 浸渍法　浸渍法适用于保存多汁的病害标本，如果实、块根或担子菌的子实体等。采用浸渍法易保持标本原来的形态和色泽，但保存的时间有限，且需占用比较大的空间。一般用于制作教学和示范标本的浸渍液种类很多，有的起到防腐的作用，也有的起到防腐兼保持标本原色的作用。

（1）防腐浸渍法。将不要求保色的标本洗净后直接浸入普通防腐浸液中。防腐浸液仅能防腐而无保色作用，配方是甲醛 50mL、95％乙醇 300mL，加水至 2 000mL。

（2）保存绿色标本的浸渍液。

①醋酸铜保（绿）色浸渍液。将结晶醋酸铜逐渐加到 50％醋酸溶液中至溶液饱和为止（每 1 000mL 醋酸溶液加结晶醋酸铜约 15g），将该溶液（称原液）加水稀释 3～4 倍后使用。原液稀释倍数因标本的颜色深浅而不同，浅色标本用较稀的稀释液，深色标本用较浓的稀释液。将稀释后的溶液加热至沸腾，投入标本，标本的绿色最初会褪去，经 3～4min 绿色恢复后将标本取出，用清水漂净，保存于 2％甲醛溶液中或压制成干燥标本即可。醋酸铜浸渍液反复使用多次后保色能力会逐渐减弱，重复使用时需补加适量的醋酸铜。另外，用此法保存的标本其颜色稍带蓝色，与新鲜植物的绿色略有不同。

②硫酸铜保（绿）色浸渍液。将洗净标本在 5％的硫酸铜浸渍液中浸 6～24h，取出后用清水漂洗 3～4h，然后密封保存于亚硫酸浸渍液中，并每年更换 1 次亚硫酸浸渍液。亚硫酸浸渍液的配法有两种：一种是用含有 5％～6％ SO_2 的亚硫酸溶液 45mL 加水 1 000mL；另一种是将浓硫酸 20mL 稀释于 100mL 水中，然后加 16g 亚硫酸钠。配成的亚硫酸浸渍液在密封条件下可以贮藏。

（3）保存黄色和橘红色标本的浸渍液。将含有 5％～6％ SO_2 的亚硫酸配成 4％～10％的亚硫酸溶液，可保存含有叶黄素和胡萝卜素的果实标本。亚硫酸有漂白作用，浓度过高会使果皮褪色，浓度过低防腐、保色能力不足，因此，对于保存各种标本的亚硫酸浸渍液的适宜浓度要通过反复试验确定。使用较低浓度时，可加少量乙醇以增加防腐能力。可在亚硫酸浸渍液中加少许甘油，以防止标本开裂。

（4）保存红色标本的浸渍液。保存红色标本采用 Hesler 浸渍液，其配方为氯化锌

50g、甲醛 25mL、甘油 25mL 和水 1 000mL。将氯化锌溶于热水中，加入甲醛，如有沉淀，取用澄清液，最后加入甘油。此溶液适用于因含有花青素而显红色的标本，如苹果和番茄等。

2. 浸渍标本的保存 制成的浸渍标本应存放于标本瓶中或试管中，为防止标本下沉和上浮，可将标本固定在玻璃条上然后再放入标本瓶，贴好标签保存。由于配制浸渍液所用药品多数具有挥发性或易被氧化，浸渍标本最好置于暗处，以减缓药液的氧化。

浸渍标本的瓶口一般需要密封，方法如下：

（1）临时封口法。用蜂蜡和松香各 1 份，分别熔化后混合，加少量凡士林油调成胶状，涂于瓶盖边缘，将瓶盖压紧封口；或用明胶 4 份在水中浸泡 3～4h，滤去多余水分后加热熔化，再加石蜡 1 份，继续熔化后即成为胶状物，趁热封闭瓶口。

（2）永久封口法。酪胶和熟石灰各 1 份混合，加水调成糊状物后封口，干燥后因酪酸钙硬化而密封；也可用明胶 28g 在水中浸泡 3～4h，滤去水后加热熔化，再加重铬酸钾 0.324g 和适量的熟石膏调成糊状即可封口。

▶▶任务实施

一、资源配备

1. 材料与工具 标本夹、标本纸、采集箱、剪刀、小刀、枝剪、手锯、镊子、记录本、标签、纸袋、塑料袋、显微镜、放大镜、载玻片、盖玻片、挑针、标本盒、大烧杯、酒精灯、滴瓶、常用植物病害标本保存液、多媒体资料（包括视频、图片资料等）等。

2. 教学场所 植保实验室、农业应用技术示范园（大棚、温室）、实训基地。

3. 师资配备 每 15 名学生配备 1 位指导教师。

二、操作步骤

（一）植物病害标本的采集

分成小组到田间进行作物病害标本采集。

（1）注意采集症状典型的病害标本，尽可能采集到不同时期、不同部位发病的标本。

（2）要采集有病征的病害标本，以便进行病原物的鉴定工作。

（3）要避免病原物混杂，采集时对病原物容易混杂、污染的标本，如锈病、黑粉病、白粉病等要分别用纸夹（包）好，以免观察病原物时发生差错。

（4）要随采集随压制，防止干燥卷缩给整理造成困难，禾本科作物叶部病害标本更要随采集随压制或用湿布包好，防止变形。

（5）要随采集随记载，没有记录或记录不全的标本将给鉴定和使用造成极大的困难。

（二）植物病害标本的制作与保存

1. 腊叶标本的制作与保存

（1）标本的制作。学生分组采集制作的标本，对于含水量少的标本应随采集随压制，并且要勤换勤翻，1～3d 时每天早晚要换 2 次纸，4～7d 时每天换 1 次纸即可。

（2）标本的保存。标本经压制干燥后，在教师的指导下进行整理，将标签填写完整一并放入腊叶标本袋或腊叶标本盒中保存，在标本袋或标本盒上也要贴上标签，然后按寄主或病原分类存放，存放时要避免光照、潮湿和灰尘，防止虫蛀。

2. 浸渍标本的制作与保存　采集到的果实、块根和块茎等病害标本可制成浸渍标本，贴上标签。在教师的指导下，根据标本的颜色，选择保存液的种类，如绿色标本可用醋酸铜浸渍液，红色标本可用 Hesler 浸渍液，黄色标本可用亚硫酸浸渍液保存。另外，农作物病害的病原物还可以制成玻片标本永久保存。

三、技能考核标准

病害标本采集、制作与保存技能考核参考标准见表 3-1-1。

表 3-1-1　病害标本采集、制作与保存技能考核参考标准

考核内容	要求与方法	评分标准	标准分值/分	考核方法
病害标本采集 （35 分）	采集用具使用正确，标本采集方法正确，采集数量符合要求	根据实际操作情况以及标本采集数量、质量酌情扣分	35	以组为单位进行考核，包括单人实训操作考核与小组互评成绩
病害标本制作 （45 分）	干制标本制作符合要求；浸渍保本制作符合要求	根据实际操作情况酌情扣分	45	
病害标本保存 （20 分）	干制标本保存符合要求；浸渍标本保存符合要求	根据实际操作情况酌情扣分	20	

》思 考 题

制作保存合格的植物病害标本必须具备什么要求？

思考题参考
答案 3-1

任务二　昆虫标本采集、制作与保存

》任务目标

学习采集、制作、保存昆虫标本的方法，学会鉴定昆虫的种类，熟悉当地常见昆虫的种类、生活环境和主要习性。

》相关知识

一、昆虫标本的采集

（一）采集用具

1. 捕虫网　按用途分为空网、水网和扫网 3 种类型（图 3-2-1）。

2. 吸虫管　用来采集蚜虫、蓟马等微小昆虫。

3. 毒瓶　用来迅速毒杀采集的昆虫。一般用封盖严密的磨口广口瓶，在其最下层放

昆虫标本的采集

入氰化钾（KCN）或氰化钠（NaCN），上铺1层锯末，压平后再在上面加1层石膏粉，滴上清水，使之结成硬块即可。最后在其上铺1层吸水纸即可使用（图3-2-2）。

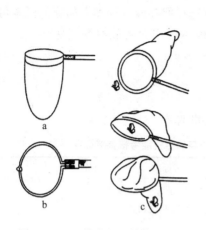

图3-2-1　捕虫网及其使用方法

a. 捕虫网　　b. 能折叠的网圈与网柄连接装置

c. 捕虫网的使用方法

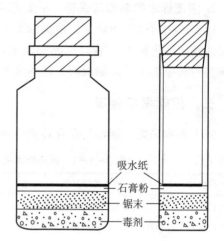

图3-2-2　毒瓶和毒管

4. 三角纸袋　用坚韧的白色光面纸裁成3∶2的长方形纸片，大小多备几种，用来包装暂时保存的标本。折叠方法如图3-2-3所示。

5. 活虫采集盒　用来采装活虫的容器。其由铁皮做成，盖上装有透气金属纱和活动的盖孔（图3-2-4）。

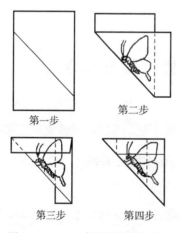

第一步　　　　第二步

第三步　　　　第四步

图3-2-3　三角纸袋的折叠方法

图3-2-4　活虫采集盒

6. 采集箱　防压的标本和需要及时插针的标本，以及用三角纸袋包装的标本，需放在木制的采集箱内。

7. 指形管　一般使用的是平底指形管，用来保存幼虫或小成虫。

8. 采集袋　形如挂包，上有许多大小不一的口袋，用来装盛小瓶、指形管、放大镜、修枝剪、镊子、记载本等用具。

9. 诱虫灯 专门用来诱集夜间活动的昆虫。诱虫灯下设一个漏斗加个毒瓶，可以及时毒杀诱来的虫子。

（二）采集方法

1. 网捕法

（1）捕捉飞行迅速的昆虫。捕捉蛾、蝶、蜂和蜻蜓等飞行迅速的昆虫要用透气性好、轻便的捕网。对飞行中的昆虫可以迎面网捕或从后面网捕，对静息的昆虫常从后面或侧面网捕。昆虫入网后要随网捕的动作顺势将网袋向上甩，将网底连同昆虫倒翻到上面来；或当昆虫入网后，迅速转动网柄，使网口向下翻，将昆虫封闭在网底部。切勿由网口从上往下探看落网的昆虫，以免入网的昆虫逃脱。为防止蝶类、蛾类昆虫翅上鳞片受损，应先在网外捏压蝶、蛾的胸骨使其骨折，待其失去活动能力后再进行处理存放。

（2）捕捉在草丛或灌木丛中栖息的昆虫。捕捉在草丛或灌木丛中栖息的昆虫可用扫网捕捉。用扫网扫捕时可以在大片草地和灌丛中边走边扫，左右摆动（图3-2-5）。

（3）捕捉水生昆虫。水生昆虫需要使用水网捞取（图3-2-5）。

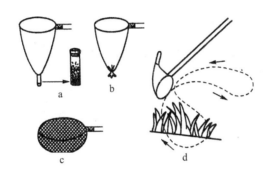

图3-2-5 扫网和水网
a. 网底带集虫管的扫网 b. 网底扎口的扫网 c. 水网 d. 扫网使用方法

2. 诱集法 诱集法是利用昆虫的趋性和生活习性设计的招引方法。

（1）灯光诱集。用于诱集兼有夜出性和趋光性的昆虫。

（2）食物诱集。利用昆虫的趋化性，如可用腐烂发酵的水果和糖醋液诱集蛾蝶类昆虫，用腐肉引诱蝇类，用马粪引诱蝼蛄，等等。

（3）其他诱集方法。用色板诱集（黄板诱蚜）、潜所诱集（草把、树枝把诱集夜蛾成虫）和性诱剂诱集等。

3. 振落法 振落法主要用于采集具有假死性的昆虫。轻轻振动树干，有假死性的昆虫便会自行坠落，可在树下铺白布单等采集。对有些白天隐蔽的昆虫，可以敲打、振动植物，使昆虫惊起后网捕。

4. 吸虫器捕虫法 采集蚜虫、蓟马、叶蝉、飞虱和寄生蜂等微小昆虫或隐居在树皮、墙缝、石块中的微小昆虫时，常用吸虫器捕捉。可以自己制作吸虫器，用广口瓶或直径20~30mm的指形管，配一个软木或橡皮塞，在塞上钻两个孔，各插入一根细玻璃（弯）管，一支作吸气管，另一支作吸虫管，在吸气管入口端缠纱网，防止将虫吸入口中（图3-2-6）。使用时吸虫口对准小昆虫，用口或安装特制橡皮球吸气，便可将小虫吸入广口瓶或指形管内。

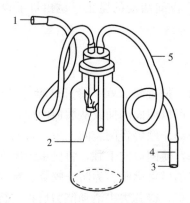

图 3 - 2 - 6　吸虫器
1. 吸气口　2. 纱网　3. 吸虫口　4. 玻璃管　5. 橡胶管

5. 刷取法　对于在寄主植物上不太活动的微小型昆虫，如蚜虫等，可用普通软笔直接刷入瓶管内。

6. 观察法、搜索法　了解昆虫的栖息习性，找到昆虫所在地方，留心观察昆虫活动的形迹，如虫鸣声和虫粪、植物被害状或有天敌活动等，发现其栖息场所。搜索昆虫的生活场所，采集营隐蔽生活的昆虫。如在土壤中、砖石下、树皮缝隙中、枯枝落叶中或动物粪便中生活的昆虫，蛀茎、蛀果、卷叶、结网危害的昆虫等，均可以根据它们的习性，在其栖居的地方对其搜索采集。

（三）注意事项

1. 昆虫标本个体的完整性　昆虫的足、翅、触角极易损坏，一旦损坏，就失去了鉴定和研究的价值，因此采集时要小心保护。对易损伤的鳞翅目成虫要及时毒杀并用三角纸袋保存，一个纸袋内不宜放置太多标本。对其他类别的昆虫也要尽量分瓶保存，以免相互残杀造成损坏。

2. 昆虫标本生活史的完整性　采集时，昆虫的各个虫态及危害状都要采集到，这样才能对昆虫的形态特征和危害特点有一个整体的认识。同时还要注意各个虫态都要采集一定的数量，以保证昆虫标本后期制作的质量和数量。

3. 昆虫标本资料的完整性　采集到的所有昆虫标本都要做好采集记录，包括编号、采集日期、采集地点、采集人姓名，并记录当时的环境条件、寄主和昆虫的生活习性等。

二、昆虫标本的制作与保存

昆虫标本的制作与保存

（一）针插标本的制作与保存

1. 制作用具

（1）昆虫针。用不锈钢丝制成。昆虫针有 7 种型号，即 00、0、1、2、3、4、5 号，可根据虫体大小分别选用相应型号。0 号针最细，直径 0.3mm，每增加 1 号其直径增粗 0.1mm。5 号针直径为 0.8mm，适于插入体型较大的昆虫。0～5 号针的长度均为 39mm。00 号针是没有针帽、直径同 0 号针、长度为 0 号针 1/3 的短针，用来制作微小型昆虫标本，把它插在小木块或小纸卡片上，故又称为二重针（图 3 - 2 - 7）。

（2）三级台。用木料制成，长 75mm，宽 30mm，高 24mm，分为 3 级，每级高 8mm，中间各钻 1 个穿透的小孔，孔径粗细 2mm 左右，5 号针的针帽能通过即可（图 3-2-8）。制作昆虫标本时将昆虫针插入孔内，调节昆虫和标签的位置，以使标本和标签整齐美观。

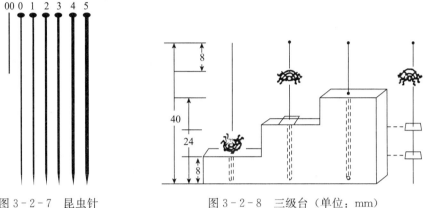

图 3-2-7　昆虫针　　　　　　　　　图 3-2-8　三级台（单位：mm）

（3）展翅板和展翅块。专门供昆虫展翅整姿的工具。一般选用较软的木材制成，长 33cm，宽 8~16cm，两板台外边稍高，中央稍低，以沟槽分隔，其中一板台固定，另一板台的台脚具槽可移动，并有螺丝作固定用，以便调节两板台间沟槽的宽度，使之适合容纳不同体躯的昆虫。沟槽下放置一软木条或泡沫塑料垫板，用以固定昆虫针（图 3-2-9）。也可用烧热的粗铁丝在硬泡沫塑料板上烫出宽、深分别为 5~15mm 的凹槽，制成简易展翅板。展翅块适合较小的昆虫作展翅用，可用小木块或较厚的泡沫塑料板直接在中央开沟槽，沟内放上软木或玉米秆芯即成，其宽以虫体大小为度（图 3-2-10）。

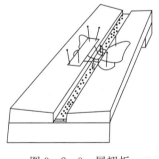　　　　　　　　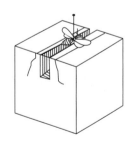

图 3-2-9　展翅板　　　　　　　　　　图 3-2-10　展翅块

（4）整姿台（板）。由松软木材做成，长 280mm，宽 150mm，厚 20mm，两头各钉上一块高 30mm、宽 20mm 的木条作支柱，板上有孔。现多用厚约 20mm 的泡沫板代替。

（5）还软器。对已干燥的标本进行软化的玻璃器皿，一般用玻璃干燥器改装而成（图 3-2-11）。使用时在干燥器底部铺 1 层湿沙，加少量苯酚以防止霉变。将昆虫连同三角纸包放在有孔的瓷隔板上，加盖密封，一般以凡士林作密封剂，借潮气使标本回软。回软所需时间视温度和虫体大小而定，对回软好的标本可以随意进行整理制作。注意勿将标本直接放在湿沙上，以免标本被苯酚腐蚀；也不能回软过度，以免引起标本变质。

图 3 - 2 - 11　还软器

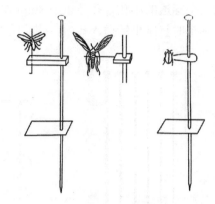

图 3 - 2 - 12　微小昆虫标本的制作方法

（6）三角纸卡。用胶版印刷纸剪成底宽 3mm、高 12mm 的小三角形，或长 12mm、宽 4mm 的长方形纸片，用来粘放不宜直接针插的微小昆虫（图 3 - 2 - 12）。

（7）其他材料和用具。大头针、粘虫胶或乳白胶、标签、压条纸、剪刀、镊子、挑针、标本瓶、大烧杯、甲醛和乙醇等。

2. 制作方法

（1）还软。昆虫身体未干之前呈柔软状态时，可不经还软直接制成标本。制作贮藏中的标本时，由于虫体变硬发脆、一触即碎，可使用还软器，也可直接将昆虫浸于温水中，或用热气使其还软，还可用 75％乙醇滴在需还软的部位（如翅）使其局部软化，才能展翅和整姿。

（2）针插。经回软的昆虫，应先用昆虫针将其固定在特定的位置上，以便进行后续的整姿、展翅等步骤。为避免损伤昆虫分类上的重要特征，保持标本平衡稳定，并使同一大类标本制作规格化，一般插针部位在虫体上是相对固定的。鳞翅目、膜翅目、蜻蜓目和同翅目昆虫针插在中胸背板正中央，从第二对胸足的中间穿出；双翅目昆虫针插在中胸偏右的位置；直翅目昆虫针插在前胸背板中部偏右的位置；半翅目昆虫针插在中胸小盾片中央偏右的位置；鞘翅目昆虫针插在右鞘翅基部的翅缝边，不能插在小盾片上（图 3 - 2 - 13）。昆虫针插入后应与虫体纵轴垂直。

图 3 - 2 - 13　昆虫插针部位

a. 鳞翅目　b. 膜翅目　c. 双翅目　d. 直翅目　e. 半翅目　f. 鞘翅目

昆虫针插入虫体以后，应放在三级台上进行位置高低的矫正。可将带虫的虫针倒置，将有针帽的一端插入三级台的第一级小孔中，使虫体背面露出的高度等于三级台的第一级高度。虫体下方的鉴定标签（昆虫学名、鉴定时间和鉴定人等）和采集标签（采集的方法、时间、地点、寄主植物和采集人等）分别等于三级台的第一、第二级高度。针插标本都要附采集标签，否则会失去科学价值。体型较大的昆虫，下面两个标签的距离可以靠近些。

（3）展翅。鳞翅目、双翅目、脉翅目和膜翅目大型成虫标本除针插外还需要展翅。展翅应在展翅板上进行，先用三级台将虫体定位于一定的高度，将展翅板调到较虫体略宽的位置，然后将定好高度的虫体插在展翅板中央槽内，使翅基部与板持平，按先左侧前后翅，再右侧前后翅，同侧先前翅再后翅的顺序展翅，如图 3-2-14 所示。

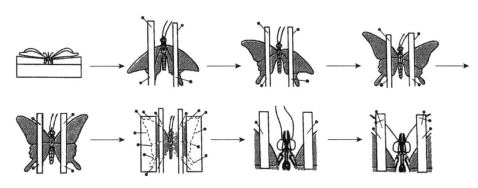

图 3-2-14　昆虫展翅的步骤

将插好针的新鲜昆虫标本插放在展翅板的槽内，虫体的背面与展翅板两侧面平行，用昆虫针轻轻拨动前翅。一般鳞翅目昆虫以两前翅后缘与身体纵轴垂直为准，后翅前缘放在前翅内缘的下面；蜻蜓目、脉翅目昆虫通常以后翅前缘与虫体垂直，然后使前翅后缘靠近后翅，但有些翅特别宽或狭的种类则以调配适度为止；双翅目昆虫一般要求翅的顶角与头顶相齐；膜翅目昆虫前后翅并接线与躯体垂直；蝗虫和螳螂在分类中需用后翅的特征，制作标本时要把右侧的前后翅展开，使后翅前缘与虫体垂直，前翅后缘接近后翅。展翅到所要求的位置时，拉紧纸条，平压翅面，用大头针固定纸条。为了稳固翅位，保持翅面平整，在左右两对翅的外缘附近再各加压一纸条。触角应与前翅前缘大致平行并压在纸条下；腹部应平直，不能上翘或下垂，可用针别住压平或在槽内放一些棉絮托住腹部。

小型蛾类等展翅用展翅块。展翅时将针插好的标本插入沟槽中，翅基与块面持平，展翅时用线代替昆虫针和纸条。先在木块边刻一小口，将线卡住，用针拨动翅，以线压住，最后把线头卡在木块的切口中。为避免在翅面上压出线条痕迹，可在翅面上垫光洁的纸片后压线。

（4）整姿。鞘翅目、直翅目、半翅目等昆虫标本不需展翅，但应该整姿。将在三级台上定好高度的针插标本插于整姿板，使昆虫腹面贴在整姿板上，将附肢的姿势加以整理。一般前足向前，后足向后，中足向两侧，触角短的往前摆成倒"八"字形，触角较长的可摆在身体的两侧或上方，使虫体保持天然姿势。整好后，用大头针固定，以待干燥。

（二）小型昆虫标本的制作与保存——微针法及粘贴法

跳甲、木虱、蓟马等体型微小的昆虫，不能用普通的昆虫针穿过躯体，需要用 0 号或 00 号微针来插虫体，然后将微针插在小软木片上，再按照一般昆虫的插法，将软木片插在 2 号虫针上。

也可用粘胶来粘虫体，先在三角纸卡的尖端内侧滴上树胶 1 滴，然后用镊子把昆虫放在树胶上，纸尖应粘在虫体的前足与中足之间，然后将三角纸卡的底边插在昆虫针上。有翅的昆虫还要用昆虫针把虫体的翅膀展开。插制后三角纸卡的尖端向左，虫体的前端向前，如图 3-2-12 所示。

昆虫针插标本制作好后，放入烘箱内于 40℃烘烤干燥。

（三）浸渍标本的制作与保存

1. 浸渍标本的制作 无法制成针插标本的微小型昆虫及螨类和昆虫的卵、幼虫、蛹及一些成虫（鳞翅目成虫除外）都可以用药液浸渍方法保存。成虫和幼虫在浸渍前必须饿透和排泄干净，为防止幼虫虫体浸渍后皱曲变形，浸渍前需用热水浸烫虫体使其伸直，充分显露出虫体特征，然后再投入保存液中，但绿色幼虫不宜烫杀。用热水浸烫时间过长会使虫体破损，可用热浴法，即用 90℃左右热水杀死幼虫并使虫体伸直，一般体小而软嫩的幼虫可热浴 2min 左右，大而粗壮的需要 5～10min，虫体伸直时即应取出，降温后放入保存液中。

2. 常用的保存液

（1）乙醇保存液。常用 75％乙醇，可对虫体起脱水固定作用。加入 0.5％～1％甘油，可保持虫体柔软不发硬和防止乙醇的蒸发。如将昆虫直接投入 75％乙醇中，会使虫体变硬发脆。可先将虫体放进 30％乙醇中停留 1h，然后再逐次放入 40％、50％、60％、70％乙醇中，各停留 1h，小型或体软的昆虫可直接移入 75％乙醇中保存，大型的昆虫在 75％乙醇中还要经过 2～3 次换液后才能长期保存。保存过程中瓶盖要密闭，并要定期检查、添换新药液。

（2）甲醛保存液。常用 2％～5％甲醛保存液。该药液配制简单且经济，适用于大量标本的浸渍保存，但易使虫体肿胀，附肢脱落。

（3）卡氏液。由冰醋酸 40mL、40％甲醛 60mL、95％乙醇 150mL、蒸馏水 300mL 混合而成。把标本放入该液浸泡 7d 后移入 75％乙醇中长期保存，可使标本保持常态、不收缩变黑，效果较好。

（4）原色幼虫标本保存液。为了永久保持一些绿色和黄色幼虫的原色，可先让虫体排净粪便，然后从肛门注入相应的注射液，至虫体死亡后放置阴暗处，让注射液充分渗透到虫体各个部分，再浸入冰醋酸、甲醛、白糖混合液中保存。红色的幼虫可直接浸入硼砂乙醇混合液中保存。

①绿色幼虫注射液。95％乙醇 90mL、甘油 2.5mL、冰醋酸 2.5mL、氯化铜 3g。

②黄色幼虫注射液。苦味酸饱和溶液 75mL、冰醋酸 5mL、甲醛 25mL。

③冰醋酸、甲醛、白糖混合保存液。冰醋酸 5mL、白糖 5g、40％甲醛溶液 4mL、蒸馏水 100mL。

④硼砂乙醇混合保存液。硼砂 2g、乙醇 100mL。

（四）昆虫生活史标本制作与保存

生活史标本供教学和展览使用，通过观察生活史标本，能够认识害虫的各个虫态，了解其危害情况。生活史标本是按照昆虫一生发育的顺序，即卵、幼虫（若虫）的各龄期、蛹、成虫（雌成虫和雄成虫）及危害状排列，成虫需要整姿或展翅，干后备用，各龄幼虫和蛹需保存在封口的指形管中。将各个时期的昆虫标本按顺序装在一个标本盒内，并在标本盒的左下角放置标签。

》任务实施

一、资源配备

1. 材料与工具 捕虫网、毒瓶、吸虫管、采集袋、指形管或小玻瓶、采集盒和幼虫采集箱、诱虫灯、铅笔、记录本、枝剪、镊子、小刀、三角纸包、昆虫针、展翅板、三级台、粘虫胶或合成胶水、标本瓶、标本盒、氰化钾、氰化钠或敌敌畏、细木屑、石膏、纱布、药棉、各种昆虫标本、多媒体资料（包括视频、图片资料等）、放大镜、体视显微镜、频振式杀虫灯等。

2. 教学场所 植保实验室、农业应用技术示范园（大棚、温室）、实训基地。

3. 师资配备 每15名学生配备1位指导教师。

二、操作步骤

（一）昆虫标本的采集

学生分组到实训基地根据各种昆虫的习性选用观察法、搜索法、网捕法、诱集法、击落法等进行昆虫标本的采集，并注意以下方面：

（1）要重点采集危害农作物的害虫和天敌昆虫，对小型昆虫应特别耐心细致。

（2）应尽量采集到昆虫的各个虫态，尽可能多采集一些同种个体。

（3）注意不损伤昆虫个体的任何部分，否则将会失去标本价值。

（4）在采集昆虫时，同时采集被害植物的被害状，并记录采集的时间、地点、寄主植物、危害情况等，还要书写标签和进行编号。

（二）昆虫标本的制作

1. 针插标本制作 采集到的昆虫都要及时制成标本保存，大多数昆虫的成虫都可制成针插标本。

（1）制作昆虫针插标本。在教师的指导下正确使用昆虫针、三级台和展翅板制作昆虫针插标本。要注意根据虫体大小选择粗细适当的昆虫针，选择正确的针插部位。

（2）整姿。整姿时注意尽量将触角和足的位置保持活虫姿态，即前足向前，后足向后，中足向左右；需要展翅的昆虫，翅的位置要标准，如蝶蛾类昆虫的前翅后缘呈一直线、蜻蜓后翅的前缘呈直线、蝇类和蜂类以前翅的顶角与头呈一直线，且使左右翅对称。

（3）标签。每一个昆虫标本都要有标签，针插在标签中央，其中写有采集时间、地点、寄主、采集人信息的标签高度为三级台的第二级，写有昆虫学名信息的标签插在第一级。在制作标本过程中，对损坏的标本可以用粘虫胶修补。

2. 浸渍标本制作

（1）在教师的指导下配制甲醛保存液和乙醇保存液，常用的还有冰醋酸、甲醛、白糖混合液，乙醇、甲醛、冰醋酸混合液，冰醋酸、白糖混合液及白糖、甲醛混合液等。

（2）将昆虫的成虫（甲虫、椿象、蜂类、蝇类）、幼虫、卵、蛹及身体柔软或细小昆虫的成虫用保存液保存在标本瓶、指形管或其他玻璃瓶内。

3. 生活史标本制作　生活史标本是将卵、幼虫的各虫龄、蛹、成虫（雌虫和雄虫）及危害状，装在一个标本盒内，再在标本盒的左下角放上标签。在教师的指导下制作或观察昆虫生活史标本。

（三）昆虫标本的保存

制成的昆虫针插标本必须放在有防虫药品的标本盒里，分类收藏在标本柜中，玻片标本放在玻片标本盒里，三角纸包保存的标本放在存放箱内。注意避免日晒、潮湿和灰尘，防止褪色、发霉及虫蛀、鼠害。

三、技能考核标准

昆虫标本采集、制作与保存技能考核参考标准见表 3-2-1。

表 3-2-1　昆虫标本的采集、制作与保存技能考核参考标准

考核内容	要求与方法	评分标准	标准分值/分	考核方法
昆虫标本采集（35分）	采集用具使用正确，标本采集方法正确；采集数量符合要求	根据实际操作情况以及标本采集数量、质量酌情给分	35	以组为单位进行考核，包括单人实训操作考核与小组互评成绩
昆虫标本制作（45分）	干制标本制作符合要求，浸渍标本制作符合要求	根据实际操作情况酌情给分	45	
昆虫标本保存（20分）	干制针插标本的保存符合要求，浸渍标本的保存符合要求	根据实际操作情况酌情给分	20	

思 考 题

1. 昆虫插针部位一致吗？有何区别？
2. 整姿和展翅各有何标准？
3. 简述配制两种幼虫保存液的方法。

思考题参考
答案 3-2

项目四 >>>>>>>>

植物病虫害田间调查与预测预报

任务一 植物病虫害的田间调查

>> 任务目标

通过本任务，掌握作物病虫害的田间调查取样、数据记载、资料统计等基本知识，能够对不同作物田的常见病虫害进行正确的调查取样，会整理、计算调查数据，对调查结果能进行分析。

>> 相关知识

一、调查类型

病虫害调查根据其目的和要求大致可分为3种类型。

(一)普查

用于了解当地各种作物或某种作物上病虫害的种类、分布特点、危害损失程度等，或当年某种病虫害在各阶段发生的总体情况。一般调查面积较大，范围较广，但较粗放。

(二)系统调查

用于了解病虫在当地的年生活史或某种病虫害在当年一定时期内发生发展的具体过程。一般要选择、确定有代表性的场所或田块，按一定时间间隔进行多次调查，每次都要按规定的项目、方法进行调查和记载。

(三)专题调查

用于对病虫害发生发展规律调查或防治中的某些关键性因子或技术进行研究。这类调查要有周密计划，并与田间或室内试验相结合。

二、调查内容

(一) 发生和危害情况调查

普查主要了解一个地区在一定时间内的病虫种类、发生时间、发生数量及危害程度等。对常发性或暴发性的病虫进行专题调查，还要调查其始发、盛发及盛末期和数量消长规律。若要调查研究某种病虫，就要进行系统调查，除调查发生时间和数量、危害程度外，还要详细调查该病虫的生活习性、发生特点、侵染循环、发生代数、寄主范围等。

(二)病虫、天敌发生规律调查

调查某种病虫或天敌的寄主范围、发生世代、主要习性及不同农业生态条件下数量变化的情况，为制订防治措施和保护利用天敌提供依据。

（三）越冬情况调查

专题调查病虫越冬场所、越冬基数、越冬虫态、病原越冬方式等，为制订防治计划和开展预测预报提供依据。

（四）防治效果调查

防治效果调查包括防治前与防治后病虫发生程度的对比调查，防治区与不防治区的发生程度对比调查和不同防治措施、时间、次数的发生程度对比调查等，为选择有效防治措施提供依据。

三、调查方法

病虫害的田间调查方法取决于病虫害的田间分布型。生物种群由于栖息地内的生物和非生物环境间相互作用，使得种群田间表现为个体扩散分布的一定形式，这种形式被称为田间分布型。

（一）病虫害的田间分布型

病虫害的田间分布型（图4-1-1）主要有以下4种：

1. 随机分布　又称泊松分布，其特点是病虫害个体在田间的分布比较稀疏，种群内个体间相互独立，个体之间的距离可以很不相同。

2. 均匀分布　又称正二项分布，其特点是病虫害个体在田间的散布是均匀的，分布比较稀疏，不聚集，个体间相互独立，无影响。

3. 核心分布　又称奈曼分布，其特点是病虫害个体在田间聚集为多个小集团，形成很多核心，这些核心大小基本相等，核心内为密集的，而核心间是随机的。

4. 嵌纹分布　又称负二项分布，这是昆虫种群中最常见的一种分布，其特点是由于种群内个体间具有明显的聚集现象或由于环境条件的不均匀性，使种群个体呈现疏密相嵌、很不均匀的分布。

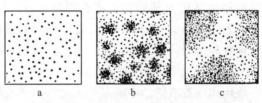

图4-1-1　病虫害的3种田间分布型
a. 随机分布　b. 核心分布　c. 嵌纹分布

形成不同空间格局的原因是多方面的，包括病虫害的增殖（生殖）方式、活动习性和传播方式、发生阶段等，也与环境的均一性有关。了解病虫害本身的生物学特性，有助于初步判断它们的分布格局。如果病虫害来自田外，传入数量较小，无论是随气流还是种子传播，初始的分布情况都可能是随机分布；而当病虫害经过1至几代增殖后，每代传播范围或扩展速度较小时，即围绕初次发生的地点就可以形成一些发生中心，会呈核心分布；其后，特别是随着病虫害的大量增殖，又会逐步过渡为均匀分布。当大量的小麦条锈病夏孢子传入或蝗虫大量迁入时，也可能直接呈现均匀分布。由于肥、水、土壤质地等成片、成条带的差异可能造成作物长势和抗病性的差异，进而引发病原物侵染和害虫取食、产卵的差异，也会出现嵌纹分布。

（二）调查取样方法

选择调查取样方法既要以病虫害田间分布型为基础，又要符合统计学的基本要求。病虫害调查取样方法采用抽样调查，就是运用一定方法在调查对象总体中抽取一部分对象作为样本，并以对样本调查的结论来推断总体的方法。可以大体划分为随机抽样、机械抽样、分层抽样和阶层抽样等四大类。

1. 随机抽样　随机抽样的基本做法是先将总体划分成若干个相同的单位，并按次序编号，然后根据随机数抽取样本。

2. 机械抽样　病虫害田间调查经常采用的五点法、对角线法、棋盘式法、Z形法等均属于机械抽样法（图4-1-2）。五点抽样适于密集的或成行的植物及随机分布型的病虫害调查；对角线抽样适于密集的或成行的植物及随机分布型的病虫害调查；棋盘式抽样适于密集的或成行的植物及随机分布型或聚集分布型的病虫害调查；平行线抽样适于成行的植物及聚集分布型的病虫害调查；Z形抽样适于嵌纹分布型的病虫害调查。

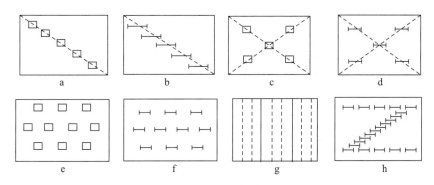

图4-1-2　机械抽样常用方法

a、b. 单对角线法（面积或长度）　　c、d. 双对角线法或点式法（面积或长度）
e、f. 棋盘式法（面积或长度）　　g. 平行法　h. Z形法

3. 分层抽样　在病虫害抽样调查过程中，如果变量分布差异很大，则应分层。例如在飞蝗的发生地区，田埂、小路边蝗卵很多，而松软的农田密度较小，这就需要将总体分为两层。通常对于水浇地与旱地、高地与低地、植株上部与下部等环境差异较大时，由于危害不同，可划分为两类分别进行抽样调查，以提高估计效率。

4. 阶层抽样　阶层抽样又称为多级抽样、多阶抽样，是指在抽取样本时，分为两个及两个以上的阶段从总体中抽取样本的一种抽样调查方法。其实施过程为先从总体中抽取范围较大的单元，称为一级抽样单元，再从每个抽得的一级单元中抽取范围更小的二级单元，依此类推，直到获得最终样本。阶层抽样中阶的鉴定，是根据各阶或各层中样本差异不显著才能用高阶。也就是说，可以用叶片上病虫数代表枝条上的病虫数量，可以用枝条上的病虫数代表整株树木上病虫数量，如果差异显著，则不能用高阶，必须对整株树上所有的叶片进行全部调查。

（三）取样单位和数量

取样单位是抽样时样本的计量单位。一般常用的有：长度单位（m），适用于调查密植条播作物上的病虫害；面积单位（m²），适用于调查密集作物或作物苗期病虫害；体积单位（m³），适用于调查地下害虫、贮粮害虫或木材中的害虫；质量单位（kg），常用于调查统计粮食和种子中的病虫害；时间单位，适用于调查活动性较大的昆虫，可在一定面积范围内，观察单位时间内经过、起飞或捕获的虫数；植株或植株某部位、某器官为单位，适用于调查全株或茎、叶、果等部位上的病虫害；诱集物单位，对用诱集物诱集的害虫，常以所采用的物品或器具（包括糖醋盆、诱虫灯、草把、黄皿）为单位；网捕单位，一般是以口径30cm、网柄长1m的捕虫网在田间来回摆动1次为1网单位，常以百网为1次统计数，适用于小型活动性强的昆虫。

调查数量的表示法有数量法和等级法。凡属可数性状，均可折合成单位面积内的虫数或受害损失率；植株大的植物可折合成百株虫数，对树木的叶片也可折合成百叶虫数。凡是数量不易统计或不易表示时，可划分为一定的等级后，统计其百分比，以便比较。

四、资料记载和计算

（一）记载是田间调查的重要工作

记载要求准确、简明、有统一标准。田间调查记载内容，根据调查的目的和对象而定，一般多采用表格方式，应有调查时间、地点、调查人、作物及生育期、调查株（丛、叶等）数或面积、查得病虫数、病虫严重度分级数、统计数等。对于较深入的专题调查，记载的内容应更详尽。

（二）调查资料的整理与计算

通过抽样调查获得的资料和数据，必须经过整理、计算和比较分析，才能为病虫害的预测预报提供信息。下面介绍一些调查资料的常用计算方法。

1. 被害率、发病率 反映病虫发生或危害的普遍程度，其计算公式为：

$$被害率 = \frac{被害株（秆、叶、花、果）数}{调查总株（秆、叶、花、果）数} \times 100\%$$

$$发病率 = \frac{病苗（株、叶、秆）数}{调查总苗（株、叶、秆）数} \times 100\%$$

2. 虫口密度 一般用单位面积的虫量表示，也可用百株（穗、铃、丛等）虫量表示，密度很大时也可用单株（穗、铃等）虫量表示。

$$虫口密度（头/hm^2） = \frac{查得的总虫数}{调查总面积}$$

3. 病情指数、虫量（害）指数 有时精确计数是很困难的，改用相对数据来表示田间总体受害程度。病情指数、虫量（害）指数是表示病虫害发生普遍程度和严重程度的综合指标，常用于植株局部受害，且各株受害程度不同的病虫害。其计算公式为：

$$病情指数 = \frac{\sum[各级病株（秆、叶、花、果）数 \times 该病级代表值]}{调查总数（秆、叶、花、果）数 \times 最高级代表值} \times 100\%$$

$$虫量（害）指数 = \frac{\sum（虫量级数或受害级数 \times 该级个体数）}{调查（样本）总个体数 \times 最高级数} \times 100\%$$

病情指数中的病级是根据发病植株上的病斑大小、面积或个数来分级的。比如在小麦赤霉病的调查中，通常将麦穗上小麦赤霉病的严重度分为Ⅰ、Ⅱ、Ⅲ、Ⅳ级，标准分别为病小穗占全穗的 1/4 以下、1/4～1/2、1/2～3/4、3/4 以上。虫量（害）指数中的虫量级数是通过目测估计样本植株（或器官）上大概的害虫数量，对照事先制订的标准，确定各植株（或器官）上虫量所属的级别。例如在调查棉蚜时，目测估计每株棉苗顶部 3 张叶片上的大致蚜虫数，1～10 头为Ⅰ级，11～50 头为Ⅱ级，大于 50 头为Ⅲ级。

4. 损失率　除少数病虫如小麦散黑穗的发病率、三化螟的白穗率接近或等于损失率，大部分病虫的被害率与损失率不一致。病虫所造成的损失通过生产水平相当的受害田和未受害田的产量和经济产值对比来计算。

$$损失率 = \frac{未受害区产量（产值）－受害区产量（产值）}{未受害区产量（产值）} \times 100\%$$

》任务实施

一、资源配备

1. 材料与工具　染病虫害的地块、记录本、铅笔、米尺。
2. 教学场所　校内、外植物生产基地或有病虫害的田间。
3. 师资配备　每 15 名学生配备 1 位指导教师。

二、操作步骤

以小组为单位，根据各地不同情况，选择水稻、玉米、蔬菜、果树等当地主要作物 1～2 种主要病虫害发生时期，进行田间调查，并对"两查两定"的调查结果进行整理分析。

三、技能考核标准

植物病虫害田间调查技能考核参考标准见表 4-1-1。

表 4-1-1　植物病虫害田间调查技能考核参考标准

考核内容	要求与方法	评分标准	标准分值/分	考核方法
虫害调查（50分）	选定危害某一作物的某种（或多种）害虫进行调查，写出调查内容、方法和结果	调查内容明确，取样方法正确	25	单人考核，口试评定成绩
		调查结果记载规范，结果分析准确	25	
病害调查（50分）	根据田间病害的发生情况，选取 1～2 种病害进行调查，计算发病率和病情指数	病害调查方法正确	15	单人操作考核
		能够根据发病率计算公式准确计算发病率	15	
		能够根据病情指数计算公式准确计算病情指数	20	

▶▶ 思 考 题

思考题参考
答案 4-1

1. 病虫害调查时常用的机械抽样法有哪些？各适合什么分布型？

2. 有 1 片树龄 40 年的老苹果园，如果要调查褐斑病，应采取哪种抽样方法？请设计 1 份完整的抽样方案。

3. 调查某作物上的某种病害，共取样 200 株，查得各病级株数如表 4-1-2 所示，试计算病害的发病率和病情指数。

表 4-1-2 某病害调查结果

严重度级别	株数
0	40
1	50
2	60
3	50

任务二 植物病虫害的预测预报

▶▶ 任务目标

通过本任务，掌握植物病虫害预测预报的方法，并能在调查数据的基础上，结合历年观测资料和天气预报等信息，及时发出情报，推测病虫害在未来时间的发生趋势，以此来指导病虫害的防治工作。

一、预测预报的类型

防治病虫害必须掌握病虫情况，抓住有利时机，使防治工作主动、及时、准确、经济、有效。在认识病虫害发生消长规律的基础上，通过病虫害田间调查的数据分析，结合历年观测资料和天气预报等信息，进行分析判断，推测病虫害在未来一段时间内的发生期、发生量及危害程度等，这项工作称为预测。把预测的结果通过电话、广播、文字等多种形式，通知有关单位做好准备，抓住有利时机，及时开展防治，这项工作称为预报。预测预报工作是植物保护工作的重要组成部分，是贯彻落实"预防为主，综合防治"植保工作方针，保证农业增产增收的重要手段。

（一）预测的类型

病虫害预测按其内容可分为发生时期预测、发生量预测、发生程度预测和产量损失预测。

病虫害预测按时效又可分为长期预测、中期预测和短期预测 3 类。长期预测一般是在年初预测全年的病虫消长动态和灾害程度，其期限可以是一个季度、作物的一个生长季节、半年或一年甚至几年不等，长期预测难度大。中期预测一般预测几周或几十天后病虫害的发生情况，期限为 20d 到一个季度，对害虫通常是从上一代预测下一代。短期预测就是在小范围内预测病虫害在未来几天到十几天内的发生情况，对害虫来说一般是从前 1~2 个虫态的发生情况推测后 1~2 个虫态的发生期和发生量等，以确定防治适期、次数和方法等；对病害来说是在其发生前不久预测流行的可能性和程度，以指导防治。短期预测准确性高。

病虫害预测还可以根据其手段、方法分为常规预测、数量统计预测、种群系统模型预测和专家系统预测等。

（二）预报的类型

1. 通报 由测报部门定期或正常发布的病虫预报。分短期预报（离防治适期 10d 内的预报）、中期预报（离防治适期 11~30d 的预报）和长期预报（离防治适期 1 个月以上的预报）、超长期预报（跨年度乃至若干年）。测报站根据病虫发生轻重，将其分为小发生、中等偏轻发生、中等发生、中等偏重发生和大发生五级。

2. 警报 属于紧急性质的预报，当病虫呈现大发生趋势，距离防治适期又较近，或预计某种病虫将造成严重危害，或突发性的新发生病虫，为引起人们注意，需要发布病虫警报，特别严重时还须发布紧急警报。

3. 补报 预报发出后，如遇气候有特殊变化或其他原因致使病虫害发生新的变化，应立即发布补充预报，对通报内容进行补充或修订。

以上病虫情报根据农业农村部规定分级发报：省、部级病虫测报机构重点发布中、长（超长）期预报，地、县级病虫测报站主要发布中、短期预报和警报，乡级根据县测报站预报发布本乡短期补充预报。

二、虫害的预测

虫害预测技术是以昆虫生态学为理论基础，根据在不同时间和空间条件下，害虫生物学特性和环境因素之间相互关系的变化，来揭示害虫的发生和危害趋势。按其内容划分，虫害预测可分为发生期预测、发生量预测、迁飞性害虫预测、害虫危害程度预测及产量损失估计预测、数理统计预测等五大类。这里只介绍常用的发生期预测和发生量预测。

（一）发生期预测

发生期预测是指预测害虫某一虫期或虫龄发生和危害的关键时期。发生期预测按其原理不同可分为发育进度预测法、有效积温预测法及物候预测法。

1. 发育进度预测法 发育进度预测法是根据害虫各虫态或各龄虫在田间发生数量由少到多、再由多到少的消长规律，将害虫种群数量在时间上的发育进度百分率达 16%、50%、84% 左右当作划分始盛期、高峰期和盛末期的数量标准，根据实查的田间害虫发育进度，加上相应的虫态历期，来推算以后各虫态的始盛期、高峰期和盛末期时间。主要有历期预测法、分级分龄预测法和期距预测法 3 种。

（1）历期预测法。各虫态在一定温度条件下，完成其发育所需天数称历期。这种方法是通过田间对某种害虫前 1~2 个虫态发生情况的调查，查明其发育进度，如化蛹率、羽化率、孵化率，并确定其发育百分率达始盛期、高峰期和盛末期的时间，在此基础上分别加上当时当地气温下各虫态的平均历期，即可推算出后一虫态发生的相应日期。

例如江苏阜宁县调查田间一代二化螟化蛹进度时，采用隔天调查 1 次的方法，选择当地有代表性的稻田进行调查，记录幼虫和蛹数，计算化蛹率，结果表明：7 月 21—22 日化蛹率达 16％左右，7 月 24—26 日达 50％左右，7 月 31 日达 84％左右。在此基础上分别加上当地当时或常年气温下的一代二化螟蛹历期（8d 左右），就可算出第二代二化螟蛾的发蛾始盛期为 7 月 29—30 日，高峰期为 8 月 2—4 日，盛末期为 8 月 8 日。

（2）分级分龄预测法。根据重害代前一世代某个时间调查得到的田间各龄幼虫和各级蛹的比例分析出发育百分率达始盛期、高峰期和盛末期的虫龄和蛹级，再加上所需某虫态的历期进行预测。以三化螟预测为例，具体做法是：①从当地有代表性的主要虫源田内，拔取各种被害稻株 200 株以上，仔细剥查；②对照三化螟各龄幼虫和各级蛹的特征，仔细进行幼虫分龄、蛹分级，将各龄幼虫和各级蛹的虫口填入计算表格内；③计算各龄幼虫及蛹数量占总虫蛹数量的百分率；④按发育先后将各百分率进行累加，当累加到 16％、50％、84％左右时，即分别得出始盛期、高峰期和盛末期的数量标准；⑤自调查日起分别加上该级蛹或某龄幼虫到羽化的历期的折半数，及以后各级虫龄或蛹到羽化的历期，累加后就可预测出成虫羽化的始盛期、高峰期和盛末期，再加上相应的产卵前期，就可推算出产卵和孵化的始盛期、高峰期和盛末期。

（3）期距预测法。期距指一种害虫任何两个发育阶段或现象之间的时间间隔。期距一般不等于害虫各虫态卵、幼虫、蛹和成虫的历期。期距则常采用自然种群体间的时间间隔，如害虫第一代灯下蛾高峰日与第二代灯下蛾高峰日之间的期距，是集若干年的或若干地区记录材料统计分析而得来的时间间隔。根据多年或多次积累的资料，进行统计计算，求出某两个现象之间的期距。期距可以是世代与世代之间，虫期与虫期之间，两个始盛日之间，两个高峰日之间，始盛期与高峰期或盛末期之间，等等。

例如，江苏南通地区预测棉红铃虫二代卵孵盛期，就是根据一代虫害花高峰（相当于 4 龄幼虫盛期）加一定期距来预测的。江苏东台、大丰等地总结出棉红铃虫一代虫害花高峰期与二代产卵高峰期期距均在 17～20d，依此能在第二代防治前半个月作出防治适期预测预报，误差范围在 2d 以内。

2. 有效积温预测法　在适宜害虫发生的季节里，害虫出现期的早迟、发育速度的快慢以及虫口数量的消长等均受到气温、营养等环境因素的综合影响，其中以温度影响害虫的发生期、发生量甚为明显。当测得害虫某一虫期或龄期的发育起点温度 C 和有效积温 K 后，就可根据近期气象预报或当地常年的平均气温 T，利用有效积温公式 $K=N(T-C)$，计算出这一虫期或龄期发育所需要的天数 N，预测下一虫态或虫龄出现时期。

有效积温预测法是偏重温度对昆虫的影响，这个方法多限于适温区和受营养等条件影响较小的虫期和龄期，而对受营养等影响条件较大的虫期和龄期，其预测值与实发值相比偏离度可能较大。此法还可以预测害虫的地理分布及发生世代数的理论值。

3. 物候预测法　应用物候学知识预测害虫发生期的方法称为物候预测法。物候学是研究自然界的生物包括动物和植物与气候等环境条件的周期性变化之间相互关系的科学。生物有机体的生育周期和季节现象是长期适应其生活环境的结果，各现象之间有着相对的稳定性，物候法预测害虫的发生就是利用这个特点。在长期的农业生产和害虫测报实践中，广大群众积累了丰富的物候学知识。例如，对小地老虎就有"榆钱落，幼虫多；桃花一片红，发蛾到高峰"的简易而可靠的预报方法，还有"花椒发芽，棉蚜孵化；芦苇起锥，向棉田迁飞""小麦抽穗，吸浆虫出土展翅"等说法。运用当地物候资料进行虫情预测，不仅简便易行，便于群众掌握，而且有一定的科学依据。

（二）发生量预测

害虫发生量的预测主要依照当时害虫的发生动态和环境条件，参考历史资料，估计未来发生数量。害虫发生量预测是决定防治地区、防治田块面积及防治次数的依据。影响害虫发生量的因素较多，因此准确预测害虫发生量比较困难，一般只能预测发生程度。现根据有关资料，将发生量的预测法归纳为有效基数预测法、气候图预测法、经验指数预测法、形态指标预测法等。

1. 有效基数预测法 该法是当前常用的方法，对一化性害虫或一年发生 2～4 代害虫的第一、第二代预测效果较好。害虫的发生数量通常与前一代的虫口基数有关，因此，许多害虫越冬后在早春进行有效基数的调查，可作为第一代发生数量的依据。在实际运用中，根据害虫前一世代的有效基数，推测后一世代的发生数量，常用下列公式：

$$P=P_0 \times \left[e \times \frac{f}{m+f} \times (1-M) \right]$$

式中　P——繁殖数量，即下一代的发生量；

P_0——上一代虫口基数；

e——每头雌虫平均产卵数量；

$\frac{f}{m+f}$——雌虫百分率，f 为雌虫数量，m 为雄虫数量；

M——死亡率（包括卵、幼虫、蛹、成虫未生殖前）；

$1-M$——生存率，可为 $(1-a)$、$(1-b)$、$(1-c)$ 或 $(1-d)$，a、b、c、d 分别代表卵、幼虫、蛹和成虫生殖前的死亡率。

2. 气候图预测法 许多害虫在食物得到满足的情况下其种群数量变动主要是以气候中的温度、湿度为主导因素引起的。对这类害虫可以通过绘制气候图来探讨害虫发生量与温度、湿度的关系，从而进行发生量的预测。

通常绘制气候图是以月（旬）总降水量或相对湿度为坐标的一方，月（旬）平均温度为坐标的另一方。将各月（旬）的温度与降水量或温度与相对湿度组合绘为坐标点，然后用直线按月（旬）先后顺序将各坐标点连接成多边形不规则的封闭曲线。把各年各代的气候图绘出后，再把某种害虫各代发生中的适宜温、湿度范围方框在图上绘出，就可比较研究温、湿度组合与害虫发生量的关系。气候图也可以同害虫的发生季节结合起来绘制，这就成了"生物气候图"。在生物气候图中可以明显地看出害虫大发生年（或世代）及小发生年（或世代），以及发生多的地区和发生少的地区的温度与降水量或温度与相对湿度组合是否适宜害虫发生的问题。在实际应用时要根据多年或多点的资料，分别制成气候图或生物气候图，从中分析找出不同发生程度的模式气候图。在具体预测时，可根据当地中、长期或近期气象预报，制成气候图，并与模式气候图比较，即可进行发生量趋势预测。

3. 经验指数预测法 在害虫发生量预测中，还常用经验指数法来预测某种害虫将要发生的数量趋势。这些经验指数是在研究分析影响害虫猖獗发生的主导因素时得出来的，反过来应用于害虫预测上。目前，常用的经验性预测指数有温雨系数和温湿系数、气候积分指数、综合猖獗指数、天敌指数等。

以温雨系数和温湿系数为例：

$$温雨系数 = \frac{P}{T} 或 \frac{P}{(T-C)}$$

$$温湿系数 = \frac{RH}{T} 或 \frac{RH}{(T-C)}$$

式中　P——一定时间段内的总降水量（mm）；

　　　T——一定时间段内的平均温度（℃）；

　　　C——该虫发育起点温度（℃）；

　　　RH——一定时间段内的平均相对湿度。

根据经验，某些害虫在其适生范围内要求一定的温湿度（或温雨量）比例。这段时间内的平均相对湿度（或降水量）与平均温度的比值，就称为这段时间内的温湿系数（或温雨系数）。温湿度系数可以应用于日、候、旬、月、年不同的时间范围。

例如，华北地区用温湿系数分析棉蚜消长。据北京地区 7 年资料得出月相对温度与平均温度的比值是影响华北地区棉蚜季节性消长的主导因素的结论。当温湿系数（E）＝2.5～3.0（$E=RH/T$），RH＝5 日平均相对湿度，T＝5 日平均温度（℃）时，有利于棉蚜发生，可造成猖獗危害。

4. 形态指标预测法　环境条件对昆虫的影响都要通过昆虫本身的内因而起作用，昆虫对外界条件的适应也会从内外部形态特征上表现出来，如虫型、生殖器官、性比的变化以及脂肪的含量与结构等都会影响到下一代或下一虫态的数量和繁殖力。例如，蚜虫及介壳虫有多型现象，飞虱有长、短翅型之分，一般在食料、气候等适宜条件下无翅蚜多于有翅蚜，无翅雌蚧多于有翅雄蚧，短翅型飞虱多于长翅型飞虱，当这些现象出现时，就意味着种群数量即将扩大；相反，则有翅蚜、有翅雄蚧、长翅型飞虱的个体比例较多，表示着昆虫即将大量迁出，可远距离迁飞扩散。因此，可以根据这些形态指标作为数量预测指标以及迁飞预测指标，来推算未来种群数量动态。

三、病害的预测

依据病害的流行规律，利用经验或系统模拟的方法估计一定时限之后病害的流行状况，称为病害预测。按预测内容和预报量的不同可分为流行程度预测、发生期预测和损失预测等。

流行程度预测是最常见的预测种类，预测结果可用具体的发病数量（发病率、严重度、病情指数等）作定量的表达，也可用流行级别作定性的表达。流行级别多分为大流行、中度流行（中度偏低、中等、中度偏重）、轻度流行和不流行。具体分级标准根据发病数量或损失率确定，因病害而异。

发生期预测是估计病害可能发生的时期。果树与蔬菜病害多根据小气候因子预测病原菌集中侵染的时期，即临界期，以确定喷药防治的适宜时机，这种预测也称为侵染预测。德国 1 种马铃薯晚疫病预测办法是在流行始期到达之前，如预测无侵染发生，即发出安全预报，这称为负预测。

损失预测也称为损失估计，主要根据病害流行程度预测减产量，有时还考虑品种、栽培条件、气象因子等诸方面的影响。在病害综合防治中，常应用经济损害水平和经济阈值等概念。前者是指造成经济损失的最低发病数量，后者是指应该采取防治措施时的发病数量，此时防治可防止发病数量超过经济损害水平，而防治费用不高于因病害减轻所获得的收益。损失预测结果可用以确定发病数量是否已经接近或达到经济阈值。

（一）预测的依据

病害预测的预测因子应根据病害的流行规律，从寄主、病原物和环境诸因子中选取。一般说来，菌量、气象条件、栽培条件和寄主植物生育状况等是最重要的预测依据。

1. 根据菌量预测 单循环病害的侵染概率较为稳定，受环境条件影响较小，可以根据越冬菌量预测发病数量。对于小麦腥黑穗病、谷子黑粉病等种传病害，可以检查种子表面带有的厚垣孢子数量，用以预测翌年田间发病率。麦类散黑穗病可检查种胚内带菌情况，确定种子带菌率，预测翌年病穗率。在美国还利用 5 月棉田土壤中黄萎病菌微菌核数量，预测 9 月棉花黄萎病病株率。菌量也用于麦类赤霉病预测，为此需检查稻桩或田间玉米残秆上子囊壳数量和子囊孢子成熟度，或者用孢子捕捉器捕捉空中孢子。多循环病害有时也利用菌量作预测因子。例如，水稻白叶枯病病原细菌大量繁殖后，其噬菌体数量激增，可以测定水田中噬菌体数量，用以代表病原细菌菌量。研究表明，稻田病害严重程度与水中噬菌体数量呈高度正相关，可以利用噬菌体数量预测白叶枯病发病程度。

2. 根据气象条件预测 多循环病害的流行受气象条件影响很大，而初侵染菌源不是限制因子，对当年发病的影响较小，通常根据气象条件预测。有些单循环病害的流行程度也取决于初侵染期间的气象条件，可以利用气象条件预测。英国和荷兰利用"标蒙法"预测马铃薯晚疫病侵染时期，该法指出若相对湿度连续 48h 高于 75%，气温不低于 16℃，则 14～21d 后田间将出现晚疫病的中心病株。又如葡萄霜霉病菌，以气温 11～20℃，并有 6h 以上叶面结露时间为预测侵染的条件。苹果和梨的锈病是单循环病害，每年只有 1 次侵染，菌源为果园附近桧柏上的冬孢子角，在北京地区，每年 4 月下旬至 5 月中旬若出现多于 15mm 的降水，且其后连续 2d 相对湿度高于 40%，则 6 月将大量发病。

3. 根据菌量和气象条件预测 综合菌量和气象因子的流行学效应作为预测的依据，已用于许多病害。有时还把寄主植物在流行前期的发病数量作为菌量因子，用以预测后期的流行程度。我国北方冬麦区小麦条锈病的春季流行通常依据秋苗发病程度、病菌越冬率和春季降水情况预测。我国南方小麦赤霉病流行程度主要根据越冬菌量和小麦扬花灌浆期气温、雨量和雨日数预测，在某些地区菌量的作用不重要，只根据气象条件预测。

4. 根据菌量、气象条件、栽培条件和寄主植物生育状况预测 有些病害的预测除应考虑菌量和气象因子外，还要考虑栽培条件、寄主植物的生育期和生育状况。例如，预测稻瘟病的流行，需注意氮肥施用期、施用量及其与有利气象条件的配合情况。在短期预测中，水稻叶片肥厚披垂，叶色浓绿，预示着稻瘟病可能流行。水稻纹枯病流行程度主要取决于栽植密度、氮肥用量和气象条件，可以做出流行程度因密度和施肥量而异的预测式。油菜开花期是菌核病的易感阶段，预测菌核病流行多以花期降水量、油菜生长势、油菜始花期迟早以及菌源数量（花朵带病率）作为预测因子。

此外，对于昆虫介体传播的病害，介体昆虫数量和带毒率等也是重要的预测依据。

（二）预测的方法

病害种类繁多，不同类型的病害可采取不同的预测方法。不论采取哪一种方法，都是为了搜集与病害流行有关的数据，从而为准确地预测提供依据。

1. 调查病情 包括大田普查、定点系统观测和设立预测圃进行定期检查。大田普查是在一定范围内取样调查该地区面上的病害发生情况。定点系统观测是定点、定时了解病害在田间的时间动态变化，调查株数、间隔时间视调查要求而定。预测圃是在最适于发病的地块种植感病品种，栽培管理措施也有利于发病的人工观察圃。通过预测圃的发病情况，进而判断一般生产田病害发展的可能性，以有助于指导大田的病害普查与防治工作。

2. 调查菌量　具体方法常因病害种类不同而异。

（1）越冬菌源或初侵染菌源的调查。对种子传播的病害，如小麦腥黑粉病可在收获后测定种子的孢子负荷量，预测下年的病害发生量，并制订相应的防治计划。对随病株残体越冬的病害，如稻瘟病可调查越冬稻草的产孢子始期，预测秧田或大田的发病始期。

（2）空中孢子捕捉。对一些气流传播的病害，可利用孢子捕捉的方法预测其发生动态，如小麦锈病、小麦赤霉病、稻瘟病、玉米大斑病、马铃薯晚疫病等。捕捉孢子是将一定大小并涂有一薄层凡士林的玻片，按其传播特点迎风或平放在一定高度，以接受在空中飘移的孢子，定期取下，检查计数。随着科学技术的发展，目前已有风向式孢子捕捉器、电动旋转式孢子捕捉器、定时孢子捕捉器等多种仪器可供选用。

（3）调查传毒昆虫带菌率。如用试管—苗—虫的方法，调查灰飞虱的自然带毒率，预测小麦丛矮病的发生。

（4）测定噬菌体数量。水稻白叶枯病的细菌繁殖与其噬菌体的增殖有一定相关性，根据田水或灌溉水中噬菌体数量的测定，可预测白叶枯病的发生期和发生程度。也可应用噬菌体测定法测定种子或秧苗的带菌量。

3. 搜集气象资料　气象资料的搜集可来自3个方面：历年积累的气象资料、气象部门的气象预报和实测田间小气候。

一项与病害发生关系极密切的资料——露时，即叶面湿润的时数，气象部门多不能提供，需进行田间实测，或根据天气预报中的雨量、云量和地面风速来推测。在测定田间小气候时，现已有带电子计算机的自动测定仪器，可定期安放于田间、果园或林地，自动监测并记录统计温度、湿度、露时等各项气象因素，从而使病害预测工作更加快速而准确。

≫ 任务实施

一、资源配备

1. 材料与工具　有关病虫害的历史资料、寄主种类、病虫害种类及分布情况等资料。
2. 教学场所　校内、外植物生产基地、教室、实验室或实训室。
3. 师资配备　每15名学生配备1位指导教师。

二、操作步骤

以小组为单位，根据各地不同情况，选择水稻、玉米、蔬菜、果树等当地主要作物1~2种主要病虫发生时期，进行田间调查，并对两查两定的调查结果进行整理分析，结合天气及病虫发育情况进行预测预报。

三、技能考核标准

植物病虫害预测预报技能考核参考标准见表4-2-1。

表 4－2－1　植物病虫害预测预报技能考核参考标准

考核内容	要求与方法	评分标准	标准分值/分	考核方法
病虫害预测预报的类型（30分）	依据测报期限长短可分为的类型	依据测报期限长短可分为3种类型，每种类型5分	15	单人考核，口试评定成绩
	依据测报内容分为的类型	依据测报内容可分为3种类型，每种类型5分	15	
病虫害预测预报的方法（70分）	期距法的3种方法	准确说出期距法的3种方法，每种方法5分	15	单人操作考核
	熟记化蛹百分率或羽化百分率的计算公式	准确计算化蛹百分率或羽化百分率	5	
	学会用物候法预测害虫的发生期	能够举1例说明当地物候现象和害虫发生的关系	5	
	有效积温公式及应用	能够正确利用 $K=N(T-C)$ 公式计算出 K、C 和推算出发育历期、害虫世代数，每项10分	40	
	有效基数预测法应用	能够正确利用有效基数预测法计算害虫发生量	5	

》思 考 题

1. 病虫预测按时效分，可分为哪3类？如何区分？

2. 已知某县某年4月的平均温度为13.9℃，当地黏虫卵的发育起点温度为8.2℃，有效积温为67d·℃，查得黏虫产卵高峰期为4月8日，试预测卵孵化高峰期。

3. 病害预测的依据有哪些？请简要说明。

思考题参考答案 4-2

项目五 >>>>>>>>

植物病虫害综合治理

任务一　植物病虫害综合防治技术

▶▶任务目标

通过本任务，能够理解植物病虫害综合防治的思想和原理，深刻认识有害生物综合治理的意义内涵，能够掌握综合防治基本的技术方法，为正确运用防治技术奠定基础。

▶▶相关知识

一、综合防治的概念

自农业生产以来，人类长期与植物病虫害作斗争的生产实践证明，任何一种防治方法都不能很好解决或协调农业生产利益、环境保护、生态安全、健康安全及社会影响等方面的综合性问题。例如使用化学农药采用单一的化学防治，尽管对植物有害生物的防治效果成倍提高，但带来的农药残留、环境污染和病虫抗药性问题突出，极难解决。人们不断对病虫害的防治进行探索，1967年联合国粮食及农业组织（FAO）组织召开的"有害生物综合防治"专家组会议上明确了综合防治（integrated pest control，IPC）的概念，随后发展为有害生物综合治理（integrated pest management，IPM）。

1975年，我国根据自身国情制订了"预防为主，综合防治"的植物保护工作方针。1986年第二次全国农作物病虫害综合防治学术讨论会上阐述"综合防治"的意义内涵和国际上流行的"有害生物综合治理"理念基本一致，即综合防治是对有害生物进行科学管理的体系，它从生态系统的整体观点出发，本着安全、经济、有效、简便的原则，考虑有害生物和其他生物、无机环境之间的相互联系，充分发挥自然控制因素的作用，因地制宜协调应用必要的检疫、农业、生物、物理、化学的技术方法，将有害生物控制在经济受害允许水平之下，以获得最佳的经济、生态和社会效益。

二、综合防治的基本原理

病原物、害虫及天敌是农业生态系统中的有机组成部分，各种生态因子和人为参与可直接或间接地影响病原物和害虫的发生数量。IPM的理念改变了彻底消灭有害生物这一违背生态平衡的错误认识，强调对有害生物的科学管理和控制，只有在有害生物的危害会导致经济损失的前提下才进行防治，允许作物上存在一定数量的病原物或害虫，而不是绝对的消灭，只要它们的种群数量不足以达到经济受害水平，就不必进行防治。

（一）病虫发生量的评价指标

1. 经济受害水平和经济阈值　经济受害水平又称经济受害允许水平，是引起经济损失的有害生物最低密度，即有害生物危害所造成的损失与防治费用相等时的种群密度。在实际防治中所依据的指标不是经济受害水平，而是经济阈值。当预测到某种有害生物发生量将要超过经济受害水平时，应采取有效控制措施，以防止有害生物持续增加而达到经济受害水平。为防止有害生物发生量超过或达到经济受害水平而采取防治措施时的病情指数或害虫种群密度，称为经济阈值，又称防治指标。在实际情况下，不同的季节、生态区域、栽培制度、管理水平等条件都可能影响到植物的生长状态、补偿能力以及对有害生物的耐受能力，也会影响到有害生物的数量、天敌数量，进而导致经济受害水平或经济阈值处在动态变化之中。

2. 平衡位置　在农业生态系统中，当一种有害生物在较长时间内没有受到干扰或影响时，其数量会在一个平均水平线上进行上下波动，这个平均水平线即该有害生物的平衡位置。很显然，当某些有害生物的平衡位置总是在经济阈值之上，甚至超过经济受害水平，必然经常造成危害，必须不断地进行防治；当某些有害生物的平衡位置在通常情况下总在经济阈值之下，偶尔在环境条件转变或天敌控制因素削弱的情况下达到经济阈值，则不需要经常去防治。分析平衡位置与经济受害水平和经济阈值之间的关系，有利于我们了解清楚有害生物的危害性和防治必要性。

（二）植物害虫综合防治原理

1. 采取防治措施，直接或间接压低害虫种群数量，控制在经济阈值之下　通过保护利用寄生性和捕食性天敌动物、天敌微生物，种植抗虫品种，改变栽培制度和植物生长环境，最大限度发挥好自然控制因素的作用。利用杀虫剂、昆虫趋性（信息激素、引诱物质、光）、物理能（温度处理、射线处理）等有效控制害虫种群数量。

2. 改变农业生态系统中生物群落的物种组成，减少害虫种类，增加有益生物种类
由于害虫对植物的食性表现和对栖息场所的环境适应都有要求，通过改进耕作制度，恶化害虫生存环境，必要时引进和释放天敌，增加有益生物的种类和数量，尽可能创造不利于害虫发生、有利于植物生长和有益生物繁衍的生态环境，从而逐步改变农业生态系统的物种组成，以减少病虫发生危害。

（三）植物病害综合防治原理

1. 通过铲除、阻断和抑制病原物的手段，杀灭和控制病原物，以减少侵染性病害的发生　使用农药、高温、射线等处理种子、繁殖材料或带菌土壤，采取清除杂草、销毁秸秆、拔除病株、清除病残体、清除转主寄主等措施均能有效铲除病原物，以杀死、抑制、钝化病原物，使其丧失侵染活性，减少侵染机会。采取有效的阻断措施使病原物不能接触到寄主植物，不能完成接触期，包括对危险性的、主要依靠人为因素远距离传播的病害执行检疫；对依靠种子、苗木、薯块等繁殖材料传播的病害，进行无菌化处理；对依靠昆虫、螨类传播的病害提前防治传播生物；远离转主寄主等措施。还可以用多种化学、物理、生物的方法有效抑制病原物的繁殖，降低致病性和传播效率，以抑制病害的发生发展。

2. 采取化学保护、生物保护等措施有效保护寄主植物，减少病原物侵染　在作物表面喷洒保护性杀菌剂，形成药膜后杀死传播到达的病原物传播体或抑制病原物的侵入，是化学保护的主要形式。生物保护利用有益生物保护植物使之不受或少受病原物侵染，避免或减轻病害发生。另外，改变环境条件可以抑制病原物的侵染活动和繁殖，防止或减少侵染，也能保护寄主植物。

3. 提高寄主植物的抗病性 病原物和寄主植物之间是对抗的关系，此消彼长，植物的抗病性是植物抵抗病原物侵染的一种遗传特性，是长期斗争积累下来的，也可通过选种、引种和育种的办法获得植物的抗病性品种。品种的抗病性大致有两类：一是生理生化抗病性，即植物原生质中有抑制病原的物质或寄主与病原物间有某种类型的代谢不亲和性；二是机械及功能抗病性，即寄主的组织结构或功能具有抵抗病原物侵入或扩展的特性，如较厚的角质、蜡质层或结构特异的细胞壁、木栓层以及气孔开闭规律等。这些特性都是以一定的遗传基因为基础的，具有相对稳定的遗传特性，都能在病害防治中发挥作用。另外，良好的栽培管理措施往往能提高寄主植物的抗病性，抑制病害的发生和流行。

三、综合防治的技术方法

植物病虫害综合防治的技术方法归纳起来包括植物检疫、农业防治、物理机械防治、生物防治和化学防治。

（一）植物检疫

1. 植物检疫的概念 植物检疫是指一个国家或地方政府颁布法令，设立专门机构，禁止危险性病、虫、杂草等随种子、苗木及农产品等在国际及国内地区之间调运而传入或输出，或者传入后为限制其继续扩展所采取的一系列措施，具有明显的强制性和预防性特点。

2. 植物检疫的任务 一是禁止危险性病、虫、杂草随植物及其产品由国外输入到国内或由国内输出到国外。二是将国内局部地区已发生的危险性病、虫、杂草封锁在一定范围内，并采取各种措施逐步将其消灭。三是当危险性病、虫、杂草传入新地区时，应采取紧急措施，就地对其彻底消灭。

3. 植物检疫对象的确定 植物检疫对象是每个国家或地区为保护本国或本地区农业生产安全，在充分了解国内外危险性有害生物的种类、分布和发生情况和对可能传入的危险性病、虫、杂草进行风险性评估后而制订。植物检疫对象必须同时符合 3 个基本条件：一是国内或当地尚未发生或虽有发生，但分布不广的病、虫、杂草等有害生物；二是危险性大，一旦传入则难以根除；三是能随植物及其产品传播。我国植物检疫对象名单由国务院农业主管部门、林业主管部门制订。

4. 植物检疫的主要措施

（1）出入境植物检疫。又称对外检疫、国际检疫。国家在沿海港口、国际机场及国际交通要道，设立植物检疫机构，对进、出口和过境的植物及其产品进行检验和处理，防止国外新的或在国内局部地区发生的危险性病、虫、杂草输入的同时，也防止国内某些危险性病、虫、杂草的输出。

（2）国内植物检疫。又称对内检疫。对国内地区间调运的植物及其产品等应检物实施检疫，以防止和消灭通过地区间的物资交换、调运种子和苗木及其他农产品而传播的危险性病、虫及杂草。对局部地区发生植物检疫对象的，应划分为疫区，采取封锁、消灭措施，防止检疫对象传出；发生地区已比较普遍的，则应将未发生地区划为保护区，防止检疫对象的传入。

（3）采取强制管控措施。我国主要实施产地检疫和调运检疫。产地检疫合格时，发给《产地检疫合格证》，调出时再换取《植物检疫证书》。凡从疫区调出的种子、苗木、农产品及其他播种材料应严格检疫，发现有检疫对象，对能进行除害处理的，在指定地点按规定进行处理后，经复查合格发给植物检疫证书；不能进行除害处理或除害处理无效时，视不同情况分别给予转港、改变用途、禁运、退回、销毁等处理。严禁带有检疫对象的种子、苗木、农产品及其他播种材料进入保护区。

（二）农业防治

农业防治

农业防治就是紧密结合各项农业生产措施，考量对植物病虫害的控制，促使农业生态系统中某些环境因子、土壤因子和生物因子的改变，从而创造有利于作物生长发育和天敌的优化而不利于植物病虫害发生的条件，以达到有效控制和管理植物有害生物发生危害的技术方法。农业防治是以植物病虫害发生与农业生产措施之间的相互联系为基础的，要把握好农业生产措施对生态因子的影响，进而影响病虫害的发生，是融合病虫害发生规律、防治原理和农业生产措施特点的技术方法。由于不使用农药，农业防治不杀伤天敌生物、不污染环境，对农业生态系统安全，且能持续控制和预防多种病虫害，作用时间长，防治成本低。但相比其他技术方法，农业防治的作用速度慢，时效低，不能短期内控制暴发性病虫害。同时农业防治地域性强，易受人们的种植习惯和自然条件的限制，且有些措施与丰产要求或耕作制度之间存在矛盾，不易协调。农业防治的具体措施主要有以下几方面：

1. 改进耕作制度 充分了解植物病原生物的寄主范围和害虫的食性特点，优化作物布局，进行科学轮作倒茬、间作套种等，以恶化某些主要病虫的生活环境和食物条件，达到抑制病虫的目的。优化作物布局可以有效阻止或减缓病虫扩散蔓延，降低某些病虫害大量发生的风险。禾本科作物与豆类作物轮作，如小麦和大豆轮作可减轻大豆食心虫的危害。水旱轮作可以创造不利于病虫发生的土壤环境，减轻地下害虫危害和一些土传病害的发生，而且对不耐旱或不耐水的杂草具有良好的防治效果。如水稻和小麦轮作可减轻小麦吸浆虫危害，水稻和棉花轮作可减轻棉花枯萎病的发生。对于寄主范围较窄的病虫合理轮作能起到好的控制作用，轮作年限主要取决于病虫在土壤及环境中衰减的速度。科学地间作套种往往有助天敌的生存繁衍，有利于发挥天敌对害虫的控制。如麦、棉间作可增加瓢虫等棉蚜天敌的数量，从而抑制棉蚜的危害，且不利于棉蚜的迁飞扩散；又如在棉田套种少量玉米、高粱，能诱集棉铃虫在其上产卵，便于集中消灭。高矮秆作物的间作套种能改善田间温湿度条件，不利于喜温湿和郁闭条件的有害生物生存繁殖。但是，如果轮作和间作套种不合理，易引发某些病、虫、杂草等的严重发生。如水稻与玉米轮作会加重大螟的危害，棉花与大豆间作有利棉叶螨的发生。

2. 培育和选用抗病虫品种 植物的抗病性和抗虫性是普遍存在的，也是其生存至今的根本原因，只是不同的作物及作物品种所表现的抗性反应不同，造成病虫对作物的影响也不同。人们通过传统的选种、引种和育种途径以及利用基因工程技术培育出兼顾抗病、抗虫与高产、优质且适应强的抗病虫品种，这些抗性良种的推广种植是防治有害生物最经济有效的农业防治措施。我国作物种质资源丰富，培育出了许多小麦、玉米、棉花等多种作物的抗病虫品种，在生产上发挥了重要作用。

3. 繁育和使用无病虫种苗　生产上许多病虫害是依靠种子、苗木和其他繁殖材料传播的，因而采取必要措施，繁育和选用无病虫的种苗，可有效控制该类病虫害的发生。如在生态条件良好的地域规范建立无病虫种苗繁育基地，采用包衣种子或种植前对种苗进行无病虫化处理，对许多携带病毒的种苗进行组织培养脱毒，均能获得无病虫种苗，以预防种苗传播病虫害的发生。

4. 调整播期与适时收获　在保证作物正常生长和产量的前提下适当调整播期，避开病虫危害的敏感期，以减少病害发生和减轻害虫危害，能产生积极的病虫防控效益。如玉米适当早播或晚播，避开灰飞虱大量发生和传毒时期，能有效减轻玉米粗缩病的发生，并提高产量；冬麦适当晚播，可减轻秋苗感病，压低越冬菌源量，减轻小麦条锈病发生；春麦避免晚播，可减轻秆锈病的发生。另外，适时收获也能有效控制某些病虫害。如苹果应及早收获至堆果场，以免食心虫幼虫大量脱果转移至果园树冠下的土层中；大豆适时早收，避免大豆食心虫、豆荚螟的幼虫脱荚入土越冬，可大大减少害虫数量，减轻危害。

5. 提高田间管理水平　解决好田间管理不细致、不科学和水平不高的问题，对防控病虫害具有重要的意义。如加强中耕除草工作，既能松土增温，又能机械杀死土表层的害虫和铲除杂草；及时清洁田园，清除枯枝、落叶、落果等田间病残体，可大量消灭潜伏的病虫；适时间苗、定苗和打杈修剪，清除弱苗、病虫苗及病残枝；进行科学施肥和灌溉，能改善土壤理化性状和作物营养条件，调节田间小气候环境的温湿度，可增进作物生长并提高对病虫的抵御能力。许多病虫害的严重发生与田间管理水平不高有直接关系，因此做好田间管理工作是防治病虫害的重要措施。

（三）物理防治

物理防治

利用各种物理因素和器械设备来防治病虫害的方法，称为物理防治，或称为物理机械防治。会使用到一些简单的器械设备，如各种诱虫灯具、诱虫板、防虫网等，有传统的方法，也有近代物理新技术的应用。尽管有些方法费时、费工，会对天敌造成影响，但防治效果明显，而且简单易行，经济安全，很少有副作用，是综合防治重要的技术方法。

1. 捕杀法　利用人工或各种简单的器械捕捉或直接消灭害虫的方法。适合于具有假死性、群集性等典型习性，或生活过程中其虫态易于发现和捕杀的害虫防治。如具有假死性的金龟甲、象甲等的成虫树上活动时，可在清晨或傍晚振落捕杀；对于幼虫在树皮裂缝、老翘下、枝杈处等场所化蛹的害虫，可结合修剪刮除老翘皮进行人工杀灭；对于群集生活且有明显虫窝的害虫可人工挖虫窝捕杀害虫。

2. 诱杀法　利用害虫的趋性或其他可以采取诱集措施的习性，人为设置器械、诱物或场所来诱杀害虫的方法。常用的有：

（1）灯光诱杀。利用害虫的趋光性，采用黑光灯或频振式杀虫灯等设备来诱杀害虫。黑光灯是一种低气压汞气灯，能辐射波长 330～400nm 的紫外线光波，很多害虫的视觉神经对这个波段的光波非常敏感，且表现出很强的正趋光性，这使得黑光灯诱集害虫种类多，诱集效果好，在生产上广泛使用。也可采用其他频振式诱虫灯，目前许多新型的频振式诱虫灯对害虫的诱集效果好于传统的黑光灯。在田间合理设置灯光诱集器械，不仅能有效诱杀害虫起到防治作用，还能开展害虫发生动态研究和预测预报工作。

（2）色板诱杀。利用许多害虫对某些光波（颜色）有正趋光性表现，采用一定颜色的粘虫板来诱杀害虫。如黄色粘虫板可以诱杀大量有翅蚜虫、粉虱、飞虱等害虫，蓝色诱虫板则可以诱杀到大量蓟马。

（3）银膜驱蚜。蚜虫对白色、灰色、银灰色有负趋光性表现，生产上常用银灰色地膜覆盖种植，能有效驱避蚜虫，减轻蚜虫危害。

（4）食饵诱杀。利用害虫的趋化性，在作为刺激源的某些化学物质或害虫喜食的食料中加入适量杀虫剂制成食饵来诱杀害虫。如配制糖醋液诱杀小地老虎成虫，配制毒谷撒于地面毒杀金龟子，田间堆放新鲜的马粪诱杀蝼蛄，用炒香的麦麸、谷糠拌入适量敌百虫、辛硫磷制成毒饵诱杀害虫，等等。

（5）潜所诱杀。利用一些害虫生活栖息场所特点，人为设置害虫喜好的潜伏场所来诱杀。如使用杨树枝把诱集棉铃虫成虫，玉米地束枯草把诱集黏虫大量产卵，田间堆放新鲜杂草来诱集地老虎幼虫，等等。

3. 汰选法　利用健全种子与被害种子在色泽、形状、大小、密度上的差异，通过手选、筛选、风选、盐水选等方法进行分离，剔除带有病虫的种子，以获得无病虫种子，起到对病虫的预防作用。

4. 温度处理法　由于害虫和病菌通常对高温的耐受能力都比较差，温度过高会导致其死亡，在保证播种后种子能正常发芽的前提下常用热处理的方式来杀灭病菌。如夏季日光晒种可杀死潜伏其中的害虫；用$50\sim55℃$的温水浸泡种子，可以杀死一些种子携带的病菌；用$70℃$的高温烘烤种子进行干热灭菌，可以杀死黄瓜种子携带的多种病菌；温室大棚采取高温闷棚措施，可有效杀灭霜霉菌，还可减轻粉虱、蚜虫等的危害。

5. 阻隔法　人为设置障碍，阻隔病虫与植物接触以防止植物受害的方法。如苹果套袋能防止食心虫幼虫蛀果危害，也能避免病菌侵染果实；挖障碍沟能阻断爬行活动害虫的扩散，还能阻隔土壤病菌接触植物根部组织；覆盖地膜可有效阻断害虫危害和病菌侵染；在温室保护地使用防虫网可以阻隔周围露天地块害虫的传入；通过树干涂白可以阻隔害虫上下树活动。阻隔法的实施需紧密联系害虫的活动规律和病原物的传播侵染特点，否则不能发挥病虫防控作用，有一定的局限性。

此外，一些近代物理技术也正在应用于病虫害防治中，如高频电流、超声波、激光、原子能辐射等的应用。

（四）生物防治

生物防治是利用生物或其代谢产物来防治有害生物的方法。其特点是强调有益动物、有益微生物、昆虫激素和生物农药的有效利用，且对人、畜、植物安全，不污染环境，害虫不易产生抗性，有长期抑制作用，能取得较好的生态效益。但

生物防治

生物防治针对性强，往往只针对某一虫期或特定病原物，使用技术要求高，而且作用慢、成本高，不易被人们采纳，必须和其他技术方法协调应用，才能有力控制病虫害。生物防治主要包括以下几方面应用：

1. 利用天敌昆虫抑制害虫　害虫的天敌昆虫能有效抑制害虫的种群数量，减轻害虫危害，应加以保护和利用。天敌昆虫通过直接捕食或寄生来杀死害虫，螳螂、瓢虫、草蛉、猎蝽、食蚜蝇等可以直接捕食害虫，是常见的捕食性天敌昆虫。寄生性天敌昆虫主要包括寄生蜂和寄生蝇，它们寄生在其他昆虫的体内或体外营寄生生活后才能完成个体发育，导致寄主害虫死亡，常见的有姬蜂、蚜茧蜂、小茧蜂、小蜂、赤眼蜂、寄蝇等。保护利用的主要途径有：

（1）保护当地天敌昆虫。不同地域生态中天敌昆虫种类不同，首先要保护好当地自然环境中的天敌昆虫，通过改善或创造有利于天敌昆虫栖息活动和越冬保存的场所，在防治害虫的同时尽量减少对天敌昆虫越冬场所的清理，避免破坏其卵、蛹等，有意识地增加天敌昆虫种群数量。同时，应选用选择性强或残效期短的杀虫剂，尽量避开天敌活动盛期或个体发育薄弱环节，适期适量施用农药，减少施药次数，以免大量杀伤天敌昆虫。

（2）人工繁殖释放天敌昆虫。对于人工繁殖和释放技术成熟的天敌昆虫应加以利用。由于天敌的发生相对害虫通常是滞后的，为了尽早发挥作用，可以提前预测害虫危害高峰期，室内大量人工饲养天敌昆虫，待害虫数量急剧增加时进行田间释放，人为增加天敌昆虫数量，以更好控制害虫危害。如饲养释放赤眼蜂防治玉米螟、松毛虫，释放捕食螨防治柑橘红蜘蛛，等等。

（3）引进天敌昆虫。从国外或国内其他地区引进天敌昆虫，在新的生态环境中往往对害虫形成显著的抑制作用。中华人民共和国成立初期从国外引入澳洲瓢虫防治柑橘吹绵蚧效果显著，1978年从英国引进丽蚜小蜂控制温室白粉虱获得成功。引进天敌时，要考虑对目标害虫的抑制能力，引入后在新生态环境中的适应能力等，避免引进后不能适应新环境或对本地生态系统造成负面影响。

2. 利用其他有益动物抑制害虫　其他有益动物包括蜘蛛、捕食螨、两栖类、爬行类、鸟类、家禽等捕食性动物。农田当中的蜘蛛种类多，其繁殖快、数量多、适应性强，是害虫重要的天敌，常见的有草间小黑蛛、八斑球腹蛛、三突花蛛、拟水狼蛛等。捕食性螨类，如植绥螨、长须螨等，它们可以捕食多种作物上的植食性害螨，能有效抑制害螨危害。青蛙、蟾蜍等两栖类动物主要以昆虫及其他小动物为食，其食量很大，治虫效果明显，应加以保护。另外，很多鸟类都是以昆虫为食的，对害虫种群也有抑制作用。

3. 利用有益微生物及其代谢产物防治害虫

（1）真菌。寄生于昆虫的真菌很多，约750种，但能够有效应用到害虫防治中的不多，目前研究较多的主要是接合菌门中的虫霉目虫霉属，半知菌中的白僵菌属、绿僵菌属及拟青霉属。其中白僵菌应用最为广泛，主要用于防治玉米螟、松毛虫、大豆食心虫、甘薯象甲、稻叶蝉、稻飞虱等。

（2）细菌。昆虫病原细菌目前已知90多种，其中以苏云金杆菌类（Bt）应用较广，如杀螟杆菌、青虫菌、松毛虫杆菌等，对鳞翅目幼虫防治效果好。

（3）病毒。在已知的昆虫病毒中，防治应用较广泛的有核型多角体病毒（NPV）、颗粒体病毒（GV）和质型多角体病毒（CPV），主要感染鳞翅目、双翅目、膜翅目、鞘翅目等昆虫的幼虫。

（4）杀虫素。某些放线菌类微生物在代谢过程中能够产生杀虫的活性物质，称为杀虫素。我国已经批量生产的有阿维菌素、杀蚜素、T21、浏阳霉素等，其中以阿维菌素使用最为广泛。

4. 利用微生物及其代谢产物防治病害　可以利用有拮抗作用的微生物来防治植物病害。某些微生物在生长发育过程中能分泌一些抗菌物质，能够抑制、杀伤甚至溶化其他有害微生物，从而抑制其他微生物的生长，这些抗菌物质称为抗菌素。在我国广泛使用的有井冈霉素、春雷霉素、多抗霉素、抗霉菌素120、木霉菌、武夷菌素、链霉素、土霉素等。此外，在生产上还利用病毒不同株系之间的交互保护作用，通过接种弱致病力病毒株系以保护植物免受强致病力株系侵染，预防病毒病发生。如生产上利用诱变技术获得野生型烟草花叶病毒弱毒株系接种到健康植株上使其不受野生型烟草花叶病毒的危害。

5. 利用昆虫激素防治害虫 昆虫分泌到体外的激素即外激素，在害虫防治及测报方面具有应用价值，尤其以性外激素研究应用最为广泛。我国已合成利用的有苹果小卷叶蛾、梨小食心虫、桃小食心虫、马尾松毛虫、棉铃虫、玉米螟等性外激素。利用性外激素可直接诱杀雄虫，或迷向雄虫，使雄虫找不到雌虫而无法繁殖后代，起到防治害虫的作用。

（五）化学防治

利用化学农药防治农业有害生物的方法，称为化学防治。化学防治具有效率高、速度快、使用方便、便于大面积机械化作业、经济效益高等优点，在迅速有效控制农业有害生物，保障农业丰收方面发挥了其他技术方法不可替代的作用。但由于化学农药的使用，人畜中毒、农作物产生药害、环境污染、杀伤天敌、致使病虫产生抗药性等现象和问题日益严重，存在多方面的弊端，也引起社会的广泛关注。在今后一定时期内没有其他方法可以替代的情况下，可以通过农药的轮换使用、交互使用、复配使用、改进施药技术、减少用药次数及用药量等途径逐步克服其弊端，避免使用单一的化学防治，和其他技术方法协调配合使用进行病虫害防治。

》》任务实施

一、资源配备

1. 材料与工具 当地气象资料、有关病虫害的历史资料、植物种类、农药类型、植物生产技术方案、病虫害种类及分布情况等资料。

2. 教学场所 教室、校内、外生产实习基地、实验室、实训室和农药经销店。

3. 师资配备 每 15 名学生配备 1 位指导教师。

二、操作步骤

（1）在实习实训前，熟悉病虫害防治的各种方法，为实习实训打下良好的基础。

（2）本任务与生产实习、生产劳动结合进行，以达到掌握病虫害防治措施为目的。

三、技能考核标准

植物病虫害综合防治技术技能考核参考标准见表 5-1-1。

表 5-1-1 植物病虫害综合防治技术技能考核参考标准

考核内容	要求与方法	评分标准	标准分值/分	考核方法
植物检疫 （25 分）	植物检疫的任务	准确说出植物检疫的 3 项任务，酌情扣分	5	单人考核，口试评定成绩
	植物检疫的类型	准确说出植物检疫 2 种类型，每种类型 5 分	10	
	对内植物检疫的步骤	准确说出植物检疫的 4 个步骤，每项 2.5 分	10	

（续）

考核内容	要求与方法	评分标准	标准分值/分	考核方法
农业防治（15分）	农业防治5种方法	准确说出农业防治5种具体的方法，每种方法2分	10	单人操作考核
	间作和轮作	能正确说出间作和轮作的定义	5	
物理机械防治（40分）	物理机械防治6种方法	准确说出物理机械防治6种方法，每种方法2分	12	单人操作考核
	灯光诱杀	正确说出黑光灯诱杀害虫时，使用时间、条件、诱杀效果	10	
	毒饵诱杀	能正确使用毒饵诱杀防治害虫	8	
	涂毒环	能正确使用涂毒环防治害虫	10	
生物防治（20分）	天敌昆虫利用的途径和方法	能准确说出3种天敌昆虫利用的途径和方法，每种途径和方法5分	15	单人操作考核
	有益微生物防治病虫害	能准确说出2大类微生物防治病虫害	5分	

≫ 思 考 题

1. 根据理解阐述综合防治的核心思想。
2. 确定植物检疫对象的基本条件有哪些？
3. 举例说明农业防治中改进耕作制度的常见做法。
4. 举例说明"以菌治虫"的昆虫病原微生物。

思考题参考
答案 5-1

任务二 综合防治方案的制订

≫ 任务目标

   遵循植物病虫害综合治理的原理和思想，通过学习制订综合防治方案，学会咨询和分析当地作物病虫害的发生特点和生产实际，能撰写制订出指导性强、操作性强的综合防治方案。同时，切实熟悉和掌握当地植物病虫害发生的实际情况。

》相关知识

一、综合防治方案制订的基本要求

综合防治方案的制订和实施，应在保障农业生态系统安全的基础上，发挥好自然控制力，协调利用各项防治措施，把有害生物控制在经济受害水平之下，实现病虫防治的生产效益。在方案制订时，选择的各项防治措施要符合"安全、有效、经济、简便"的原则。"安全"是指尽可能保障对人畜、植物、天敌及其他有益生物的安全和对生态环境的安全；"有效"是指各防治措施能有效地控制有害生物，保护作物避免受害或减少受害；"经济"是指尽可能降低防治成本费用，获得良好的经济收益；"简便"是指要因地制宜切合实际，方法简单易行，便于群众掌握应用。

二、综合防治方案制订的依据

综合治理作为一种有害生物科学管理的体系，必须以科学规律和生产实际为依据。首先，要充分掌握作物病虫害发生的本质和规律特点，调查害虫的发生种类、种群数量、习性特点、发生过程、危害时期、发生条件等，调查病害的症状表现、病原类型、发病时期、发病条件等，分析防治的有利或关键时期和防治措施提出主要依据，明确主要防治对象，并研究明确主要防治对象和主要天敌或益菌的生物学、发生规律及各种环境因子之间的关系，揭示病虫害种群数量的变动规律，明确需要保护利用的重要天敌或益菌类群。其次，必须从当地实际情况出发，咨询和分析当地气候条件、栽培方式和近年来病虫害的发生记录，包括调查资料、气象资料、栽培制度、管理水平、防治历史和防治条件、农药使用情况以及群众的防治习惯等，重新审视病虫的发生发展趋势，分析防治措施的可实现性，并分析防治的预期目标。再次，必须针对防治的主要对象展开调查，明确防治指标，分析各防治措施的利弊，强调多种防治方法的相辅相成和有机协调，优先选用生物防治与农业防治措施，而且简便易行、经济有效，可操作性强。最后，必须全面考虑生态安全、生物安全、健康安全和社会舆论，体现对植物有害生物的科学管理和可持续控制。

三、综合防治方案制订的步骤

1. 确定防治对象及需要保护利用的天敌　调查了解防治对象发生的基本规律特点，了解田间生物群落的组成结构、病虫种类及数量，确定主要病虫害和次要病虫害及需要保护利用的重要天敌类群。

2. 咨询和分析防治资料　分析气象因素、耕作制度、作物布局、生态环境、防治历史等在控制病虫中的作用。

3. 调查明确防治对象的发生数量　了解病虫数量变动规律，依据防治指标明确防治的必要性和防治适期。

4. 组建防治方法的技术体系　分析各种防治措施的作用，协调运用合适的防治措施，组建具有可操作、可实现，能有效压低关键性病虫平衡位置的技术体系。

5. 撰写综合防治方案　以解决生产实际问题为目标，撰写标题、前言及正文，内容具体，层次清晰，指导性强，操作性强。

四、综合防治方案的类型

1. 以单一有害生物为防治对象　就是以一种主要病害和虫害为对象，制订综合防治方案。其相对容易。如小麦条锈病综合防治方案。

2. 以单一作物主要病虫害为防治对象　就是以一种作物上的主要病虫害为对象，制订综合防治方案。其相对复杂，需要综合考虑单一作物上的多种病虫，协调因子更多。如马铃薯病虫害综合防治方案，万寿菊病虫害的综合治理。

3. 以某个农业生产区域内的主要病虫害为防治对象　就是以某个乡、镇、村的农业生产区域中多种作物的主要病虫害为对象，制订综合防治方案。其难度较大，具有区域性，涉及作物种类多，综合性更强。

≫任务实施

一、资源配备

1. 材料与工具　当地有关病虫害的历史资料、气象资料、植物种类、植物生产技术方案、病虫害种类及分布情况等。

2. 教学场所　教室、实验室或实训室。

3. 师资配备　每20名学生配备1位指导教师。

二、操作步骤

1. 基本情况调查

（1）了解当地植物的丰产栽培技术情况。

（2）了解掌握当地植物栽培品种的抗病性和抗虫性等情况。

（3）了解掌握当地植物主要常发生病虫害的种类、发生情况和发生规律。

（4）了解分析当地气候条件对该植物生长发育和对主要病虫害种类发生情况的影响。

（5）了解地势情况、土壤类型、机器设备、灌溉条件、资金状况、植物分布、技术人员水平、历年防治措施等。

（6）了解分析当地前茬植物种类、土壤状况及对植物生产和主要病虫害发生发展的影响。

2. 编写《某作物病虫害综合防治方案》　编写你所在村的《某作物病虫害综合防治方案》，并结合生产实践的环节，指导农民实施。

三、技能考核标准

病虫害综合防治方案技能考核参考标准见表5-2-1。

表 5-2-1 病虫害综合防治方案技能考核参考标准

考核内容	要求与方法	评分标准	标准分值/分	考核方法
综合防治措施的确定（60分）	基本生产条件清楚	基本生产条件阐述不清楚酌情扣分	10	单人模拟考核，报告评分
	确定符合生产实际的防治措施	主要防治措施不符合要求酌情扣分	20	
	制订的防治措施全面、具体	制订的防治措施不全面、不具体酌情扣分	20	
	措施可操作性强	措施可操作性不强酌情扣分	10	
文章结构（40分）	方案结构合理	文章结构不符合要求酌情扣分	20	
	语言流畅、内容具体	语言不流畅、空洞不具体酌情扣分	20	

》思 考 题

1. 综合防治方案制订的基本要求有哪些？

2. 综合防治方案的类型有哪些？

思考题参考
答案 5-2

项目六 >>>>>>>>

农药使用技术

任务一　农药配制及使用

>> 任务目标

　　了解农药的含义与作用、农药的分类方法以及农药的特性，熟悉农药的常见剂型和使用方法、农药毒性的分级标准，掌握农药浓度的换算方法、农药配制的流程与防护措施、农药常见的使用方法。

>> 相关知识

一、农药的基本概念

（一）农药的含义与作用

1. 农药的定义　农药（pesticide）是农用药剂的简称，是用于防治危害农林植物及其产品的有害生物的药剂和植物生长调节剂。《农药管理条例》规定：农药是指用于预防、消灭或者控制危害农业、林业的病、虫、草、鼠和其他有害生物以及有目的地调节植物、昆虫生长的化学合成或者来源于生物、其他天然物质的一类物质或者几种物质的混合物及其制剂。

　　随着时代的发展，农药的定义与内涵也在不断地发生变化。20世纪80年代以前，农药的定义和范围偏重于强调对有害生物的"杀死"。20世纪80年代以后，农药的概念变化很大，如今，随着社会对生态环境以及农产品质量安全越来越重视，农药的使用不再过分强调以"杀死"为目的，更重要的是在于"调节"，调节药剂与生物的关系、药剂与环境的关系，当前，"高效、低毒、低残留"的生态环境友好型农药已成为农药产业发展的主要趋势之一。

2. 农药的作用　一直以来，农作物的病虫草害是制约农业生产的重要因素之一。自农药应用于农业生产以来，对农作物产量的提高发挥了重要的作用。随着现代化农业生产的发展和农业技术水平的不断提高，利用农药控制病虫草害已成为确保农业高产稳产不可缺少的关键措施，尤其是在控制危险性、暴发性的病虫草害时，农药更显其不可替代的作用和重要性。

　　目前，根据我国农药经营和使用的情况，农药的作用一般体现在：①杀死或控制危害农作物、林木果蔬、仓储农产品的害虫及城市卫生害虫；②杀死、抑制或者预防引起植物病害的病原物；③防除农田杂草；④杀死鼠类等有害生物以预防或减少疫病的发生；⑤调控植物或昆虫的生长发育等 5 个方面。

（二）农药的分类

农药的使用有严格的要求，在使用过程中，既要选择安全高效低成本的农药，也要避免对生态系统和生产环境的污染和破坏。市场上农药品种繁多，《农药手册》第 16 版记录了全世界商品农药 1 630 种，我国现有常用农药 300 多种。了解农药的分类对科学使用农药有重要意义，为了便于研究与使用，一般可以按照来源、主要成分、防治对象和作用方式对农药进行分类。

1. 按来源分类　按照农药中活性物质的主要来源，可以将农药分为矿物源农药、化学合成农药和生物源农药。

（1）矿物源农药。此类农药活性物质主要来源是天然的无机化合物和石油，如石油乳剂、硫制剂、铜制剂等。

（2）化学合成农药。此类农药活性物质是通过化学有机合成的，占农药种类的绝大多数，如多菌灵、乙草胺等。

（3）生物源农药。此类农药活性物质或是有害生物天敌等活体生物，或是由生物自身合成的代谢物质，又可细分为动物源农药（如动物毒素、昆虫信息素等）、植物源农药（如除虫菊酯、烟碱等）和微生物源农药（如井冈霉素、阿维菌素等）。

2. 按主要成分分类　根据农药中主要有效成分的化学属性，可以将农药分为无机农药和有机农药。

（1）无机农药。又称矿物源农药，此类农药主要有效成分属于无机化合物，主要加工、配制成分是天然矿物原料。

（2）有机农药。此类农药主要有效成分属于有机化合物，多数可用有机化学方法制得，又可细分为植物性农药（天然植物加工制成）、微生物农药（微生物及其代谢产物制成）和有机合成农药（人工合成的有机化合物农药）。

3. 按防治对象分类　根据防治对象，一般可将农药分为杀虫剂、杀螨剂、杀线虫剂、杀软体动物剂、杀菌剂、杀鼠剂、植物生长调节剂和除草剂。应根据防治生物类别，选择合适的产品。

4. 按作用方式分类　根据不同农药的作用方式，可以将农药分为杀生性杀虫剂、非杀生性杀虫剂、杀菌剂和除草剂。

（1）杀生性杀虫剂。以杀死害虫个体为目标，又可细分为触杀剂（经昆虫体壁进入体内引起中毒）、胃毒剂（经昆虫取食进入体内引起中毒）、熏蒸剂（施用后呈气态或气溶胶态的生物活性成分经昆虫气门进入体内引起中毒）、内吸剂（施药后有效成分进入植物内输导、扩散、存留或产生其他有生物活性的代谢产物，昆虫取食时引起中毒）。

（2）非杀生性杀虫剂。又称特异性杀虫剂，对人、畜一般有低毒性，对天敌没有伤害，以其特殊的性能作用于昆虫，对害虫的生理行为有较长期的影响，防止害虫继续繁衍危害，又可细分为引诱剂（可以把一定范围内的昆虫引诱到有药剂的地方）、昆虫生长调节剂（扰乱昆虫正常生长发育，使昆虫生活能力降低、死亡或种群灭绝）、拒食剂（使昆虫产生拒食反应，直至饿死）、不育剂（破坏昆虫的生育机能，使昆虫不产卵，或产出不能孵化的卵，或孵化的子代不能正常发育）、驱避剂（使昆虫忌避而远离药剂所在处，主要用于驱避卫生害虫)。

(3) 杀菌剂。用于杀死病原菌的农药,可细分为保护性杀菌剂(在病原菌侵染之前喷施于植物体表面,保护植物不被病原菌侵染)、治疗性杀菌剂(病原菌侵入植株以后再施用,抑制或杀死病菌,可缓解植株受害程度甚至恢复健康)、铲除性杀菌剂(对病原菌有直接杀伤作用)。

(4) 除草剂。对田间杂草起作用的农药,可细分为触杀性除草剂(施用后只能杀死所接触到的植物组织)和内吸性除草剂(施用后通过内吸作用传至植物的其他部位或整株,使之中毒死亡)。

(三)常见农药剂型的应用特点

常用农药剂型性状的观察和农药质量的简易鉴别

农药剂型指的是原药经加工后根据形态及用途不同而区分的各种制剂的形态,也称为加工剂型。农药原药是加工前的农药,固态状称为原粉,液态状称为原油。由于大部分的原药有效成分浓度过高,不能直接施用于植物,为了不浪费原药,同时不毒害植物,使少量有效成分均匀喷洒于植物表面,就需要在原药中加入适量辅助剂进行加工,制成不同的剂型。

我国生产或使用的农药目前主要有粉剂、可湿性粉剂、乳油、颗粒剂、悬浮剂、可溶粉剂、水分散粒剂、水剂、烟剂和种衣剂等 10 种剂型。

1. 粉剂(dust powder,DP) 是将原药和填充料按一定比例混合,经机械粉碎、研磨、混匀而制成的粉状混合物。不溶于水且不能悬浮分散于水中,故不能用于喷雾,适用于喷粉或拌种。低浓度的一般用作喷粉,高浓度的可作拌种、制毒饵或土壤处理。优点是加工简单,包装、贮运方便,施用时不需水源,且施药工效高;缺点是在植物表面的附着性较差,持效期短,易污染周围环境和邻近作物,长期贮藏时易受潮结块。

2. 可湿性粉剂(wettable powder,WP) 是将原药、填充料和湿润剂按照一定比例混合,经机械粉碎至一定细度而成。加水可形成悬浊液,故适用于喷雾,但不能直接用于喷粉。药效一般比粉剂要高,施用时受风力影响小,易贮存和运输,但贮存不当或加工质量不好时易使悬浮率下降,影响药效,甚至造成药害。

3. 乳油(emulsifiable concentrate,EC) 是由原药、有机溶剂和乳化剂按一定比例混溶调制而成的半透明油状液滴。加水稀释后可成为稳定的乳浊液,适用于喷雾、涂茎、拌种和配置毒土等。优点是加工工艺简单,有效成分含量高,在植物表面润湿性好,附着性强,使用方便,性质稳定,防效优于同种药剂的其他常规剂型;缺点是易燃,污染环境,易造成植物药害和人、畜中毒。

4. 颗粒剂(granules,GR) 是将用原药、载体和辅助剂制成的颗粒状制剂,分为非解体性颗粒剂(遇水不分散)和解体性颗粒剂(遇水分散)。特点是使用时飘移性小,不污染环境,可控制农药释放速度,持续期长,使用方便,而且可以使高毒农药低毒化,对施药人员较安全。

5. 悬浮剂(suspension concentrate,SC) 是将农药原药和载体以及分散剂混合,在水或油中进行超微粉碎而成的黏稠可流动的悬浮体。加水稀释即成稳定的悬浮液。兼有可湿性粉剂和乳油的优点,长时间贮藏会出现沉淀,用前摇匀,不影响药效。

6. 可溶粉剂(soluble powder,SP) 由水溶性原药加水溶性填料及少量助剂混合制成的可溶于水的粉状制剂。该剂型使用方便,包装、贮运经济安全,不污染环境。

7. 水分散粒剂（water dispersible granule，WG） 由固体农药原药、湿润剂、分散剂、增稠剂等助剂和填料加工造粒而成。遇水很快崩解，分散成悬浊液。特点是流动性能好，使用方便，无粉尘，且贮存稳定性好，兼具可湿性粉剂和悬浮剂的优点。

8. 水剂（aqueous solutions，AS） 为农药原药的水溶液。药剂以离子或分子状态均匀分散在水中，药剂的浓度取决于原药的水溶解度。优点是加工方便，成本较低；缺点是不易在植物体表湿润展布，黏着性差，长期贮存易分解失效。

9. 烟剂（smoke generator，FU） 由农药原药与助燃剂和氧化剂配制而成的细粉状或块状物，点燃后可燃烧发烟，不产生明火。优点是使用方便，节省劳力，可用于防治林地、仓库和温室大棚的病虫害。

10. 种衣剂（seed coating agent，SD） 由农药原药、分散剂、防冻剂、增稠剂、消泡剂、防腐剂、警戒色等均匀混合，研磨到一定细度成浆料后，用特殊的设备将药剂包在种子上。该剂型防治地下害虫、根部病害和苗期病虫害效果好，既省工省药，又能增加对人、畜的安全性，减少对环境的污染。

农药剂型种类丰富，除以上剂型外，还有微胶囊剂、片剂、熏蒸剂、气雾剂等剂型。

（四）农药的特性

1. 农药的毒力与药效 农药的毒力和药效都是药剂对有害生物作用强度的量度。

（1）农药的毒力。农药的毒力是指在一定条件下某种农药对某种供试有害生物作用的性质和程度，一般也称为农药内在的毒杀能力。不同作用对象的农药的毒力表示方式有所差异。一般而言，杀虫剂的毒力大小常以致死中量、致死中浓度表示，值越小，毒力越大；杀菌剂和除草剂毒力大小常以有效中浓度表示，值越小，毒力越大。

致死中量，指杀死供试昆虫种群一半个体所需要的计量，常以 LD_{50} 表示，其单位有两种：一种是以供试昆虫个体所接受的药量为单位，如 $\mu g/$头；一种是以供试昆虫单位体重所接受的药量为单位，如 $\mu g/g$。

致死中浓度，杀死供试昆虫种群一半个体所需的浓度，常以 LC_{50} 表示，单位为 $\mu g/mL$。

有效中浓度，引起供试生物群体的半数产生某种药剂反应的浓度，常以 EC_{50} 表示，单位为 mg/L 或 $\mu g/mL$。

（2）农药的药效。农药的药效是指某药剂在大田实际生产中对某种有害生物的防治效果。表示药效的指标有 3 类：①施药防治前后有害生物种群数量的变化；②施药前后有害生物危害程度的变化；③施药与不施药作物收获量变化。一般除草剂通常用防除效果、鲜重或干重防效、产量增减率等表示，杀虫剂通常用害虫死亡率、虫口减退率、植物被害率、保苗（穗）率、防治效果等来表示。

（3）毒力与药效的区别与联系。一般来说，毒力是药效的基础，但毒力并不等于药效。毒力是药剂本身（纯品或原药）对供试生物作用的结果，一般是在室内相对严格控制的条件下采用比较精密的标准化方法测定的结果，而药效则是在田间条件下施用某种农药制剂（除有效成分外，还有多种助剂）对有害生物的防治效果。显然，除了药剂本身外，某些因素如制剂形态、加工方法、喷施方法和质量、有害生物的生长发育阶段，特别是湿度、温度、光照、土壤等环境条件都对药效有显著影响。

2. 农药的毒性与药害

（1）农药的毒性。农药的毒性是指农药对高等动物的毒力。常以大鼠通过经口、经皮、吸入等方法给药测定农药的毒害程度，推测其对人、畜潜在的危险性。农药对高等动物的毒性通常分为急性毒性、亚急性毒性和慢性毒性3类。

急性毒性指农药一次大剂量或24h内多次小剂量对供试动物（如大鼠）作用的性质和程度。经口毒性和经皮毒性均以致死中量 LD_{50} 表示，单位为 mg/kg，而吸入毒性则以致死中浓度 LC_{50} 表示，单位为 mg/L 或 mg/m^3。某种农药的 LD_{50} 值或 LC_{50} 值越小，则这种农药的毒性越大。世界卫生组织（WHO）推荐的农药危害分级标准和我国目前规定的农药急性毒性分级暂行标准如表6-1-1、表6-1-2所示。

表6-1-1　世界卫生组织农药加工品急性毒性分级标准（对大鼠，LD_{50}）

毒性分级	级别符号语	经口半数致死量/（mg/kg）		经皮半数致死量/（mg/kg）	
		固体	液体	固体	液体
Ⅰa级	剧毒	≤5	≤20	≤10	≤40
Ⅰb级	高毒	>5～50	>20～200	>10～100	>40～400
Ⅱ级	中等毒	>50～500	>200～2 000	>100～1 000	>400～4 000
Ⅲ级	低毒	>500	>2 000	>1 000	>4 000

表6-1-2　中国农药加工品急性毒性分级标准（对大鼠，LD_{50}）

毒性分级	级别符号语	经口半数致死量/（mg/kg）	经皮半数致死量/（mg/kg）	经皮半数致死量/（mg/m^3）
Ⅰa级	剧毒	≤5	≤20	≤20
Ⅰb级	高毒	>5～50	>20～200	>20～200
Ⅱ级	中等毒	>50～500	>200～2 000	>200～2 000
Ⅲ级	低毒	>500～5 000	>2 000～5 000	>2 000～5 000
Ⅳ级	微毒	>5 000	>5 000	>5 000

亚急性毒性指农药对供试动物多次重复作用后产生的毒性，给药期限为14～28d，每周给药7次。亚急性毒性主要是考察农药对供试动物引起的各种形态、行为、生理生化的变异，检测指标包括：①动物一般中毒症状表现、体重、食物消耗等；②血液学检查；③临床生化测定；④病理学检查。

慢性毒性指农药对供试动物长期低剂量作用后产生的病变反应，给药期限为1～2年，主要评估农药致癌、致畸、致突变的风险。除常规的病理检测、生理生化检测外，还要对其后代的遗传变异、累代繁殖等进行观测。

（2）农药的药害。农药的药害指农药被施用防治有害生物的同时对被保护的农作物所造成的伤害，可分为直接药害和间接药害。直接药害指农田施药时对当季被保护农作物造成的伤害，而间接药害主要指飘移药害（施药时粉粒或雾滴飘移散落在邻近敏感作物上造成的伤害）、残留药害（施药后残存于土壤中的农药对后茬敏感作物造成的伤害）及二次药害（施药后土壤或作物秸秆中残留农药代谢产物对后茬作物造成的伤害）。

药害的症状表现主要有：① 生长发育受阻，如种子不能发芽或发芽出土前、后枯死，出苗迟缓，生长受抑制，分蘖、开花、结果、成熟迟缓，等等；② 颜色改变，如叶片失绿、白化、黄化，根和叶呈现枯斑，变褐凋萎；③ 形态异常，如植株扭曲，根、花芽、果实等畸形；④ 产量下降，品质劣变。

产生药害的原因很多，大致有下述 4 个方面：①农药制剂质量差，有害杂质超标，甚至变质；②施用技术不当，如过量施药，误用农药或混用不当，飘移、渗漏及残留农药对下茬作物的影响，等等；③环境方面，如任意扩大使用范围，在敏感作物上施药，施药时期不当，过早或过迟施药，高温、干旱条件下施药，等等；④作物本身生长发育不良，或施药时正值对药剂敏感的发育阶段。

农药对作物是否容易产生药害可用安全性指数 K 来表示：

$$K = \frac{\text{农药防治有害生物所需的最低浓度}}{\text{作物对农药能忍受的最高浓度}}$$

显然，K 值越大，作物就越不安全，容易产生药害；相反，K 值越小，农药使用时对作物就越安全。

二、农药的配制

绝大多数的农药制剂不能直接使用，必须要经过配制才能使用。农药的配制就是把商品农药兑水稀释成可以施用的状态。农药在配制的过程中要以安全、高效、经济为原则。农药配制一般的流程如下：首先，仔细阅读农药标签和使用说明书，确定用药量和配料用量，并根据使用容器的容积计算出每次加入的农药制剂量；其次，进行量取与混合，严格按照计算好的农药制剂用量和配料用量进行量取（液体农药，带刻度量具）或者称取（固体农药）；最后，进行混匀，将量取好的农药和配料放在专用的容器里用工具进行混匀，注意不能用手搅拌。

（一）计算农药制剂和稀释剂的用量

1. 农药用量表示方法 配制农药常遇到农药用量和农药浓度两个问题。农药用量是指单位面积农田（果园、林地等）防治某种有害生物所需要的药量，而农药的浓度是指农药制剂的质量（容积）与稀释剂的质量（容积）之比，一般用稀释倍数来表示。农药用量的表示方法一般用农药有效成分用量表示法、农药商品用量表示法、农药稀释倍数表示法、单位质量（容量）浓度、农药百分浓度表示法。

（1）农药有效成分表示法。国际上普遍采用单位面积有效成分用量，即克/公顷（g/hm^2）的表示方法。

（2）农药商品用量表示法。该方法直观易懂，但必须标明制剂浓度，一般表示为克/公顷（g/hm^2）或毫升/公顷（mL/hm^2）。

（3）农药稀释倍数表示法。稀释倍数表示法一般是针对常量喷雾而沿用的习惯性表示方法。一般对于不指出单位面积用药量的农药，应按照常量喷雾施药。

（4）单位质量（容量）浓度。即单位质量（容量）药液中含有的有效成分的量，通常表示农药加水稀释后的药液浓度，用毫克/千克（mg/kg）或毫克/升（mg/L）表示。

（5）农药百分浓度表示法。该表示法通常表示制剂的含药量，但也有以百分浓度表示农药的使用浓度。

2. 农药使用浓度的换算　由于不同农药所使用的农药用量的表示方法不同，因此，常常需要根据具体的情况来对农药使用浓度进行换算。

（1）农药有效成分量与商品用量的换算。

$$农药有效成分量＝农药商品用量×农药制剂浓度（\%）$$

（2）农药百万分浓度与百分浓度的换算。

$$农药百万分浓度＝百分浓度（\%）×10\ 000$$

（3）农药稀释倍数换算。

内比法（稀释倍数小于 100）：

$$稀释倍数＝\frac{原药剂浓度}{新配制药剂浓度}$$

$$药剂用量＝\frac{新配制药剂质量}{稀释倍数}$$

$$稀释剂用量（加水量或拌土量）＝\frac{原药剂用量×（原药剂浓度－新配制药剂浓度）}{新配制药剂浓度}$$

外比法（稀释倍数大于 100）：

$$稀释倍数＝\frac{原药剂浓度}{新配制药剂浓度}$$

$$稀释剂用量＝原药剂用量×稀释倍数$$

3. 农药制剂用量的计算

（1）已知单位面积上的农药制剂用量，计算农药制剂用量。

$$农药制剂用量（g 或 mL）＝单位面积农药制剂用量（g/hm^2 或 mL/hm^2）×施药面积（hm^2）$$

（2）已知单位面积上的有效成分用量，计算农药制剂用量。

$$农药制剂用量（g 或 mL）＝\frac{单位面积有效成分用量（g/hm^2 或 mL/hm^2）}{制剂的有效成分含量}×施药面积（hm^2）$$

（3）已知农药制剂要稀释的倍数，计算农药制剂用量。

$$农药制剂用量（g 或 mL）＝\frac{要配制的药液量（g/mL）}{稀释倍数}×施药面积（hm^2）$$

（二）准确量（称）取农药制剂和稀释剂

计算出农药制剂和稀释剂用量之后，要严格按照计算的结果进行量（称）取。液体农药要用带有刻度的量具量取，固体农药用秤称量。量（称）取好农药制剂和稀释剂后，要在专用的容器内用工具混匀，切记不可用手搅拌。

（三）正确配制药液和毒土

1. 药液的正确配制

（1）固体农药制剂的配制。粉剂一般不用配制，可直接喷粉。可湿性粉剂配制时，应先用小容器在药粉中加入少量的水调制成糊状，然后再倒入药筒（缸）中，加足量的水后搅拌均匀，不能把药粉直接倒入盛有大量水的药筒（缸）中，否则会降低液体的悬浮率，药液容易沉淀。

（2）液体农药制剂的配制。乳油、水剂、悬浮剂等液体农药制剂加水配制成喷雾使用的药液时，要采用二次加水法配制，即先向配制药液的容器内加入 1/2 的水量，再加入所需的药量，最后加足水量。

配制药液所用的水，应选用清洁的河、溪和沟塘中的水，尽量不要选用井水。

2. 毒土的正确配制　毒土法施药产生于我国，目前在除草剂中使用广泛。毒土法是将药剂与细土均匀地混合在一起，制成含有农药的毒土，以沟施、穴施或撒施的方法使用。粉剂用作毒土施用时要选择干燥的细土，并与之混合均匀。乳油等液体农药制剂制成毒土使用时，首先要根据细土的量来计算所需制剂的用量，将药剂配制成 50～100 倍的高浓度药液，用喷雾器向细土上喷雾，边喷边用工具（如锹）向一边翻动，喷药液量以使细土潮湿即可，喷完后再向一边翻动 1 次，等药液充分渗透到土粒后即可使用。

三、农药的使用方法

目前，农药的使用方法较多，但基本可分为地面施药和航空施药。在我国，农药目前还是以地面施药为主，但随着我国现代农业经营方式的发展以及植保无人飞机技术的发展，航空施药的比重将逐渐提升。在施用农药的过程中，应根据农药的性能、剂型、防治对象、防治成本以及环境条件等综合因素来选择合适的施药方法。地面施药常用的方法有喷雾法、喷粉法、撒施法、拌种法、涂抹法、熏蒸法、毒饵法、烟雾法等，航空施药一般最常见的是喷雾法和喷粉法。

1. 喷雾法　喷雾法是借助于喷雾器械将农药药液雾化并均匀地喷施于防治对象及被保护的植物上，是生产上应用最为广泛的一种方法。该方法适用于乳油、水剂、可湿性粉剂、悬浮剂、可溶粉剂等农药剂型。喷雾法具有药液可直接作用于防治对象、分布均匀、见效快、防效好、方法简便等优点，但也存在易飘移流失、对施药人员安全性较差等缺点。

喷雾法发展很快，具体方法很多，一般根据施用容量、药液浓度、喷雾直径等综合情况进行分类。随着施用容量的减小，药液浓度增加，喷雾直径降低，可细分为大容量（用药量大于 $750L/hm^2$，药液浓度小于 0.1%，雾滴直径 400～1 000μm）、中容量/常量（用药量 187.5～750L/hm^2，药液浓度 0.1%，雾滴直径 250～400μm）、低容量（用药量 37.5～187.5L/hm^2，药液浓度 0.8%～3.0%，雾滴直径 150～250μm）、很低容量（用药量 7.5～37.5L/hm^2，药液浓度 3.0%～10.0%，雾滴直径 75～150μm）和超低容量（用药量 2.25～7.5L/hm^2，药液浓度 10.0%～60.0%，雾滴直径 15～75μm）喷雾等 5 种方式。

2. 喷粉法　喷粉法是利用喷粉器械所产生的气流把农药粉剂吹散后沉积到目标植物上的施药方法。适合喷粉法的只有粉剂这一种剂型。喷粉法主要优点是不需用水，工效高，在作物上沉积分布性能好，着药均匀，使用方便，特别是在干旱、缺水的地区，喷粉法更具有实际应用价值。但该施药方法有飘移的问题，风吹雨淋损失大，防治效果不稳定，容易污染环境。

3. 撒施法　撒施法是一种抛掷或撒施毒土或颗粒剂农药的施药方法。适用于粉剂、可湿性粉剂、乳油、水剂、颗粒剂、丸粒剂、大粒剂等剂型。其优点是农药对天敌的影响小，药剂不飘移，有些具有缓释性的药剂持效期长。缺点是撒施的均匀度不够，施药后需要一定的水分，大部分颗粒剂的含最低，防治成本高。

4. 拌种法　拌种法是将药剂与种子混合拌匀，使每粒种子外表覆盖药层，用以防治种传病害、地下害虫或苗期发生的病虫害的施药方法，可分为干拌法和湿拌法两种。干拌法是用药剂直接拌种，为专用拌种剂；湿拌法是先将药剂加少许水稀释后拌种。适用于粉剂、可湿性粉剂、乳油、水剂、微粒剂等剂型。拌种法具有工效高、防效高、对天敌无影响、不受水源限制等优点。缺点是拌种后的种子要堆闷 2～3d 并晾干后才能播种。

5. 涂抹法　涂抹法是将药液涂抹在植物体的某些部位，利用药剂的内吸作用达到防治病虫害目的的施药方法。涂抹法可分为点心、涂花、涂茎、涂干、涂草等类型。涂抹法具有方法简便、工效高、不受水源限制、对天敌影响小等优点，缺点是比较费工。

6. 熏蒸法　熏蒸法是采用熏蒸剂或易挥发的药剂，使其挥发成为气体状态而起杀虫灭菌作用的一种施药方法。适用于仓库、温室等密闭场所或植物茂密的情况，具有防效高、作用快的优点。缺点是在室内使用时要求密封，施药条件比较严格，施药人员需要做好安全防护。

7. 毒饵法　毒饵是用饵料与具有胃毒作用的药剂充分混合而成的制剂。常用于农田害鼠及地下害虫的防治，防治效果好，但对人、畜安全性较差。

8. 烟雾法　烟雾法利用燃烧剂所产生的烟将药剂随烟分散到植物体或病虫体上，是随大棚生产发展而出现的一种新施药方法。剂型是烟剂。具有使用方便、工效高、分布性好、不受水源限制、不用施药器械等优点，适用于温室病虫害的防治。

除以上方法外，农药的使用方法还有浸蘸法、打孔法、注射法、浇洒法、滴施法等，要根据不同植物不同病虫害的防治特点对施药方法进行合理选择。

▶▶ 任务实施

一、资源配备

1. 材料与工具　当地常用农药品种（剂型）、硫酸铜、生石灰、硫黄粉、水、烧杯、量筒、天平、波美比重计、玻璃棒、电磁炉、喷雾器等。

2. 教学场所　教室、实验室以及实训室。

3. 师资配备　每 15 名学生配备 1 位指导教师。

二、操作步骤

1. 常见农药物理性状的辨识　利用给定的农药品种，正确地辨识粉剂、可湿性粉剂、乳油、颗粒剂、水剂、烟雾剂、悬浮剂等剂型在物理外观上的差异。

2. 粉剂、可湿性粉剂的简易鉴别　取少量药粉轻轻撒在水面上，长期浮在水面的为粉剂，在 1min 内粉粒吸湿下沉，搅动时可产生大量泡沫的为可湿性粉剂。

3. 乳油质量简易测定　将 2～3 滴乳油滴入盛有清水的试管中，轻轻振荡，观察油水融合是否良好，稀释液中有无油层漂浮或沉淀。稀释后油水融合良好，呈半透明或乳白色稳定的乳状液，表明乳油的乳化性能好；若出现少许油层，表明乳化性尚好；出现大量油层，表明乳油被破坏，则不能使用。

4. 液体农药的稀释方法　药液量少时可直接进行稀释。正确的方法是在准备好的配药容器内盛好所需要的清水，将定量药剂慢慢倒入水中，用木棍等轻轻搅拌均匀即可使用。若需要配制较多的药液量时，最好采取二次稀释配制法，即先用少量的水将农药原液稀释成母液，再将配制好的母液按稀释比例倒入准备好的清水中，充分搅拌均匀。

5. 可湿性粉剂农药的稀释方法　采取二次稀释配制法，即先用少量水配制成较为浓稠的母液，然后再倒入盛有水的容器中进行最后稀释，但应注意二次稀释配制所用水量要与理论所用水量相等。

6. 粉剂农药的稀释方法 主要是利用填充料进行稀释。先取填充料（草木灰、煤灰、米糠等）将所需的粉剂农药混入搅拌，再反复添加，直至达到所需倍数。

7. 颗粒剂农药的稀释方法 利用适当的填充料与颗粒剂农药混合，稀释时可采用干燥的沙土或同性化肥作填充料，按一定的比例搅拌均匀即可。

三、技能考核标准

农药的配制与使用技能考核参考标准见表6-1-3。

表6-1-3 农药的配制与使用技能考核参考标准

考核内容	要求与方法	评分标准	标准分值/分	考核方法
农药的使用方法（18分）	说出9种以上农药使用方法	准确说出9种农药使用方法，每种方法2分	18	单人考核
农药使用原则（19分）	说出农药的合理使用原则	准确说出合理使用农药原则，每项2分，不正确的酌情扣分	10	单人考核
	说出农药的安全使用原则	准确说出安全使用农药原则，每项3分，不正确的酌情扣分	9	单人考核
农药的稀释计算（23）分	100倍以下稀释剂用量计算	正确计算100倍以下稀释剂用量，8分，不正确的酌情扣分	8	单人考核
	100倍以上稀释剂用量计算	正确计算100倍以上稀释剂用量，8分，不正确的酌情扣分	8	单人考核
	原药剂用量计算	正确计算原药剂用量，7分，不正确的酌情扣分	7	单人考核
药液的配制（20分）	药粉状制剂及液状制剂的稀释	操作正确，10分，不正确的酌情扣分	20	单人操作考核
毒土的配制（10分）	正确配制毒土	操作正确，10分，不正确的酌情扣分	10	单人操作考核
毒饵的配制（10分）	正确配制毒饵	操作正确，10分，不正确的酌情扣分	10	单人操作考核

》》思 考 题

1. 常见的农药分类方式有哪些？

2. 杀虫剂的杀毒原理是什么？

3. 现有10%吡虫啉乳油，需要配制15kg 2 000倍药液防治蚜虫，请问需要吸取多少毫升10%吡虫啉乳油？

4. 简述配制农药的流程。

5. 常见农药的使用方法有哪些？

思考题参考
答案6-1

任务二　安全合理施药技术及农药废弃物的处理

≫任务目标

　　了解农药废弃物的来源，掌握农药安全合理施药技术流程、正确选择农药的方法、正确处理农药废弃物的方法。

≫相关知识

　　农药是农业生产过程中不可或缺的生产资料，为了充分发挥农药控害保产的积极作用，避免或降低农药的负面影响，必须安全合理使用农药。安全合理使用农药可以提高病虫害防治效果，保证农业增产增收，实现农业可持续发展，是保证人、畜环境和农产品安全以及病虫害防治效果的基本条件。

一、安全合理施药技术

（一）农药的正确选择

　　选择农药时，首先要根据农作物需要防治的对象进行选择，用量少、毒性低、在产品和环境中残留量低的种类要优先选择，同时农药的价格也要在考虑范围之内，农药的包装、质量等也值得注意，高效广谱、残留量大的农药应避免选择。一般从以下几个方面考虑：

　　1. 选择对症的农药　当有害生物被确诊后，选择对症的农药进行防治，避免盲目用药，能有效控制有害生物并将对其他生物的影响控制到最小。要根据需要防治的病虫害种类、主治和兼治病虫害类型来确定农药品种，优先选用安全、高效、经济的低毒低残留对症的农药，特别是生物农药，逐渐淘汰高毒、高残留的广谱性农药，坚决不用国家明令禁止农药。

　　2. 选择合适的剂型　不同农药剂型的安全性差别相当大，故应该将最安全的剂型作为首选。一般颗粒剂比喷雾剂和粉剂相对要安全，因为它不容易飘移。飘移和扩散性能越强的剂型在气候条件不利的情况下越容易对要保护的作物产生药害，而且如果所使用的农药毒性高，这些剂型对农药使用者存在更大的风险，应优先选用水乳剂、微乳剂、水溶性粒剂等环保剂型产品。

　　3. 看包装　购买和使用农药时，要认真识别农药的标签和说明，凡是合格的商品农药，在标签和说明书上都标明农药品名、有效成分、注册商标、批号、生产日期、保质期并有"三证"号（农药登记证号、生产许可证号和产品标准证号），而且附有产品说明书和合格证。凡是"三证"不全和没有"三证"的农药不要购买。此外还要仔细检查农药的外包装，凡是标签和说明书识别不清或无正规标签的农药不要购买。除卫生农药外，农药标签下方都有一条与底边平行的、不褪色的特征颜色标志带，以表示不同类别的农药。除草剂为绿色，杀虫剂、杀螨剂和杀软体动物剂为红色，杀菌剂和杀线虫剂为黑色，植物生长调节剂为深黄色，杀鼠剂为蓝色。

　　4. 看外观　如果粉剂、可湿性粉剂、可溶性粉剂有结块现象，水剂有浑浊现象，乳油不透明，颗粒剂中粉末过多，等等，都属失效农药或劣质农药，不要购买。此外，选购农药要注意农药的一药多名或一名多药，不要买错。

5. 看价格 市场上有种类繁多的农药，即使农药是同一种类，往往不同生产厂家、不同包装、不同含量、不同质量会有很大的价格差异。在选购农药时，这些因素要综合考虑到，根据需要施用农药的农田面积、施药量和次数，估算所需要购买农药的量和价格。

（二）农药的合理配制

1. 农药的合理复配 把不同种类、不同作用机制的农药混用，不仅能克服和延缓抗药性，扩大防治范围，而且能起到兼治病虫害、增强药效、减少农药施用量、降低成本等作用。但不能盲目地复配混用农药，也不能与其他农药或液态肥料在同一个喷雾器内混合使用。一般原则为混用后要具有一定的增效作用，不加速分解，毒性不增高。目前，市场上有很多农药混配品种，只要"三证"齐全，根据不同的防治对象，参照使用说明进行正确施用即可。农药复配混用的主要类型有：杀虫剂与增效剂复配、杀虫剂与杀虫剂复配、杀虫剂与杀菌剂复配、杀菌剂与杀菌剂复配、除草剂与除草剂复配。

2. 农药的安全合理配制

（1）用准药量。根据植保部门要求或按农药标签上推荐的用药量使用，准确称取药量和兑水量，不随意混配农药，或任意加大用药量。

（2）采用二次法稀释。先用少量水将农药稀释成母液，再将母液稀释至所需要的浓度；拌土、沙等撒施的农药，应先用少量稀释载体（细土、细沙、固体肥料等）将农药制剂均匀稀释成"母粉"，然后再稀释至所需要的用量。

（三）掌握好防治的最佳时机

根据病虫害发生时期、发育进度及作物的生长发育阶段，及时在病虫害流行暴发之前进行防治，防治效果较好。因此，要掌握病虫害的发生规律，找出防治的最适时期，"稳、准、狠"地消除病虫危害。同时，选择病虫对药物最敏感的发育阶段及作物对病虫最敏感的生长阶段喷药，防治效果较好。防虫要在害虫未大量取食或钻蛀危害前的低龄阶段进行防治，防病害要在初发期喷药防治。

（四）采用正确的施药方法

正确的施药方法不仅可以充分发挥农药的作用，达到有效防治有害生物的目的，而且可以避免盲目增加用药量，降低农业成本。农药施药方法有很多，各种施药方法均有利有弊，应根据作物病虫的发生规律、危害特点、发生环境等情况确定适宜的施药方法。如防治地下害虫，可用拌种、土壤处理等方法；防治种子带菌的病害，宜用药剂拌种或温汤浸种等方法；防治蔬菜蚜虫，喷药重点部位在菜苗生长点和叶背；稻飞虱施药部位是稻的中下部，蚜虫、红蜘蛛等常在叶片的背面危害。

（五）选用合适的施药器械

综合考虑防治对象、防治场所、作物种类和生长情况、农药剂型、防治方法、防治规模，选择合适的施药器械。农药喷雾器械种类很多，应选择正规厂家生产、经质检部门检测合格的药械。注意产品的使用维护，避免跑、冒、滴、漏，并定期更换磨损的喷头。比较常见的喷头有两种：扇形喷头适合于喷洒除草剂；空心圆锥形喷头适合于叶面喷施杀虫剂，不适合喷洒除草剂。施药器械不能混用，一般情况下，喷施杀虫剂、杀菌剂的喷雾器在3次清洗后可再次喷施其他杀虫剂、杀菌剂，但喷施除草剂的喷雾器要专用，不能用于喷施其他种类的农药。

(六) 严格遵守农药安全间隔期规定

为确保农产品质量安全,在农药安全使用中要严格遵守安全间隔期规定。农药安全间隔期是指最后一次施药到作物采收时所需要间隔的天数,即收获前禁止使用农药的天数。在实际生产中,最后一次喷药到作物(产品)收获的时间应比标签上规定的安全间隔期稍长。为保证农产品残留不超标,在安全间隔期内不能采收。不同农药的安全间隔期不同,使用时应按农药标签规定执行。

(七) 喷药作业安全防护

1. 合理选择施药人员　施药人员应身体健康,经过植保专业化防治培训,具备一定的植保知识。年老体弱人员,儿童及孕期、哺乳期妇女均不能施药。

2. 施药人员装备要齐全　施药人员要穿戴必要的防护用品,如手套、口罩、防护服等,防止农药进入眼睛、接触皮肤或吸入体内。

3. 注意施药安全　下雨、大风、高温天气或下雨前、有露水时不要施药,高温季节16 时后温度下降时施药;要始终处于上风位置施药,不要逆风施药;施药期间不得进食、饮水、吸烟;遇喷头堵塞,不要用嘴去吹,应用牙签、草秆或水来疏通;施药后及时更换衣服,清洗身体。

4. 普及急救常识　要掌握中毒急救知识。如农药溅入眼睛内或皮肤上时,及时用大量清水冲洗;如出现头痛、恶心、呕吐等中毒症状,应立即停止作业,脱掉受污染衣服,携带农药标签到医院就诊。

5. 正确清洗药械　施药器械每次用后要洗净,不要在河流、小溪、井边冲洗,以免污染水源。农药废弃包装物应严禁作为他用,也不能乱丢,要集中存放,妥善处理。药械使用后,要反复多次使用清洁剂清洗,并用清洁剂和清水反复清洗药管。

(八) 正确保管农药

正确保管农药是农药安全合理使用的重要环节。保管不当,农药会变质失效,造成经济损失,一些易燃、易爆的农药还可能引起火灾、爆炸事故。保管混乱,会导致农药被错用,不但防治效果达不到,甚至会有严重的事故发生或其他危害,对经济造成重大损失。

农药应封闭贮藏于背光、阴凉、干燥处,应远离食品、饮料、饲料及日用品,存放在儿童和牲畜接触不到的地方,农药不能与碱性物质混放,贮存的农药包装上应有完整、牢固、清晰的标签。

二、农药废弃物处理

由于农药有一定的毒性,且农药在贮运、销售和使用中往往会出现农药废弃物,这些废弃物如果不加强控制与管理,势必对人类的健康造成潜在的危害及环境污染。农药废弃物的安全处理,必须采取有效的方法。

(一) 农药废弃物来源

农药废弃物一般包括变质或失效农药、农药包装废弃物、剩余药液、农药污染物、药械清洗处理物等。

1. 变质或失效农药　是指由于贮藏时间过长或受环境条件的影响,导致变质、失效的农药。

2. 农药包装废弃物 主要是农药在生产、贮存、运输及使用过程中的包装物，包括农药的瓶、桶、罐、袋、箱等。

3. 剩余药液 是指施药后剩余的药液，包括经过稀释后没有用完的药液和未经配制稀释的剩余药剂。

4. 农药污染物 主要是在非施用场所溢漏的农药以及用于处理溢漏农药的材料。

5. 药械清洗处理物 主要是清洗农药药械和配药工具所产生的废水。

(二)农药废弃物安全处理

不同的农药废弃物要求的处理方式不同，要按照政府相关部门的规定以及农药标签上的处置方式进行处理。

1. 变质或失效农药的处理 被国家指定技术部门确认的变质、失效及淘汰的农药应予以销毁。高毒农药一般先经化学处理，而后在具有防渗结构的沟槽中掩埋，要求远离住宅区和水源，并且设立"有毒"标志。低毒、中毒农药应掩埋于远离住宅区和水源的深坑中。凡是焚烧、销毁的农药应在专门的焚化炉中进行处理。

2. 农药包装废弃物的处理 农药包装废弃物严禁用作他用，不能随意丢弃，要妥善处理。完好无损的包装废弃物可由销售部门或生产厂家统一收回。高毒农药的破损包装物要按照高毒农药的处理方式进行处理。金属罐和桶要清洗、爆坏、掩埋，在土坑中容器的顶部距地面不低于50cm；玻璃容器，打碎并掩埋；杀虫剂的包装纸板焚烧；除草剂的包装纸板掩埋；塑料容器要清洗、穿透并焚烧。焚烧时不要站在火焰产生的烟雾中，儿童应远离。此外如果不能马上处理容器，则应清洗并放在安全的地方。

3. 剩余药液、污染物及清洗物的处理 已经稀释而未喷完的药液（粉），如果不能在第二天继续使用，在该农药标签许可的情况下，对少量的剩余药液可在当天重复施用在目标上，或用专门容器保留存放，直到完全降解，绝不能倒入水渠、沟河里，以免对人畜和环境造成危害。对未经配制稀释的剩余药剂保存原有包装，并封闭储存于上锁的地方，不可用饮料瓶盛装农药，以免误食。

农药污染物、清洗物要妥善处置，不能随意倾倒。一般在专门容器中保存，或等待回收，或等待完全降解；也可进行填埋，填埋时要远离生活区和水源区，要保证不污染环境。

》任务实施

一、资源配备

1. 材料与工具 常见农药品种及剂型、手套、口罩、防护服、水桶、大烧杯。

2. 教学场所 实验室或实训室以及发生病虫害的农田。

3. 师资配备 每15名学生配备1位指导教师。

二、操作步骤

1. 农药质量的简易鉴别

（1）检查农药包装。合格产品的外包装较坚固，商标色彩鲜明，字迹清晰，封口严密，边缘整齐。

（2）查看标签。检查有效成分是否标清，"三证"、生产日期及有效期是否标明，农药是否过期。

(3) 观看外观。观察乳油有无分层或沉淀；粉剂、可湿性粉剂的粉粒是否均匀，有无结块；悬浮剂摇动后能否迅速呈现较为均匀的悬浮态；颗粒剂大小、色泽是否均一；等等。

2. 农药的合理配制

(1) 农药的合理复配。一般原则为混用后要具有一定的增效作用，不加速分解，毒性不增高。

(2) 农药的安全合理配制。一要用准药量，二要采用二次法稀释。

3. 农药废弃物处理 不同农药废弃物要求的处理方式不同，要按照政府相关部门的规定以及农药标签上的处置方式进行处理。

三、技能考核标准

安全合理使用农药技能考核参考标准见表 6 - 2 - 1。

表 6 - 2 - 1 安全合理使用农药技能考核参考标准

考核内容	要求与方法	评分标准	标准分值/分	考核方法
农药质量的简易鉴别 (20分)	能够分辨农药质量优劣	根据准确程度酌情扣分	20	单人考核
农药安全合理使用 (60分)	农药及剂型选择适当	农药种类及剂型选择正确，不完全正确的酌情扣分	10	单人考核
	农药安全合理配制	农药配制安全合理，不正确的酌情扣分	20	
	农药使用时机和用药方法适当	农药使用时机和用药方法正确，不正确的酌情扣分	20	
	喷药作业安全防护	喷药作业注重防护，不正确的酌情扣分	10	
农药废弃物处理 (20分)	掌握不同的农药废弃物的处理方式	五类农药废弃物处理适当，处理不适当酌情扣分	20	单人考核

》思 考 题

1. 如何正确挑选农药？
2. 如何安全合理地使用农药？
3. 如何正确处理农药废弃物？

思考题参考
答案 6-2

》拓展知识

药械的
使用与维护

田间药效试验方案
的设计与实施

农药中毒及预防

项目七 >>>>>>>>>

农田杂草防除技术

任务一　农田杂草防除技术

▶▶任务目标

通过本任务学习，掌握农田杂草防除方法，为农田杂草综合治理奠定基础。

▶▶相关知识

农田杂草一般是指农田中的非栽培植物。从生态角度出发，在一定的条件下，凡害大于益的农田植物都称之为农田杂草，因此杂草不仅包括种子植物，也包括木本植物、孢子植物与藻类，同时栽培的作物也能成为杂草，如大豆田中的自生玉米。全世界约有 5 万种杂草，其中农田杂草 8 000 种，我国农田杂草 500 余种。

一、农田杂草特征

（一）繁殖能力强

杂草繁殖方式主要为种子繁殖和营养繁殖。种子繁殖的杂草都能结出 1 000～15 000 粒种子，数量非常惊人，如荠菜每株能结 4 万粒种子，苋和藜每株能结出 50 万～70 万粒种子。营养繁殖是通过根、茎（根状茎、块根、球茎、鳞茎）进行繁殖，如刺儿菜是根芽繁殖，芦苇、白茅是根茎繁殖。

（二）适应能力强

一是杂草种子在土壤、水等自然界中能保持长久的发芽能力，有的可达几十年，如藜的种子在土壤中埋藏 20～30 年后仍能发芽，稗草种子经牲畜食用过腹排出后，在 40℃厩肥中经过 1 个月仍能发芽。二是杂草对环境要求不严格，沟旁、路边、田埂、屋顶甚至岩石等作物通常不能生存的地方，杂草也能生存。三是杂草可通过作物种子、风、流水及动物等多种途径传播。

二、杂草的危害性

（一）与作物争夺养分

杂草根系吸肥能力很强，据调查，如果每平方米有马唐和藜 100～200 株，能吸收土壤中氮 4～10kg、磷 1～2kg、钾 7～10kg，而这些肥料可以生产小麦 200kg。

（二）与作物争夺水分

大多数作物主根深入土中不超过 1.5m，而杂草主根多数深度都超过 1.5m，比作物更具吸水优势。同时，杂草吸水量较大，按形成 1kg 绿色物质计算，作物需水 3.2kg，杂草则需水 6.6kg。

（三）与作物争光争气争空间

杂草丛生会侵占作物所需的空间，作物枝叶生长受限制，田间密蔽，通风透气差，从而影响作物的光合作用，严重影响干物质的形成。

（四）作物病虫害的中间寄主

有些是多年生或越冬杂草，带有一些病菌和害虫寄生，成为作物的病虫源。如棉蚜先在刺儿菜、车前草等杂草上越冬，然后危害棉花或其他作物。

（五）降低作物产量和质量

杂草滋生最终都会影响作物的产量和质量。据统计，普通年份因杂草危害可减产 10%～15%，重者减产 30%～50%。有些杂草的根、茎、叶、种子含有毒素，掺杂作物中会影响人畜健康。

三、农田杂草防除方法

（一）农业防除法

农业措施是防除杂草的基础，如果农业防除措施得力，就可以减轻杂草的危害，达到增产的目的。

1. 预防措施　防止杂草入侵农田是最经济有效的防除措施。为此，要精选种子，可通过盐水选种、泥水选种、风选、筛选等除去作物种子中混杂的草籽；施用经高温堆制腐熟的有机肥，以杀死有机肥中有活力的杂草种子；通过喷洒灭生性除草剂或有计划地种植草皮、牧草等覆盖植物来清除田边地头的杂草，以减少杂草种子的来源；还要管好种子田，对种子田的杂草要及时防除，确保所提供的种子不含草籽。

2. 合理轮作　合理轮作可通过改变杂草的生态环境，创造不利于某些杂草的生长条件，从而消灭和限制农田杂草。水旱轮作是防除杂草的良好途径，因为大部分稻田杂草都不耐旱，而旱田杂草经水淹后又极易死亡。

3. 耕作治草　耕作治草是通过土壤耕作的各种措施（耕翻、耙地、镇压和培土等），在不同的时期、不同程度上消灭杂草的幼芽、成株或切断多年生杂草的地下繁殖器官，改变草籽在耕作层中的分布，进而有效防治杂草的农业措施。如间隙耕翻，就是将集中在表土层的杂草种子翻入深土层（20～25cm），3～5 年大部分丧失活力后再翻上来，能有效减少杂草种子数量。秋冬季耕翻可将多年生杂草的地下根茎和草籽翻到土表干死、冻死或被鸟类等动物取食，从而减少杂草的危害。

4. 覆盖治草　覆盖治草是指在作物田间利用有生命的植物或无生命的物体在一定的时间内遮盖一定的地表或空间，阻挡杂草萌发和生长的方法。尤其是作物群体覆盖抑草，是廉价而有效的除草手段。通过合理密植、加强田间管理、合理使用肥水等农艺措施，促进作物早发快长，利用作物群体的遮光效应，减少杂草危害。

（二）植物检疫防除法

植物检疫是按照规章制度防止检疫性杂草传播蔓延的有效方法。检疫性杂草对农作物危害极大，可造成农作物生长发育不良，降低农作物的产量和品质，甚至造成绝收，并留下严重后患。野燕麦种子与小麦、大麦、青稞种子严重混杂，没有经过严格检疫，是野燕麦猖獗的主要原因。因此，加强检疫性杂草的检疫工作，是防除农田杂草的有效措施之一。

（三）生物防除法

生物防除是指利用不利于杂草生长的真菌、细菌、病毒、昆虫、动物等生物天敌或其他高等植物来控制杂草的发生、生长蔓延和危害的杂草防除方法。如用盘长孢菌防治大豆菟丝子，用 F793 病菌（一种镰刀菌）防除瓜类列当，用家畜家禽防除杂草，用尖翅小卷蛾防治香附子，用斑水螟防除眼子菜，等等。

（四）化学防除法

利用除草剂代替手工和机械除去田间杂草的方法称为化学除草。化学除草具有除草及时、效果好、能除掉一般机械难以除掉的苗间杂草、减轻劳动强度、工效高、成本低等优点，应用较广。

按除草剂的喷洒目标不同，除草剂的使用方法可分为土壤处理法和茎叶处理法两种。土壤处理就是在杂草未出苗前，将除草剂施用于土表或通过混土操作将除草剂拌入一定深度的土壤中，形成一个药剂封闭层，从而杀死萌发的杂草。土壤处理可采用喷雾或撒施（药土或药肥）的方法。茎叶处理是将除草剂直接喷洒到已出苗的杂草茎叶上，利用杂草茎叶对药剂的吸收和传导来杀死杂草。茎叶处理一般采用喷雾法，但对难以防除的杂草和一些多年生杂草也可采用涂抹法施药，即将内吸传导型除草剂涂抹在杂草植株的局部茎叶上，通过吸收与传导，使药剂进入植物体内，从而起到杀草作用。

≫ 任务实施

一、资源配备

1. 材料与工具　当地旱田、水田中杂草种类及分布情况等资料，解剖镜，等等。

2. 教学场所　教室、试验基地、实验室或实训室。

3. 师资配备　每 20 名学生配备 1 位指导教师。

二、操作步骤

（1）基本情况调查。

①了解当地农田杂草的常见种类。

②了解掌握当地主要农作物田间杂草的种类、发生情况和发生规律。

（2）选择草害发生比较严重的农作物田块（旱田或水田），调查杂草种类、危害状况及危害特点。

（3）结合教师讲解，识别农作物田块（旱田或水田）常见杂草，利用解剖镜观察描述主要杂草种子的特征。

（4）根据农作物田块杂草的种类及发生规律，制订农作物田块杂草综合治理措施。

三、技能考核标准

作物田间杂草综合防治方案技能考核参考标准见表 7－1－1。

表 7－1－1　作物田间杂草综合防治方案技能考核参考标准

考核内容	要求与方法	评分标准	标准分值/分	考核方法
综合防治措施的确定（60 分）	基本生产条件清楚	基本生产条件阐述不清楚酌情扣分	10	单人模拟，考核报告评分
	确定符合生产实际的防治措施	主要防治措施不符合要求酌情扣分	20	
	制订的防治措施全面、具体	制订的防治措施不全面、不具体酌情扣分	20	
	措施可操作性强	措施可操作性不强酌情扣分	10	
文章结构（40 分）	方案结构合理	文章结构不符合要求酌情扣分	20	
	语言流畅、内容具体	语言不流畅、空洞不具体酌情扣分	20	

▶▶ 思 考 题

简述杂草的危害。

思考题参考
答案 7-1

任务二　化学防除法

▶▶ 任务目标

通过本任务学习，了解农田化学除草剂的作用原理，并掌握化学除草剂的使用方法，防止药害的发生。

▶▶ 相关知识

一、农田杂草化学防除原理

作物与杂草同时发生，而绝大多数杂草同作物一样属于高等植物，因此，要求除草剂具备特殊选择性或采用恰当的使用方式使除草剂获得选择性，这样才能安全有效地应用于农田。除草剂的选择性原理可划分为 5 个方面。

（一）位差与时差选择性

1. 位差选择性　利用杂草与作物在土壤中或空间上位置的差异而获得选择性。

（1）土壤位差选择性。利用作物和杂草种子或根系在土壤中位置的不同，施用除草剂后，使杂草种子或根系接触药剂，而作物种子或根系不接触药剂，来杀死杂草，保护作物安全。可用两种方法达到目的。

①播后苗前土壤处理法。在作物播种后出苗前用药,利用药剂仅固着在表土层(1~2cm)不造成向下淋溶的特性,杀死或抑制表土层中能够萌发的杂草种子,作物因有覆土层保护,可正常生长发育。使用此方法时,应注意以下情况:浅播作物易造成药害;一些淋溶性强的除草剂易造成药害,如西玛津等;沙性土壤有机质含量低的易使药剂向下淋溶可造成药害;降水后积水地块易产生药害。

②深根作物生育期施药法。利用除草剂在土壤中的位差,杀死表层浅根杂草,而无害于深根作物。

(2)空间位差选择性。一些行距宽且作物与杂草有一定高度比的作物田或果园等,可用定向喷雾或保护性喷雾,使一些对作物有毒的药剂接触不到或仅喷到非要害基部。

2. 时差选择性 对作物有较强毒性的除草剂,利用作物与杂草发芽及出苗期差异而形成的选择性。如草甘膦用于作物播种、移栽或插秧前,杀死已萌发的杂草,而除草剂在土壤中失活或钝化。

(二)形态选择性

由于作物与杂草形态不同造成除草剂沉积附着不同形成的选择性。是由单子叶和双子叶植物在形态上的差异造成(表7-2-1)。

表7-2-1 单子叶和双子叶植物区别

类型	叶片	生长点
单子叶	竖立,狭小,表面角质层和蜡质层较厚,叶片和茎秆直立,药液易于滚落	顶芽被重重叶鞘所包围、保护,触杀性除草剂不易伤害分生组织
双子叶	平伸,面积大,叶表面角质层薄,药液易于在叶面上沉积	幼芽裸露,没有叶片保护,触杀性药剂能直接伤害分生组织

田间应用2,4-滴、2甲4氯防除玉米、小麦田的双子叶杂草等,可能与形态因素有重要关系。

1. 叶片特性 叶片特性对作物能起一定程度的保护作用。如小麦、水稻等禾谷类作物的叶片狭长,与主茎间角度小,向上生长,因此除草剂雾滴不易粘着于叶表面;而阔叶杂草的叶片宽大,在茎上近于水平展开,能截留较多的药液雾滴,有利于吸收。

2. 生长点位置 禾谷类作物节间生长,生长点位于植株基部并被叶片包被,不能直接接触药液;而阔叶作物的生长点裸露于植株顶部及叶腋处,直接接触除草剂,极易受害。

3. 生育习性 大豆、果树等根系庞大,入土深而广,难以接触和吸收施于土表的除草剂;一年生杂草种子小,在表土层发芽,处于药土层,故易吸收除草剂。这种生育习性的差异往往导致除草剂产生位差选择性。

当然形态仅是某些除草剂选择性的因素之一,不是唯一因素。例如莎草科杂草虽属单子叶植物,但对2,4-滴仍然很敏感。

(三)生理选择性

植物的茎叶和根系对除草剂的吸收及其在体内传导差异造成的选择性。

1. 吸收 不同种植物及同种植物的不同生育阶段对除草剂的吸收能力不同。叶片角质层特性、气孔数量与开张程度、茸毛等均显著影响吸收。角质层特性因植物种类、年龄以及环境条件而异，幼嫩叶片及遮阳处生长的叶片角质层比老龄叶片及强光下生长的叶片薄，易吸收除草剂。气孔数量因植物而异，其开张程度则因环境条件而变化。同种植物的同一叶片，其下表皮气孔数远超过上表皮，二者差 10 倍以上，气孔大小相差 5~6 倍。凡是气孔数多而大、开张程度大的植物易吸收除草剂。

2. 传导 除草剂在不同植物体内传导速度的差异是其选择性因素之一。2,4-滴在菜豆体内的传导速度与数量远超过禾本科作物，其在甘蔗生长点中的含量比菜豆低 10 倍。除草剂必须从吸收部位传导到作用部位，才能发挥生物活性。植物传导能力决定了在作用部位除草剂的浓度，因此传导能力差异影响除草剂的选择性。

一般来说，生理选择性不是除草剂选择性的唯一原因，它在除草剂的选择性中只是起到部分作用。在很多情况下，同是敏感的植物，它们吸收、传导能力不一致。

（四）生化选择性

由于植物本身代谢和降解能力不同而引起的选择性。大多数除草剂的选择性是由于生化选择作用，大多数这样的变化与酶促反应相关。生化选择性由两种因素组成：一是不同植物对除草剂的代谢作用不同，有些关键的代谢作用在一些植物中存在，在另一些植物中不存在；二是不同植物对除草剂的代谢速度不同。

1. 除草剂在植物体内活化反应的差异产生的选择性 这类除草剂本身对植物并无毒害或毒害很少，但在植物体内代谢而成为有毒物质。其毒性强弱，主要取决于植物转变药剂的能力。

2. 除草剂在植物体内钝化反应的差异产生的选择性 除草剂本身对植物有毒害，但经植物体内酶或其他物质的作用则能钝化而失去活性，由于药剂在不同植物中的代谢钝化反应速度与程度的差异而产生了选择性。

（五）除草剂利用保护物质或安全剂获得选择性

除草剂安全剂又称除草剂解毒剂或作物安全剂、拮抗剂以及保护剂等。早在 1947 年 Holfman 在番茄上首先发现了 2,4,6-三氯苯氧乙酸对 2,4-滴有解毒现象。1962 年他首先提出了"除草剂解毒剂"的概念，几年后，他提出了第一个安全剂——萘二甲酸酐（NA），作为保护玉米免受硫代氨基甲酸酯除草剂药害的试剂，其效果足以商品化。1972 年 Gulf 公司介绍此药，并以商品名"Protect"进入市场，解毒剂才开始发展。其后解毒剂虽然在农业生产上开始应用，但"解毒剂"这个名称却引起一些争议，因为在医药与药物学中早已应用解毒剂来说明逆转人体受毒害的问题，为避免二者混淆，目前普遍将"除草剂解毒剂"通称为"除草剂安全剂"。1972 年 Stauffer 公司开发出第二个化学合成的安全剂二氯苯烯胺（dichlormid，R-25788）。1973 年第一个安全剂与除草剂的复配剂 Eradicane（菌草敌 12 份，二氯苯烯胺 1 份）开始出售，从而打开了安全剂商品化的新局面。巴斯夫公司 BAS-145138 保护玉米防止氯磺隆伤害，孟山都公司的呋喃解草唑（MON-13900）防止 NC-3192 对玉米的伤害，MG-93 防止高剂量苄嘧磺隆伤害水稻，1,8-萘二甲酸酐防止玉米受硫代氨基甲酸酯伤害。

1. 安全剂的作用 安全剂是紧密结合除草剂应用而开发的，它是在除草剂-安全剂-作物这一特殊限定范围内进行应用的，它的主要作用是：①防治植物学方面与作物相近的杂草，如禾本科田中的禾本科杂草；②将灭生性除草剂用作选择性除草剂；③消除土壤中除草剂残留，避免伤害后茬作物；④降低化学除草成本。

2. 安全剂的使用方法 如果安全剂对作物有选择性，则将其与除草剂混配；如无选择性，作为吸附剂进行种子处理。

3. 安全剂的作用机制

（1）与除草剂发生反应。安全剂与相应的除草剂进行化学或生物化学反应，在作物体内形成无活性的复合物，减少到达作用靶标的除草剂数量，从而对作物产生保护作用。

（2）竞争作物体内的作用靶标。安全剂在作用靶标与除草剂反应而导致解毒是其对作物产生保护效应的重要机制，一些保护剂的分子结构与氯代乙胺类或硫代氨基甲酸酯类近似，与其竞争作用靶点。

（3）基因活化作用。安全剂能诱导谷胱甘肽 S-转移酶（GST）或其他代谢酶的活性。最近已经成功克隆了玉米体内使氯代乙酰胺类除草剂解毒的 GST-1 的基因顺序，安全剂在化学上能调控 GST-1 基因。一些安全剂如萘二甲酸酐能模拟内源与人工合成激素，而内源激素则调节高等植物体内的一些基因的表达，安全剂能通过类似的机制在分子水平上产生作用。

二、化学除草剂的使用方法

（一）合理选用除草剂

选用除草剂既要对防除对象有较高的防治效果，又要对应用的作物安全无害，还要考虑对邻近作物是否安全。例如甲草胺、吡氟禾草灵、高效氟吡甲禾灵、烯禾啶、草甘膦等除草剂，对禾本科作物较敏感。在选用除草剂品种时，要考虑作物的敏感性，切不可使用对作物敏感的除草剂。

除草剂种类很多，每一种除草剂对不同杂草都有很强的选择性，只有针对主要杂草选择适宜的除草剂，才能起到除草增产的目的。例如以野燕麦、长芒棒等禾本科杂草为主的麦田宜选用精噁唑禾草灵、绿麦隆等茎叶处理剂，针对野燕麦还可选用野麦畏土壤处理；以荠菜、播娘蒿为主的麦田要选用 2 甲 4 氯等；以麦家翁、猪殃殃、荠菜、播娘蒿为主的麦田要选用苯磺隆、溴苯腈等；以猫儿眼为主的麦田要选用氯氟吡氧乙酸。切忌盲目使用秋作物（大豆、棉花等）除草剂。

（二）要称准剂量，配准浓度

一般除草剂活性较高，如苯磺隆只用 $15g/hm^2$，稍增大剂量就会造成药害。因此，除草剂要求用药量准确，不管采用哪种施药方法，都应均匀喷洒，做到不重不漏，才能安全有效。

除草剂与杀虫剂、杀菌剂不同，很多品种超过推荐使用剂量，不仅成本增加，还会对作物正常生长产生严重影响，如 56% 2 甲 4 氯钠盐超过 $1.5kg/hm^2$ 会造成小麦旗叶畸形、抽穗困难。若使用量低于推荐用量，又起不到应有的除草效果。随着杂草叶龄的增加，要适当增加除草剂的用量，以提高除草效果。

（三）掌握好施药时期

在作物具有抗性的时期内，选择对防除对象较适宜的阶段用药，也是避免产生药害的有效途径。如用 2 甲 4 氯防除麦田杂草时，宜选在分蘖后到拔节前进行，过早或过晚都易产生药害，温度过低也会影响 2 甲 4 氯药效的发挥，因此，越冬期不能施药。

杂草在不同生长时期对除草剂的敏感程度不同。因此，正确选择除草剂使用时期是保证除草效果和避免小麦产生药害的关键。苗前除草剂主要是在杂草出土前施药，在土表形成药膜或药土层，使杂草不能出土。如用来防除野燕麦的野麦畏，在播种前均匀喷施土表，后浅混土，使土表形成药土层，抑制野燕麦出土；若在野燕麦出土后施药，将没有防效。

茎叶处理剂主要是通过杂草叶片吸收后，破坏其生理、生化系统导致其死亡。杂草对这类除草剂的敏感叶龄为 2～5 叶期。因此，使用这类除草剂要在杂草 2～5 叶期施用除草效果最好。

某些除草剂在土壤内残留期较长，在使用时要考虑其对套作作物或后茬作物的安全性。如 75％苯磺隆水分散粒剂在土壤内残效期有 60d 左右，因此计划套种西瓜、花生等作物的，就先要考虑苯磺隆的有效期，再作安排，否则将会影响作物出苗及生长。

（四）采用恰当的施药方法

第一，根据农药性能及对作物的敏感性来研究施药的方法；第二，根据农药剂型确定相应的施药方法，如在大风天，不宜用喷雾方法施用广谱性除草剂，可用涂抹的方法，以防雾滴飘移引起药害。

（五）施药后避害措施

1. 彻底清洗喷雾器 如施用某除草剂之后不清洗喷雾器，又接着用来喷雾防治病虫害，如果巧遇对该除草剂敏感的作物，就会产生药害，因此，应彻底清洗喷雾器。可将塑料桶喷雾器用 5％碱液浸泡半天，再用清水冲洗 2～3 次来进行清洗。

2. 妥善处理喷雾余液 施药完毕，余下的药液不可乱倒，以防产生药害。

3. 施药后降雨应及时排水 切不可出现雨后积水现象，以免发生药害。

4. 严格保管未用完的除草剂 一般要求按用量购买，如一次使用不完则应妥善保存并保证标签完好，且与其他农药分别放置，以防错用。使用时注意有效期。

（六）发生药害的补救措施

1. 施肥补救 对产生叶面药斑、叶缘枯焦和植株黄化等症状的药害时，增施肥料可减轻药害程度。如小麦出现绿麦隆药害后，可追施人粪尿，根外施尿素和磷酸二氢钾，促使植株恢复生长。

2. 灌排补救 对于一些除草剂引起的药害，适当灌排可减轻药害程度。

3. 植物生长调节剂补救 对于抑制或干扰植物生长的除草剂，如 2,4-滴、2 甲 4 氯、甲草胺、禾草敌等引起的药害，喷洒赤霉素可缓解药害程度。

》任务实施

一、资源配备

1. 材料与工具 当地旱田、水田中杂草种类及分布情况等资料，杂草挂图，常见除草剂，等等。

2. 教学场所 教室、试验基地、实验室或实训室。

3. 师资配备 每 20 名学生配备 1 位指导教师。

二、操作步骤

1. 除草剂除草选择性原理

（1）了解当地农田杂草的常见种类。

（2）了解当地常见的除草剂种类。

（3）按除草剂类型整理其除草选择性原理。

2. 制订除草剂组合　根据生产需要和农田前茬杂草的主要种类，选择制订合理的除草剂组合，并结合生产实践的环节，指导农民实施。

3. 掌握除草剂的使用方法　掌握除草剂的使用方法，防止药害的发生。

三、技能考核标准

化学除草剂使用方法技能考核参考标准见表 7-2-2。

表 7-2-2　化学除草剂使用方法技能考核参考标准

考核内容	要求与方法	评分标准	标准分值/分	考核方法
化学除草剂的使用方法（100分）	根据作物种类和杂草防除目标，合理选用除草剂	除草剂选择不当酌情扣分	20	单人模拟考核，报告评分
	称准剂量，配准浓度	剂量和浓度不准确酌情扣分	10	
	掌握好施药时期	未掌握最佳施药时期酌情扣分	10	
	采用恰当的施药方法	施药方法不当酌情扣分	10	
	施药后避害措施	施药后避害措施不全面酌情扣分	20	
	发生药害的补救措施	未能根据药害发生情况合理进行药害补救措施酌情扣分	30	

》思 考 题

1. 除草剂的选择性原理可分为哪几个方面？

2. 发生药害的补救措施有哪些？

思考题参考
答案 7-2

》拓展知识

农田杂草的
主要种类

部分农田杂草
学名与俗名对照

农作物田登记的主要
除草剂品种

长残留除草剂施药后
种植作物间隔时间表

项目八 ▶▶▶▶▶▶▶

地下害虫防治技术

任务 地下害虫防治技术

▶▶ 任务目标

通过本任务，学生能够识别常发生的主要地下害虫种类，掌握主要地下害虫的发生规律及综合防治技术。

▶▶ 相关知识

地下害虫是指活动危害期间生活在土壤中，主要危害植物的地下部分（如种子、地下茎、根等）和近地面部分的一类害虫，是农业害虫中的一个特殊生态类群。我国已知地下害虫有 320 多种，主要包括蛴螬、蝼蛄、金针虫、地老虎、拟地甲、根蛆、根蟓等。

一、地老虎

地老虎属鳞翅目夜蛾科，是农作物的重要害虫。地老虎的食性较杂，可危害多种粮食作物、棉花、蔬菜、烟草、中药材及果树、林木的幼苗。低龄幼虫昼夜活动，取食子叶、嫩叶和嫩茎，3 龄后昼伏夜出，可咬断近地面的嫩茎，造成缺苗断垄甚至毁种。

（一）形态特征

1. 小地老虎 成虫体长 16～23mm，暗褐色。前翅黑褐色，翅中部有明显环形斑和肾状纹，在肾状纹外有一尖端向外的剑状纹，外缘内侧有 2 个尖端向内的剑状纹。幼虫体长 37～50mm，体表布满大小不等的黑色颗粒；臀板黄褐色，有两条深褐色纵带。

2. 黄地老虎 成虫体长 14～19mm，黄褐色或灰褐色。前翅黄褐色，肾状纹和环形斑较明显，均有黑褐色边，斑中央暗褐色，翅面上散生褐色小点。幼虫体长 33～43mm，体表颗粒不明显，臀板为两块黄褐色斑。

3. 大地老虎 成虫体长 20～25mm，暗褐色，颜色较小地老虎浅。前翅灰褐色，肾状纹和环形斑明显，但肾状纹外无黑色剑状纹，前缘靠基部 2/3 处呈黑色。幼虫体长 41～60mm，体表多皱纹，颗粒不明显，臀板深褐色（图 8 - 1 - 1）。

（二）发生规律

1. 小地老虎 在我国 1 年发生 1～7 代，多数地区以第一代危害严重。成虫有迁飞性，在北方不能越冬，其虫源是从南方迁飞而来，在南方可以幼虫、蛹和成虫越冬。成虫喜趋甜

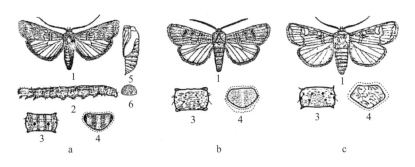

图 8-1-1 小地老虎、黄地老虎和大地老虎
a. 小地老虎 b. 黄地老虎 c. 大地老虎
1. 成虫 2. 幼虫 3. 幼虫第四腹节背面观 4. 幼虫末节背板 5. 蛹 6. 卵

酸味的液体、发酵物、花蜜及蚜虫排泄物等，并以此补充营养，对黑光灯趋性强。卵散产或堆产，多数产在土块及地面缝隙内，少数产在土面的枯草茎或须根、幼苗的叶背或嫩茎上。小地老虎1～2龄幼虫白天和夜间均在地面上生活，大多集中在植物心叶和嫩叶上，啃食叶肉，残留表皮；3龄后白天躲在表土层下，夜间活动危害，造成豆粒大小的洞孔或造成叶缘缺刻；4龄以后危害时咬断幼苗嫩茎；5～6龄幼虫食量剧增，每头一夜可咬断幼苗3～5株。

2. 黄地老虎 1年发生2～4代，主要以幼虫，少数以蛹在麦田、绿肥田、菜田以及田埂、沟渠、堤坡度等处10cm左右土层中越冬。春季均以第一代幼虫发生多，危害严重。主要危害棉花、玉米、高粱、烟草、大豆、蔬菜等春播作物，末代危害冬麦较重。成虫对黑光灯有一定趋性，但对一般的白炽灯趋性很弱。趋化性弱，对糖醋酒液无明显趋性，但喜在洋葱花蕊上取食，补充营养。卵散产在干草、根须、土块及麻类、杂草的叶片背面。

3. 大地老虎 1年发生1代，以3～6龄幼虫在表土或草丛中越冬。翌年3—4月越冬幼虫开始活动危害，5月下旬至6月间老熟幼虫在土壤中滞育越夏，9月中旬以后化蛹羽化并产卵。成虫趋光性不强，对糖醋液有较强趋性，喜食花蜜，不能高飞。卵一般散产于土表或产在生长幼嫩的杂草茎叶上。幼虫4龄前不入土，常在草丛间啃食叶片，4龄后白天潜伏在表土下，夜间出土活动危害。

（三）防治技术

1. 农业防治 在春播前进行春耕、细耙等整地工作，可消灭部分卵和早春的杂草寄主。在作物幼苗期或幼虫1～2龄时结合松土，清除田内外杂草，均可消灭大量卵和幼虫。

2. 物理防治

（1）诱杀成虫。利用黑光灯、糖醋液（酒、水、糖、醋按1：2：3：4，加少量敌百虫，傍晚将盆置于田间1m高处）、杨树枝把或性诱剂等在成虫发生期诱杀，能诱到大量小地老虎成虫。黑光灯还能诱到黄地老虎，糖醋液可诱到大地老虎成虫。

（2）捕杀幼虫。对高龄幼虫，可在清晨扒开被害株的周围或畦边、田埂阳坡表土进行捕杀，也可用新鲜泡桐叶诱集捕杀。

3. 化学防治 当虫口密度达到1头/m²，作物被害叶率（花叶）达10%时，应及时用药防治。一般在第一次防治后，隔7d左右再用药防治1次，连续2～3次。防治1～2龄幼虫可喷粉、喷雾或撒毒土，防治3龄以上幼虫可撒施毒饵诱杀。常用药剂和使用方法主要有以下几种：

（1）毒土、毒沙。可选用 75％辛硫磷乳油、50％敌敌畏乳油或 20％除虫菊酯乳油等分别以 1∶300、1∶1 000、1∶2 000 的比例拌成毒土或毒沙，按 300～375 kg/hm² 进行撒施，对低龄幼虫和高龄幼虫均有效。

（2）喷施药剂。幼虫 3 龄前用 50％辛硫磷乳油 1 000 倍液、2.5％溴氰菊酯乳油 3 000倍液进行地面喷洒，或 90％敌百虫晶体 800～1 000 倍液、80％敌敌畏乳油 1 000～1 500倍液在作物幼苗（高粱禁用）或杂草上喷雾。

（3）毒饵诱杀。将谷子、麦麸、豆饼或谷糠炒香，可用 90％晶体敌百虫，按饵料质量的 1％药量和 10％水稀释后拌入制成毒饵，傍晚顺垄撒于地面，用量为 60～75kg/hm²；或将药剂稀释 10 倍，喷拌在切碎的鲜草或小白菜上制成毒草，分成小堆于傍晚放置于田间，用量为 225～300kg/hm²。

4. 生物防治　地老虎的天敌种类很多，应加以保护利用。

二、蛴螬

蛴螬是鞘翅目金龟甲幼虫的总称，是地下害虫中种类最多、分布最广、危害最大的一个类群。

蛴螬主要危害麦类、玉米、高粱、豆类、薯类、花生、棉花、甜菜等农作物和蔬菜、果树、林木的种子、幼苗及根茎等。蛴螬始终在地下危害，咬断幼苗根茎，断口整齐，使幼苗枯死，造成缺苗断垄甚至毁种；蛀食薯类、甜菜的块根、块茎，影响产量和品质，而且容易引起病菌侵染，造成腐烂。成虫主要取食叶片，尤喜食大豆、花生及各种果树、林木叶片，有些种类还危害果树的嫩芽、花和果实。

（一）形态特征

1. 东北大黑鳃金龟　成虫体长 16～22mm，黑褐色，有光泽；鞘翅有 4 条纵隆线，翅面及腹部无短绒毛，前足胫节外侧有 3 个尖锐齿突，臀节背板包向腹面。幼虫体长 35～45mm，头部前顶刚毛每侧 3 根，冠缝侧 2 根，额缝侧上方 1 根；肛腹板覆毛区无刺毛列，钩状毛散生，排列不均匀，达全节的 2/3。

2. 暗黑鳃金龟　成虫体长 17～22mm，暗黑色，无光泽；鞘翅纵隆线不明显，翅面及腹部有短小绒毛，前足胫节外侧有 3 个较钝齿突，背、腹板相会于腹末。幼虫体长 35～45mm，头部前顶刚毛、冠缝两侧各 1 根；肛腹板覆毛区无刺毛列，钩状毛排列散乱，但较均匀，仅占全节的 1/2。

3. 铜绿丽金龟　成虫体长 19～21mm，铜绿色，有光泽；鞘翅有 4 条明显纵隆线，前胸背板及鞘翅铜绿色，前足胫节外侧有 2 个齿状突起，臀节背板不包向腹面。幼虫体长 30～33mm，头部前顶刚毛冠缝两侧各 6～8 根，排成 1 纵列；肛腹板覆毛区钩毛区中央有 2 列长针状刺毛相对排列，每侧 15～18 根（图 8-1-2）。

（二）发生规律

1. 东北大黑鳃金龟　2 年完成 1 代，以成虫及幼虫越冬。越冬成虫 4 月至 5 月中旬开始出土，盛期在 5 月中下旬至 6 月初。成虫于傍晚出土活动，20—21 时活动最盛，有趋光性，但雌虫很少扑灯。卵多散产于 10～15cm 的土中，孵化盛期在 7 月中下旬。幼虫共 3龄，当 10cm 土温降至 12℃以下时，下迁至 50～150cm 处做土室越冬。翌年 4 月下旬当

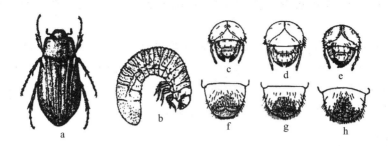

图 8-1-2　蛴　螬

a. 大黑鳃金龟成虫　b. 大黑鳃金龟幼虫　c. 大黑鳃金龟头部　d. 暗黑鳃金龟头部

e. 铜绿丽金龟头部　f. 大黑鳃金龟幼虫臀节　g. 暗黑鳃金龟幼虫臀节　h. 铜绿丽金龟幼虫臀节

10cm 平均土温达 10.2℃以上时，幼虫全部上迁至耕作层，食量大，危害严重。

2. 暗黑鳃金龟　在东北 2 年发生 1 代，其余地区 1 年 1 代，多以 3 龄幼虫在 20cm 左右的土层中越冬，少数以成虫越冬。翌年 4 月底至 5 月为化蛹始期，5 月中下旬为化蛹盛期，5 月下旬或 6 月初始见成虫，7 月中下旬至 8 月上旬为产卵期，7 月中旬至 9 月为幼虫危害期，主要危害花生、大豆、甘薯和秋播麦苗，9 月中旬前后老熟幼虫开始下移越冬。

成虫黄昏时出土，有隔日出土习性。成虫趋光性强，有假死和群集习性。夜间 20—21 时活动最盛。成虫的活动高峰也是交尾盛期，雌虫交尾后 5~7d 产卵。卵多产在土下 3~17cm 处，经 8~10d 孵化为幼虫。成虫喜食榆、杨、槐、柳、桑、梨、苹果等乔木树叶，也偶尔取食玉米和大豆叶。幼虫有自相残杀习性。

3. 铜绿丽金龟　1 年发生 1 代，以 3 龄幼虫在土中越冬。翌年 5 月开始化蛹，6—7 月为成虫出土危害期，7 月中旬逐渐减少，8 月下旬终止。成虫白天隐伏于灌木丛、草皮或表土中，傍晚飞出交尾产卵、取食危害。5、6 月雨量充沛，成虫出土较早，盛发期提前。成虫有假死性和趋光性。卵散产，多产于 5~6cm 深土壤中。1~2 龄幼虫多出现在 7—8 月，食量较小，9 月后大部分变为 3 龄，食量猛增，越冬后又继续危害到翌年 5 月。幼虫一般在清晨和黄昏由深处爬至表层，咬食苗木近地面的基部、主根和侧根。

铜绿丽金龟成虫产卵和幼虫对土壤湿度要求较高。幼虫孵化的适宜温度为 25℃，土壤含水量为 8%~15%；适宜幼虫活动危害的 10cm 土温为 23.3℃，土壤含水量为 15%~20%。在淮北，以果林和水稻混种地区发生的数量较多。

（三）防治技术

当虫口密度达到防治指标 3~5 头/m²，作物受害率达 10%~15%时，应及时开展药剂防治。未达指标时应加强管理，采用诱杀、生物防治等控制危害。

1. 农业防治　加强管理，不使用未腐熟的有机肥，中耕除草，冬季翻耕灌水，或于 5 月上中旬生长期间适时浇灌大水，均可减轻危害。

2. 物理防治　在成虫发生盛期，设置频振式杀虫灯诱杀成虫，人工振落捕杀成虫。

3. 生物防治　保护利用天敌，如各种益鸟、刺猬、青蛙、蟾蜍、步甲及寄生蜂、寄生蝇和乳状芽孢杆菌等。

4. 化学防治

（1）防治成虫。用 90%敌百虫晶体或 80%敌敌畏乳油 1 000 倍液，或 20%甲氰菊酯

（灭扫利）乳油、50％杀螟硫磷乳油、50％辛硫磷乳油 1 500 倍液任意一种，于 18 时后树冠喷雾。

（2）防治幼虫。播种前可选用 5％辛硫磷颗粒剂 30 kg/hm² 拌细土 300～750kg，均匀撒于地面，随即耕翻耙耱；育苗时可选用 50％辛硫磷乳油拌种，按 1 份药加 50 份水稀释，然后与 500 份种子混匀，闷 3～4 h，待种子干后播种；苗木生长期发现蛴螬危害时，可用 25％辛硫磷乳油或 90％敌百虫晶体 1 000 倍液灌根。

三、蝼蛄

蝼蛄属直翅目蝼蛄科，危害严重的有东方蝼蛄（*Gryllotalpa orientalis* Burmeister）和华北蝼蛄（*G. unispina* Saussure）。东方蝼蛄在全国都有分布，是农田的优势种群；华北蝼蛄主要分布在北方各省，尤以华北、西北地区干旱瘠薄的山坡地和塬区危害严重。

（一）形态特征

成虫头小，前胸背板发达呈卵圆形；生有 1 对强大粗短的开掘足；前翅短，仅达腹部的一半，后翅扇形，折叠于前翅之下，超过腹部末端；有一对较长的尾须。若虫与成虫相似。华北蝼蛄与东方蝼蛄成虫形态特征主要区别见表 8-1-1。

表 8-1-1　两种蝼蛄成虫形态特征主要区别

（张学哲，2005. 作物病虫害防治）

种类	华北蝼蛄	东方蝼蛄
体长	39～50mm	30～35mm
体色	黑褐色	黄褐色
腹部	近圆筒形	近纺锤形
后足	胫节背面内缘有刺 1～2 根	胫节背面内缘有刺 3～4 根

（二）发生规律

1. 东方蝼蛄　在华北以南地区 1 年发生 1 代，在东北则需 2 年完成 1 代。以成虫或中老龄若虫在地下越冬。翌年 3—4 月移至地表活动取食，昼伏夜出，以 21—23 时为取食高峰，5 月是危害盛期。越冬若虫 5—6 月羽化为成虫，5 月下旬至 7 月交尾产卵，越冬成虫 4—5 月产卵。喜欢潮湿，多集中在沿河两岸、池塘和沟渠附近产卵。产卵前先在腐殖质较多或未腐熟的厩肥土下 5～20cm 处筑土室产卵，每室产卵 25～40 粒，1 头雌虫可产卵 60～80 粒，卵期约 15d。若虫 8～9 龄，初龄若虫群集于卵室，稍大后分散取食，约经 4 个月羽化为成虫，秋季天气变冷后即以成虫及老龄若虫潜至 60～120cm 土壤深处越冬。

2. 华北蝼蛄　约 3 年发生 1 代。以成虫和 8 龄以上的各龄若虫在土中越冬，有时深达 150cm，翌年 3—4 月开始上升危害。越冬成虫于 6—7 月交配，卵期 20～25d。初孵若虫最初较集中，以后分散活动，至秋季达 8～9 龄时即入土越冬；第二年春季，越冬若虫上升危害，到秋季达 12～13 龄时，又入土越冬；第三年春再上升危害，到 8 月上中旬开始羽化为成虫，入秋即以成虫越冬。具趋光性，但因体大，飞翔力差，在灯下的诱杀率不如东方蝼蛄高。

两种蝼蛄对具有香、甜味的物质都具有趋性，嗜食煮至半熟的谷子、棉籽及炒香的豆饼、麦麸等。对马粪、有机肥等未腐熟的有机物也有一定的趋性。喜欢湿润的土壤，盐碱地虫口密度大，壤土次之，黏土最少。

（三）防治技术

当蝼蛄达 0.5 头/m² 以上，作物被害率在 10% 左右时，采取措施进行防治。

1. 农业防治　有条件的地区，可实行水旱轮作。加强田间管理，结合中耕，挖虫灭卵。施用腐熟有机肥料。

2. 物理防治　利用该虫趋光性，在成虫盛发期，选晴朗无风闷热的夜晚利用频振式杀虫灯或黑光灯诱杀成虫。

3. 化学防治

（1）毒饵诱杀。利用其趋化性，在成虫盛发期，选晴朗无风闷热的夜晚，用炒香的米糠或花生麸 30 份，加 1 份 90% 敌百虫晶体，洒上清水搓匀，做成黄豆大小的毒饵撒在地上。

（2）拌种和撒毒土。用 50% 辛硫磷乳油 100 倍液拌种，保苗效果长达 20d。虫害发生重的地区，可结合播种，用 3% 氯唑磷颗粒剂或 5% 辛硫磷颗粒剂拌干细土混匀后撒于苗床上、播种沟或移栽穴内后覆土，可兼治多种地下害虫。

四、金针虫

金针虫（图 8-1-3）是鞘翅目叩头甲科幼虫的总称。金针虫长期生活于土壤中，可危害麦类、玉米、高粱、谷子、薯类、豆类、棉花、甜菜、甘蔗等农作物和蔬菜以及果树、林木幼苗等，咬食种子的胚乳使之不能发芽，咬食幼苗根系或地下茎导致生长不良甚至枯死，被害部很少被咬断，伤口不整齐而呈麻丝状，还能蛀食薯类的块根、块茎，诱发细菌性腐烂。

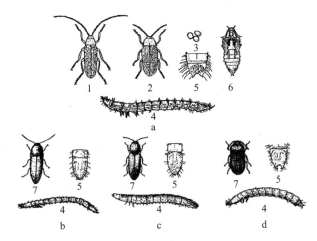

图 8-1-3　常见金针虫形态比较

a. 沟金针虫　b. 细胸金针虫　c. 褐纹金针虫　d. 宽背金针虫

1. 雄成虫　2. 雌成虫　3. 卵　4. 幼虫　5. 幼虫末节特征　6. 蛹　7. 成虫

（一）形态特征

成虫多暗色，体狭长，末端尖削，略扁。当虫体被压住时，头和前胸能做叩头状的活动。触角多锯齿状。幼虫体细长，圆柱形，略扁，体壁光滑坚韧，头和末节特别硬。4 种常见金针虫的形态区别见表 8-1-2。

表 8-1-2　4 种常见金针虫的形态区别

(张学哲，2005. 作物病虫害防治)

种类		沟金针虫	细胸金针虫	褐纹金针虫	宽背金针虫
成虫	体长	长 14~18mm 宽 3~5mm	长 8~9mm 宽约 2.5mm	长 9mm 宽约 2.7mm	长 9~13mm 宽约 4mm
	体色	栗褐色	暗褐色	黑褐色	黑色
	鞘翅	长为前胸的 4~5倍，纵列刻点不明显	长约为头胸部的 2 倍，上有 9 条纵列刻点	长约为前胸的 2 倍，9 条纵列刻点明显	长约为前胸的 2 倍，纵沟窄，沟间突出
幼虫	体长	20~30mm	23mm	25mm	20~22mm
	体色	金黄色	淡黄色	茶黄色	棕褐色
	尾节	二分叉；叉的内侧各有 1 小齿	圆锥形，不分叉；近基部两侧各有 1 圆斑	不分叉；尖端有 3个齿状突起	分叉；叉上各有两个结节 4 个齿突

(二) 发生规律

沟金针虫在北京地区 3 年以上完成 1 代，在河南 2 年以上完成 1 代。以成虫及幼虫在土中越冬。在北京地区，4 月上旬当 10cm 土温达 6℃ 左右成虫上升活动，当 10cm 土温达 10~20℃ 时危害种子幼苗，15~16℃ 时危害最严重。雄成虫善飞，有趋光性。雌成虫无飞翔能力，卵产于土中，以 3~7cm 深处居多，产卵近百粒，到第三年 8 月，老熟幼虫在土中 13~20cm 深处做土室化蛹，成虫羽化后即在原处越冬。

细胸金针虫在东北约需要 3 年完成 1 个世代，在内蒙古 6 月上旬土中有蛹，多在 7~10cm 深处，6 月中、下旬羽化成虫，在土中产卵，卵散产。细胸金针虫在旱地几乎不发生，早春土壤解冻即开始活动，10cm 土温达 7~12℃ 时为危害盛期。

(三) 防治技术

当虫口密度达 5 头/m² 时，用药防治。播种或移植前，用氯唑磷颗粒剂或辛硫磷颗粒剂拌细土，均匀撒于地面，深耙 20cm；用种子质量 1% 的 50% 辛硫磷乳油拌种；发生较重时还可用 50% 辛硫磷乳油 1 000~1 500 倍液等灌根。其他防治技术参考蝼蛄类防治。

≫任务实施

一、资源配备

1. 材料与工具　蛴螬、蝼蛄、金针虫和稻地老虎类等害虫的浸渍标本。生活史标本。体视显微镜、放大镜、镊子、挑针、刀片、滴瓶、蒸馏水、培养皿、载玻片、盖玻片、解剖刀、采集袋、挂图、多媒体资料（包括幻灯片、录像带、光盘等影像资料）、记载用具等。

2. 教学场所　教学实训大豆田或玉米田、实验室或实训室。

3. 师资配备　每 15 名学生配备 1 位指导教师。

二、操作步骤

(1) 选择地下害虫发生较为严重的地块，调查地下害虫发生种类、危害状况及危害特点。

（2）结合调查结果，查阅学习资料，获得相关知识。

（3）结合教师讲解及对危害状的仔细观察，识别常见地下害虫种类。

（4）通过放大镜或体视显微镜，识别蛴螬、金针虫及地老虎幼虫形态特征。

（5）根据地下害虫发生规律，制订综合治理措施。

三、技能考核标准

地下害虫防治技术技能考核参考标准见表8-1-3。

表8-1-3　地下害虫防治技术技能考核参考标准

考核内容	要求与方法	评分标准	标准分值/分	考核方法
职业技能 （100 分）	害虫识别	根据识别病虫的种类多少酌情扣分	10	单人考核，口试评定 成绩
	形态描述	根据描述害虫特征准确程度酌情分	10	
	发生规律介绍	根据叙述完整性及准确度酌情扣分	10	
	发生条件介绍	根据叙述完整性及准确度酌情扣分	10	
	标本采集	根据采集标本种类、数量、质量酌情扣分	10	以组为单位考核，根 据上交的标本、方案及 防治效果等评定成绩
	制订害虫防治方案	根据方案科学性、准确性酌情扣分	20	
	实施防治	根据方法的科学性及防效酌情扣分	30	

》思 考 题

1. 在播前或秋收后组织学生到实训基地采用挖土调查法进行地下害虫种类调查。

2. 观察小地老虎、黄地老虎及大地老虎的形态，比较成虫的大小、体色、前翅颜色、斑纹及幼虫的大小、体色、体背毛瘤、臀板等特征有什么区别？

3. 观察东方蝼蛄、华北蝼蛄的形态，比较成虫的大小、体色、前足腿节、后足胫节及若虫的特征有什么区别？

4. 如何根据地下害虫发生的种类进行综合防治？

思考题参考
答案 8-1

》拓展知识

储粮害虫防治技术

项目九 >>>>>>>>>

水稻病虫害防治技术

任务一 水稻播前和育秧期植保措施及应用

>> 任务目标

通过对水稻播前和育秧期主要病虫草害的症状识别、病原物形态观察和对主要害虫的危害特点、形态特征识别及田间调查和参与病虫害防治，掌握常见病虫草害的识别要点，熟悉病原物形态特征，能识别水稻播前和育秧期主要病虫草害，能对发生情况进行调查、分析发生原因、制订防治方案并实施防治。

>> 相关知识

一、水稻恶苗病

（一）危害症状

水稻恶苗病由半知菌类镰刀菌属的串珠镰刀菌引起，从苗期至抽穗期均可发生。病苗通常表现徒长，比健苗高 1/3 左右。植株细弱，叶片、叶鞘狭长，呈淡黄绿色，根部发育不良。本田期一般在移栽后 15~30d 出现症状，症状除与病苗相似以外，还表现分蘖少或不分蘖，节间显著伸长，病株地表上的几个茎节上长出倒生的不定根，以后茎秆逐渐腐烂，叶片自上而下干枯，多在孕穗期枯死。在枯死植株的叶鞘和茎秆上生有淡红色或白色粉霉。抽穗期谷粒也可受害，严重的变为褐色。

（二）病原

病原为串珠镰刀菌（*Fusarium moniliforme* Sheld.），属半知菌类真菌。分生孢子有大小两型，小型分生孢子卵形或扁椭圆形，无色，单胞，呈链状着生，大小（4~6）μm×（2~5）μm；大型分生孢子多为纺锤形或镰刀形，顶端较钝或粗细均匀，具 3~5 个隔膜，大小（17~28）μm×（2.5~4.5）μm，多数孢子聚集时呈淡红色，干燥时呈粉红或白色。有性态称藤仓赤霉，属子囊菌门真菌。子囊壳蓝黑色球形，表面粗糙，大小（240~360）μm×（220~420）μm。子囊圆筒形，基部细而上部圆，内生子囊孢子 4~8 个，排成 1~2 行。子囊孢子双胞，无色，长椭圆形，分隔处稍缢缩，大小（5.5~11.5）μm×（2.5~4.5）μm（图 9-1-1）。

（三）发病规律

带菌种子是主要初侵染源，其次是带菌稻草。播种带菌种子或用病稻草作覆盖物，当

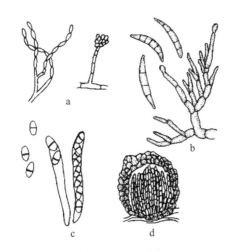

图 9-1-1　水稻恶苗病病原菌
a. 分生孢子梗和小型分生孢子　b. 分生孢子梗和大型分生孢子
c. 子囊壳　d. 子囊和子囊孢子
（洪剑鸣，2006. 中国水稻病害及其防治）

稻种萌发后，病菌即可从芽鞘侵入幼苗引起发病。病死植株上产生的分生孢子可传播到健苗，从茎部伤口侵入，引起再侵染。带菌秧苗移栽到大田后，在适宜条件下陆续表现出症状。水稻扬花时，枯死或垂死病株上产生的分生孢子借风雨、昆虫等传播到花器上进行再侵染，感染早的谷粒受害，感染迟的虽外表无症状，但谷粒已带菌。

一般土温为 30～35℃时，最适合发病。移栽时，若遇高温烈日天气，发病较重。伤口有利于病菌侵入，旱育秧比水育秧发病重，长期深灌、多施氮肥等均会加重发病。一般粳稻发病较籼稻重。

（四）防治方法

1. 农业防治

（1）建立无病留种田。水稻恶苗病是以种子传播为主的病害，种子带菌是主要的侵染来源，因此建立无病留种田、选留无病种子是防治的关键。留种应选择无病或发病轻的田块，单打单收。

（2）加强农业管理。及时处理病稻草；催芽不可太长，以免下种时受伤；拔秧时尽量避免秧根损伤过重；苗床旱育秧要尽量缩短苗床盖膜时间；发现病株应立即拔除；等等。

2. 化学防治

（1）种子处理。可用 25％咪鲜胺乳油 3 000 倍液浸种 48～60h，或 25％咪鲜胺乳油 25mL＋芸薹素内酯 20mL 加入 120L 水混配，可浸 100kg 水稻种子，浸种 5～7d，水温10～15℃。

（2）种子包衣。选 15％戊唑醇种衣剂 2kg，兑水 1.2～1.6kg，包衣 100kg 水稻种子，阴干 2～3d，常规浸种催芽，防治恶苗病，同时防治水稻立枯病。严禁使用循环水催芽泵催芽。

防治恶苗病应注意同一类杀菌剂长期使用容易产生抗药性。因此，应注意观察药效的变化情况，一旦药效下降应及时更换使用药剂。

二、水稻立枯病

立枯病是一种土传病害，是旱育秧田常见的病害。土壤消毒不彻底、气候失常（持续低温或气温忽高忽低）、苗期管理不当等条件有利于此病发生，因此，床土调酸、消毒是旱育苗防御立枯病的主要措施。

（一）危害症状

水稻立枯病较为复杂，常见的有如下几种症状。

1. 芽腐　发生在幼苗出土前后。幼苗的幼芽或幼根变褐色，病芽扭曲至腐烂而死，在种子或芽基部生有白色或粉红色霉层。

2. 针腐　发生在幼苗立针期至 2 叶期。病苗心叶枯黄，叶片不展开，茎基部变褐，种子与茎基交界处有霉层，潮湿时茎基部软弱，易折断。

3. 黄枯　发生在 3 叶期。病菌叶尖不吐水，并逐渐萎蔫、枯黄，仅心叶残留少许青色而卷曲。

（二）病原

病原菌属半知菌类丛梗孢目镰刀菌属（*Fusarium* spp.）。大型分生孢子镰刀形，多胞，无色；小型分生孢子椭圆形或卵圆形。

除镰刀菌外，丝核菌和腐霉、绵霉也可引起立枯病，尤其是芽腐。

（三）发病规律

病菌为弱寄生菌，主要在土壤或病残体内越冬，在温度较高（最适温度为 25～30℃）、秧苗缺水情况下易发病。当秧苗期低温又遇连续阴雨的气候条件，有利于病菌的发生，而不利于秧苗生长发育，秧苗生理机能衰弱，病菌极易侵入危害。当温度回升到病菌发育适宜范围内，则病害加剧。

（四）防治方法

1. 农业防治　精选种子，避免用有伤口的种子播种，要适期播种；做好种子处理，培育壮苗，提高播种和育苗技术；秧田水层过深，播种后发生"浮秧""翻根""倒苗"等造成烂秧的，要立即排水，促进扎根；做好肥水管理工作，避免用冷水直接灌溉，在 3 叶期前早施"断奶"肥，切实掌握"前控后促"和"低氮高磷钾"的施肥原则。

2. 化学防治

（1）土壤消毒。选用 3.5% 多抗霉素水剂 2～3mL/m^2，或 30% 甲霜·噁霉灵水剂 2 500 倍液均匀喷洒于苗床上预防立枯、青枯病。

（2）苗后消毒。可在水稻 1.5～2.5 叶期，用 pH 为 4.0～4.5 的酸水，配合土壤杀菌剂，各喷施 1 次。

三、水稻青枯病

水稻青枯病是寒地水稻苗床主要病害之一，常于 3 叶期突遇低温后，引起秧苗生理性失水而产生青枯病。在气候失常时，病株最初不吐水，成簇、成片发生。心叶或上部叶卷成柳叶状，幼苗迅速失水，表现青枯。

（一）危害症状

青枯病为心叶或上部叶卷成柳叶状，幼苗迅速失水，表现青枯。

（二）发病规律

青枯病多在低温持续时间长的情况下发生，一般秧苗受寒伤害重，导致秧苗细胞原生质透性急剧加大，原生质结构受到破坏而持水力降低。当冷后暴晴时，秧苗叶面蒸腾加快，而此时根系吸水力却尚未恢复，使秧苗体内水分失去平衡，造成生理失水，表现为青枯病。

（三）防治方法

（1）预防低温冷害。提高棚室温度在7℃以上，7℃以下易引起冷害，诱发水稻青枯病。可在小棚室内点蜡烛或点煤油灯，在大棚内可用烟雾熏蒸或点煤油灯以防低温冷害导致苗期青枯病的发生。

（2）保水处理。青枯病多发生于3叶期突遇低温后，秧苗生理性失水时，其根本原因是地上部分蒸腾作用引起的失水大于根部吸收的水分，故防治应该考虑地上和地下两部分。地上部分可以考虑使用植物保水剂或者蒸腾抑制剂，通过调节秧苗叶片气孔的启闭，以抑制叶片水分蒸腾，提高水稻秧苗保水能力；地下部分应促进根系发达，提高根部活性，可以使用微生物菌肥促进根系生长，提高地温。具体可选用30％2-（乙酰氧基）苯甲酸（ASA）可溶性粉剂高效植物保水剂，通过调节秧苗叶片气孔的启闭，以抑制叶片水分蒸腾，提高水稻秧苗保水能力，促进根系发达，达到控制青枯病发生的目的。发病前预防，可于水稻1叶1心期喷雾，每平方米苗床30％ASA可溶性粉剂0.5g，兑适量水浇灌，也可与苗床除草剂、杀菌剂混用；青枯病发病后可加大用量到0.75～1.00g/m²，兑水适量浇灌。

近几年，有些微生物菌剂在水稻1叶1心期使用，也能取得良好的预防效果。

四、秧田除草

（一）苗床封闭除草

每100m²选用50％禾草丹乳油50～60mL或60％丁草胺乳油100～140mL，兑水喷雾。喷完后要盖地膜、铺平，四周用土压好边。

（二）苗后除草

防除稗草时，在稻苗1.5叶期每100m²选用16％敌稗乳油150～175mL，或在稻苗1.5～2.5叶期每100m²用10％氰氟草酯乳油7.5～9.0mL；防除多种阔叶杂草时每100m²选用48％灭草松水剂25～30mL；一年生禾本科杂草和多种阔叶杂草混发时，或每100m²选用48％灭草松水剂25～30mL＋10％氰氟草酯乳油7.5～9.0mL。茎叶喷雾兑水量均需1～3kg，视苗床湿度情况灵活掌握。不能用二氯喹啉酸，否则造成潜在药害，5叶期心叶抽不出，影响分蘖。48％灭草松水剂＋10％氰氟草酯乳油是比较理想方案，优点是安全、控草期适宜、杀草谱宽。

》任务实施

一、资源配备

1. 材料与工具 水稻恶苗病、水稻青枯病、水稻立枯病、水稻烂秧等病害盒装标本、新鲜标本、病原菌玻片标本和相关图片，以及显微镜、镊子、挑针、刀片、滴瓶、蒸馏水、培养皿、载玻片、盖玻片、酒精瓶、指形管、采集袋、挂图、多媒体资源（包括图片、视频等资料）、记载用具等。

2. 教学场所　教学实训水稻育秧棚、实验室或实训室。

3. 师资配备　每15名学生配备1位指导教师。

二、操作步骤

1. 病害症状观察

（1）水稻恶苗病的观察。比较在水稻不同生长阶段感染恶苗病的症状差别，注意观察水稻恶苗病病株大小及倒生根情况。

（2）水稻青枯病的观察。观察水稻青枯病的发病症状，注意分析青枯病发生时期与气候因素和栽培水平的关系。

（3）水稻立枯病的观察。观察水稻立枯病的发病症状，比较不同类型水稻立枯病的症状差别。

2. 病原观察

（1）取水稻恶苗病病原菌，观察不同类型分生孢子的特征。

（2）取不同类型水稻立枯病病原菌，观察比较不同病原菌的形态特征。

三、技能考核标准

水稻播前、育秧期植保技术技能考核参考标准见表9-1-1。

表9-1-1　水稻播前、育秧期植保技术技能考核参考标准

考核内容	要求与方法	评分标准	标准分值/分	考核方法
职业技能（100分）	病虫识别	根据识别病虫的种类多少酌情扣分	10	单人考核口试评定成绩
	病虫特征介绍	根据描述病虫特征准确程度酌情扣分	10	
	病虫发病规律介绍	根据叙述的完整性及准确度酌情扣分	10	
	病原物识别	根据识别病原物种类多少酌情扣分	10	
	标本采集	根据采集标本种类、数量、质量评分	10	以组为单位考核，根据上交的标本、方案及防治效果等评定成绩
	制订病虫害防治方案	根据方案科学性、准确性的酌情扣分	20	
	实施防治	根据方法的科学性及防效酌情扣分	30	

》》思 考 题

1. 水稻生理性烂秧和侵染性烂秧有什么区别？

2. 生产中如何防治水稻立枯病？

3. 水稻青枯病产生的根本原因是什么？应如何防治？

思考题参考答案9-1

任务二 水稻移栽及分蘖期植保措施及应用

▶▶ 任务目标

通过对水稻移栽及分蘖期主要病害的症状识别、病原物形态观察和对主要害虫的危害特点、形态特征识别及田间调查和参与病虫害防治，掌握常见病虫害的识别要点。熟悉病原物形态特征，能识别水稻移栽及分蘖期主要病虫害，能进行发生情况调查、分析发生原因、制订防治方案并实施防治。掌握水稻插秧前后的封闭除草技术。

▶▶ 相关知识

一、水稻潜叶蝇

水稻潜叶蝇［*Hydrellia griseola* (Fallén)］又称稻小潜叶蝇、螳螂蝇，属双翅目水蝇科。分布在长江流域及以北水稻栽培区，北方稻区发生较多。过去为东北地区秧田期重要害虫，近年由于水稻播种和插秧期提前，本田期也能造成相当大的危害。

（一）危害症状

水稻潜叶蝇除危害水稻外，还取食大麦、小麦、燕麦等，以及一些禾本科杂草。以幼虫潜入叶片内部潜食叶肉，仅留上下两层表皮，使叶片呈白条斑状。受害后，最初叶面出现芝麻大小的黄白色"虫泡"，形成"虫泡"后继续咬食，被害叶片形成黄白色枯死弯曲条斑，严重时扩展成片，使叶片枯死。当叶内幼虫较多时，整个叶片发白，可造成全株枯死，受害的地块大量死苗，水从蛀孔侵入，导致稻苗腐烂。

（二）形态特征

1. 成虫 青灰色小蝇子，有绿色金属光泽。体长 2～3mm，翅展 2.4～2.6mm。头部暗灰色，额面银白色，复眼黑褐色。触角黑色，触角芒的一侧有 5 根小短毛。足灰黑色，中、后足跗节第一节基部黄褐色（图 9-2-1）。

图 9-2-1 水稻潜叶蝇成虫

2. 幼虫 体长 3～4mm，圆筒形，稍扁平，乳白色至乳黄色，各体节有黑褐色短刺围绕，腹末呈截断状，腹部末端有 2 个黑褐色气门突起，以此为中心，轮生黑褐色短刺。

3. 卵 乳白色，长椭圆形，长约1mm，上有细纵纹。

4. 蛹 围蛹，黄褐色，长约3mm，尾端与幼虫相似。

（三）发生规律

东北1年发生4~5代，以成虫在水沟边杂草上过冬。成虫有补充营养习性。幼虫孵化后以锐利的口钩咬破稻叶面，取食叶肉，随着虫龄增大，7~10d潜道加长至2.5cm时，在潜道中化蛹。

稻小潜叶蝇是对低温适应性强的害虫，在我国北方高寒稻区发生较多，长江下游地区在4、5月气温较低的年份也能发生。当气温达11~13℃时，成虫最活跃。气温升高，稻株长得健壮，伏在水面上的叶片少，不适宜产卵。水温达到30℃，幼虫死亡率可达50%以上。因此，高温限制了稻小潜叶蝇在水稻上继续危害，使其迁移到水生杂草上栖息。

稻小潜叶蝇幼虫只能取食幼嫩稻叶，对于分蘖后的老叶不再取食。因此，稻小潜叶蝇的发生和消长与水稻栽培制度有着密切关系。如东北地区采用提前播种、集中育苗、缩短插秧期等水稻高产栽培技术，稻苗高6~10cm，正值1代成虫发生盛期，秧田受害严重。插秧时还有一部分卵未孵化，被带到本田，本田水稻受到2代幼虫危害，东北地区主要以第二代幼虫危害水稻。

成虫喜欢在伏于水面的稻叶上产卵。灌水深的稻田，叶片多浮在水面上，卵量多，且多产在下垂或平浮水面的叶片尖部，深水还有利于幼虫潜叶。浅水灌溉的水稻，卵多产在叶片基部，卵量少，幼虫在直立叶片上潜食，常因缺水而死亡，转株潜食也需要足够的湿度。因此，浅灌比深灌的稻田受害轻。近年来由于提前育苗，如果秧田管理不良，造成稻苗细弱，插秧后叶片漂浮在水面上，加重了稻小潜叶蝇的危害。

（四）防治方法

1. 农业防治 稻小潜蝇仅1、2代幼虫取食水稻，其余世代在田边杂草上繁殖，清除田边杂草可减少虫源。培育壮苗，稻苗生长健壮，不倒伏，不利于水稻小潜蝇的潜食。浅水灌溉，提高水温，有利于稻苗生长，也有利于控制稻小潜蝇的发生。

2. 化学防治 化学防治的重点是播种早、插秧早、长势弱的稻田，可选用40%乐果乳油800~1 000倍液。为了防止将虫卵或幼虫从秧田带入本田，减少本田施药面积，插秧前，如发现秧田幼虫和卵较多时，可在秧田喷药后再插秧。水稻移栽后15d前后，潜叶蝇发生达到防治指标（百株成虫达到20头）时采用80%噻嗪酮可湿性粉剂135~225g/hm²茎叶喷雾法均匀喷施茎叶处理1次，每亩*喷液量225L，施药前排干田水，隔日复水，保证3cm左右浅水层7d，其后恢复正常管理。

二、水稻负泥虫

水稻负泥虫[*Oulema oryzae* (Kuwayama)]属鞘翅目叶甲科，俗称背粪虫、巴巴虫，在我国主要发生于东北及中南部的一些水稻产区，在黑龙江省是水稻常发性害虫。除危害水稻外，尚可危害谷子、游草、芦苇、碱草等。

---

* 亩为非法定计量单位，1亩≈667m²。——编者注

（一）危害症状

主要发生于水稻幼苗期，以幼虫和成虫取食叶片，沿叶脉取食叶肉，造成许多白色纵痕条纹。受害重的稻苗全叶变白，以致枯焦、破裂，甚至全株枯死，即使存活，也会造成晚熟，影响产量。一般被害叶片上可见背负粪团的头小、背大而粗、多皱纹的乳白色至黄绿色寡足型幼虫。

（二）形态特征

水稻负泥虫形态如图 9-2-2 所示。幼虫为寡足型幼虫，成虫为小甲虫。

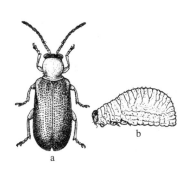

图 9-2-2　水稻负泥虫
a. 成虫　b. 幼虫

1. 幼虫　老熟幼虫体长 4～6mm，头小，黑褐色。胸、腹部为乳白色至黄绿色，体背隆起，多皱褶，自中后胸各节有褐色毛瘤 10～11 对。肛门向上开口，粪便排出后堆积在虫体背上，故称负泥虫。

2. 成虫　体长 4.0～4.5mm，头黑色，前胸背板淡褐色到红褐色，有金属光泽及细刻点，后部略缢缩。鞘翅青蓝色，有金属光泽，每鞘翅上有纵行刻点 4 行。前胸腹板、腹部及足跗节均为黑色，其他足节为黄至黄褐色。

（三）发生规律

水稻负泥虫在全国各地每年发生 1 代，以成虫在稻田附近的背风、向阳的山坡、田埂、沟边的石块下和禾本科杂草间或根际的土块下越冬。在黑龙江省越冬成虫于 5 月中、下旬开始活动，聚集在杂草上，当稻田插秧后，成虫则转移到稻田幼苗嫩叶上开始危害叶片，沿叶脉纵向取食叶肉。6 月上、中旬成虫交尾产卵，每一雌虫可产卵 150 粒，卵经 1 周孵出幼虫。6 月中旬开始危害，6 月下旬至 7 月上旬为盛发期，7 月上旬开始化蛹，7 月中旬羽化为成虫，8 月中旬转移到越冬场所越冬。

成虫多在清晨羽化，一般经 15h 后即可危害。成虫交尾与产卵多在晴朗的天气下进行，成虫一生可交尾多次，一般交尾后经 1d 即可开始产卵。卵聚产，多排成 2 行，2～13 粒，卵多产在叶正面，每一雌虫一生可产卵 400～500 粒。

幼虫孵出后不久即可取食，在多雾的清晨取食为多，在阳光直射时，则隐蔽在叶背栖息。幼虫历期一般为 11～19d，老熟后除掉背上的粪堆，然后爬到适宜的叶片或叶鞘上准备化蛹，并化蛹于丝茧中。

水稻负泥虫中性喜阴凉，因此多发生在山区、丘陵区，尤其山谷、山沟稻田发生多，离山越远发生越少，在阳光充足的平原地区则很少发生。同一地区同一年份发生期早晚与轻重受多方面因素影响。一般离越冬场所近的稻田发生早，危害重，早插秧比晚插秧稻田害虫发生也早且重。适宜的发生条件是阴雨连绵、低温高湿天气。

水稻负泥虫的天敌卵期有负泥虫瘿小蜂，幼虫至蛹期寄生蜂有负泥虫瘦姬蜂、负泥虫金小蜂等。

（四）防治方法

1. 农业防治

（1）清除害虫越冬场所的杂草，减少虫源。一般于秋、春期间铲除稻田附近的向阳坡、田埂、沟渠边的杂草，可消灭部分越冬害虫，减轻危害。

（2）适时插秧。不可过早插秧，尤其离越冬场所近的稻田更不宜过早插秧，以免稻田过早受害。

2. 化学防治　插秧后应经常对稻苗进行虫情调查，一旦发现有成虫发生危害，并有加重趋势时，就应进行喷药。如成虫危害不重，但幼虫开始危害并有加重趋势时，也要进行喷药防治。药剂如下：90％敌百虫晶体 1 500～2 250g/hm²、80％敌敌畏乳油 1 500～2 250mL/hm²、50％杀螟硫磷乳油 1 125～1 500mL/hm²、2.5％溴氰菊酯乳油 300～450mL/hm²或 2.5％三氟氯氰菊酯乳油 300～450mL/hm²，加水 225L 喷雾。

三、稻水象甲

稻水象甲（*Lissorhoptrus oryzophilus* Kuschel）属鞘翅目象虫科，是水稻上重要检疫性害虫，主要危害水稻、稗等禾本科植物。以成虫取食嫩叶，幼虫咬食根部，严重时可造成水稻减产 50％左右。该虫主要分布在日本、朝鲜、韩国、美国、加拿大、古巴、墨西哥、多米尼加、苏里南、哥伦比亚及委内瑞拉。我国自 1988 年在河北省唐海县发现此虫以来，疫区不断扩展，至今已蔓延至吉林、辽宁、北京、河北、天津、山东、浙江、湖南、安徽、福建等省份。

（一）形态特征

1. 成虫　体长 2.6～3.8mm（不包括管状喙）、宽 1.15～1.75mm，体壁黄褐色（新羽化）至黑褐色（越冬代及山坳田发生的较深），密被相互连接、排列整齐的灰色圆形鳞片，前胸背板中区的前缘至后缘及两鞘翅合缝处的两侧自基部至端部 1/3 处的鳞片为黑色，分别组成明显的广口瓶状和椭圆形端部尖突（合缝处）的黑色大斑。

喙与前胸背板约等长、略弯曲，触角红褐色，生于喙的中间之前。柄节棒形，有小鬃毛；索节 6 节，第一节膨大呈球形，第二节长大于宽，第 3～6 节均宽大于长；触角棒 3 节组成，长椭圆形，长约为宽的 2 倍，第一节光滑无毛，其长度为第二、第三棒节之和的 2 倍，第二、第三节上被浓密细毛。

前胸背板宽略大于长，前端明显细缩，两侧近直形。小盾片不明显。鞘翅肩突明显，略斜削；两侧近平行，每鞘翅长为宽的 1.5 倍；两鞘翅合拢的宽度为前胸宽度的 1.45～1.55 倍，末端合拢处整齐无缺；翅面行纹细，刻点不明显；行间宽为行纹的 2 倍，平复 3 行整齐鳞片；在第一、第三、第五、第七行间中部之后有瘤突。足的腿节棒形，无齿；胫节细长，略弯，中足的该节两侧各有 1 列长毛（游泳毛）；第三跗节不呈叶状且不宽于第二跗节。

雌雄主要区别：雌虫腹部第一、第二腹板中央平坦或略凸起，第五腹板（末节）隆起区后缘圆形，长为全节腹板的一半以上；雄虫第一、第二腹板中央明显凹陷，第五腹板隆起区后缘截形，长不达全节腹板的一半。

2. 卵　长约为 0.8mm，为宽的 3～4 倍，圆柱形，两端圆，略弯，珍珠白色。绝大多数产于植株基部水面以下的叶鞘内侧近中肋的组织内，外无明显产卵痕。

3. 幼虫　幼虫体长约 8mm。共 4 龄，各龄头宽分别为 0.10～0.18mm、0.10～0.22mm、0.33～0.35mm、0.44～0.45mm。幼虫白色，头部褐色，无足，细长，略向腹面弯曲，活虫可透见体内气管系统。在第 2～7 腹节背面各有一突起，上生 1 对向前弯曲的钩状呼吸管，气门位于管内，借以获取稻根组织内及周围的空气。

4. 蛹　老熟幼虫先在寄主健根上做土室，然后在其内化蛹。土茧灰色，略呈椭圆形，长径约为 5mm。蛹白色，复眼红褐色，大小和形态近似成虫。

（二）危害症状

以成虫在叶尖、叶缘或叶间沿叶脉方向啃食嫩叶的叶肉，留下表皮，形成长度不超过 3cm 的长条白斑。危害严重时全田叶片变白、下折，影响水稻的光合作用，抑制植株的生长。低龄幼虫在稻根内蛀食，使稻根呈空筒状；高龄幼虫在稻根的外部咬食，造成断根，是造成水稻减产的主要因素。幼虫可从一个根转到另一根上危害，在株间的移动距离可达 30～40cm，因此在发现受害严重的根系上一般找不到幼虫。

稻水象甲体型小，能孤雌生殖，适应性强，很容易传播扩散到新地区繁殖，在传入初期，往往不易被发现，一旦造成危害后，一般很难根除。

（三）发生规律

1 年发生 1～2 代。翌春越冬成虫开始环杂草叶片或栖息在茭白、水稻等植株基部，黄昏时爬至叶片尖端，在水下的植物组织内产卵，产卵期 1 个月，卵期 6～10d。初孵幼虫取食叶肉 1～3d，后落入水中蛀入根内危害，幼虫期 30～40d。老熟幼虫附着于根际，营造卵形土茧后化蛹，蛹期 7～10d。

稻水象甲成虫抗逆性强，耐饥饿，耐低温，繁殖率高（每头成虫可产卵 50～100 粒），食性范围广。其传播速度快，能爬、善飞、会游泳，可借水流、气流、交通工具进行传播。

（四）防治方法

1. 未发生区域的防治　要控制其传入当地，应严格按植物检疫法规办事，不从疫区引种，不从疫区发生区调运稻草及稻草制品。

2. 发生区域的防治

（1）合理施肥。要做到测土施肥，按需施肥，不可过量施肥，氮肥过多易造成虫口密度增大。

（2）清除杂草。秋冬、春季要清除或烧毁稻田周围的杂草，使其失去越冬场所，直接消灭害虫。

（3）灯光诱杀。针对稻水象甲成虫有趋光性的特点，可在稻田附近设置黑光灯进行诱杀。

（4）化学防治。目前已经筛选出防治稻水象甲效果较好的化学药剂有 28％高渗水胺硫磷乳油 1 000 倍液、36.8％水胺·马拉硫磷乳油 1 800～2 300mL/hm² 拌土撒施。

四、秧田除草

(一)水稻插前封闭除草

不同的田块，主要的杂草种类不同，一般情况下水田主要杂草可分为禾本科杂草如稗草、稻稗、匐茎剪股颖、稻李氏禾、东方茅草、芦苇等，阔叶杂草如野慈姑、泽泻、雨久花、眼子菜、狼巴草、花蔺、宽叶谷精草、疣草等，莎草科杂草如多年生日本藨草、扁秆藨草、一年生异型莎草、牛毛毡、萤蔺、针蔺、水莎草等，藻类杂草如小茨藻、水绵等。使用除草剂应根据田间不同草相，针对性用药。

1. 稻稗、野慈姑、泽泻、雨久花、牛毛毡、萤蔺等恶性杂草危害重的田块　每亩选用80％丙炔噁草酮可湿性粉剂6～8g＋30％莎稗磷乳油30mL＋10％吡嘧磺隆可湿性粉剂10g＋30％苄嘧磺隆可湿性粉剂10～20g，或选用80％丙炔噁草酮可湿性粉剂6～8g＋30％莎稗磷乳油30mL＋15％乙氧磺隆水分散粒剂10g＋30％苄嘧磺隆可湿性粉剂10～20g。两种方法都于插秧前3～7d，以甩喷法均匀施药，药后保水5d以上，要求在配药时先将丙炔噁草酮、乙氧磺隆、吡嘧磺隆、苄嘧磺隆用少许水溶化后，制成母液兑入喷雾器水中，搅拌均匀后甩喷。

2. 稻稗及狼把草为主的田块　插秧前3～5d，每亩选用30％莎稗磷乳油60～70mL＋10％吡嘧磺隆可湿性粉剂20g或15％乙氧磺隆水分散粒剂15～20g，以甩喷法施药，施药时水层3～5cm，保持5d以上。要求配药时先将乙氧磺隆或吡嘧磺隆用少许水溶化后制成母液。

3. 日本藨草、稻稗、稗草为主的田块　插秧田水稻插前5d左右每亩采用15％乙氧磺隆水分散粒剂20g＋30％莎稗磷乳油60mL，以甩喷法或药土法施药，要求配药时先将乙氧磺隆用少许水溶化制成母液后再兑入喷雾器水中搅拌均匀。

防治日本藨草于插后10～15d，水稻充分缓苗返青后，需要每亩再用1次15％乙氧磺隆水分散粒剂20g＋30％莎稗磷乳油60mL，采用药土法施药，即药剂直接与湿润细土混拌均匀，施药时要求水层4～6cm，保持5d以上。

4. 萤蔺防除技术　对于栽培技术和用药水平高的农户，每亩可使用80％丙炔噁草酮可湿性粉剂6～8g＋30％莎稗磷乳油30mL＋50％扑草净可湿性粉剂40g＋30％苄嘧磺隆可湿性粉剂10g，小范围试用成功后再大面积应用。

5. 抛秧田杂草防除　由于水稻抛秧与水耙地间隔时间短，秧苗密度小，需要分蘖早生快发，所以对除草剂的安全性要求高，很多除草剂不适用于抛秧田，经多年示范试验，采用丙炔噁草酮防除效果好。

(1) 抛秧前封闭方法。在肥沃地块，水耙地整平，待泥浆沉淀后，每亩采用80％丙炔噁草酮可湿性粉剂6～8g＋10％吡嘧磺隆可湿性粉剂10g＋30％苄嘧磺隆可湿性粉剂10g，以喷雾器兑水甩喷法均匀施药，施药后3d抛秧，抛秧后不要断水。

(2) 抛秧后施药方法。在抛秧后5～10d，水稻充分缓青后，稻稗或稗草叶龄不超过1.5叶期，每亩用80％丙炔噁草酮可湿性粉剂6g＋10％吡嘧磺隆可湿性粉剂10g＋30％苄嘧磺隆可湿性粉剂10～15g，以药土法均匀撒施，要求水层3～5cm，保持5d以上。

6. 漏水田和缺水田杂草防除　噁草酮特别适用于漏水田和缺水田杂草防除。移栽稻田水耙地时，每亩用12％噁草酮乳油200～230mL瓶甩法施药。

（二）插秧后二次封闭除草

插秧苗后 15～20d，即施用除草剂插前封闭后 20～30d，田间杂草尚未出苗，为防止杂草出苗后泛滥成灾，防除困难，采用除草剂进行二次封闭处理。每亩可选用 30％莎稗磷乳油 60mL＋10％吡嘧磺隆可湿性粉剂 10g＋30％苄嘧磺隆可湿性粉剂 10～20g，或 30％莎稗磷乳油 60mL＋15％乙氧磺隆水分散粒剂 10g＋30％苄嘧磺隆可湿性粉剂 10g，或 30％莎稗磷乳油 60mL＋53％苯噻酰·苄嘧可湿性粉剂 80g＋10％吡嘧磺隆可湿性粉剂 10g，以药土法撒施，要求施药时水层 3～5cm，保持 5d 以上。

也可以根据杂草类型，选择对应的方法。

1. 野慈姑、泽泻、雨久花、稻稗防除 在插前封闭除草后仍有少量野慈姑、泽泻、雨久花出土时，于水稻充分缓苗返青后，每亩可用 30％莎稗磷乳油 60mL＋10％吡嘧磺隆可湿性粉剂 10g＋30％苄嘧磺隆可湿性粉剂 10～20g，或 30％莎稗磷乳油 60mL＋15％乙氧磺隆水分散粒剂 10g＋30％苄嘧磺隆可湿性粉剂 10g，以药土法再施药 1 次。如果杂草株高超过 15cm 时，每亩可用 30％莎稗磷乳油 50mL＋50％二氯喹啉酸可湿性粉剂 80g＋48％灭草松水剂 150mL 兑水均匀喷雾，喷液量为 10kg。

对于用药水平高的农户，在水稻充分缓苗返青后，杂草刚刚出土的情况下，每亩用 30％莎稗磷乳油 20mL＋10％吡嘧磺隆可湿性粉剂 10g＋30％苄嘧磺隆可湿性粉剂 10～20g，以药土法撒施。施药时要求水层 3～5cm，保持 5d 以上。

2. 牛毛毡及萤蔺防除 在插秧前已经采用药剂封闭的基础上，如果插秧后还有这两种杂草发生，可在该杂草株高 15cm 时，每亩用 48％灭草松水剂 200mL 兑水均匀喷雾进行防除。如果针对牛毛毡，可在水稻分蘖盛期，牛毛毡刚刚出土时，每亩用 80％丙炔噁草酮可湿性粉剂 6～8g＋30％莎稗磷乳油 20mL＋10％吡嘧磺隆可湿性粉剂 10g＋30％苄嘧磺隆可湿性粉剂 20g＋56％2 甲 4 氯钠粉剂 15～20g，药土法均匀撒施，施药时要求水层 5～7cm，保持 5d 以上。同时该方法还可控制其他杂草幼芽出土。

3. 稻稗、稗及狼把草防除 在插秧前已经进行药剂封闭的基础上，于插后 15～20d，稻稗或稗叶龄不超过 2 叶期时，每亩采用 30％莎稗磷乳油 60mL＋10％吡嘧磺隆可湿性粉剂 20g，以甩喷法或药土法均匀施药，要求水层 3～5cm，保持 5d 以上。

4. 大龄杂草防除 稻稗叶龄超过 4 叶期，株高 10cm 以上，野慈姑、泽泻、雨久花等株高超过 7cm 后均称为大龄杂草。

（1）防除稻稗。在稻稗株高 15cm 时，每亩用 30％莎稗磷乳油 60mL＋2.5％五氟磺草胺油悬浮剂 70mL，如当地稻稗对二氯喹啉酸无抗性，也可用 30％莎稗磷乳油 50mL＋50％二氯喹啉酸可湿性粉剂 80g。施药时要求田间无水，喷雾器雾化要好，喷洒周到，喷液量每亩为 10kg，避开高温天气，趁早晨或傍晚时段打药，施药后第二天正常灌水。该措施可杀死株高 10～30cm 的稻稗，见效快，杀草彻底，只杀草不伤水稻。

（2）防除大龄野慈姑、泽泻、雨久花、莎草科杂草。每亩采用 48％灭草松水剂 200mL 或 48％灭草松水剂 133mL＋56％2 甲 4 氯钠粉剂 27g，喷液量为 15kg，要求同防除稻稗。

（3）防除稻稗、稗、野慈姑、泽泻、雨久花等混生田块杂草。每亩采用 30％莎稗磷乳油 50mL＋2.5％五氟磺草胺油悬浮剂 70mL＋48％灭草松水剂 167mL，喷液量 15kg，要求同防除稻稗。

5. 水下杂草防除 6月中旬之后，稻田发生大量水下杂草，如小茨藻、轮藻、谷精草等，影响水稻生长发育和产量，普通药剂防除效果差，每亩可选用80％丙炔噁草酮可湿性粉剂6～8g，采用药土法撒施，要求水层4～6cm，保持5d以上，见效快，效果好。匍茎剪股颖每亩可采用30％莎稗磷乳油60mL＋15％乙氧磺隆水分散粒剂15g＋50％扑草净可湿性粉剂或25％西草净可湿性粉剂100g，拌土均匀撒施，水层4～6cm，待水层自然落干后再灌水。注意药量要准确，施用均匀，施药时避开高温天气，最好傍晚用药。

》任务实施

一、资源配备

1. 材料与工具 水稻潜叶蝇、水稻负泥虫和稻水象甲等害虫的浸渍标本、生活史标本和部分害虫的玻片标本，以及体视显微镜、放大镜、镊子、挑针、刀片、滴瓶、蒸馏水、培养皿、载玻片、盖玻片、解剖刀、酒精瓶、指形管、采集袋、挂图、多媒体资料（包括图片、视频等资料）、记载用具等。

2. 教学场所 教学实训水田、实验室或实训室。

3. 师资配备 每15名学生配备1位指导教师。

二、操作步骤

1. 水稻潜叶蝇的观察 观察水稻潜叶蝇的生活史标本及田间危害状，注意观察水稻潜叶蝇成虫头部和幼虫腹部末端情况。

2. 水稻负泥虫的观察 观察水稻潜叶蝇的生活史标本及田间危害情况，注意观察成虫的前胸背板和足以及幼虫肛门情况。

3. 稻水象甲的观察 观察稻水象甲的生活史标本和活体幼虫，注意观察成虫前胸背板和鞘翅上形成的广口瓶状和椭圆形端部尖突（合缝处）的黑色大斑，以及幼虫第2～7腹节背面的钩状呼吸管。

三、技能考核标准

水稻移栽及分蘖期植保技术技能考核参考标准见表9-2-1。

表9-2-1 水稻移栽及分蘖期植保技术技能考核参考标准

考核内容	要求与方法	评分标准	标准分值/分	考核方法
职业技能（100分）	病虫识别	根据识别病虫的种类多少酌情扣分	10	单人考核，口试评定成绩
	病虫特征介绍	根据描述病虫特征准确程度酌情扣分	10	
	病虫发病规律介绍	根据叙述的完整性及准确度酌情扣分	10	
	病原物识别	根据识别病原物种类多少酌情扣分	10	
	标本采集	根据采集标本种类、数量、质量评分	10	以组为单位考核，根据上交的标本、方案及防治效果等评定成绩
	制订病虫害防治方案	根据方案科学性、准确性酌情扣分	20	
	实施防治	根据方法的科学性及防效酌情扣分	30	

》》思考题

1. 水稻潜叶蝇对水稻有哪些特殊的危害特点？应如何进行防治？
2. 如何防治水稻负泥虫？
3. 稻水象甲成虫主要的识别要点是什么？如何防治稻水象甲？
4. 稻田大龄杂草如何防除？

思考题参考
答案 9-2

任务三　水稻生育转换期植保措施及应用

》》任务目标

通过对水稻生育转换期主要病害的症状识别、病原物形态观察和对主要害虫的危害特点、形态特征识别及田间调查，掌握常见病虫害的识别要点，熟悉病原物形态特征，能识别水稻生育转换期主要病虫害、进行发生情况调查、分析发生原因、制订防治方案并实施防治。

》》相关知识

一、水稻胡麻斑病

水稻胡麻斑病分布遍及世界各产稻区，我国各稻区发生普遍。一般因缺肥、缺水等原因，引起水稻生长不良时发病严重。主要引起苗枯、叶片早衰、千粒重降低，影响产量和米质。近年来随着水稻施肥及种植水平的提高，该病危害已逐年减轻，但在贫困山区及施肥水平较低的地区发生仍较严重。

（一）危害症状

水稻各生育期都可发生该病，稻株地上部分均能受害，以叶片发病最普遍，其次是谷粒、穗颈和枝梗。

种子发芽不久，芽鞘受害变褐，甚至枯死。

幼苗受害，在叶片或叶鞘上产生褐色圆形或椭圆形病斑，病斑多而严重时，引起死苗。叶片发病，产生椭圆形或长圆形褐色至暗褐色病斑，因大小似芝麻粒，故称胡麻斑病。病斑边缘明显，外围常有黄色晕圈，病斑上有轮纹，后期病斑中央呈灰黄或灰白色。严重时，叶片上很多病斑相互联合，形成不规则大斑（这在感病品种上最易出现）。此病在田间分布均匀，由下部叶向上部叶片发展。严重时，叶尖变黄逐渐枯死。缺氮的植株病斑较小，缺钾的较大，且病斑上的轮纹更加明显。叶鞘上的症状与叶片症状基本相似，但病斑面积稍大，形状多变（不规则形、圆筒形或短条形），灰褐色至暗褐色，边缘不清晰。

穗茎、枝梗受害变暗褐色，与稻穗颈瘟相似。湿度大时，病部产生大量黑色绒毛状霉，比稻瘟病的霉层更黑更长。谷粒受害迟的，病斑形状、色泽与叶片相似，但较小，边缘不明显；受害早的，病斑灰黑色，可扩展至全粒，造成秕谷。

(二) 病原

无性态为半知菌类平脐蠕孢属真菌稻平脐蠕孢 [*Bipolaris oryzae* (Breda de Haan) Shoem.]（图 9-3-1）。有性态为子囊菌门旋孢腔菌属，自然条件下不产生。

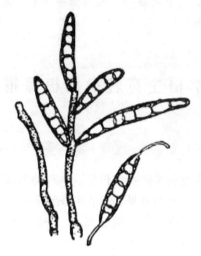

图 9-3-1　水稻胡麻斑病病原

分生孢子梗常 2~5 根成束从气孔伸出，基部膨大暗褐色，越往上渐细、色渐淡，大小为（99~345）μm×（4~11）μm，不分枝，顶端屈膝状，着生孢子处尤为明显，有 2~25 个隔膜。分生孢子倒棍棒形或圆筒形，弯曲或不弯曲，两端钝圆，大小为（24~122）μm×（7~23）μm，有 3~11 个隔膜，多为 7~8 个隔膜，隔膜处不缢缩，两端细胞壁较薄，一般从两端萌发。在人工培养基上产生的分生孢子，其形态较病斑上的短，分隔较少，只有 2~7 隔膜，有时可产生串生孢子，单胞或双胞，大小（9.5~32.0）μm×（4.0~5.5）μm，多为长圆形或卵形，淡褐色或无色。

菌丝生长温度为 5~35℃，最适温度 28℃左右；分生孢子形成温度为 8~33℃，最适温度 30℃左右。孢子萌发要求水滴或水层，同时相对湿度要在 92% 以上。在饱和湿度下，20℃时完成侵入寄主组织需 8h，25~28℃时需 4h。分生孢子致死温度和时间分别为 50~51℃、10min，而病组织内的菌丝分别为 70℃、10min 或 75℃、5min。

自然寄主有水稻、看麦娘、黍、稗等，人工接种可侵染玉米、高粱、燕麦、大麦、小麦、粟、甘蔗等 10 余种禾本科杂草。病菌有生理分化现象，不同菌系对寄主的致病力有差异。

(三) 发病规律

病菌以分生孢子附着于稻种或病稻草上，或以菌丝体潜伏于病稻草组织内越冬。干燥条件下病组织和稻种上的分生孢子可存活 2~3 年，潜伏于组织内的菌丝体可存活 3~4 年，因此病谷和病稻草是该病的主要初侵染源。播种病种后，潜伏的菌丝可直接侵染幼苗。稻草上越冬的菌丝体产生大量分生孢子随气流传播，引起秧田或本田初次侵染。病菌传到寄主表面后，遇到适宜的温湿度条件，1h 即可萌发产生芽管，其顶端膨大形成附着胞，伸出侵入丝，从表皮细胞直接侵入或从气孔侵入。潜育期长短与温度有关，25~30℃

时仅需 24h 左右即可产生病斑，随即形成分生孢子进行再侵染。在适宜温湿度条件下，病害在一周内就可大量发生。

该病的发生与土质、肥水管理和品种抗性关系密切，受气候影响较小。一般土层浅、土壤贫瘠、保水保肥力差的沙质田和通透性不良呈酸性的泥炭土、腐殖质土等易发病。另外，缺氮、钾及硅、镁、锰等元素的田块易发病。秧苗缺水受旱，生长不良，发生青枯病或因硫化氰中毒而引起黑根的稻田易发病。通常籼稻较粳稻、糯稻品种抗病，早稻较晚稻抗病。同一品种不同生育期抗病性也有差异，一般在苗期和抽穗前后易感病。

（四）防治方法

此病以农业防治为主，特别是要加强深耕改土和肥水管理，辅以药剂防治。

1. 农业防治　深耕能促进根系发育良好，增强稻株吸水、吸肥能力，提高抗病性；改土主要通过增施有机肥，用腐熟堆肥作基肥，改善沙质土的团粒结构；适量施用生石灰中和酸性土壤，促进有机质正常分解；在施足基肥的同时要注意氮、磷、钾配合使用，科学施用微量元素肥料。在灌水方面，结合水稻各生育期的特点，科学用水，防止缺水受旱，也要避免长期深灌所造成的土壤通气不良，以实行浅水勤灌最好。

2. 化学防治　防治重点应放在抽穗至乳熟阶段，保护剑叶、穗颈和谷粒不受侵染，有效药剂有 40% 菌核净可湿性粉剂 800~1 000 倍液、50% 菌核·福美双可湿性粉剂 800~1 000 倍液等。

二、水稻二化螟

水稻二化螟（*Chilo suppressalis* Walker）又称钻心虫，是危害水稻的主要害虫之一。幼虫食性杂，除危害水稻外，还危害茭白、高粱、玉米、油菜、蚕豆等作物。二化螟危害性极大，防治不好的田块损失 10%~30%，严重的能造成失收。

（一）危害症状

二化螟以幼虫危害水稻，水稻自幼苗期和成株期均可遭受其危害，危害症状因水稻不同生育期而异。分蘖期，初龄幼虫先是群集危害叶鞘，造成枯鞘。2 龄末期以后逐渐分散蛀食心叶，造成"枯心苗"。孕穗期幼虫蛀食稻茎，造成枯孕穗。抽穗至扬花期咬断穗颈，造成白穗。灌浆、乳熟期为 3 龄以上幼虫转株危害，造成虫伤株，虫伤株外表与健株差别不大，仅谷粒轻，米质差；灌浆到乳熟期幼虫转株蛀入稻茎，茎内组织全部被蛀空，仅剩下一层表皮，遇风吹折，易造成倒伏，这种被害株颜色灰枯，秕谷多，形成半枯穗，又称"老来死"。

（二）形态特征

水稻二化螟及三化螟形态特征如图 9-3-2 所示。

1. 成虫　雌成虫体长 12~15mm，额部有一突起，头、胸部及前翅黄褐色或灰褐色，前翅散布有少量具金属光泽的鳞片；雄成虫体长 10~12mm，翅外缘有 7 个小黑点。

2. 卵　呈鱼鳞状单层排列，形成卵块，上有胶质物覆盖。

3. 幼虫　两龄以上幼虫腹部背面有暗褐色纵线 5 条。

4. 蛹　初期淡黄色后变为红褐色，背部隐约可见 5 条纵线。

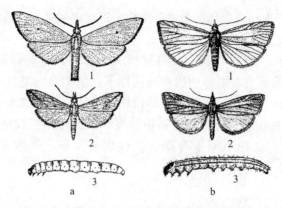

图 9 - 3 - 2 二化螟和三化螟
a. 三化螟 b. 二化螟
1. 雌成虫 2. 雄成虫 3. 幼虫

（三）发生规律

二化螟在国内 1 年发生 1～5 代。在我国北纬 44°以北地区，比如黑龙江地区，1 年发生 1 代；北纬 32°—36°的河南、安徽等地，1 年发生 2 代；北纬 26°—32°的长江流域稻区，1 年发生 3～4 代；北纬 20°—26°的广东、广西、福建、江西等地，1 年发生 4 代；北纬 20°以南的海南地区，1 年发生 5 代。

二化螟以 4～6 龄幼虫在稻桩、稻草及一些杂草中越冬。翌春气温变暖，越冬幼虫爬出稻桩蛀入麦类等其他生长着的植物茎秆内取食，并在茎秆内化蛹。由于二化螟越冬环境复杂，越冬幼虫化蛹、羽化时间很不整齐。一般在茭白中因营养丰富，化蛹、羽化早，稻桩次之，再次为油菜和蚕豆，稻草和田埂杂草更迟，其羽化期依次推迟 10～20d。所有越冬代成虫期很不整齐，常持续 2 个月左右，造成世代重叠现象。

螟蛾白天隐伏在禾丛基部近水面处，夜出活动，有趋光性、趋嫩绿稻株产卵习性和原田产卵习性。在发蛾盛期，以分蘖期和孕穗期的水稻上产卵多，蚁螟刚孵出的幼虫易侵入和成活；刚移栽的秧苗和拔节期、抽穗灌浆期的稻株，因叶色落黄，产卵少。特别是稀植高秆、茎粗、叶宽大、色浓绿的品种和其所在田块最易诱蛾产卵。

（四）防治方法

1. 农业防治

（1）调整播期。调整水稻播种期，避开螟蛾发生高峰期。

（2）处理稻桩。冬前或第二年 3 月底前翻耕泡田。

（3）灌水灭蛹。在越冬代螟虫盛蛹期（一般在 4 月中下旬）灌水淹没稻桩，能淹死大部分蛹。

（4）拔除白穗。发现白穗后，齐根拔除或剪除白穗株可消灭一部分虫源。

2. 物理防治 采用频振式杀虫灯诱杀成虫。

3. 化学防治

（1）二化螟防治指标。当虫量达到 5 000 条/亩以上，或田间枯鞘率达到 5%～10%，应立即施药防治。

（2）防治策略。防治二化螟应采用"挑治 1 代，狠治 2 代，巧治 3 代"的策略，掌握

"准、狠、省"的原则。"准"是根据植保站病虫情报，适时用药，一般在低龄阶段即盛孵期至1、2龄幼虫盛发高峰期施药；"狠"就是抓住重点，保质保量认真施药，要狠治第二代，降低2代残留虫量；"省"是在选准对口药剂，保证防治效果的前提下，尽量控制农药的使用量。

（3）防治药剂。在二化螟低龄幼虫盛期，即田间水稻枯鞘明显时用药，可选用20%氯虫苯甲酰胺悬浮剂180mL/hm² 或40%氯虫•噻虫嗪水分散粒剂150g/hm² 或者5%环虫酰肼悬浮剂1 050～1 650mL/hm²。

（4）施药技巧。在苗期发生量不大时，可以采用挑治枯鞘团的办法，省工省药；对发生量最大的田块，可加大用药量和用水量，重复喷药，提高杀虫效果。

三、水稻三化螟

三化螟［*Tryporyza incertulas*（walker）］，属鳞翅目螟蛾科，广泛分布于长江流域以南稻区，特别是沿江、沿海平原地区受害严重。

（一）危害症状

水稻三化螟食性单一，专食水稻，以幼虫蛀茎危害，分蘖期形成枯心，孕穗至抽穗期，形成枯孕穗和白穗，转株危害还形成虫伤株。"枯心苗"及"白穗"是其危害稻株的主要症状。

（二）形态特征

三化螟形态特征如图9-3-2所示。

1. 成虫 体长9～13mm，翅展23～28mm。雌蛾前翅为近三角形，淡黄白色，翅中央有一明显黑点，腹部末端有一丛黄褐色绒毛；雄蛾前翅淡灰褐色，翅中央有一较小的黑点，由翅顶角斜向中央有一条暗褐色斜纹。

2. 卵 长椭圆形，密集成块，每块几十至一百多粒，卵块上覆盖着褐色绒毛，像半粒发霉的大豆。

3. 幼虫 4～5龄。初孵时灰黑色，胸腹部交接处有一白色环。老熟时长14～21mm，头淡黄褐色，身体淡黄绿色或黄白色，从3龄起，背中线清晰可见。腹足较退化。

4. 蛹 黄绿色，羽化前金黄色（雌）或银灰色（雄），雄蛹后足伸达第七腹节或稍超过，雌蛹后足伸达第六腹节。

（三）发生规律

三化螟因在江浙一带每年发生3代而得名，但在广东等地可发生5代，以老熟幼虫在稻桩内越冬，春季气温达16℃时，化蛹羽化飞往稻田产卵。在安徽每年发生3～4代，各代幼虫发生期和危害情况大致为：第一代在6月上、中旬危害早稻和早、中稻造成枯心；第二代在7月危害单季晚稻和晚、中稻造成枯心，危害早稻和早、中稻造成白穗；第三代在8月上、中旬至9月上旬危害双季晚稻造成枯心，危害晚、中稻和单季晚稻造成白穗；第四代在9—10月，危害双季晚稻造成白穗。

螟蛾夜晚活动，趋光性强，特别在闷热无月光的黑夜会大量扑灯。产卵具有趋嫩绿习性，水稻处于分蘖期或孕穗期，或施氮肥多、长相嫩绿的稻田，卵块密度高。蚁螟从孵化到钻入稻茎内需30～50min。蚁螟蛀入稻茎的难易及存活率与水稻生育期有密切的关系。水稻分蘖期，稻株柔嫩，蚁螟很易从近水面的茎基部蛀入；孕穗末期，当剑叶叶鞘裂开，露出稻穗时，蚁螟极易侵入；其他生育期蚁螟蛀入率很低。因此，分蘖期和孕穗至破口露穗期这两个生育期是水稻受螟害的"危险生育期"。

被害的稻株，多为1株1头幼虫，每头幼虫多转株1~3次，以3~4龄幼虫为盛。幼虫一般4~5龄，老熟后在稻茎内下移至基部化蛹。

就栽培制度而言，纯双季稻区比多种稻混栽区螟害发生重。而在栽培技术上，基肥足，水稻健壮、抽穗迅速、整齐的稻田螟害轻；追肥过迟和偏施氮肥，水稻徒长，螟害重。

春季，在越冬幼虫化蛹期间，如经常阴雨，稻桩内幼虫因窒息或因微生物寄生而大量死亡。温度24~29℃、相对湿度90%以上，有利于蚁螟的孵化和侵入危害；超过40℃，蚁螟大量死亡；相对湿度60%以下，蚁螟不能孵化。

(四) 防治方法

1. 预测预报　据各种稻田化蛹率、化蛹日期、蛹历期、交配产卵历期、卵历期，预测发蛾始盛期、高峰期、盛末期及蚁螟孵化的始盛期、高峰期和盛末期指导防治。

2. 农业防治　适当调整水稻布局，避免混栽。选用生长期适中的品种。及时春耕沤田，处理好稻茬，减少越冬虫口。选择无螟害或螟害轻的稻田或旱地作为绿肥留种田，生产上留种绿肥田因春耕晚，绝大部分幼虫在翻耕前已化蛹、羽化，生产上要注意杜绝虫源。对冬作田、绿肥田灌跑马水，不仅利于作物生长，还能杀死大部分越冬螟虫。及时春耕灌水，淹没稻茬7~10d，可淹死越冬幼虫和蛹。调节栽秧期，采用抛秧法，使易遭蚁螟危害的生育阶段与蚁螟盛孵期错开，可避免或减轻受害。

3. 生物防治　三化螟的天敌种类很多，寄生性的有稻螟赤眼蜂、黑卵蜂和啮小蜂等，捕食性天敌有蜘蛛、青蛙、隐翅虫等，病原微生物如白僵菌等是早春引起幼虫死亡的重要因子，对这些天敌，都应实施保护利用。还可使用生物农药苏云金芽孢杆菌（Bt）、白僵菌等。

4. 化学防治

（1）防治枯心。在水稻分蘖期与蚁螟盛孵期吻合日期短于10d的稻田，掌握在蚁螟孵化高峰前1~2d，用3%克百威*颗粒剂22.5~37.5kg/hm²拌细土225kg撒施后，田间保持3~5cm浅水层4~5d。当吻合日期超过10d时，则应在孵化始盛期施1次药，隔6~7d再施1次，方法同上。

（2）防治白穗。在卵的盛孵期和破口吐穗期，采用"早破口早用药，晚破口迟用药"的原则，在破口露穗达5%~10%时施第一次药，用25%杀虫双水剂2 250~3 000mL/hm²或50%杀螟硫磷乳油1 500mL/hm²拌湿润细土2 255kg撒入田间，也可用上述杀虫剂兑水泼浇或喷雾。如三化螟发生量大，蚁螟的孵化期长或寄主孕穗、抽穗期长，应在第一次药后隔5d再施1~2次，方法同上。

四、稻飞虱

稻飞虱属同翅目飞虱科。危害水稻的主要有褐飞虱、白背飞虱和灰飞虱3种，其中危害较重的是褐飞虱和白背飞虱。早稻前期以白背飞虱为主，后期以褐飞虱为主；中晚稻以褐飞虱为主。灰飞虱很少直接成灾，但能传播稻、麦、玉米等作物的病毒。褐飞虱在中国北方各稻区均有分布，长江流域以南发生较严重；白背飞虱分布范围大体相同，以长江流

---

　*　克百威为部分范围禁止使用农药，禁止在蔬菜、瓜果、茶叶、菌类、中草药材上使用，禁止用于防治卫生害虫，禁止用于水生植物的病虫害防治。——编者注

域发生较多；灰飞虱以华北、华东和华中稻区发生较多。3种稻飞虱都喜在水稻上取食、繁殖。褐飞虱能在野生稻上发生，多认为是专食性害虫；白背飞虱和灰飞虱除水稻外，还取食小麦、高粱、玉米等其他作物。

（一）危害症状

稻飞虱对水稻的危害，除直接刺吸汁液，使生长受阻，严重时稻丛成团枯萎，甚至全田死秆倒伏外，产卵也会刺伤植株，破坏输导组织，妨碍营养物质运输并传播病毒病害。

（二）形态特征

3种稻飞虱的共同特征是体形小，触角短锥状，后足胫节末端有一可动的距。翅透明，常有长翅型和短翅型。

1. 褐飞虱［*Nilaparvata lugens*（**Stal**）］　长翅型成虫体长3.6～4.8mm，短翅型2.5～4mm。深色型头顶至前胸、中胸背板暗褐色，有3条纵隆起线；浅色型体黄褐色。卵呈香蕉状，卵块排列不整齐。老龄若虫体长3.2mm，体灰白至黄褐色（图9-3-3）。

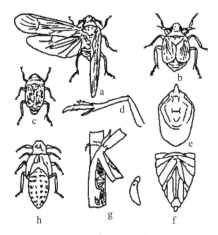

图9-3-3　褐飞虱
a. 长翅型成虫　b. 短翅型雌成虫　c. 短翅型雄成虫　d. 后足放大　e. 雄性外生殖器
f. 雌性外生殖器　g. 水稻叶鞘内的卵块及卵放大　h. 若虫

2. 白背飞虱［*Sogatella furcifera*（**Horváth**）］　长翅型成虫体长3.8～4.5mm，短翅型2.5～3.5mm，头顶稍突出，前胸背板黄白色，中胸背板中央黄白色，两侧黑褐色。卵长椭圆形稍弯曲，卵块排列不整齐。老龄若虫体长2.9mm，淡灰褐色（图9-3-4）。

3. 灰飞虱［*Laodelphax striatellus*（**Fallén**）］　长翅型成虫体长3.5～4.0mm，短翅型2.3～2.5mm，头顶与前胸背板黄色，中胸背板雄虫黑色，雌虫中部淡黄色，两侧暗褐色。卵长椭圆形稍弯曲。老龄若虫体长2.7～3.0mm，深灰褐色（图9-3-4）。

（三）生活习性

稻飞虱的越冬虫态和越冬区域因种类不同而异。褐飞虱在广西和广东南部至福建龙溪以南地区各虫态皆可越冬，冬暖年份，越冬的北限在北纬23°—26°，凡冬季再生稻和落谷苗能存活的地区皆可安全越冬。在长江以南各省每年发生4～11代，部分地区世代重叠，其田间盛发期均值水稻穗期。白背飞虱在广西至福建德化以南地区以卵在自生苗和游草上越冬，越冬北限在北纬26°左右。在中国每年发生3～8代，危害单季中、晚稻和双季早稻

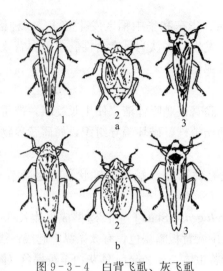

图9-3-4　白背飞虱、灰飞虱

a. 白背飞虱　b. 灰飞虱

1. 长翅型成虫　2. 短翅型雌成虫　3. 短翅型雄成虫

较重。灰飞虱在华北以若虫在杂草丛、稻桩或落叶下越冬，在浙江以若虫在麦田杂草上越冬，在福建南部各虫态皆可越冬。华北地区每年发生4～5代，长江中、下游5～6代，福建7～8代。田间危害期虽比白背飞虱迟，但仍以穗期危害最重。

稻飞虱长翅型成虫均能长距离迁飞，趋光性强，且喜趋嫩绿。但灰飞虱的趋光性稍弱，成虫和若虫均群集在稻丛下部茎秆上刺吸汁液，遇惊扰即跳落水面或逃离。卵多产在稻丛下部叶鞘内，抽穗后或产卵于穗颈内。褐飞虱取食时，口针伸至叶鞘韧皮部，先由唾腺分泌物沿口针凝成"口针鞘"抽吸汁液。植株嫩绿、荫蔽且积水的稻田虫口密度大。一般是先在田中央密集危害，后逐渐扩大蔓延。水稻孕穗至开花期的植株中，水溶性蛋白含量增高，有利于短翅型飞虱发生，此型雌虫产卵量大，雌性比高，寿命长，常使褐飞虱虫口激增。在乳熟期后，长翅型比例上升，易引起迁飞。中国各稻区褐飞虱的虫源，有人认为主要由热带终年繁殖区迁来，秋季又从北向南回迁。褐飞虱的迁飞属高空被动流迁类型，在迁飞过程中，遇天气影响，会在较大范围内同期发生"突增"或"突减"现象。褐飞虱每一雌虫产卵150～500粒，产卵痕初不明显，后呈褐色条斑。

白背飞虱的习性与褐飞虱相近似，但食性较广。长翅型成虫也具远距离被动迁飞特性。在稻株上取食部位比褐飞虱稍高，并可在水稻茎秆和叶片背面活动。长翅型雌成虫可产卵300～400粒，短翅型产卵量约高20%。少数产卵于叶片基部中脉内，产卵痕开裂。

灰飞虱先集中田边危害，后蔓延田中。越冬代以短翅型为多，其余各代长翅型居多，每雌产卵量100多粒。

（四）发生条件

褐飞虱生长发育的适宜温度为20～30℃，最适温度为26～28℃，相对湿度80%以上。在长江中、下游稻区，凡盛夏不热、晚秋不凉、夏秋多雨的年份，易酿成大发生。高肥密植稻田的小气候有利其生存。褐飞虱耐寒性弱，卵在0℃下经7d即不能孵化，长翅型成虫经4d即死亡。

褐飞虱耐饥力差，老龄若虫经3～5d、成虫经3～6d即饿死。食料条件适宜程度，对褐飞虱发育速度、繁殖力和翅型变化都有影响。在单、双季稻混栽或双、三季稻混栽条件下，易提供孕穗至扬花期适宜的营养条件，促使其大量繁殖。中、晚熟以及宽叶、矮秆品种的性状易构成有利褐飞虱繁殖的生境。不同水稻品种对褐飞虱危害有不同的反应。感虫品种植株中游离氨基酸、α-天门冬酰胺和α-谷氨酸的含量较高，可刺激稻飞虱取食并使之获得丰富的营养，导致迅速繁殖；抗性品种植株中，上述氨基酸含量较低，而α-氨基丁酸和草酸含量较高，对褐飞虱生存和繁殖不利。在同一地区多年种植同一抗性品种，褐飞虱对该品种产生能适应的生物型，从而使该品种丧失抗性，在亚洲已发现褐飞虱有5种生物型。水稻田间管理措施也与褐飞虱的发生有关。凡偏施氮肥和长期浸水的稻田，较易暴发。

褐飞虱的天敌已知150种以上，卵期主要有缨小蜂、褐腰赤眼蜂和黑肩绿盲蝽等，若虫和成虫期的捕食性天敌有草间小黑蛛、拟水狼蛛、拟环纹狼蛛、黑肩绿盲蝽、步行虫、隐翅虫和瓢虫等，寄生性天敌有稻飞螯蜂、线虫、稻虱虫生菌和白僵菌等。

白背飞虱对温度适应幅度较褐飞虱宽，能在15～30℃下正常生存。要求相对湿度80～90％。初夏多雨、盛夏长期干旱，易引起大发生。在华中稻区，迟熟早稻常易受害。

灰飞虱为温带地区的害虫，适温为25℃左右，耐低温能力较强，而夏季高温则对其发育不利。华北地区7—8月降雨少的年份有利于大发生。天敌类群与褐飞虱相似，并经常在夏季的雨后出现，一般是5月底、6月初开始出现。

（五）防治方法

1. 农业防治

（1）选育抗虫品种。充分利用国内外水稻品种抗性基因，培育抗飞虱丰产品种和多抗品种，因地制宜地推广种植。

（2）加强田间管理。对不同的品种或作物进行合理布局，避免稻飞虱辗转危害。同时要合理密植，改善田间小气候，提高水稻抗病能力。加强肥水管理，适时适量施肥和适时露田，避免长期浸水。控制氮肥，增施磷钾肥，巧施追肥，使水稻早生快发，增加株体的硬度，避开稻飞虱的趋嫩性，减轻危害。科学灌水，做到浅水栽秧，寸水分蘖，苗够晒田，深水孕穗，湿润灌浆，通过合理灌溉，促使水稻植株生长健壮，增强抗性。

2. 化学防治 用25％噻嗪酮可湿性粉剂300～375g/hm²兑水900～1 125kg喷雾，严重的田块用25％噻嗪酮可湿性粉剂450～525g/hm²＋80％敌敌畏乳油1 500mL/hm²（或40.8％毒死蜱乳油900mL/hm²）兑水900～1 125kg喷雾。注意喷药量要充足，尽量喷到水稻基部，施药时田间要保持5～10cm浅水层。同时注意保护天敌，在农业防治的基础上科学用药，避免对天敌过量杀伤。

》任务实施

一、资源配备

1. 材料与工具 水稻胡麻斑病、水稻二化螟、三化螟、稻飞虱等病虫害的腊叶标本、封套标本、浸渍标本、生活史标本，以及显微镜、体视显微镜、放大镜、镊子、挑针、刀片、滴瓶、蒸馏水、培养皿、载玻片、盖玻片、解剖刀、酒精瓶、指形管、采集袋、挂图、多媒体资料（包括图片、视频等资料）、记载用具等。

2. 教学场所 教学实训水田、实验室或实训室。

3. 师资配备 每15名学生配备1位指导教师。

二、操作步骤

1. 害虫形态观察

（1）水稻螟虫的观察。观察水稻二化螟、三化螟的生活史标本，比较不同螟虫的形态差别。

（2）稻飞虱的观察。观察褐飞虱、白背飞虱和灰飞虱的成虫和若虫标本，注意不同稻飞虱的识别要点。

2. 病原观察　取水稻胡麻斑病的封套标本，挑取病原，显微镜下观察病原物的形态特征。

三、技能考核标准

水稻生育转换期植保技术技能考核参考标准见表 9-3-1。

表 9-3-1　水稻生育转换期植保技术技能考核参考标准

考核内容	要求与方法	评分标准	标准分值/分	考核方法
职业技能 （100 分）	病虫识别	根据识别病虫的种类多少酌情扣分	10	单人考核，口试评定 成绩
	病虫特征介绍	根据描述病虫特征准确程度酌情扣分	10	
	病虫发病规律介绍	根据叙述的完整性及准确度酌情扣分	10	
	病原物识别	根据识别病原物种类多少酌情扣分	10	
	标本采集	根据采集标本种类、数量、质量评分	10	以组为单位考核，根 据上交的标本、方案及 防治效果等评定成绩
	制订病虫害防治方案	根据方案科学性、准确性酌情扣分	20	
	实施防治	根据方法的科学性及防效酌情扣分	30	

》》思 考 题

1. 简述二化螟、三化螟的危害特点和防治要点。

2. 如何区分稻飞虱和稻叶蝉？

思考题参考

答案 9-3

任务四　水稻抽穗结实期植保措施及应用

》》任务目标

通过对水稻抽穗结实期主要病害的症状识别、病原物形态观察和对主要害虫的危害特点、形态特征识别及田间调查，掌握常见病虫害的识别要点，熟悉病原物形态特征，能识别水稻移栽及分蘖期主要病虫害、进行发生情况调查、分析发生原因，能制订防治方案并实施防治。

》》相关知识

一、稻瘟病

稻瘟病是水稻重要病害之一，流行年份一般发病地块减产 10%～30%，严重时可达

40%～50%，若不及时防治，特别严重的地块将颗粒无收。

（一）危害症状

稻瘟病在水稻整个生育期中都可发生。依据侵染的时间和部位不同，可分为苗瘟、叶瘟、节瘟、穗颈瘟和谷粒瘟等（图9-4-1）。由于寒地水稻区春季温度低，故基本不发生苗瘟，其中以叶瘟，穗颈瘟最为常见，危害较大。

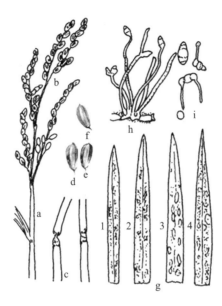

图9-4-1　稻瘟病

a.穗颈瘟　b.枝梗瘟　c.节瘟　d.谷粒瘟　e.受害护颖　f.健粒

g.叶瘟　h.分生孢子梗及分生孢子　i.分生孢子萌发

1.白点型　2.急性型　3.慢性型　4.褐点型

（蔡银杰，2006.植物保护学）

1. 叶瘟　发生在秧苗和成株期的叶片上。病斑随品种和气候条件不同而异，可分为4种类型。

（1）慢性型。又称普通型病斑。病斑呈梭形或纺锤形，边缘褐色，中央灰白色，最外层为淡黄色晕圈，两端有沿叶脉延伸的褐色坏死线。天气潮湿时，病斑背面有灰绿色霉状物。

（2）急性型。病斑暗绿色，水渍状，椭圆形或不规则形，病斑正反两面密生灰绿色霉层。此病斑多在嫩叶或感病品种上发生，它的出现常是叶瘟流行的预兆。若天气转晴或经药剂防治后，可转变为慢性型病斑。

（3）白点型。田间很少发生。病斑白色或灰白色，圆形，较小，不产生分生孢子。一般是嫩叶感病后，遇上高温干燥天气，经强光照射或土壤缺水时发生。如在短期内气候条件转为适宜，这种病斑可很快发展成急性型，若条件不适可转变成慢性型。

（4）褐点型。病斑为褐色小斑点，局限于叶脉之间。常发生在抗病品种和老叶上，不产生分生孢子。

2. 节瘟　病节凹陷缢缩，变黑褐色，易折断，潮湿时其上长灰绿色霉层，常发生于穗颈下第一、第二节。

3. 叶枕瘟 又称叶节瘟。常发生于剑叶的叶耳、叶舌、叶环上，并逐步向叶鞘、叶片扩展，形成不规则斑块。病斑初为污绿色，后呈灰白色至灰褐色，潮湿时病部产生灰绿色霉层。叶枕瘟的大量出现，常是穗颈瘟的前兆。

4. 穗颈瘟和枝梗瘟 发生在穗颈、穗轴和枝梗上。病斑不规则，褐色或灰黑色。穗颈受害早的形成白穗，颈易折断。枝梗受害早的则形成花白穗；受害迟的，谷粒不充实，粒重降低。

5. 谷粒瘟 发生在稻壳和护颖上，以乳熟期症状最明显。发病早的病斑大而呈椭圆形，中部灰白色，后可蔓延整个谷粒，使稻谷呈暗灰色或灰白色的秕粒；发病晚的病斑为椭圆形或不规则形的褐色斑点，严重时谷粒不饱满，米粒变黑。

（二）病原

稻瘟病病原无性态为稻梨孢 *Pyricularia grisea*（Cooke）Sacc，属半知菌类梨孢霉属真菌；有性态为灰色大角间座壳 *Magnaporthe grisea*（Hebert），属子囊菌门大角间座壳属真菌。病原菌从病部的气孔中产生 3～5 根分生孢子梗，不分枝，有 2～8 个隔膜，基部膨大呈淡褐色，顶部渐尖，色淡呈屈曲状，屈曲处有孢痕，其顶端可产生分生孢子 1～6个，多的可达 9～20 个；分生孢子梨形、无色透明，有两横隔，顶端细胞立锥形，基部细胞钝圆，有足细胞，病原形态见图 9-4-1。

（三）发病规律

稻瘟病菌以分生孢子或菌丝体在病谷和病稻草上越冬。病谷播种后引起苗瘟，病稻草上越冬的菌丝，翌年气温回升到 20℃ 左右时，遇雨不断产生分生孢子。分生孢子借气流、雨水传播到秧田和大田，萌发侵入水稻叶片，引起发病。温湿度适宜时，病斑上产生的大量分生孢子继续传播危害，引起再侵染。叶瘟发生后，相继引起节瘟、穗颈瘟乃至谷粒瘟。

水稻品种抗病性差异很大，存在高抗至感病各种类型。同一品种不同生育期抗性也有差异，以四叶期、分蘖盛期和抽穗初期最感病。气温在 20～30℃，尤其在 24～28℃，阴雨多雾、露水重、田间高湿，易引起稻瘟病严重发生。抽穗期如遇到 20℃ 以下持续低温7d 或者 17℃ 以下持续低温 3d，常造成穗瘟流行。氮肥施用过多或过迟、密植过度、长期深灌或烤田过度都会诱发稻瘟病的严重发生。

（四）测报方法

1. 田间调查

（1）叶瘟普查。在分蘖末期和孕穗末期各查 1 次。选择轻、中、重 3 种类型田，每类型田查 3 块，采用 5 点取样，每点直线隔丛取 10 丛稻，调查病丛数。选取其中有代表性的 1 丛稻，调查绿色叶片的病叶数，每块田调查并计算 50 丛稻的病丛率、5 丛稻的绿色叶片病叶率。叶瘟病情分级标准如下：

①0 级：无病。

②1 级：病斑少而小，病斑面积占叶片面积 1% 以下。

③2 级：病斑小而多，或大而少，病斑面积占叶片面积的 1%～5%。

④3 级：病斑大而较多，病斑面积占叶片面积 5%～10%。

⑤4 级：病斑大而多，病斑面积占叶片面积 10%～50%。

⑥5 级：病斑面积占叶片面积 50% 以上，全叶将枯死。

（2）穗瘟普查。在蜡熟初期进行。按品种的病情程度，选择有代表性的轻、中、重 3 种类型田，每类型田查 3 块以上，每块田查 50～100 丛（病轻多查，病重少查），采用平行跳跃式或棋盘式取样。分级记载病穗数，计算病穗率及病情指数。穗瘟病情分级标准（以穗为单位）如下：

①0 级：无病。

②1 级：个别枝梗发病。

③2 级：1/3 左右枝梗发病。

④3 级：穗颈或主轴发病。

⑤4 级：穗颈发病，大部分秕谷。

⑥5 级：穗颈发病造成白穗。

2. 短期预测

（1）查叶瘟，看天气和品种确定防治对象田。在水稻分蘖期气温达 20℃时，生长浓绿的稻株和易感病的品种，发现病株或出现发病中心，而天气预报又将有连续阴雨时，则 7～9d 后大田将有可能普遍发生叶瘟，10～14d 后病情将迅速扩展。如出现急性型病斑，温度在 20～30℃，天气预报近期阴雨天多，雾、露大，日照少，则 4～10d 后叶瘟将流行；如果急性型病斑每日成倍增加时，则 3～5d 叶瘟将流行。在孕穗期间，稻株贪青，剑叶宽大软弱，延迟抽穗，或在抽穗期间，叶瘟继续发展，剑叶发病，特别是出现急性型病斑，则预示穗颈瘟将流行。如果孕穗期病叶率达 5%，则穗颈瘟将严重发生。如果孕穗期叶枕瘟达 1%，并且雨量充沛，温度高达 25～30℃，并有阵雨闷热天气，5d 后将会出现穗瘟。早稻穗期降温 25℃以下，晚稻穗期降温 20℃以下，连续阴雨 3d 以上，对感病品种虽达不到叶瘟防治指标也都应列为防治对象田。

（2）查水稻生育期，确定防治适期。分蘖期田间出现中心病株，特别是出现急性型病斑时需马上防治。孕穗期病叶率达到 2%～3%或剑叶病叶率达 1%以上的田块，感病品种和生长嫩绿的田块，应掌握孕穗末期、破口期和齐穗期喷药防治 2～3 次。晚稻齐穗后，如天气仍无好转，处于灌浆期的水稻也应掌握雨停间隙喷药。使用内吸性药剂时应适当提前用药。

（五）防治方法

稻瘟病的防治应采取以种植高产抗病品种为基础，加强肥水管理为中心，辅以适时施药防治的综合措施。

1. 选用高产抗病品种　要注意品种的合理布局，防止单一化种植，并注意品种的轮换、更新。

2. 加强栽培管理　合理施用氮肥，多施有机肥，配施磷钾肥，根据不同地区土壤肥力状况，适当施用含硅酸的肥料。合理排灌，以水调肥，促控结合，分蘖后期适度晒田，抽穗期不断水。后期采用干湿结合的方式，即在灌水后，自然蒸发至晒干后再一次进行灌溉。

3. 减少菌源　一是不用带菌种子，二是及时处理病稻草，三是进行种子消毒。可用 20%三环唑可湿性粉剂 800～1 000 倍液或 80%乙蒜素乳油 8 000 倍液浸种 24～48h，也可用浸种灵、咪鲜胺等浸种。

4. 化学防治

（1）防治时期。11 片叶品种在水稻 9.1～9.5 叶（最晚时期 7 月 2—5 日）喷药防治叶瘟。水稻孕穗期（水稻剑叶叶枕露出至第一粒稻谷露出）（最晚时期 7 月 16—25 日）、齐穗期应防治水稻穗茎瘟，遇到恶劣天气水稻抽穗后 15～20d 喷药防治枝梗瘟、粒瘟。

（2）防治药剂。可选用 2% 春雷霉素水剂 1 200mL/hm²，或 20% 氰菌胺（稻瘟酰胺）悬浮剂 40～60g/hm²，或 40% 稻瘟灵乳油、80% 乙蒜素乳油 1 500mL/hm²，或 12.5% 咪鲜胺乳油 1 125～1 500mL/hm²，喷液量 225～300L。在叶瘟初期或始穗期叶面喷雾，也可选用 75% 三环唑可湿性粉剂 375～450g/hm² 加水 900kg 喷雾。

（3）喷药时间。应选择在上午 7—9 时，或 16 时之后，风速小于 4m/s，气温不超过27℃，相对湿度大于 65% 时进行。

二、纹枯病

水稻纹枯病在亚洲、美洲、非洲种植水稻的国家普遍发生。我国各稻区均有分布，但以长江以南稻区发生普遍。早、中、晚稻皆可发生，引起结实率和千粒重显著降低，甚至造成植株倒伏枯死，矮秆品种受害更重。由于发生面积广、流行频率高，其所致损失往往超过稻瘟病。

（一）危害症状

苗期至穗期都可发病。叶鞘染病，在近水面处产生暗绿色水渍状边缘模糊小斑，后渐扩大呈椭圆形或云纹形，中部呈灰绿或灰褐色，湿度低时中部呈淡黄或灰白色，中部组织破坏呈半透明状，边缘暗褐。发病严重时数个病斑融合形成大病斑，呈不规则状云纹斑，常致叶片发黄枯死。

叶片染病，病斑也呈云纹状，边缘褪黄，发病快时病斑呈污绿色，叶片很快腐烂。茎秆受害症状似叶片，后期呈黄褐色，易折。

穗颈部受害初为污绿色，后变灰褐，常不能抽穗，抽穗的秕谷较多，千粒重下降。湿度大时，病部长出白色网状菌丝，后汇聚成白色菌丝团，形成菌核，菌核深褐色，易脱落。高温条件下病斑上产生 1 层白色粉霉层，即病菌的担子和担孢子。

（二）病原

纹枯病病原有性态为瓜亡革菌 [*Thanatephorus cucumeris* (Frank) Donk]，属担子菌门真菌（图 9 - 4 - 2）；无性态为立枯丝核菌（*Rhizoctonia solani* Kühn），属半知菌类真菌。致病的主要菌丝融合群是 AG-1 占 95% 以上，其次是 AG-4 和 AG-Bb（双核线核菌）。从菌丝生长速度和菌核形成所需时间来看，AG-1 和 AG-4 较快，而双核丝核菌 AG-Bb 较慢。在马铃薯葡萄糖琼脂培养基（PDA）上 23℃ 条件下 AG-1 形成菌核需时 3d，菌核深褐色圆形或不规则形，较紧密，菌落色泽浅褐至深褐色；AG-4 菌落浅灰褐色，菌核形成需 3～4d，褐色，不规则形，较扁平，疏松，相互聚集；AG-Bb 菌落灰褐色，菌核形成需3～4d，灰褐色，圆形或近圆形，大小较一致，一般生于气生菌丝丛中。

（三）发病规律

1. 传播途径 病菌主要以菌核在土壤中越冬，也能以菌丝体在病残体上或在田间杂草等其他寄主上越冬。翌年春灌时菌核飘浮于水面与其他杂物混在一起，插秧后菌核黏附于稻株近水面的叶鞘上，条件适宜生出菌丝侵入叶鞘组织危害，气生菌丝又侵染邻近植株。水稻拔节期病情开始激增，病害向横向、纵向扩展，抽穗前以叶鞘危害为主，抽穗后向叶片、穗颈部扩展。早期落入水中的菌核也可引发稻株再侵染。早稻菌核是晚稻纹枯病

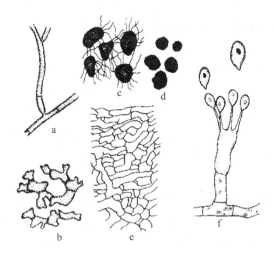

图 9-4-2　水稻纹枯病病原菌

a. 幼嫩菌丝　b. 老熟菌丝　c. 初期菌核　d. 后期菌核　e. 菌核剖面　f. 有性世代

（洪剑鸣，2006. 中国水稻病害及其防治）

的主要侵染源。

2. 发病条件　菌核数量是引起发病的主要原因，90 万粒/hm² 以上菌核遇适宜条件就可引发纹枯病流行。高温高湿是发病的另一主要因素，气温 18～34℃ 都可发生，以 22～28℃ 最适。发病相对湿度 70%～96%，90% 以上最适。菌丝生长温限 10～38℃，菌核在 12～40℃ 都能形成，菌核形成最适温度 28～32℃。相对湿度 95% 以上时，菌核就可萌发形成菌丝，6～10d 后又可形成新的菌核。日光能抑制菌丝生长促进菌核的形成。水稻纹枯病适宜在高温、高湿条件下发生和流行。生长前期雨日多、湿度大、气温偏低，病情扩展缓慢；中后期湿度大、气温高，病情迅速扩展；后期高温干燥抑制了病情。气温 20℃ 以上，相对湿度大于 90%，纹枯病开始发生；气温在 28～32℃，遇连续降雨，病害发展迅速；气温降至 20℃ 以下，田间相对湿度小于 85%，发病迟缓或停止发病。长期深灌、偏施、迟施氮肥，水稻郁闭、徒长都促进纹枯病的发生和蔓延。

（四）防治方法

1. 农业防治

（1）降低菌源。菌源基数的多少与稻田初期发病程度密切相关，因此，在生产中要有效降低菌源基数，减少初侵染源。一是通过耕作制度调整，减少寄主菌源，即尽量避免与玉米、麦类、豆类、花生、甘蔗等寄主作物连作，同时铲除田间杂草，减少寄主菌源。二是打捞菌核。在秧田或大田灌水耕耙时，因大多数菌核浮在水面上，混在"浪渣"中，可用筛网、簸箕等工具，打捞"浪渣"并带到田外烧毁或深埋，以减少菌源，减轻前期发病。三是原来已发过病的稻田，其稻草不能直接还田，只能燃烧或垫厩，若需做肥料时，须经充分腐熟后才可施用。

（2）选用良种。在注重高产、优质、熟期适中的前提下，宜选用分蘖能力适中、株型紧凑、叶型较窄的水稻品种，以降低田间荫蔽作用，增加通透性及降低空气相对湿度，提高稻株抗病能力。

（3）合理密植。水稻纹枯病发生的程度与水稻群体的大小关系密切，群体越大，发病越重。因此，适当稀植可降低田间群体密度、提高植株间的通透性、降低田间湿度，从而达到有效减轻病害发生及防止倒伏的目的。

（4）肥水管理。根据水稻的生育时期和气候状况，合理排灌，改变长期深水、高温环境，是以水控病的有效方法。尤其在水稻分蘖末期至拔节期前，适时搁田，后期采用"干干湿湿"的排灌管理，降低株间湿度，促进稻株健壮生长，能有效抑菌防病。在施肥上，应坚持有机与无机结合，氮、磷、钾配合，并贯彻和力求做到配方施肥，切忌偏施氮肥和中后期大量施用氮肥。在施肥比例和时期上，提倡"施足基肥、控制蘖肥、增施穗肥"的原则。

2. 化学防治 应掌握"初病早治"原则。一般在水稻分蘖末期、发病率达5％或拔节至孕穗期、发病率达10％～15％时，就需要及时进行药剂喷治。井冈霉素是目前生产上防治水稻纹枯病的主要药种，经多年使用，纹枯病菌对井冈霉素的抗药性并没有增强多少，抓住搁田复水后和发病初期等关键时间用药，必要时适当增加用药量，能取得良好的防治效果。

在纹枯病发生重的年份，因地制宜地选用一些持效期较长的药剂进行防治，有利于减少用药次数，提高病害防治效果。井冈霉素与枯草芽孢杆菌或蜡质芽孢杆菌的复配剂如纹曲宁等药剂，持效期比井冈霉素长，可以选用。丙环唑、烯唑醇、己唑醇等部分唑类杀菌剂对纹枯病防治效果好，持效期较长，也可以选用。烯唑醇、丙环唑等唑类杀菌剂对水稻体内的赤霉素形成有影响，能抑制水稻茎节拔长，这类药剂特别适合在水稻拔节前或拔节初期使用，在防治纹枯病的同时，还有抑制基部节间拔长、防止倒伏的作用。但这些杀菌农药在水稻（特别是有轻微包颈现象的粳稻品种）上部3个拔长节间拔长期使用，特别是超量使用，可能影响这些节间的拔长，严重的可造成水稻抽穗不良，出现包颈现象（不同水稻品种、不同药剂以及不同的用药量条件下所造成的影响不一样），其中烯唑醇等药制的抑制作用更为明显。苯醚甲环唑与丙环唑或腈菌唑等三唑类的复配剂在水稻抽穗前后可以使用，不仅能防治纹枯病等病害，还有利于提高结实率，并对杂交稻后期叶部病害有较好的兼治作用。

三、鞘腐病

鞘腐病在黑龙江省从20世纪70年代以来开始发生，并有逐年加重的趋势，此病发生后主要引起秕粒率增加，千粒重降低，米质变劣，产量损失一般为10％～20％，重者可达30％以上。

（一）危害症状

主要发生在剑叶叶鞘上，初生褐色小斑，以后逐渐扩大为不定形、颜色深浅不同的褐色斑块，中部有黄褐色斑块，重者病斑扩展到全部剑叶鞘。抽穗早的全部颖壳均为绿色，抽穗迟的稻穗上部颖壳仍为绿色，而下部颖壳变褐以至全穗颖壳变褐。

（二）病原

病原菌为稻帚枝霉 [*Sarocladium oryzae* (Sawada) W. Gams. et Webster]，属半知菌类真菌。

（三）发病规律

鞘腐病初侵染源主要是病稻草残体和病种子，病原菌可从水稻、稗草等染病，病株借风、雨传播，从水稻自然孔、伤口侵入。潜育期受温度和湿度的影响，孕穗期到抽穗期温度在25～30℃，相对湿度90％以上，就适合鞘腐病的发生。雨量大、雨次多发病重，氮肥施用量过多或过少均可加重病情。

（四）防治方法

1. 农业防治

（1）选用合适品种。选用抗病、高产、优质水稻品种，从品种上解决防病问题。经鉴定在黑龙江省尚无免疫品种，但品种间抗性差异很大。

（2）合理施肥。氮、磷、钾肥要合理施用，氮肥用量不宜过多，也不宜过少。栽培管理上严格按照三化栽培模式，主要是控制氮肥使用量，进行水田"浅湿干"管理。

2. 化学防治　在水稻孕穗初期和孕穗末期，弥雾机喷液量75～90L/hm²，常用药剂有25％咪鲜胺乳油1 200～1 500mL/hm²、50％多菌灵可湿性粉剂1 500g/hm²、70％甲基硫菌灵可湿性粉剂1 500g/hm²。

四、稻纵卷叶螟

稻纵卷叶螟（*Cnaphalocrocis medinalis* Guenee）属鳞翅目螟蛾科，又称刮青虫。分布北起黑龙江、内蒙古，南至台湾、海南的全国各稻区。主要危害水稻，有时危害小麦、甘蔗、粟、禾本科杂草。

东北每年生1～2代，长江中下游至南岭以北5～6代，海南南部10～11代。南岭以南以蛹和幼虫越冬，南岭以北有零星蛹越冬。越冬场所为再生稻、稻桩及湿润地段的李氏禾、双穗雀麦等禾本科杂草。该虫有远距离迁飞习性。

（一）危害症状

以幼虫缀丝纵卷水稻叶片成虫苞，幼虫匿居其中取食叶肉，仅留表皮，形成白色条斑，致水稻千粒重降低，秕粒增加，造成减产。

（二）形态特征

形态特征如图9-4-3所示。

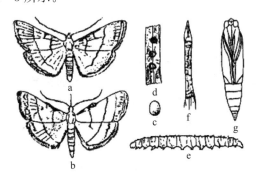

图9-4-3　稻纵卷叶螟

a. 雌成虫　b. 雄成虫　c. 虫卵　d. 产卵状　e. 幼虫　f. 卷尖状　g. 蛹

（蔡银杰，2006. 植物保护学）

1. 成虫　雌蛾体长 8～9mm，翅展 17mm，体、翅黄色。前翅前缘暗褐色，外缘具暗褐色宽带，内、外横线斜贯翅面，中横线短；后翅也有 2 条横线，内横线短，不达后缘。雄蛾体稍小，色泽较鲜艳，前、后翅斑纹与雌蛾相近，但前翅前缘中央具 1 黑色眼状纹。

2. 卵　卵长 1mm，近椭圆形，扁平，中部稍隆起，表面具细网纹，初白色，后渐变浅黄色。

3. 幼虫　幼虫 5～7 龄，多数 5 龄。末龄幼虫体长 14～19mm，头褐色，体黄绿色至绿色，老熟时为橘红色，中、后胸背面具小黑圈 8 个，前排 6 个，后排 2 个。

4. 蛹　蛹长 7～10mm，圆筒形，末端尖削，具钩刺 8 个，初浅黄色，后变红棕色至褐色。

（三）发生规律

每年春季，成虫随季风由南向北而来，随气流下沉和雨水拖带降落，成为非越冬地区的初始虫源。秋季，成虫随季风回迁到南方进行繁殖，以幼虫和蛹越冬。成虫白天在稻田里栖息，遇惊扰即飞起，但飞不远，夜晚活动、交配，将卵产在稻叶的正面或背面，单粒居多，少数 2～3 粒串生在一起。成虫有趋光性和趋向嫩绿稻田产卵的习性，喜欢吸食蚜虫分泌的蜜露和花蜜。卵期 3～6d，幼虫期 15～26d，共 5 龄。1 龄幼虫不结苞；2 龄时爬至叶尖处，吐丝缀卷叶尖或近叶尖的叶缘，即卷尖期；3 龄幼虫纵卷叶片，形成明显的束腰状虫苞，即束叶期；3 龄后食量增加，虫苞膨大，进入 4～5 龄频繁转苞危害，被害虫苞呈枯白色，整个稻田白叶累累。幼虫活泼，剥开虫苞查虫时，迅速向后退缩或翻落地面。老熟幼虫多爬至稻丛基部，在无效分蘖的小叶或枯黄叶片上吐丝结成紧密的小苞，在苞内化蛹。蛹多在叶鞘处或位于株间或地表枯叶薄茧中。蛹期 5～8d，雌蛾产卵前期 3～12d，雌蛾寿命 5～17d，雄蛾 4～16d。

该虫喜温暖、高湿，气温 22～28℃、相对湿度高于 80％利于成虫卵巢发育、交配、产卵和卵的孵化及初孵幼虫的存活。为此，6—9 月雨日多、湿度大利其发生，田间灌水过深，施氮肥偏晚或过多，引起水稻徒长，危害重。主要天敌有稻螟赤眼蜂、绒茧蜂等近百种。

（四）防治方法

1. 农业防治　合理施肥，加强田间管理，促进水稻生长健壮，以减轻受害。

2. 生物防治

（1）人工释放赤眼蜂。在稻纵卷叶螟产卵始盛期至高峰期分期分批放蜂，每次放 45 万～60 万头/hm²，隔 3d 放 1 次，连续放蜂 3 次。

（2）喷洒杀螟杆菌、青虫菌。用 100 亿活孢子/g 的菌粉 2 250～3 000g/hm²，兑水 900～1 125kg/hm²，配成 300～400 倍液喷雾。为了提高生物防治效果，可加入药液质量 0.1％的洗衣粉作湿润剂。此外如能加入药液量 1/5 的杀螟硫磷效果更好。

3. 化学防治　掌握在幼虫 2、3 龄盛期或百丛有新束叶苞 15 个以上时，喷洒 80％杀虫单粉剂 525～600g/hm² 或 90％晶体敌百虫 600 倍液，也可泼浇 50％杀螟硫磷乳油 1 500mL/hm² 兑水 6 000kg。用 10％吡虫啉可湿性粉剂 150～450g/hm² 兑水 900kg，1～30d 防效 90％以上，持效期 30d。此外，也可于 2～3 龄幼虫高峰期，用 10％吡虫啉可湿性粉剂 150～300g/hm² 与 80％杀虫单粉剂 600g/hm² 混配，主防稻纵卷叶螟，兼治稻飞虱。

五、稻螟蛉

稻螟蛉（*Naranga aenescens* Moors）又称双带夜蛾、稻青虫、粽子虫，属鳞翅目夜蛾科，遍布全国各地。除危害水稻外，还危害高粱、玉米、甘蔗、茭白及取食多种禾本科杂草。

（一）危害症状

以幼虫食害稻叶，1～2龄将叶片食成白色条纹，3龄后将叶片食成缺刻，严重时将叶片咬得破碎不堪，仅剩中肋。秧苗期受害最重。

（二）形态特征

1. 成虫 体暗黄色，雄蛾体长6～8mm，翅展16～18mm，前翅深黄褐色，有两条平行的暗紫宽斜带，后翅灰黑色。雌蛾稍大，体色较雄蛾略浅，前翅淡黄褐色，两条紫褐色斜带中间断开不连续，后翅灰白色。

2. 卵 卵粒扁圆形，表面有纵横隆线，形成许多方格纹，初产时淡黄色，孵化前变紫色。

3. 幼虫 幼虫老熟时体长约22mm，绿色，头部黄绿色或淡褐色，背线及亚背线白色，气门线黄色。仅有两对腹足和1对臀足，行走时似尺蠖。

4. 蛹 被蛹初为绿色，渐变黄褐色。腹末有钩4对，后一对最长。

（三）发生规律

稻螟蛉在广东1年发生6～7代，以蛹在田间稻茬丛中或稻秆、杂草的叶包、叶鞘间越冬。1年中多于7—8月危害晚稻秧田，其他季节一般虫口密度较低，偶尔在4—5月发生危害早稻分蘖期。成虫日间潜伏于水稻茎叶或草丛中，夜间活动交尾产卵，趋光性强，且灯下多属未产卵的雌蛾。卵多产于稻叶中部，也有少数产于叶鞘，每一卵块一般有卵3～5粒，排成1或2行，也有个别单产，每雌平均产卵500粒左右。稻苗叶色青绿，能招引成虫集中产卵。幼虫孵化后约20min开始取食，先食叶面组织，渐将叶绿素啃光，致使叶面出现枯黄线状条斑，3龄以后才从叶缘咬起，将叶片咬成缺刻。幼虫在叶上活动时，一遇惊动即跳跃落水，再游水或爬到别的稻株上危害。虫龄越大，食量越大，最终使叶片只留下中肋1条。老熟幼虫在叶尖吐丝，把稻叶曲折成粽子样的三角苞，藏身苞内，咬断叶片，使虫苞浮落水面，然后在苞内结茧化蛹。

（四）防治方法

1. 农业防治 冬季结合积肥铲除田边杂草，化蛹盛期摘去并捡净田间三角蛹苞。

2. 物理防治 盛蛾期装灯诱杀成虫。

3. 生物防治 放鸭食虫。

4. 化学防治 掌握在幼虫初龄使用药剂进行防治。可选用90％敌百虫晶体、80％敌敌畏乳油或25％喹硫磷乳油800～1 000倍液喷雾，也可选用18％杀虫双水剂3 750～4 500mL/hm^{2}或30％乙酰甲胺磷乳油1 800～2 400mL/hm^{2}兑水600～750kg喷雾。

六、黏虫

黏虫［*Mythimna seperata*（Walker）］属鳞翅目夜蛾科。分布在除新疆、西藏外其他各地，是稻作上间歇性、局部危害的害虫，长江中下游及以南稻区受害相对较重。寄主有麦、稻、粟、玉米等禾谷类粮食作物及棉花、豆类、蔬菜等16科104种以上植物。

（一）危害症状

低龄时咬食叶肉使叶片形成透明条纹状斑纹，3龄后沿叶缘啃食水稻叶片成缺刻，严重时将稻株吃成光秆，穗期可咬断穗或咬食小枝梗，引起大量落粒，故称"剃枝虫"。大发生时可在1～2d内吃光成片作物，造成严重损失。

（二）形态特征

黏虫形态特征如图9-4-4所示。

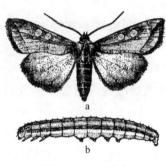

图9-4-4 黏虫
a. 成虫 b. 幼虫

1. 成虫 成虫体长17～20mm，淡黄褐色或灰褐色。前翅中央前缘各有2个淡黄色圆斑，外侧圆斑后方有一小白点，白点两侧各有一小黑点，顶角具一条伸向后缘的黑色斜纹。

2. 卵 卵馒头形，单层成行排成卵块。

3. 幼虫 幼虫6龄，体色变异大，腹足4对。高龄幼虫头部沿蜕裂线有棕黑色"八"字纹，体背具各色纵条纹。背中线白色较细，两边为黑细线；亚背线红褐色，上下镶灰白色细条；气门线黄色，上下具白色带纹。

4. 蛹 蛹长19～23mm，红褐色。

（三）发生规律

黏虫是典型的迁飞性害虫，每年3月至8月中旬顺气流由南向北迁飞，8月下旬至9月又随偏北气流南迁。我国由北到南每年依次发生2～8代。在我国东半部，北纬27°以南1年发生6～8代，以秋季危害晚稻世代和冬季危害小麦世代发生较多；北纬27°—33°地区1年发生5～6代，以秋季危害晚稻世代发生较多；北纬33°—36°地区1年发生4～5代，以春季危害小麦世代发生较多；北纬36°—39°地区1年发生3～4代，以秋季世代发生较多，危害麦、玉米、粟、稻等；北纬39°以北1年发生2～3代，以夏季世代发生较多，危害麦、粟、玉米、高粱及牧草等。在北纬33°以北地区不能越冬，每年由南方迁入；1月北纬33°—27°北半部，多以幼虫或蛹在稻茬、稻田埂、稻草堆、杂草等处越冬，南半部多以幼虫在麦田杂草地越冬，但数量较少；约北纬27°以南可终年繁殖，主要在小麦田越冬危害。

成虫顺风迁飞，飞翔力强，有昼伏夜出的习性，喜食花蜜。卵多产于稻株枯黄的叶尖处或叶鞘内侧，几十粒至一二百粒成一卵块。在适宜条件下，每个雌虫一生可产卵1 000

粒，最多达 3 000 粒。幼虫孵出后先吃掉卵壳，后爬至叶面分散危害，3 龄后有假死习性。幼虫老熟后在稻株附近钻入表层土中筑土室化蛹，田间有水时也可以在稻丛基部化蛹。

发生数量与迟早取决于气候条件。成虫产卵的适宜温度为 15～30℃，最适温度为19～21℃；相对湿度低于 50％时，产卵量和交配率下降，低于 40％时 1 龄幼虫全部死亡。成虫产卵期和幼虫低龄时雨水协调、气候湿润，黏虫发生重，气候干燥发生轻，尤其高温干旱不利其发生，但降水量过多、特别是暴雨或暴风雨会显著降低种群数量。

（四）防治方法

1. 物理防治

（1）黑光灯诱杀。可在成虫发生期，每 3～5hm² 地块设 40W 黑光灯 1 支，高于苗株 30cm，灯下放 1 水盆，再加煤油漂浮水面，晚上开灯诱集，清晨捞出死虫并扑打没落水中的活虫。

（2）糖醋液诱杀成虫。诱液中酒、水、糖、醋按 1∶2∶3∶4 的比例，再加入少量敌百虫。将诱液放入盆内，每天傍晚置于田间距地面 1m 处，翌日早晨取回诱盆并加盖，以防诱液蒸发。每 2～3d 加 1 次诱液，每 5d 换 1 次诱液。

（3）草把诱卵。把稻草松散地捆成长 65cm，直径 9cm 左右的小把，插于玉米或水稻田间，高于植株。每 5～7d 换 1 次，换下的草把要烧掉，把糖醋液喷在草把上效果更好。

凡是诱蛾、诱卵的糖醋盆、草把附近，每 7d 喷 1 次药，把产出的卵所孵化出的幼虫杀死。

2. 化学防治　当田间虫口超过 15 头/m² 时，于幼虫 3 龄前喷洒 90％敌百虫晶体、50％杀螟硫磷乳油、50％辛硫磷乳油 1 000 倍液、25％杀虫双水剂 500 倍液、20％氰戊菊酯乳油或 2.5％溴氰菊酯乳油 4 000～5 000 倍液。还可用 2.5％敌百虫粉剂或 2.5％辛硫磷粉剂或 4.5％甲敌粉撒施，用药量为 30kg/hm²，拌入细沙或细土 225～300kg，制成颗粒剂撒施，效果也很好。

》任务实施

一、资源配备

1. 材料与工具　水稻稻瘟病、水稻纹枯病、水稻鞘腐病等病害的腊叶标本、封套标本和稻纵卷叶螟、稻螟蛉、黏虫等害虫的浸渍标本、生活史标本，以及显微镜、体视显微镜、放大镜、镊子、挑针、刀片、滴瓶、蒸馏水、培养皿、载玻片、盖玻片、解剖刀、酒精瓶、指形管、采集袋、挂图、多媒体资料（包括幻灯片、录像带、光盘等影像资料）、记载用具等。

2. 教学场所　教学实训水田、实验室或实训室。

3. 师资配备　每 15 名学生配备 1 位指导教师。

二、操作步骤

1. 害虫形态观察

（1）稻纵卷叶螟的观察。观察稻纵卷叶螟生活史标本，注意观察成虫前后翅面上的斑纹特点，比较雌雄斑纹差别，观察幼虫纵卷稻叶的危害状。

（2）稻螟蛉的观察。观察稻螟蛉的成虫和幼虫标本，掌握各自的识别要点。

2. 病原观察

（1）水稻稻瘟病病原的观察。取水稻稻瘟病封套标本，挑取病原，显微镜下观察病原的特征。

（2）水稻纹枯病病原的观察。取水稻纹枯病封套标本，挑取病原，显微镜下观察病原的特征。

三、技能考核标准

水稻抽穗结实期植保技术技能考核参考标准见表9-4-1。

表9-4-1　水稻抽穗结实期植保技术技能考核参考标准

考核内容	要求与方法	评分标准	标准分值/分	考核方法
职业技能 （100分）	病虫识别	根据识别病虫的种类多少酌情扣分	10	单人考核，口试评定成绩
	病虫特征介绍	根据描述病虫特征准确程度酌情扣分	10	
	病虫发病规律介绍	根据叙述的完整性及准确度酌情扣分	10	
	病原物识别	根据识别病原物种类多少酌情扣分	10	
	标本采集	根据采集标本种类、数量、质量评分	10	以组为单位考核，根据上交的标本、方案及防治效果等评定成绩
	制订病虫害防治方案	根据方案科学性、准确性酌情扣分	20	
	实施防治	根据方法的科学性及防效酌情扣分	30	

▶▶ 思 考 题

1. 水稻胡麻斑病与稻瘟病在症状上有何异同点？
2. 水稻纹枯病的症状特点是什么？

思考题参考
答案9-4

▶▶ 拓展知识

水稻病虫害
综合防治技术

项目十 >>>>>>>>>

小麦病虫害防治技术

任务一　小麦播前、生长前期植保措施及应用

>> 任务目标

　　通过对小麦播前、生长前期主要病害的症状识别、病原物形态观察和对主要害虫的危害特点、形态特征识别及田间调查和参与参与病虫害防治，掌握常见病虫害的识别要点，熟悉病原物形态特征，能识别小麦播前、生长前期的主要病虫害，能进行发生情况调查、分析发生原因，制订防治方案并实施防治。

>> 相关知识

一、小麦播前植保技术

　　随着小麦生产中耕作制度的变化、水肥条件的改善、种子频繁调运、联合收割机跨区作业等因素的影响，小麦病虫害种类逐渐增多，危害日趋加重。小麦播种前病虫害以种传、土传病害及地下害虫为主，做好小麦播前病虫害防控工作，净化土壤，净化种子，不仅能够预防烂种死苗，控制小麦早期病虫的发生危害，而且可有效延迟和减轻小麦中后期病虫危害，对保障小麦生产安全具有重要意义。

（一）病虫害种类及危害特点

　　1. 病害　以土壤、种子、病残体带菌传播的病害为主。这类病害主要有麦类黑穗病、小麦纹枯病、小麦根腐病、小麦全蚀病、小麦叶枯病、小麦赤霉病等。其中麦类黑穗病以种子带菌为主，病菌随种子萌发而生长，造成系统性侵染，在小麦苗期危害症状不明显，至小麦生长后期可导致减产甚至绝收。其他病害从小麦种子萌发即开始侵染幼根、地中茎、叶鞘等。幼苗受害轻者黄化矮小，重者烂芽、死苗、苗腐。

　　2. 地下害虫　主要有蛴螬、蝼蛄、金针虫。蛴螬、金针虫均以幼虫，蝼蛄以成虫或若虫取食刚萌芽的种子、幼根、嫩茎，造成小麦幼叶片苗枯黄，甚至干枯死亡。

　　3. 小麦吸浆虫　小麦吸浆虫于麦收前以末龄幼虫在土壤中结茧越夏越冬，小麦孕穗时化蛹，抽穗时成虫羽化产卵，幼虫在小麦灌浆期附着在子房或正在灌浆的麦粒上刺吸危害。小麦吸浆虫在小麦生长前期不发生危害，但后期发生危害时防治难度较大。

（二）防治方法

　　播种期病虫害防治应全面贯彻"预防为主，综合防治"的方针，切实把此期防治作为

夺取小麦高产、稳产的关键措施。

1. 农业防治 秋作物收获后及时深翻灭茬，精细整地，清除田间、路边杂草。增施充分腐熟的有机肥，合理轮作，不搞套作。严把种子质量关，选用抗病虫品种，播前要晒种、选种，汰除病虫粒，适期、适量播种，冬小麦要适期晚播。

2. 化学防治

（1）土壤处理。地下害虫或小麦吸浆虫危害较重的地区，可用3%辛硫磷颗粒剂40～50kg拌细土，均匀撒施于地面，随犁地深翻入土。

（2）药剂拌种。选用50%辛硫磷乳油，药、水、种的比例分别按1：50：（600～800）进行拌种，或用48%毒死蜱乳油按种子质量的0.3%拌种，堆闷6～8h后播种，也可用20%三唑酮乳油按种子质量的0.03%（有效成分）拌种。

（3）种子包衣。人工包衣选用2.5%咯菌腈悬浮种衣剂10～20mL，加60%吡虫啉悬浮剂种衣剂15mL，加水150mL，均匀拌于10kg麦种上；机械包衣选用2.5%咯菌腈悬浮种衣剂1 000mL，加60%吡虫啉悬浮剂种衣剂1 500mL，加水8kg，按药剂与种子比例为1：100进行包衣，达到既防病又治虫的目的。

二、小麦生长前期植保技术

小麦萌芽后即可受到多种病虫的危害，一般年份在小麦孕穗前需要重点防治小麦纹枯病、小麦黄矮病、小麦丛矮病、小麦根腐病、金针虫、小麦害螨等。

（一）小麦全蚀病

小麦全蚀病又称小麦立枯病、黑脚病，是典型的根腐和茎腐性病害。除侵染小麦外，还侵染大麦、玉米、旱稻、燕麦等农作物，以及毒麦、看麦娘、旱熟禾等禾本科杂草。

1. 危害症状 小麦苗期和成株期均可发病，以近成熟期症状最为明显。主要危害小麦根、叶鞘与近基部1、2节茎秆。苗期受害，根部变黑腐烂，病苗叶片黄化，分蘖减少，生长衰弱，严重时死亡。分蘖期地上部分无明显症状，重病植株表现稍矮，基部黄叶多。拔节后茎基部1～2节叶鞘内侧和茎秆表面在潮湿条件下形成肉眼可见的黑褐色菌丝层，称为"黑脚"。灌浆期病株常提早枯死，形成"枯白穗"。在潮湿情况下，病株基部叶鞘内侧生有黑色颗粒状物，为病原菌的子囊壳，但在干旱条件下，病株基部"黑脚"症状不明显，也不产生子囊壳（图10-1-1）。

2. 病原 小麦全蚀病的病原为禾顶囊壳 [*Gaeumannomyces graminis* （Sacc）Arxet Olivier]，属子囊菌门顶囊壳属，在自然条件下不产生无性孢子。病菌的匍匐菌丝粗壮，栗褐色，有隔。分枝菌丝淡褐色，形成两类附着枝：一类裂瓣状，褐色，顶生于侧枝上；另一类简单，圆筒状，淡褐色，顶升或间生。老化菌丝多呈锐角分枝，分枝处主枝与侧枝各形成一隔膜，呈现"∧"形。子囊壳黑色，球形或梨形，顶部有一稍弯的颈。子囊无色，棍棒状（图10-1-1）。

3. 发病规律 病菌主要以菌丝体随病残体在土壤中越夏或越冬，成为第二年的初侵染源。存活于未腐熟有机肥中的病残体也可作为初侵染源。小麦整个生育期均可侵染，但以苗期为主。病菌可由幼苗的种子根、胚芽以及根颈下的节间侵入根组织内，也可以通过胚芽鞘和外胚叶进入寄主组织内。12～18℃的土温有利于侵染，因受温度的影响，冬麦区

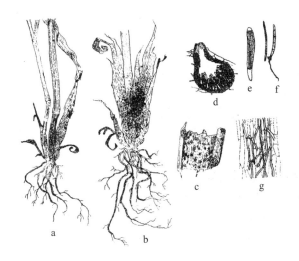

图 10-1-1　小麦全蚀病
a. 茎基部表面条点状黑斑　b. 叶鞘内侧的子囊壳和茎秆上的菌丝层　c. 叶鞘内侧的子囊壳
d. 子囊壳　e. 子囊　f. 子囊孢子及其萌发　g. 叶鞘内壁中菌丝放大

年前、年后有两个侵染高峰，全蚀病以初侵染为主。

小麦全蚀病菌主要集中在病株根部及茎基部地上 15cm 范围内，小麦收割后，病根茬大部分留在田间，土壤中菌源量逐年积累，致使病田的病情也逐年加重，而土壤中的病菌还可以通过犁耙耕种向四周扩展蔓延。病菌能随落场土、麦糠、麦秸、茎秆等混入粪肥中，这些粪肥若直接还田或者不经高温发酵沤制施入田中，就可把病菌带入田间，导致病害传播蔓延。混杂在种子间的病株残体随种子调运，是远距离传播的主要途径。

小麦全蚀病的发生与栽培管理、土质肥力、整地方式、小麦播期、品种抗性等很多因素有关。冬小麦播种越早，侵染期越早，发病越重。大麦、小麦等寄主作物连作，发病严重。一般土壤土质疏松、肥力低，碱性土壤发病较重。土壤潮湿有利于病害发生和扩展，水浇地较旱地发病重。秸秆还田利于病害发生。冬前雨水大，越冬期气温偏高，春季温暖多雨等条件有利于该病的发生。感病品种的大面积种植，是加重病情的原因之一。

4. 防治方法

（1）农业防治。增施有机肥和磷钾肥，提高土壤有机质含量，提高小麦抗病性。零星病区，要及时拔除病株。对发病田采取留高麦茬（16cm 以上）收割，以防机械作业传播。

（2）生物防治。荧光假单胞菌、木霉菌等对小麦全蚀病菌均有一定的抑制作用。小麦返青期，选用荧光假单胞菌（消蚀灵）1 500～2 250mL/hm² 兑水 2 250kg 灌根。

（3）化学防治。在小麦返青至拔节期，用 15% 三唑酮可湿性粉剂 80～100g/hm² 兑水 50～60kg 充分搅匀后灌根，重病田间隔 7～10d 再防治 1 次。

（二）小麦根腐病

小麦根腐病可危害小麦的根、茎、叶、叶鞘、穗及籽粒，在小麦各个生育期均能发生。

1. 危害症状

（1）芽腐和苗枯。幼苗受侵，芽鞘和根部变褐甚至腐烂，严重时，幼芽不能出土。轻者幼苗虽可出土，但茎基部、叶鞘以及根部产生褐色病斑，幼苗瘦弱，叶色黄绿，生长不良，严重时可引起幼苗死亡。

（2）叶斑或叶枯。叶片受侵后，病斑初期为梭形小褐斑，以后扩大至椭圆形或较长的不规则形，严重时病叶迅速枯死。叶鞘上病斑较大，呈黄褐色，常使连接的叶片变黄枯死。高湿时，病斑上产生黑色霉层。

（3）根腐和茎基腐。根部发病后，产生褐色或黑色病斑，最终引起根系腐烂，在小麦返青时造成死苗，成株期造成死株。茎部发病，茎基部变黑色腐烂，腐烂部分可达茎节内部，茎基部易折断倒伏。节部受侵后变成黑色，半面被侵时茎呈弯曲状，俗称"拐杖"，严重时影响籽粒的饱满度。抽穗至灌浆期，重病株枯死呈青灰色，形成白穗。

（4）穗枯。穗部发病，一般是个别小穗发病，在小穗梗和颖壳基部初生水渍状病斑，后发展为褐色不规则形病斑，潮湿时病部出现黑色霉层。重者穗轴及小穗梗变褐腐烂，形成穗枯或掉穗。穗部颖壳上的病斑初期褐色，不规则形，遇潮湿天气，穗上产生黑色霉状物，穗轴和小穗梗常变色，严重时小穗枯死。

（5）黑胚粒。病穗种子不饱满，胚部变黑。

2. 病原　病原为禾旋孢腔菌［*Cochliobolus sativus*（Ito et Kurib.）Drechsl］，属子囊菌门旋孢腔菌属。子囊壳生于病残体上，凸出，球形，有喙和孔口。子囊无色，内有4～8个子囊孢子，作螺旋状排列。无性态为麦根腐平脐蠕孢［*Bipolaris sorokiniana*（Sacc.）Shoem］，属半知菌类丝孢目真菌。病部黑霉即为病菌的分生孢子梗及分生孢子。

3. 发病规律　小麦根腐病菌以菌丝体在病残体、病种胚内越冬越夏，也可以分生孢子在土壤中或附着种子表面越冬越夏。土壤带菌和种子带菌是苗期发病的初侵染源。春麦区，当气温回升到16℃左右时，在病残体上越冬的病菌产生分生孢子，侵染幼苗，病部产生的分生孢子随风雨传播，进行多次再侵染，小麦抽穗后，分生孢子从小穗颖壳基部侵入穗内，危害种子，造成黑胚粒；在冬麦区，病菌可在病苗体内越冬，返青后带菌幼苗体内的菌丝体继续危害，病部产生的分生孢子进行再侵染。

小麦根腐病的发生与气候条件、品种抗病性及栽培条件有很大关系。在冬麦区春季气温不稳定，小麦返青时常遇到寒流，麦苗受冻后抗病力降低，易诱发根腐病，造成大量死苗。在北方春麦区，春季多雨，土壤过于潮湿，或干旱少雨，土壤严重缺水，均可导致病害加重。在成株期，特别是小麦抽穗以后，如遇高温多雨或多雾天气，均易导致病害严重发生，致使叶片早枯。小麦扬花后如持续出现高温高湿的气象条件，穗腐重，种子感病率也高。目前尚没有对其免疫的小麦品种，但品种间的抗病性有差别。任何不利于小麦生长发育的栽培条件如田间耕作粗放，播种过深过晚，田间杂草多，地下害虫危害引起根部损伤都会在不同程度上诱发病害。

4. 防治方法

（1）农业防治。各地要因地制宜地选用适合当地栽培的抗病品种。早春做好防冻、防旱、防涝及地下害虫防治工作。

（2）化学防治。发病初期，选用12.5％烯唑醇可湿性粉剂2 500～3 000倍液、25％丙环唑乳油3 000倍液或15％三唑酮可湿性粉剂500倍液喷雾防治。

（三）小麦害螨

小麦害螨俗称小麦红蜘蛛。我国北方危害小麦的螨类主要是麦圆蜘蛛（*Penthalus lateens*）和麦长腿蜘蛛（*Petrobia lateens*），分属于蛛形纲蜱螨目的叶爪螨科和叶螨科。两种害螨均以成虫、若虫刺吸小麦叶片、叶鞘的汁液，受害叶上出现黄白色小斑点，后期小斑点合并成斑块，使麦苗逐渐枯黄，重者整片枯死。

1. 形态特征 主要小麦害螨的形态特征如图10-1-2和表10-1-1所示。

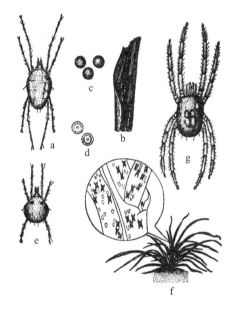

图10-1-2 小麦害螨

麦长腿蜘蛛：a. 成虫 b. 枯叶上的卵 c. 春秋产的卵

d. 越夏卵 e. 若虫 f. 小麦苗被害状

麦圆蜘蛛：g. 成虫

表 10-1-1 两种小麦害螨形态比较

	麦圆蜘蛛	麦长腿蜘蛛
成螨	体长0.6～0.8mm，椭圆形或圆形，深红色或黑褐色；足4对，长度相似，其上密生刚毛	体长0.5～0.6mm，卵圆形，两端尖瘦，淡红褐色，背中央有一红斑；足4对，第一对与体等长或超过体长，第二、第三对足短于体长的1/2，第四对足长与体长的1/2
幼螨	体淡红色，取食后草绿色，足3对	体鲜红色，取食后暗绿色，足3对
若螨	体淡红至深红色，背肛红色，足4对，形似成螨	足4对，形似成螨

2. 发生规律 麦圆蜘蛛1年发生2～3代，以雌性成螨和卵在小麦植株或田间杂草长上越冬。翌年2月下旬雌性成螨开始活动并产卵繁殖，越冬卵也陆续孵化。3月下旬至4月中旬是危害盛期。小麦孕穗后期产卵越夏。10月上旬越夏卵孵化，危害冬小麦幼苗或

田边杂草。11月上旬出现成螨并陆续产卵，随气温下降，进入越冬阶段。

麦长腿蜘蛛1年发生3~4代，以成螨和卵在麦田土块下、土缝中越冬。翌年春季，成螨开始活动，越冬卵孵化。危害盛期正值小麦孕穗至始穗期，对产量影响较大。小麦进入黄熟期产卵越夏。冬小麦出土后，越夏卵孵化，取食幼苗，完成1个世代后，以越冬卵或成螨越冬，部分越夏卵也能直接越冬。

小麦害螨在连作麦田及杂草较多的地块发生重。水旱轮作和麦后翻耕的地块发生轻，免耕地块发生重。麦圆蜘蛛发生的最适相对湿度是80%以上，故水浇地、低洼地块受害重，秋雨多、春季阴凉多雨及沙壤土麦田受害严重。麦长腿蜘蛛发生的适宜相对湿度在50%以下，故秋雨少、春暖干旱以及壤土、黏土地块受害重。

3. 虫情调查 小麦出苗及返青后，选有代表性田2~3块，五点取样，每点查33单行，每3d调查1次，目测虫量，或在麦垄间铺一长33cm、宽度适当的白纸或白布，将害螨震落其上计数。当33cm单行麦株有害螨达200头时，即应开始防治。

4. 防治方法

（1）农业防治。因地制宜进行轮作倒茬，小麦、棉花、玉米和高粱轮作可控制麦圆蜘蛛的发生，小麦和玉米、油菜轮作可控制麦长腿蜘蛛的危害。及时清理田边和田内各类杂草，清理麦田内枯枝、落叶、麦茬、石块，以减少害螨基数。

（2）化学防治。可用15%哒螨灵乳油2 000~3 000倍液、10%烟碱乳油600倍液或1.8%阿维菌素乳油1 000倍液喷雾防治。

≫ 任务实施

一、资源配备

1. 材料与工具 小麦全蚀病、小麦根腐病等病害盒装标本及新鲜标本、病原菌玻片标本，小麦害螨生活史标本及部分害虫的玻片标本，以及显微镜、体视显微镜、放大镜、镊子、挑针、刀片、滴瓶、蒸馏水、培养皿、载玻片、盖玻片、解剖刀、酒精瓶、指形管、采集袋、挂图、多媒体资料（包括幻灯片、录像带、光盘等影像资料）、记载用具等。

2. 教学场所 教学实训麦田、实验室或实训室。

3. 师资配备 每15名学生配备1位指导教师。

二、操作步骤

1. 病害症状观察 进行小麦全蚀病、根腐病的观察，比较两种病害发病部位、病征颜色、类型的差别。

2. 病原观察

（1）小麦全蚀病病原的观察。取小麦全蚀病病原菌，观察菌丝、子囊壳、子囊及子囊孢子的特征。

（2）小麦根腐病病原的观察。取小麦根腐病病原菌，观察菌丝及有性子实体或无性子实体的特征。

3. 小麦害螨形态观察 用体视显微镜观察小麦害螨的体形、体色以及前、后足等的特征。

4. 小麦生长前期病虫害调查和标本采集

（1）病害调查。运用生物统计知识调查田间小麦病害病株率，注意观察发病部位、症状特征。

（2）虫害调查。调查小麦害螨的发生数量、危害部位，挖土调查地下害虫、小麦吸浆虫的数量，在田间初步观察害虫的形态特征及危害特点。

（3）采集标本。采集的标本应有一定的复份，一般应在 5 份以上，以便用于鉴定、保存和交流。

（4）走访调查。走访农户，对小麦品种、播期、播量、种子处理情况、耕作制度、水肥条件及病虫害发生情况进行调查，分析小麦病虫害的发生与栽培管理之间的关系。

（5）调查记载。将调查的主要内容填入表 10 - 1 - 2 中。

表 10 - 1 - 2　小麦播前、生长前期病虫害调查记录表

病虫名称	危害部位	危害（症状）特点	病（虫）株率	与栽培条件关系

三、技能考核标准

小麦生长前期植保技术技能考核参考标准见表 10 - 1 - 3。

表 10 - 1 - 3　小麦生长前期植保技术技能考核参考标准

考核内容	要求与方法	评分标准	标准分值/分	考核方法
职业技能（100 分）	病虫识别	根据识别病虫的种类多少酌情扣分	10	单人考核，口试评定成绩
	病虫特征介绍	根据描述病虫特征准确程度酌情扣分	10	
	病虫发病规律介绍	根据叙述的完整性及准确度酌情扣分	10	
	病原物识别	根据识别病原物种类多少酌情扣分	10	
	标本采集	根据采集标本种类、数量、质量评分	10	以组为单位考核，根据上交的标本、方案及防治效果等评定成绩
	制订病虫害防治方案	根据方案科学性、准确性酌情扣分	20	
	实施防治	根据方法的科学性及防效酌情扣分	30	

》思考题

小麦播种前主要做好哪些病虫害的预防工作？具体措施有哪些？

思考题参考答案 10-1

任务二 小麦生长中后期植保措施及应用

▶▶ 任务目标

通过对小麦生长后期主要病害的症状识别、病原物形态观察和对主要害虫的危害特点、形态特征识别及田间参与病虫害防治，掌握常见病虫害的识别要点，熟悉病原物形态特征，能识别小麦生长后期的主要病虫害，能进行发生情况调查、分析发生原因，能制订防治方案并实施防治。

▶▶ 相关知识

一、小麦锈病

小麦锈病是世界各小麦产区普遍发生的一种气传病害，因其传播速度快、距离远，所以易大面积流行。受害植株光合作用减弱，呼吸作用增强，蒸腾作用明显加剧，致使全株的水分、养分被大量消耗，导致穗小、粒秕、产量降低。

（一）危害症状

小麦锈病分为条锈、叶锈、秆锈3种，共同特点是：分别在受侵叶或秆上出现鲜黄色、红褐色或褐色的铁锈状夏孢子堆，表皮破裂后散出粉状物，后期在病部长出黑色病斑即冬孢子堆。3种锈病的夏孢子堆和冬孢子堆的大小、颜色、着生部位和排列情况各不相同。民间常用"条锈成行""叶锈乱""秆锈是个大红斑"来区分（图10-2-1）。

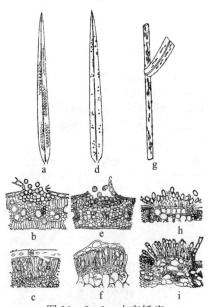

图 10-2-1 小麦锈病

a～c. 条锈病症状、夏孢子堆、冬孢子堆　d～f. 叶锈病症状、夏孢子堆、冬孢子堆

g～i. 秆锈病症状、夏孢子堆、冬孢子堆

（二）病原

小麦条锈病、叶锈病、秆锈病的病原菌均属担子菌门锈菌属（图10-2-1、表10-2-1）。

表 10-2-1 小麦 3 种锈病病原物比较

类型		条锈病	叶锈病	秆锈病
病原物种类		条形柄锈菌 *Puccinia strii formis*	小麦隐匿柄锈菌 *P. recondita*	禾柄锈菌 *P. graminis*
夏孢子	形态	球形或卵圆形	球形或卵圆形	长椭圆形，个体较大
	颜色	鲜黄色	橙黄色	红褐色
冬孢子	形态	棍棒状，顶端扁平或斜切	棍棒状，顶端平直或倾斜	椭圆形或长棒形，顶端圆形或略尖
	颜色	褐色	暗褐色	黑褐色
	柄的长短	柄短	柄很短	柄长

（三）发病规律

条锈病菌不耐高温，不能在冬麦区越夏，而是在高寒地区的小麦自生苗或晚熟春麦上越夏。秋季夏孢子随季风传至冬麦区，引起秋苗发病，并以菌丝在麦苗上越冬。

叶锈病菌既耐热又耐寒，在冬麦区可随自生苗越夏，秋季就近侵染秋苗并越冬。春季春麦区的菌源则来自冬麦区。

秆锈病菌不耐低温，一般可在当地自生苗或晚熟春麦上越夏，但不能在北方冬、春麦区越冬。春季北方的菌源则来自南方越冬菌源地。

小麦锈病是典型的高空气传病害，能以夏孢子随季风往复传播侵染，条件适宜时可造成病害的大面积流行。

3种病菌侵染都需要有持续4～6h的饱和湿度，因此，多雨、多雾或结露条件下，病害发生重。氮肥过多、大水漫灌、群体密度大、田间通风透光不良等都利于锈病发生。3种锈病的发生对温度的要求不尽相同，条锈病发生最早，叶锈病发生次之，秆锈病发生最迟。一般在小麦生长前期及孕穗至抽穗扬花期最易感病。冬麦早播条锈病易严重，春麦晚播秆锈病易严重。

（四）防治方法

1. 农业防治　合理施肥，避免偏施或迟施氮肥，在小麦分蘖拔节期追施磷钾肥，提高植株抗病力。及时排灌，多雨高湿地区要开沟排水，春季干旱地区对发病地块要及时灌水，努力做到有病保丰收。麦收后及时翻耕，铲除自生苗。

2. 化学防治　成株期用25％三唑酮可湿性粉剂225～300g/hm²，或12.5％烯唑醇可湿性粉剂180～480g/hm² 喷雾防治。

二、小麦白粉病

小麦白粉病是目前我国小麦上发生的重要病害之一。近年来，由于推广半矮秆良种，增大了田间麦株群体密度，加之肥水条件的改善，致使小麦白粉病日趋普遍而严重。

（一）危害症状

小麦从苗期至成株期均可发病，以叶片受害为主，严重时在茎秆、叶鞘、穗上也有发生。叶片发病，病斑多出现于叶片正面，发病初期病部出现黄色小斑，上生圆形或椭圆形白色丝网状霉层，逐渐转变成灰色短绒状物，最后变为灰褐色粉状物，其上生有许多黑色小颗粒，分别是分生孢子和闭囊壳。严重时病斑汇合成片，使叶片提早干枯，导致穗小秕粒，产量降低（图10-2-2）。

（二）病原

小麦白粉病菌有性世代为禾本科布氏白粉菌小麦专化型 [*Erysiphe graminis* (DC) Speer f. sp. *tritici* (Marchal)]，属子囊菌门白粉菌属；无性世代为串珠状粉孢 [*Oidium monilioides* (Nees) Link]，属半知菌类粉孢属。病菌以吸器伸入表皮细胞吸取营养。分生孢子梗顶端串生分生孢子，自上而下依次成熟脱落。分生孢子无色，单胞，圆筒形。闭囊壳球形，黑褐色，外生菌丝状附属丝，内含9～30个子囊（图10-2-2）。

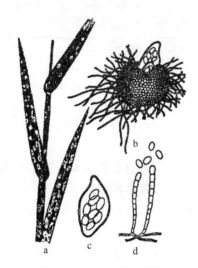

图10-2-2　小麦白粉病

a. 病株　b. 闭囊壳破裂露出子囊　c. 子囊及子囊孢子　d. 分生孢子梗及分生孢子

（三）发病规律

小麦白粉病菌的分生孢子寿命短，不能直接越夏，病菌主要在夏季凉爽地区以分生孢子反复侵染自生麦苗的方式越夏。如河南省平原麦区夏季气温高，病菌只能在西部山区以分生孢子侵染自生苗越夏，感病自生苗成为秋苗发病的侵染来源。分生孢子还可随高空气流远距离传播到非越夏区。在低温、干燥地区，病菌也能以闭囊壳越夏，适宜条件下放出子囊孢子侵染秋苗。病菌以菌丝体在植株下部叶片或叶鞘上越冬。春季，越冬病菌产生大量分生孢子并随气流远距离传播，若条件适宜，可造成病害的广泛流行，这一时期春麦区的病原主要来自异地，通常冬麦在拔节至孕穗期病情上升，扬花至灌浆期达到发病高峰，近成熟期病情逐渐下降。

温暖高湿，通风不良，光照不足的条件利于病菌侵染，因此一般肥水过剩、生长茂密或通透性差的麦田发病较重，但湿度过大、降雨过多却不利于分生孢子的繁殖和传播。在干旱年份，植株生长不良，抗病力减弱时，发病也较重。小麦播种过早，秋苗发病往往早而重。品种间抗病力有差异。

（四）防治方法

1. 农业防治　小麦收后及时铲除自生苗，春麦区要彻底清理病残体。加强肥水管理，及时排灌，增施磷钾肥，控制氮肥用量，促使植株健壮生长，增强抗病力。

2. 化学防治　在病叶率达到5%～10%时要及时喷雾防治，所用药剂同小麦锈病。

三、小麦黑穗病

小麦黑穗病包括散黑穗病、腥黑穗病和秆黑粉病，小麦黑穗病曾经是小麦上的一类重要病害，后经大力防治已基本控制其危害，但目前在一些地区有回升趋势。

（一）危害症状

1. 小麦散黑穗病　俗称乌麦、灰包，主要危害穗部。病穗初抽出时外围有1层银灰色薄膜包被，薄膜破裂后散出大量黑粉（冬孢子），仅残留弯曲穗轴（图10-2-3）。

2. 小麦腥黑穗病　又称黑疸、腥乌麦，主要危害穗部。病株一般较健株稍矮，分蘖增多。病穗较短，初为灰绿色，后变灰黄色，病粒较健粒短而胖，颖片略开裂，露出部分病粒，病粒初为暗绿色，后变灰黑色，内有黑色粉末（即病菌的冬孢子），有鱼腥味（图10-2-3）。

3. 小麦秆黑粉病　主要危害茎秆和叶鞘，叶片和穗部也可受害。发病初期可在叶片和叶鞘上发现与叶脉平行的条纹状隆起，叶片不舒展。到小麦拔节至孕穗期症状逐渐明显，植株明显矮化和严重扭曲，隆起部分变黑、破裂，散出黑色孢子。多数病株不能抽穗并提前死亡。病株显著矮小，分蘖增多，病叶卷曲，麦穗很难抽出，多不结实，甚至全株枯死（图10-2-3）。

图10-2-3　小麦3种黑穗病

a. 小麦腥黑穗病　b. 小麦散黑穗病　c. 小麦秆黑粉病

1. 病穗　2. 病粒　3. 健粒　4. 冬孢子　5. 冬孢子萌发　6. 病株　7. 冬孢子团

（二）病原

1. 小麦散黑穗病　病原为小麦散黑穗病菌 [*Ustilago tritici* (Pers.) Jens.]，属担子菌门黑粉菌属。病穗上的黑粉为冬孢子，冬孢子近球形，单胞，褐色，半边颜色较浅，表面有微刺（图 10-2-3）。

2. 小麦腥黑穗病　病原主要有 2 种，即网腥黑粉菌 [*Tilletia caries*（DC.）Tul.] 和光腥黑粉菌 [*Tilletia foetida*（Wallr.）Liro]。小麦网腥黑粉菌的冬孢子多为球形或近球形，褐色至深褐色，孢子表面有网纹。光腥黑粉菌的冬孢子圆形、卵圆形和椭圆形，淡褐色至青褐色，孢子表面光滑，无网纹。

3. 小麦秆黑粉病　病原为小麦条黑粉菌（*Urocystis tritici*），属于担子菌门真菌。病菌以 1~4 个冬孢子为核心，外围以若干不孕细胞组成孢子团。孢子团圆形或长椭圆形，冬孢子单胞、球形、深褐色。

（三）发病规律

1. 小麦散黑穗病　病穗散出大量黑粉时，正值小麦扬花期，冬孢子随气流传播至花器后直接萌发侵入，受侵花器当年可形成外观正常的种子。种子收获后，病菌以菌丝体潜伏在种胚内休眠，并可随种子远距离传播。播种病粒后，潜伏的菌丝随种子的萌发而萌动，随植株生长而扩展到生长点，小麦孕穗期病苗到达穗部并产生大量冬孢子，致使病株抽出黑穗，后期散出黑粉。

小麦散黑穗病发生轻重与上年小麦扬花期天气情况密切相关。小麦扬花期遇小雨或大雾天气，利于病菌萌发侵入，则种子带菌率高。反之，扬花期干旱，种子带菌率就低。另外，一般颖片张开大的品种较感病。

2. 小麦腥黑穗病　病菌以厚垣孢子附在种子外表或混入粪肥、土壤中越冬或越夏。其侵染源以种子带菌为主，种子带菌亦是病害远距离传播的主要途径。播种带菌的小麦种子，当种子发芽时，冬孢子也随即萌发，由芽鞘侵入幼苗，并到达生长点，菌丝随小麦生长而发展，到小麦孕穗期，病菌侵入幼穗的子房，破坏花器，形成黑粉，使整个花器变成菌瘿。

冬小麦播种过迟、过深，幼苗出土缓慢，有利于发病。

3. 小麦秆黑粉病　病菌可随土壤、种子及粪肥传播。一般小麦收获前，病菌孢子堆因散开而部分落入土中，或随植株残体留在土中。病菌在土壤中可存活 3~5 年。麦苗出土前病菌侵入幼芽鞘，以后菌丝进入生长点，随小麦生长发育而进入叶片、叶鞘和茎秆，翌年春季小麦拔节后破坏受侵茎组织，出现症状。

土壤干旱、土质瘠薄的地块发病重，籽粒饱满、生长势强、出苗快的植株发病轻。

（四）防治方法

1. 检疫防治　以小麦播种前预防为主。严格产地检疫，5 月中、下旬进行小麦产地检疫，及时拔除病株，带出田外进行集中销毁处理。

2. 农业防治　选用抗病品种。建立无病留种田，培育和使用无病种子。留种田要播无病种子或播前进行种子处理，并与生产田间隔 100m 以上。发现病株后，要在黑粉散出前及时拔除。

四、麦蚜

麦蚜俗称蜜虫、腻虫，属同翅目蚜科。我国北方常见的麦蚜有麦二叉蚜 [*Schizaphis graminum*（Rondani）]、麦长管蚜 [*Sitobion avenae*（Fabricius）]、禾缢管蚜 [*Rhopalosiphum padi*（L.）] 3 种。

（一）危害症状

麦蚜以成、若虫聚集在小麦叶片、茎秆、穗部刺吸汁液。幼苗受害时生长停滞，分蘖减少，受害叶有黄褐色斑点，严重时叶片褪色枯黄甚至整株枯死；穗期受害时，麦穗实粒数减少，千粒重和品质均下降。麦蚜还可传播病毒病，造成更大损失。

（二）形态特征

3种常见麦蚜的形态特征如图10-2-4、表10-2-2所示。

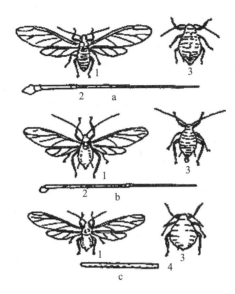

图10-2-4 3种麦蚜

a. 麦二叉蚜 b. 麦长管蚜 c. 禾谷缢管蚜

1. 有翅胎生雌蚜 2. 有翅胎生雌蚜触角 3. 无翅胎生雌蚜 4. 有翅胎生雌蚜触角第三节

表10-2-2 3种麦蚜形态比较

项目	麦二叉蚜	麦长管蚜	禾谷缢管蚜
体长	1.8～2.3mm	2.3～2.9mm	1.4～1.8mm
复眼	漆黑色	鲜红至暗红	黑色
前翅中脉	分二叉	分三叉，分叉大	分三叉，分叉小
腹部体色	淡绿或黄绿色，背面有深绿纵线	淡绿至橘红色	暗绿，后端带紫褐色
腹管	短圆筒形，淡绿色，端部暗褐色，长0.25mm	长圆筒形，黑褐色，端部有网状纹，长0.48mm	近圆筒形，灰黑色，端部呈瓶口状缢缩，长0.24mm

（三）发生规律

麦蚜在北方地区1年发生10～20代，麦二叉蚜和麦长管蚜在冬麦区以无翅雌蚜在麦苗基部叶丛和土缝中越冬，在春麦区以卵在禾本科杂草上越冬，翌年春季随气温回升时，开始活动危害。小麦拔节期是麦二叉蚜危害的高峰期，小麦抽穗后，麦二叉蚜开始消退，麦长管蚜数量上升。小麦灌浆到乳熟期麦长管蚜达猖獗危害期。禾谷缢管蚜在桃、李、杏、梅等李属植物上以卵越冬，初夏飞至麦田。小麦近成熟期，由于营养条件恶化，麦田蚜量下降，产生有翅蚜陆续迁往高粱、玉米、谷子及禾本科杂草上。秋苗出土后，麦蚜又迁回麦田繁殖危害并越冬。

麦长管蚜适应性强，耐低温，喜光照，耐潮湿。其多分布在植株上部、叶的正面和麦穗上，随植株生长向上部叶片扩散危害，最喜在嫩穗上吸食，故也称"穗蚜"，由于后期集中在穗部危害，发生量大，危害时间长，对小麦产量影响大。麦二叉蚜不但吸食汁液，而且还能分泌毒素，破坏叶绿素，在叶片上形成黄色枯斑。麦二叉蚜怕光，多分布在植株下部和叶的背面危害。乳熟后期禾谷缢管蚜数量有明显上升，禾谷缢管蚜怕光喜湿，多分布在植株下部、叶鞘内和根际，嗜危害茎秆，最耐高温高湿。

麦蚜在生长季节都是孤雌胎生，生活周期短，繁殖率很高，因此很容易在短期内造成猖獗危害，在虫口过多或条件不适时，可产生有翅蚜扩散迁飞。此外，蚜害和黄矮病的流行常有显著关系。

麦蚜的天敌有瓢虫、食蚜蝇、草蛉、蚜茧蜂等10余种，天敌数量大时，常控制后期麦蚜种群数量的增长。

（四）综合防治

1. 防治指标确定 每块田单对角线5点取样，秋苗和拔节期每点调查50株，孕穗期、抽穗扬花期和灌浆期每点调查20株，调查有蚜株数和有翅、无翅蚜数量。麦长管蚜分期防治指标为：抽穗期200头/百株，扬花至灌浆初期500头/百株，灌浆至乳熟期1000头/百株。

2. 防治方法

（1）生物防治。保护利用自然天敌，当天敌与麦蚜比高于于1∶150时，可不用药剂防治。

（2）物理防治。采用黄板诱蚜技术，在麦蚜发生初期开始使用，每亩均匀插挂20～30块黄板，高度以高出小麦20cm为宜。

（3）化学防治。主要防治穗期蚜虫。可用50％抗蚜威可湿性粉剂4000倍液、10％吡虫啉可湿性粉剂1000倍，或3％啶虫脒乳油1000倍液喷雾防治。在小麦黄矮病流行区，应压低苗期蚜量及越冬基数，减少病害流行。若冬前干旱温暖，在10月下旬至11月上旬防治1次；春季苗期有蚜株率达3％～5％时，需及时防治。

五、小麦吸浆虫

我国发生的小麦吸浆虫主要有两种，即麦红吸浆虫 [*Sitodiplosis mosellana* (Géhin)] 和麦黄吸浆虫 [*Contarinia tritici* (Kirby)]，均属双翅目瘿蚊科。

（一）危害症状

两种吸浆虫均以幼虫危害花器和在麦粒内吸食麦粒浆液，使小麦籽粒不能正常灌浆，出现瘪粒，严重时造成绝收。

（二）形态特征

麦红吸浆虫成虫体长2.0～2.5mm，橘红色。触角各节呈长圆形膨大，上面环生两圈刚毛。足细长。卵长椭圆形，长0.32mm，淡红色透明，表面光滑。幼虫体长2.0～

2.5mm，纺锤形，橙黄色，无足。蛹长约 2mm，橙褐色，头部有 1 对白色短毛和 1 对长呼吸管（图 10 - 2 - 5）。

麦黄吸浆虫成虫体姜黄色。幼虫姜黄色，尾突 2 对，侧面的 1 对大，中间的 1 对小。蛹淡黄色，头部 1 对白色呼吸管长。

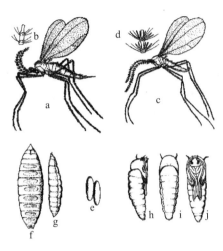

图 10 - 2 - 5　麦红吸浆虫
a. 雌成虫　b. 雌成虫触角的 1 节　c. 雄成虫　d. 雄成虫触角的 1 节
e. 卵　f、g. 幼虫腹、侧面　h～j. 蛹侧、背、腹面

（三）发生规律

小麦吸浆虫 1 年发生 1 代，以老熟幼虫在土中结茧越夏、越冬。翌年小麦进入拔节期，越冬幼虫破茧上升到表土层，小麦孕穗时，再结茧化蛹，4 月中下旬至 5 月初小麦开始抽穗扬花时开始羽化出土，卵产在麦穗上，幼虫孵化后侵入小穗内进行危害，吮吸幼嫩麦粒内的浆液。

小麦吸浆虫抗逆力强，条件不适时，可在土中休眠 6～12 年。小麦吸浆虫的发生与生态气候、虫源基数和品种抗性关系密切。小麦吸浆虫喜湿耐干，因此吸浆虫在沿河流域及水浇地发生重。春季多雨发生量大，3—4 月干旱少雨发生轻。小麦抽穗扬花期危害重，如雨水充沛、气候适宜常引起大发生。虫源基数大，易造成吸浆虫大发生。种植抗耐害品种不利吸浆虫危害发生。

（四）防治方法

1. 孕穗期防治幼虫和蛹　一般应掌握在 3 月下旬至 4 月上旬，用 50％辛硫磷乳油 3 000～3 750mL/hm² 兑水 75kg，喷在 300kg 干细土上，均匀撒在地表后，随即浇水或抢在雨前撒入，效果好。

2. 小麦抽穗扬花期防治成虫　此期是控制小麦吸浆虫的最后一个时机，准确测报，是搞好成虫防治的关键。应掌握在小麦抽穗扬花初期，即成虫出土初期施药。每亩用 40％乐果乳油，或 80％敌敌畏乳油 50mL 兑水 50～60kg 喷雾，或用 4.5％高效氯氰菊酯乳油 30mL＋40.7％毒死蜱乳油 100mL 兑水 50～60kg 喷雾，均有良好的防治效果。

》任务实施

一、资源配备

1. 材料与工具 小麦锈病、小麦散黑穗病、小麦腥黑穗病、小麦秆黑粉病、小麦白粉病等病害盒装标本及新鲜标本、病原菌玻片标本，小麦吸浆虫、小麦蚜虫等浸渍标本、生活史标本及部分害虫的玻片标本，显微镜、体视显微镜、放大镜、镊子、挑针、刀片、滴瓶、蒸馏水、培养皿、载玻片、盖玻片、解剖刀、酒精瓶、毒瓶、采集袋、挂图、多媒体资料（包括图片、视频等资料）、记载用具等。

2. 教学场所 教学实训麦田、实验室或实训室。

3. 师资配备 每15名学生配备1位指导教师。

二、操作步骤

1. 病害症状观察

（1）小麦锈病的观察。比较小麦各种锈病夏孢子堆、冬孢子堆形状、大小、色泽、排列特点。

（2）小麦白粉病的观察。观察小麦白粉病叶片的表面上是否产生一层白色粉状物，是否有黑色小颗粒，比较小麦白粉病在不同发病时期症状差别。

（3）小麦散黑穗病、腥黑穗病、秆黑粉病的观察。观察小麦散黑穗病、腥黑穗病、秆黑粉病的发病部位及症状区别。

2. 病原观察

（1）小麦锈病病原的观察。取小麦锈病夏孢子、冬孢子，观察其形态、色泽、大小及表面有无微刺等。

（2）小麦白粉病病原的观察。取小麦白粉病病菌，观察菌丝、粉孢子、闭囊壳、子囊形态、大小及多少。

（3）小麦黑穗病病原的观察。取小麦散黑穗、腥黑穗病、秆黑粉病冬孢子，比较观察其形态、大小、色泽等的差别。

3. 小麦害虫形态观察

（1）小麦蚜虫的观察。用体视显微镜观察麦蚜类的前翅翅脉区别，观察体色、腹管、尾片等特征。

（2）小麦吸浆虫的观察。观察小麦吸浆虫在小麦生长中后期的虫态特征。

4. 小麦中后期病虫害调查和标本采集

（1）病害调查。运用生物统计知识调查田间小麦病害病株率，注意观察发病部位、症状特征，比较小麦生长前期发生的病害的症状及数量变化情况。

（2）虫害调查。调查当地小麦蚜虫的主要种类、发生数量、危害部位、危害特征，调查小麦吸浆虫在田间的虫态。

（3）采集标本。采集的标本应有一定的复份，一般应在5份以上，以便用于鉴定、保存和交流。

（4）走访调查。走访农户，对小麦品种、播期、播量、种子处理情况、耕作制度、水肥条件及病虫害发生情况进行调查，分析小麦中后期病虫害的发生与栽培管理之间的关系。

三、技能考核标准

小麦生长中后期植保技术技能考核参考标准见表 10-2-3。

表 10-2-3　小麦生长中后期植保技术技能考核参考标准

考核内容	要求与方法	评分标准	标准分值/分	考核方法
职业技能 （100 分）	病虫识别	根据识别病虫的种类多少酌情扣分	10	单人考核，口试评定成绩
	病虫特征介绍	根据描述病虫特征准确程度酌情扣分	10	
	病虫发病规律介绍	根据叙述的完整性及准确度酌情扣分	10	
	病原物识别	根据识别病原物种类多少酌情扣分	10	
	标本采集	根据采集标本种类、数量、质量评分	10	以组为单位考核，根据上交的标本、方案及防治效果等评定成绩
	制订方案	根据方案科学性、准确性酌情扣分	20	
	实施防治	根据方法的科学性及防效酌情扣分	30	

》思考题

1. 小麦锈病、白粉病的发生与哪些因素有关？怎样进行综合防治？
2. 防治小麦蚜虫的关键时期在小麦生长的哪个阶段？怎样防治小麦蚜虫？
3. 小麦生长期防治小麦吸浆虫的有利时机有哪些？分别应怎样进行防治？
4. 制订小麦全生育期病虫害防治历。

思考题参考
答案 10-2

》拓展知识

小麦病虫害综合
防治技术

项目十一 ≫≫≫≫≫≫

玉米病虫害防治技术

任务一　玉米苗前植保措施及应用

≫任务目标

　　了解玉米苗前病虫害的种类、特征及主要病虫草害的发生规律，掌握主要的病虫害症状特点及防治方法。

≫相关知识

　　玉米苗前是金针虫、蛴螬、地老虎等害虫最为活跃的时期，也是对系统性侵染病害、根腐病、瘤黑粉病、黑穗病等病害进行预防的关键时期。该时期对玉米的植保措施主要是在选择合适品种、种子处理等保护种子措施以及对田间杂草的防除措施。

一、品种选择

　　在玉米种植过程中，品种的选择是非常重要的，也是农业防治技术的基础，选择抗病性较强的品种，以此保证玉米健康生长。抗病性较强的玉米品种可以有效降低后期实际发展过程中使用化学农药的数量，实现绿色植保技术。可根据当地病虫害发生的情况，选用具有针对性的抗虫品种进行种植，充分利用抗性品种控制主要病虫害。目前，我国玉米抗丝黑穗病、瘤黑粉病、大斑病、小斑病、茎腐病的品种很多，对于抗粗缩病、纹枯病、褐斑病、锈病及玉米螟等病虫害的品种较少，购买时要慎重。

二、种子处理

　　苗前玉米种子生长较为脆弱，种植存活率较低，所以在种植过程中需要采取措施提升种子抗病性，为种子生长创造良好的生长环境。包衣剂能够在玉米种子表面产生透明薄膜，确保种子不会受到外界侵蚀，还能存储大量水分，更好地促进种子有效发芽，既能防治地下害虫，又可兼治地上害虫，也可预防苗期病害，可以达到"一拌多防"的效果。要有针对性地选用含有不同成分的种衣剂处理种子，防治地下害虫、苗期害虫、丝黑穗病、苗期根腐病等。此外，在播种之前需要充分晒种，这样能够控制种子中多余的水分，降低种子本身所携带的病菌或虫卵数量，同时能提高种子活力。

（一）种子药剂处理的方法

　　可通过拌种、浸种、种子包衣等方法进行种子药剂处理。目前生产上主要利用种衣剂对玉米种子进行包衣处理,此法操作简便,种植者易于掌握使用技术。

(二)种子包衣前的准备

玉米种子在包衣作业前,要做好种子的准备、药剂的准备和机械的准备。

1. 种子精选　玉米种子在包衣前必须经过精选,种子水分也要在安全贮藏水分范围之内,确认种子的净度、发芽率、含水量都符合要求,方可进行包衣作业。

2. 发芽试验　种子在进行机械包衣前,必须进行发芽试验,只有发芽率较高的种子才能进行包衣处理。经过包衣处理的种子,也要做发芽试验,以检验包衣处理种子的发芽率。做包衣种子的发芽试验时,必须在预先准备好的沙盘中进行,在培养皿中会因药剂的浓度影响发芽率。对包衣后的种子可采取湿沙平皿法和大沙盘法进行发芽试验。

3. 种衣剂选择　根据病虫种类选择相应有效成分的种衣剂,并根据使用说明配制好混合液。注意选择正规厂家的优良种衣剂,保证玉米种子包衣后能达到预期的防治效果。同时,包衣后种子的流动性要好,以免影响机械播种。

4. 机械调试　要对包衣机械进行调试,使包衣机械达到运转良好状态。

(三)玉米种子包衣

100kg 种子用 35%多·福·克种衣剂 1.5~2.0L、2%戊唑醇湿拌种衣剂 0.4~0.6L、2.5%咯菌腈悬浮种衣剂 150~200mL 或 5%烯唑醇超微粉体种衣剂 400g,兑水 1.0~1.5L;或 40%萎莠·福美双种衣剂 400~500mL 兑水 3~4 倍;或 25%噻虫嗪水分散粒剂 100g 加 35%咯菌腈·精甲霜灵悬浮种衣剂 100mL 兑适量水;或 60%吡虫啉悬浮种衣剂 500~800mL 兑水 1~2L 进行种子包衣。

(四)种子包衣的质量要求及注意事项

包衣操作人员要穿防护服、戴手套,包衣过程严禁吸烟、吃东西、嬉戏打闹;用药量要准确,防止过量或药量不足;包衣要均匀,不能有裸粒、半粒、"麻面"或有明显网点的粒,一般机械包衣要求均匀度达到 95%以上;包衣后的种子放在阴凉通风处阴干备用;包过衣的剩种子严禁食用或喂牲畜;盛过包衣种子的袋子、桶等,严禁再盛装食物,清洗这些器皿的水严禁倒入河流、水塘、沟渠等处,最好倒在树根、田间,防止人畜中毒及环境污染。

(五)种子包衣后的检验

种子包衣后的质量检验是保证种子包衣效果及发挥包衣药剂药效的重要内容。主要包括:

1. 包衣合格率检验　从包衣种子中扦样的平均样品中,随机取样 3 份,每份 200 粒,用放大镜观察每粒种子的包衣情况,检查包衣均匀程度、裸露情况,凡种子表面的膜衣覆盖面积不少于 80%者可视为合格的包衣种子。一般机械包衣要求均匀度达到 95%以上。

2. 种衣牢固度检验　从包衣种子直接扦样的平均样品中,随机取样 3 份,每份 20~30g(样品称量要求精度为 1%),分别放在清洁、干净的木塞广口瓶中,置于振荡器上振荡 1h(振荡频率为 400r/min),再将包衣种子称量,按下列公式计算种衣牢固度。

$$种衣牢固度 = \frac{振荡后包衣种子的质量(g)}{样品质量(g)} \times 100\%$$

包衣种子检验结束后，应根据各项检验结果综合评定种子的包衣质量。检验的保留样品最好保存到该作物收获，以备复查。

（六）包衣种子的贮藏

包衣种子的贮藏条件同一般种子，即要求仓库牢固安全，能通风、密闭，不漏雨、不潮湿，有垫木和防潮设施，有测定种子和测温测湿的仪器设备，最好有防火条件。

要求冷凉干燥，防潮。一般要求仓库温度不高于15℃，相对湿度在60％以下，避免因潮湿造成包衣种子吸湿对种子产生不良影响。在常温条件下一般贮存期以不超过4个月为宜，最好当年包衣当年使用。

三、田间杂草防除

播后苗前土壤封闭除草是目前玉米生产中最常用的除草方式之一。在玉米播种后出苗前，将除草剂均匀喷洒在土壤表面，进行土壤封闭除草，可将土壤表层的小粒种子杂草封闭在土壤中，使其不能出土。

播后苗前土壤封闭除草可选用除草剂单剂，如90％乙草胺乳油1.5～1.8L/hm²、72％精异丙甲草胺乳油1.50～2.25L/hm²、72％异丙甲草胺乳油1.5～3.0L/hm²、15％噻吩磺隆可湿性粉剂150～180g/hm²、80％唑嘧磺草胺可湿性粉剂60～75g/hm²、38％莠去津悬浮剂3～6L/hm²等，根据田间杂草群落组成情况，可单用，也可2～3种混用。若喷药时田间已经出苗的杂草较多，可加72％ 2,4-滴异辛酯乳油450～600mL/hm²。若杂草较大，或多年生杂草较多，可加41％草甘膦异丙胺盐水剂9～15L/hm²。在土壤有机质含量较高的地块，莠去津最好不进行土壤处理，若必须用，最好与其他除草剂混用。播后苗前土壤封闭除草可选用除草剂混剂，如乙阿合剂、乙·莠、异丙·莠、滴丁·乙、乙·嗪、滴丁·噻磺·乙、丁·乙·莠等。

≫ 任务实施

一、资源配备

1. 材料与工具　人工手摇拌种器、背负式喷雾器、自制滚筒式拌种器或种衣剂包衣机、秤、天平、量桶（1 000mL）、烧杯（1 000mL）、塑料桶、塑料盆、塑料薄膜、塑料布、铁锹、35％多·福·克种衣剂、2％戊唑醇湿拌种衣剂、2.5％咯菌腈、5％烯唑醇超微粉体种衣剂、40％萎莠·福美双种衣剂、60％吡虫啉悬浮种衣剂、玉米种子等。

2. 教学场所　实验室或实训室。

3. 师资配备　每15名学生配备1位指导教师。

二、操作步骤

1. 选择药剂　35％多·福·克种衣剂有效成分是克百威10％、多菌灵15％、福美双10％，是杀虫剂与杀菌剂的复配剂，总有效成分含量为35％，内含玉米种子发芽和幼苗生长发育所需要的多种微量元素，具有防病、治虫、肥效三重作用。

2. 掌握用量　35％多·福·克种衣剂的用量为种子质量的1.0％～1.5％。

3. 种子包衣方法　根据供试种子和发生的病虫害种类选择适宜的种衣剂；事先调整

好转动速度和一次种子投入量；按计算好的用量分别称量种子和种衣剂，将准确称取的种衣剂倒入定量的种子中（自制滚筒式拌种器或种子包衣机中，或放到干净的水泥地面上人工拌药），立即搅拌进行包衣操作，待每粒种子均匀着色（粉红色）时即可出料。包衣后的种子不要晾晒。

三、技能考核标准

种子包衣技能考核参考标准见表 11 - 1 - 1。

表 11 - 1 - 1　种子包衣技能考核参考标准

考核内容	要求与方法	评分标准	标准分值/分	考核方法
种子包衣 （100 分）	种衣剂选用符合要求	种衣剂选用不合理酌情扣分	10	单人考核
	称量种子和种衣剂要准确	称量种子和种衣剂不够准确酌情扣分	10	
	要遵守操作规程	操作规程不符合要求酌情扣分	20	
	翻动种子的速度要快	翻动种子的速度不够快酌情扣分	20	
	种子要均匀着药	种子着药不够均匀酌情扣分	20	
	包衣种子置通风、干燥、低温处保存	包衣种子贮藏地点不符合要求酌情扣分	10	
	保存时间符合要求	保存时间超过 1 年酌情扣分	10	

》思 考 题

1. 简述玉米苗前的植保技术。
2. 简述品种选择及种子处理的重要性。

思考题参考
答案 11-1

任务二　玉米苗期及拔节期植保措施及应用

》任务目标

通过对玉米苗期到拔节期主要病害的症状识别、病原物形态观察和对主要害虫的危害特点、形态特征及田间调查、防治，掌握常见病虫害的识别要点，熟悉病原物形态特征，能识别玉米苗期到拔节期主要病虫害，能进行发生情况调查、分析发生原因，能制订防治方案并实施防治。

》相关知识

从出苗到拔节是玉米根系发育、茎叶分化的营养生长阶段。该阶段玉米抗病虫害的能力弱，如发生病虫害，常造成田间断垄。这一时期是地下害虫猖獗危害的高峰期和粗缩病等侵染发病的关键时期，只能采用农业防治措施结合化学防治的方法来控制苗期病虫害。

玉米苗期到拔节期的植保措施主要针对玉米粗缩病、矮花叶病、顶腐病、丝黑穗病等病害，蓟马、玉米蚜虫、旋心虫等地上害虫以及苗后杂草。

一、玉米粗缩病

玉米粗缩病又称万年青玉米、生姜玉米，是世界主要玉米产区的重要病毒病之一。近年来，玉米粗缩病在黄淮海夏玉米区及辽宁省部分春玉米区严重发生，已成为上述地区的主要病害之一。

（一）危害症状

由玉米粗缩病毒引起，整个生育期均可发病。病株节间缩短，异常矮小，多不能抽穗结实。幼苗5～6叶期开始出现症状，病株上部节间短缩、粗肿，叶片对生。病株株高常不及健株高度的一半。心叶基部和中脉两侧出现褪绿条点，连成细线条状，继而叶片发黄、枯死。有的病株顶部叶片簇生，叶片僵直，宽短而肥厚。雄穗不能抽出或发育不良。雌穗畸形，花丝少，很少结实。病株叶背、叶鞘和苞叶的叶脉上有长短不等的蜡白色隆起（脉突）。

（二）病原

病原为玉米粗缩病毒（*Maize rough dwarf virus*，MRDV），属植物呼肠孤病毒组，是一种具双层衣壳的双链 RNA 球形病毒，由灰飞虱以持久性方式传播，潜育期 15～20d。

（三）发病规律

玉米粗缩病在玉米整个生育期均可侵染发病，玉米出苗后即可感染，至 5～6 叶期显现症状。传播主要介体是飞虱，主要有灰飞虱和白背飞虱，该病的发生与灰飞虱的虫口密度直接相关。病毒寄主主要是单子叶禾本科植物，春季第一代灰飞虱成虫在越冬寄主上取食得毒，并陆续从小麦或杂草向玉米上迁移，随着玉米成熟便迁至禾本科杂草或转迁到麦田传毒危害并越冬，形成周年侵染循环。

（四）防治方法

1. 农业防治 选用抗耐病品种，适当调整播期，使玉米苗期避开第一代灰飞虱成虫活动盛期，减轻发病；彻底清除田边沟内杂草，不给灰飞虱提供越冬越夏场所。

2. 化学防治

（1）麦田防治。小麦扬花期结合药肥混喷，每亩用 10％吡虫啉可湿性粉剂 20g 兑水 15kg 喷雾，喷雾时对准小麦下部，可大大提高防治效果，从而降低麦田灰飞虱向玉米田迁飞的虫口基数。

（2）玉米种子处理。播种时推行包衣种子或不包衣的种子用内吸性杀虫剂拌种，可用 60％吡虫啉悬浮剂种衣剂 15mL 兑水 150mL，均匀拌于 10kg 玉米种，晾干后播种，防止苗期灰飞虱的危害，减轻玉米粗缩病的发生。

（3）玉米苗期防治。每亩用 5％氟虫腈悬浮剂 40～60mL、10％吡虫啉可湿性粉剂 10～20g 兑水 15kg 喷雾，防治灰飞虱。

二、玉米矮花叶病

玉米矮花叶病又名条纹花叶病，在我国各玉米产区均有发生，除危害玉米外，还侵染高粱、谷子等作物及杂草。玉米矮花叶病在玉米整个生育期均可发生，苗期受害较重，在玉米1~2片叶时出现症状，7叶期前后发病最重。

（一）危害症状

感病植株矮小，叶片上产生黄绿相间的条纹。初期新叶基部的叶脉间出现褪绿斑点、斑纹，沿叶脉形成断续的黄色条点，叶脉仍保持绿色。随着植株生长，黄色条点变成较宽的褪绿条纹，迅速扩展到全叶，病叶变黄，质地硬而脆，易折断。有的品种从叶尖、叶缘开始，出现紫红色条纹，叶鞘和苞叶也出现花叶症状。早期染病植株黄弱瘦小，明显矮化，通常不能抽穗而过早枯死。

（二）病原

病原为玉米花叶病毒（*Maize dwarf mosaic virus*，MDMV），病毒粒体长条形（线状），致死温度55~60℃。自然条件下，由蚜虫传染，潜育期5~7d，温度高时3d即可显症。蚜虫一次取食获毒后，可持续传毒4~5d。寄主范围广，除玉米外，还可侵染高粱以及禾本科杂草。

（三）发病规律

玉米矮花叶病病毒主要在禾本科杂草上越冬，也可在种子内越冬。玉米播种后，带毒种子即可长出病苗，由蚜虫传毒的病株一般在蚜虫出现10d后才见到。玉米整个生育期都可感染发病，但感病阶段主要在生长前期，多数品种5叶期前最易感染。在玉米苗期，小麦是介体蚜虫的主要来源，部分则来自杂草和其他作物。品种之间抗病性不同，杂交种比自交系抗病，马齿种比甜质种抗病。气候干燥、玉米生长瘦弱、田间杂草多则发病重。春玉米在此期间通常正遇麦蚜大量增殖时期，大量的介体蚜虫迁飞取食传毒，玉米往往出现一个发病高峰。在靠近越冬寄主，介体蚜虫迁入早、数量多的玉米发病早而重。

（四）防治方法

1. 农业防治 选用抗病品种；及时铲除田边地头杂草，减少来源；结合间苗、定苗，及时拔除病株；加强管理，增施农家肥及速效氮肥，增加灌溉次数，提高玉米幼苗抗病能力。

2. 化学防治 在蚜虫迁入始期，每亩使用10%吡虫啉可湿性粉剂10g兑水15kg喷雾防治传毒蚜虫。发病初期，每亩使用硫酸锌15g加上尿素300g兑水15kg喷雾，或用20%病毒A可湿性粉剂500倍液、7.5%克毒灵水剂600~800倍液喷雾进行防治。

三、玉米顶腐病

玉米顶腐病是我国的一种新病害，近几年来呈现逐年加重之势，特别是在高温多湿的年份及地势低洼的地块发病重，该病在山东、河南、河北等省有发生。一般地块发病株率为5%~20%，对产量损失较大。玉米从苗期到成株期均可发生顶腐病危害，症状复杂多样。

（一）危害症状

玉米从苗期到成株期都可发生顶腐病，症状复杂多样。病株多矮小，顶部叶片短小畸形，边缘变黄，皱褶扭曲，偏向一边。有的在叶片基部或叶缘腐烂且出现缺刻，或大部分脱落，残缺不全。有的病株上部叶片紧裹不展开，卷曲，呈牛尾状，或呈鞭状直立。有的顶端 4~5 片叶尖端或全叶枯死。叶鞘和茎秆上有腐烂斑块，腐烂部分有害虫蛀道状裂口，剖面可见内部黑褐色腐烂，严重的成为空腔。高湿时，病部出现粉白色霉状物。病株根系不发达，主根短小，根毛多而细且呈绒状，根冠变褐腐烂。病株雄花扭曲，雌穗小甚至没有雌穗。

因玉米顶腐病症状容易与其他病害混淆，田间诊断要依据叶片边缘出现刀刻状缺刻或叶缘呈黄亮色褪绿及病叶撕裂等特异性特征加以区分。顶腐病茎叶扭曲呈鞭状或缠绕呈弓状易与疯顶病混淆；疯顶病缠绕成鞭状的叶片组织常肿胀增生，而非撕裂或缺刻状。茎部腐烂又容易与玉米茎腐病混淆，玉米茎腐病常造成基部 1~3 节维管束腐烂，组织软化，叶片呈灰绿色或黄枯色萎蔫；顶腐病从茎基部至穗位节均产生腐烂，茎组织变脆。

（二）病原

病原为串珠镰刀菌亚黏团变种（*Fusarium moniliforme* var. *subglutinans* Wr. et Reink.）。在马铃薯葡萄糖琼脂平板上形成绒毛状或棉絮状至粉状气生菌丝，气生菌丝粉红色或淡紫色，菌落反面为淡黄色、紫色。小型分生孢子长椭圆形或拟纺锤形，较小，数量多，无隔或 1 隔，平均大小为 $(5.7\sim13.5)~\mu m \times (2.3\sim5.1)~\mu m$。大型分生孢子镰刀形，较直而细长，脚胞足跟不十分明显，顶端渐尖，2~5 隔，以 3 隔居多。小分生孢子梗顶端聚集呈假头状，不呈串珠状着生，产孢细胞单、复瓶梗式产孢。

（三）发病规律

玉米顶腐病为土壤传播病害，但种子带菌可以进行远距离传播。玉米顶腐病菌除侵染玉米外，还可侵染高粱、苏丹草、谷子、小麦、水稻和珍珠粟等禾本科作物，以及狗尾草和马唐等杂草。春季播种后遭遇低温，玉米幼苗长势减弱，出苗缓慢，病害较重，造成苗期死苗；7 月遇多雨寡照，潮湿闷热天气，发病重；低洼地、土壤黏重地块发病重，特别是水改旱的地块发病较重，而山坡地和高岗地块发病轻。

（四）防治方法

1. 农业防治　栽培抗病或轻病品种；禁止使用病区、病田生产的种子，防止顶腐病菌随种子传播扩散；发病田块实行轮作；清除田间病残体，进行深耕、冬灌，加强肥水管理，在大喇叭口期要追施氮肥；及时拔除病苗、病株。

2. 化学防治　在田间出现零星病株时，选喷 50% 多菌灵可湿性粉剂 500~800 倍液、70% 甲基硫菌灵可湿性粉剂 800~1 000 倍液、58% 甲霜灵·锰锌可湿性粉剂 1 000 倍液、43% 戊唑醇悬浮剂 5 000 倍液或 12.5% 腈菌唑乳油 3 000 倍液等杀菌剂。

四、玉米丝黑穗病

玉米丝黑穗病又称乌米、哑玉米，在华北、东北、华中、西南、华南和西北地区普遍发生。从我国来看，以北方春玉米区、西南丘陵山地玉米区和西北玉米区发病较重。一般年份发病率在 2%~8%，个别地块达 60%~70%，损失惨重。20 世纪 80 年代，玉米丝黑穗病已基本得到控制，但仍是玉米生产的主要病害之一。

(一)危害症状

玉米丝黑穗病属于幼苗期侵染的系统性病害，有的植株苗期即可显症，表现出矮缩丛生、黄条形、顶叶扭曲等特异症状。成株期只在果穗和雄穗上表现典型症状，当雄穗的侵染只限于个别小穗时，表现为枝状；当整个雄穗被侵染时，表现为叶状。有的果穗小花过度生长呈肉质根状，形似"刺猬头"。后期雄穗可形成病瘿，病瘿内充满孢子堆。如果雌穗感染，则不吐花丝，除苞叶外整个果穗变成黑粉苞。在生育后期有些苞叶破裂散出黑粉孢子，黑粉黏结成块，不易飞散，内部夹杂丝状寄主维管束组织，这是丝黑穗病菌的典型特征。

(二)病原

病原为丝孢堆黑粉菌玉米专化型（*Sporisorium reilianum* f. sp. *zeae*），属担子菌门孢堆黑粉属，病组织中散出的黑粉为厚垣孢子，厚垣孢子黄褐色至暗紫色，球形或近球形，直径 $9\sim14\mu m$，表面有细刺。厚垣孢子在成熟前常集合成孢子球并由菌丝组成的薄膜所包围，成熟后分散。厚垣孢子萌发温度范围为 $25\sim30℃$，适温约为 $25℃$，低于 $17℃$ 或高 $32.5℃$ 不能萌发，缺氧时不易萌发。病菌发育温度范围为 $23\sim36℃$，最适温度为 $28℃$。厚垣孢子萌发最适 pH $4.0\sim6.0$，中性或偏酸性环境利于厚垣孢子萌发，但偏碱性环境抑制萌发。厚垣孢子从孢子堆中散落后，不能立即萌发，必须经过秋、冬、春长时间感温过程使其后熟，方可萌发。

(三)发病规律

玉米丝黑穗病是典型的土传病害，菌瘿释放出的冬孢子在土壤中越冬，成为主要的初侵染源，也可通过牲畜消化后的带菌粪肥和带菌种子传播。病害发生的轻重与土壤中冬孢子的数量密切相关。该菌属系统侵染，从种子萌发到 7 叶期均可以侵染玉米幼根和幼芽，其中以胚芽侵染为主，分生区为有效侵染点，侵染高峰期是临近出苗至 3 叶期。病菌进入生长点后随着植株生长而生长，最后于成熟期侵染穗部成为黑粉。连作、耕作粗放、覆土过厚、土壤干燥均有利于侵染发病。

(四)防治方法

1. 农业防治 病田停种玉米，实行 $2\sim3$ 年轮作；种植抗病品种，选用不带菌的优质种子；不用病秸秆饲喂牲畜或积肥，提倡高温堆肥，施用净肥；秋收后及时清除病株残体，进行深翻土壤，把散在土壤地表上的菌源深埋在地下，减少病菌来源；提高整地质量和播种质量，适期播种，播种深度一致，覆土厚度适宜；加强苗期栽培管理，促进快出苗和出壮苗，发现病株及时拔除。

2. 化学防治 玉米丝黑穗病以土传为主，只有苗期的初侵染而无再侵染，采用含相应杀菌剂的种衣剂进行种子包衣是有效的措施。可用 10%烯唑醇乳油 20g 湿拌玉米种 100g，然后堆闷 24h，也可用种子质量 0.3%～0.4%的 20%三唑酮乳油拌种，或 40%拌种双、50%多菌灵可湿性粉剂按种子质量的 0.7%拌种。但要注意的是低温或播深超过 3cm 时，烯唑醇类种衣剂易产生药害；三唑酮只能用于干籽直播地区，不能用在催芽播种的地区，以免出现药害。

五、蓟马

玉米蓟马是玉米苗期害虫，主要有玉米黄呆蓟马 ［*Anaphothrips obscurus*（Mizle）］、

禾蓟马 [*Franklinielle tenuicornis* (Uzel)] 和稻管蓟马 [*Haplothrips aculeatus* (Fabricius)]，属缨翅目蓟马科。以成虫、若虫集中玉米幼苗的叶尖或成株期下部叶片的背面，锉吸植株汁液，使被害部密现黄白色的短条斑，影响叶片光合作用，使幼叶卷曲，造成减产。

(一) 危害症状

成虫、若虫（1～2龄）危害叶片等幼嫩部位，以锉吸式口器锉破表皮，吸取汁液。玉米黄呆蓟马危害叶背，禾蓟马和稻管蓟马先在叶片正面取食，猖獗危害期间，多集中在上部第2～6叶上危害，很少向新伸展的叶片上迁移。受害叶片反面呈现断续的银白色条斑，与其相对应的叶正面呈现黄条斑；有的受害叶片出现断续或成片的银白色条斑，伴有小点状虫粪，严重时叶背如涂抹一层银粉；还可在"喇叭口"内取食，受害心叶发黄，不能展开，卷曲或破碎。严重受害的植株矮小，生长停滞，大批死苗。

(二) 形态特征

蓟马为缨翅目微小昆虫，成虫体细长，口器为锉吸式，有复眼和3个单眼，触角呈线状，略呈念珠状，末端几节尖锐。两对翅狭长，边缘生有长而整齐的缨状缘毛。翅脉最多只有2条纵脉。足的末端有泡状中垫，爪退化。若虫与成虫相似。以玉米黄呆蓟马为例，对该虫进行识别。

1. 成虫 长翅型雌成虫体长1.0～1.2mm，黄色略暗，胸、腹背（端部数节除外）有暗黑区域；触角第一节淡黄，第2～4节黄，逐渐加黑，第5～8节灰黑；头、前胸背无长鬃；触角8节，第三、第四节具叉状感觉锥，第六节有淡的斜缝；前翅淡黄，前脉鬃间断，绝大多数有2根端鬃，少数1根，脉鬃弱小，缘缨长，具翅胸节明显宽于前胸；每8节腹背板后缘有完整的梳，腹端鬃较长而暗。半长翅型成虫的前翅长达腹部第五节。短翅型成虫的前翅短小，退化呈三角形芽状，具翅胸几乎不宽于前胸。

2. 若虫 初孵若虫小如针尖，头、胸占身体的比例较大，触角较粗短。2龄后体乳青或乳黄色，有灰斑纹；触角末端数节灰色；体鬃很短，仅第九、第十腹节鬃较长，每9腹节上有4根背鬃略呈节瘤状。前蛹（3龄）头、胸、腹淡黄；触角、翅芽及足淡白，复眼红色；触角分节不明显，略呈鞘囊状，向前伸；体鬃短而尖，每8腹节侧鬃较长，第九腹节背面有4根弯曲的齿。

3. 卵 卵长0.3mm左右、宽0.13mm左右，肾形，乳白至乳黄色。

4. 蛹 触角鞘背于头上，向后至前胸；翅芽较长，接近羽化时带褐色。

(三) 发生规律

玉米黄呆蓟马1年可发生2代，喜群集危害，因此在田间呈聚集分布。天气干旱时对其发生有利，降雨对其发生和危害有直接的抑制作用。成虫在禾本科杂草根基部和枯叶内越冬。以成虫和1、2龄若虫危害玉米苗叶，若虫在取食后逐渐变为乳青或乳黄色。可转换寄主危害。

(四) 防治方法

1. 农业防治 合理轮作倒茬，减少麦田套种玉米；清除田间杂草和自生苗，减少虫源；选用抗虫、耐虫品种；用吡虫啉悬浮种衣剂拌种；适时播种，使玉米苗期尽量避开蓟马迁移或危害高峰期；苗期结合间苗，拔出带虫苗进行深埋。

2. 化学防治 在蓟马始盛期，可用10％吡虫啉可湿性粉剂1 500倍液、40％氧乐果乳油1 500倍液、15％唑虫酰胺悬浮剂1 500倍＋5％甲氨基阿维菌素苯甲酸盐（甲维盐）微乳剂3 000倍、30％吡丙醚·虫螨腈悬浮剂2 500倍＋2.5％溴氰菊酯乳油2 000倍喷雾，喷药时，注意喷施玉米心叶内和田间、地头杂草。

六、玉米旋心虫

玉米旋心虫［*Apophylia flavovirens* (Fairmaire)］又称旋心异跗萤叶甲，属鞘翅目叶甲科。以幼虫自玉米幼苗根茎处蛀入，蛀孔处褐色，轻者叶片出现纵向黄条，重者心叶萎蔫或扭曲畸形，甚至死亡。

（一）危害症状

玉米旋心虫幼虫从玉米苗近地面1～3cm处的茎基部蛀入，螺旋状蛀食幼苗心叶，剥开茎基部1～3片叶鞘，可见到蛀孔。被害后的玉米苗茎基部略变粗，植株矮化，轻者玉米的叶片出现浅黄色纵条纹，重者造成枯心苗。由于生长锥被蛀食，随玉米生长发育，导致从基部又发出多个幼芽，形成分蘖丛生的畸形株，即"君子兰苗"，玉米植株不抽穗，造成绝收。

（二）形态特征

1. 成虫 成虫体长5～6mm，全体密被黄褐色细毛；前胸黄色，宽大于长；鞘翅翠绿色有光泽，布满小刻点。

2. 幼虫 老熟幼虫体长8～11mm；头褐色，腹部姜黄色，前胸背板红褐色；中胸至腹部末端每节均有红褐色毛片，中、后胸两侧各有4个，腹部1～8节两侧各有5个；臀节臀板呈半椭圆形，背面中部凹下，腹面也有毛片突起。

3. 卵 长约0.8mm，椭圆形，表面光滑，初产黄色，孵化前变为褐色。

4. 蛹 裸蛹长6mm，黄色。

（三）发生规律

玉米旋心虫1年发生1代，以卵在土中越冬。6月中、下旬严重危害玉米，7月上、中旬始见成虫并延至8月产卵越冬。成虫白天活动，有假死性，卵散产于玉米田疏松土中或根部，成团产下，每头雌虫产卵20余粒。玉米旋心虫幼虫也危害高粱、谷子，成虫喜食一些杂草。一般山坡下岗地发生较重。

（四）防治方法

1. 农业防治 实行秋翻，破坏越冬卵；及时清除杂草，减少成虫活动取食的植物；调节播种期，选用抗虫品种，培育壮苗；当发现田间有零星幼苗被害时，人工拔除被害苗，并集中移出田外销毁。

2. 化学防治 虫害初期用90％敌百虫晶体800倍液、80％敌敌畏乳油1 000倍液、4.5％高效氯氰菊酯乳油1 000倍液喷雾。为提高防治效果，一是不要漏喷被害株附近地面，地面喷雾可杀死土层中潜伏转移的幼虫；二是在玉米茎基部用40％乐果乳油500倍液灌根，以防治正在茎基部危害的幼虫。

七、苗期杂草防除

玉米田杂草与玉米争夺养分、水分、光照和生存空间，轻则使玉米瘦弱发黄，重则完全遮盖住玉米苗，并抑制生长，造成玉米产量降低。玉米的生长季节气温高、雨水多，玉米田杂草发生量大，严重影响玉米的生长。杂草对玉米植株的竞争开始于玉米出苗后的2～3周，如果在玉米苗后2～5周没有采取防治措施，玉米将减10%～30%。一般可通过农业措施和化学除草两种方式来防治苗期杂草。

1. 农业防治　加强田间管理，科学、合理地密植栽培，可加速玉米封行进程，利用其自身的群体优势抑制中后期杂草的发生与生长；及时除去玉米田周围和路旁、沟边的杂草，防止向田内扩散蔓延。

2. 化学防治　玉米出苗后除草，主要选择经杂草茎叶吸收的除草剂。除草剂除草要掌握除草时期，其防治理想时期为玉米3～5叶期，或者在杂草3叶之前，在此期间进行正确防治，才能有效防治杂草生长，达到理想的防治效果。

（1）玉米3～5叶期是玉米田杂草防除的一个重要时期，若不及时防除杂草，将直接影响玉米的生长及产量。玉米3～5叶，禾本科杂草2～5叶，阔叶杂草3～5cm高时，应使用药剂防治。常用药剂有4%烟嘧磺隆悬浮剂1.2～1.5L/hm²、22%烟嘧·莠去津油悬浮剂2～3L/hm²、40%磺草酮·莠去津悬浮剂1.2～2.4L/hm²、30%苯唑草酮悬浮剂60～75g/hm²。

（2）玉米5～6叶期杂草较多地块，可以选择22%烟嘧·莠去津油悬浮剂2～3L/hm²、4%烟嘧磺隆悬浮剂1.2～1.5L/hm²、30%苯唑草酮悬浮剂75～90g/hm²。

》任务实施

一、资源配备

1. 材料与工具　蓟马、玉米蚜、玉米旋心虫等害虫的浸渍标本、生活史标本及部分害虫的玻片标本，玉米丝黑穗病、玉米粗缩病、玉米顶腐病等病害盒装标本或新鲜标本，玉米粗缩病、玉米矮花叶病等病害图像资料，显微镜、体视显微镜、放大镜、镊子、挑针、刀片、滴瓶、蒸馏水、培养皿、载玻片、盖玻片、解剖刀、酒精瓶、指形管、采集袋、挂图、多媒体资料（包括幻灯片、录像带、光盘等影像资料）、记载用具等。

2. 教学场所　教学实训玉米田、实验室或实训室。

3. 师资配备　每15名学生配备1位指导教师。

二、操作步骤

1. 害虫形态观察　观察蓟马、玉米蚜虫、玉米旋心虫各个虫态的识别要点。

2. 病害症状观察

（1）玉米丝黑穗病的观察。观察玉米丝黑穗病的发病症状，注意苗期丝黑穗的发病症状。

（2）玉米顶腐病的观察。观察田间玉米顶腐病的发病症状，注意苗期和成株期症状的差异。

3. 病原观察

（1）玉米丝黑穗病病原的观察。取玉米丝黑穗病病原菌，观察冬孢子的特征。

（2）玉米顶腐病病原的观察。取玉米顶腐病病原菌，观察比较不同类型孢子的形态特征。

三、技能考核标准

玉米苗期及拔节期植保技术技能考核参考标准见表11-2-1。

表 11-2-1　玉米苗期及拔节期植保技术技能考核参考标准

考核内容	要求与方法	评分标准	标准分值/分	考核方法
职业技能 （100分）	病虫识别	根据识别病虫的种类多少酌情扣分	10	单人考核，口试评定成绩
	病虫特征介绍	根据描述病虫特征准确程度的情扣分	10	
	病虫发病规律介绍	根据叙述的完整性及准确度的情扣分	10	
	病原物识别	根据识别病原物种类多少酌情扣分	10	
	标本采集	根据采集标本种类、数量、质量评分	10	以组为单位考核，根据上交的标本、方案及防治效果等评定成绩
	制订病虫害防治方案	根据方案科学性、准确性酌情扣分	20	
	实施防治	根据方法的科学性及防效酌情扣分	30	

》思 考 题

1. 玉米苗期病毒病有哪些？应如何防治？
2. 生产中如何防治玉米丝黑穗病？

思考题参考
答案 11-2

任务三　玉米生长中后期植保措施及应用

》任务目标

通过对玉米生长中后期主要病害的症状识别、病原物形态观察和对主要害虫的危害特点、形态特征识别及田间调查和参与病虫害防治，掌握常见病虫害的识别要点，熟悉病原物形态特征，能识别玉米生长中后期主要病虫害，能进行发生情况调查、分析发生原因，能制订防治方案并实施防治。

》相关知识

玉米生长中后期是指玉米从拔节到成熟的一段时间，是玉米营养生长以及生殖生长旺盛时期，同时也是玉米病虫害高发时期。玉米生长中后期的植保措施主要针对玉米大斑病、小斑病、弯孢霉叶斑病、茎腐病、黑粉病、炭疽病、纹枯病、褐斑病等病害，以及黏虫、玉米螟、草地贪夜蛾等虫害。

一、玉米大斑病

玉米大斑病是世界性的玉米病害，也是北方玉米产区最严重的叶部病害。感病植株常常成片枯死，使玉米灌浆不饱满，从而造成大幅度减产。

（一）危害症状

玉米大斑病在整个生育期都可发生，但多见于生长中后期，特别是抽穗以后发生严重。病菌主要侵染叶片，严重时叶鞘和苞叶也可受害。一般先从植株底部叶片开始发生，逐步向上扩展，但也有从植株中上部叶片开始发病的情况。该病最显著特点是叶片上形成大型梭状（纺锤形）病斑，一般长5～10cm、宽1cm左右，严重的可达长15～20cm、宽2～3cm。叶片上初生青绿色病斑，呈浸润性扩展，随后发展为褐色梭形大斑，多数病斑长5～10cm、宽1～2cm，有的病斑很长，甚至纵贯叶片。病斑的大小、形状、颜色因品种抗病性不同而异。在感病品种上，病斑大而多，斑面有明显的黑色霉层，严重时病斑互连合成更大斑块，使叶片枯死；在抗病品种上，病斑小而少，或产生褪绿病斑，外具黄色晕圈，其扩展受到一定限制。近年的田间调查表明，许多品种的病斑类型正在发生变化，病斑长度常常达到30～40cm。病斑上可能生有不规则轮纹。两个或多个病斑可连接汇合成不规则斑块，造成叶片干枯。高湿时，病斑表面生出灰黑色霉层（病原菌分生孢子梗和分生孢子）。在叶鞘和苞叶上，生成长条形或不规则形褐色斑块。

（二）病原

病原为大斑凸脐蠕孢属 [*Exserohilum turcicum* (Pass.) Leonard et Suggs]，属半知菌类，以无性态侵染植株。分生孢子梗多从气孔抽出，单生或2～6根束生，不分枝，橄榄色，圆筒形，直立或上部有膝状弯曲，顶端或弯曲处着生1个至数个分生孢子。分生孢子灰橄榄色，梭形，多数正直，少数向一侧弯曲，中部最宽，向两端渐细，顶端细胞钝圆形或长椭圆形，基部细胞尖锥形，脐点明显凸出于基细胞外，一般有2～8个隔膜，以4～7个隔膜较多。菌丝体发育温度范围为10～35℃，以28～30℃最适。分生孢子形成的温度范围为13～30℃，适温为20℃。孢子萌发和侵入的适温23～25℃。致死温度52℃。分生孢子的形成、萌发、侵入都需要高湿条件。光线对分生孢子的萌发有一定抑制作用。病菌在pH 2.6～10均可发育，以pH 5.7最适。

（三）发病规律

玉米大斑病在玉米整个生育期都可发生，但多见于生长中后期，特别是抽穗以后发生严重。病原菌以菌丝和分生孢子在病残体、种子或厩肥中越冬。翌年菌丝在条件适宜时产生分生孢子，同越冬的分生孢子一起借风雨和气流传播到玉米植株上，侵入后7～10d即出现病斑，在潮湿情况下可反复产生分生孢子进行再侵染。多年连作、不深翻地，病原菌基数大，发病重，地势低洼的地块发病较重。

在菌源量持续增加、栽培品种变化不大的情况下，气候条件是病害发生轻重的决定因素。温暖高湿有助于病害的发生。拔节到出穗期间，若降雨集中，田间湿度大，气温适宜，可造成病害流行。

（四）防治方法

1. 农业防治 种植抗病杂交种，实行抗病品种合理布局；轮作倒茬，深耕翻地，清除病残体；在发病早期，大面积摘除植株底部病叶；增施基肥，适量分期追肥，防止后期脱肥，提高抗病性；与矮秆作物套种间作或行宽窄行种植，改善通风透光条件，降低田间湿度。

2. 化学防治 有效药剂有75%百菌清可湿性粉剂800～1 000倍液、70%甲基硫菌灵可湿性粉剂 1 000 倍液、80%多菌灵可湿性粉剂 500～800 倍液、80%代森锰锌可湿性粉剂 600～800 倍液、50%异菌脲可湿性粉剂 1 500 倍液、25%丙环唑乳油 3 000 倍液、10%苯醚甲环唑水分散粒剂 2 000 倍液、25%嘧菌酯悬浮剂 1 500～2 000 倍液、25%吡唑醚菌酯悬浮剂 2 000 倍液、75%肟菌·戊唑醇水分散粒剂 1 000～2 000 倍液等，一般于玉米抽雄前后使用，兑水喷雾，间隔 7～10d 喷 1 次，连续喷 2～3 次。

二、玉米小斑病

玉米小斑病又称斑点病、南方叶枯病，是世界玉米产区普遍发生的一种主要病害，也是我国温暖湿润玉米产区的重要叶部病害，目前是黄淮海和西南地区玉米生产中的主要病害之一，分布于河北、河南、山东、北京、天津、广西、陕西、湖北、四川、重庆、贵州和云南等地，中等发生年份减产 10%左右，严重发生时可减产 30%左右。

（一）危害症状

玉米小斑病从苗期到成熟期均可发生。病菌主要侵染叶片，还可侵染玉米茎部和果穗的苞叶、籽粒等部位。病斑大小为（5～10）mm ×（3～4）mm，因品种不同，可分为 3 种类型：病斑椭圆形或近长方形，多限于叶脉之间，黄褐色，边缘褐色或紫褐色，多数病斑连片以后病叶变黄枯死；病斑椭圆形或纺锤形，较大，不受叶脉限制，灰色或黄褐色，边缘褐色或无明显边缘，有的后期稍有轮纹，苗期发病时，病斑周围或两端形成暗绿色浸润区，病斑数量多时叶片很快萎蔫死亡；病斑为黄褐色坏死小斑点，病斑一般不扩大，周围有黄色晕圈，表面霉层极少，通常在抗病品种上出现。

（二）病原

病原为玉蜀黍平脐蠕孢菌 [*Bipolaris maydis*（Nisikado et Miyake）Shoemaker]，属半知菌类丛梗孢目暗梗孢科平脐蠕孢属。玉米小斑病菌具有生理分化现象，可区分为 T、O、C 共 3 个生理小种。T 小种和 C 小种分别对 T 型和 C 型细胞质玉米具有强毒力，以侵入花丝、籽粒、穗轴等，使果穗变成灰黑色造成严重减产；O 小种对不同细胞质玉米的毒力无专化性，主要侵害叶片。目前，我国 O 小种出现频率高，分布广，为优势小种。

病菌以菌丝和分生孢子在病株残体上越冬，翌年产生分生孢子，成为初次侵染源。分生孢子借风雨、气流传播，侵染玉米，在病株上产生分生孢子进行再侵染。发病适宜温度 26～29℃，产生孢子最适温度 23～25℃，孢子在 24℃下 1h 即能萌发。

（三）发病规律

病菌主要以菌丝或分生孢子在病残体内越冬，带菌种子也可导致幼苗发病。越冬病原菌翌年遇到适宜温湿度条件，产生大量分生孢子，借气流或雨水传播到田间玉米叶片上，在一个生长季节，病菌可反复侵染。玉米小斑病最初在植株的下部叶片上发生，先逐步向周围的植株扩展（水平扩展），然后再向植株上部的叶片扩展（垂直扩展）。7—8 月雨量、雨日、温湿度是影响夏玉米小斑病发生轻重的决定因素，26～29℃、多雨潮湿天气有利于小斑病发生，另外，密植、晚播地块发病重。玉米小斑病比大斑病需要更高的温度条件，所以两种病害主要发生地区有所不同。目前小斑病在除东北地区以外的华北及南方地区发生普遍。

（四）防治方法

1. 农业防治 选用抗病种，搞好品种合理布局；实行轮作倒茬，彻底清除田间病残株；合理密植，实行间作套种，降低田间湿度；施足底肥，增施氮、磷肥，及时中耕和灌水，防止植株后期脱肥；及时摘除植株底部 2～3 片病叶，带出田外销毁。

2. 化学防治 在玉米心叶末期至吐丝期，病情增长前开始喷药，可供选用的药剂有 80％代森锰锌可湿性粉剂 600～800 倍液、75％百菌清可湿性粉剂 800～1 000 倍液、50％异菌脲可湿性粉剂 1 500 倍液、70％甲基硫菌灵可湿性粉剂 1 000 倍液、80％多菌灵可湿性粉剂 500～800 倍液、10％苯醚甲环唑水分散粒剂 2 000 倍液、50％氟啶胺悬浮剂 1 500～2 000 倍液等，间隔 7～8d 喷 1 次，连续喷 2～3 次。部分地区的玉米小斑病菌已对甲基硫菌灵、多菌灵等药剂产生了较强的抗药性，要轮换或交替使用不同有效成分的药剂。

三、玉米弯孢霉叶斑病

玉米弯孢霉叶斑病又称拟眼斑病。近年来，该病在山西、陕西、北京、河北、河南、山东、辽宁、吉林、黑龙江、山东、四川等地均有发生，成为我国玉米主要产区的常发病害，局部地区发生严重。

（一）危害症状

玉米弯孢霉叶斑病主要危害叶片，也侵染叶鞘和苞叶。叶片上初生浅黄色半透明小斑点，水渍状，有时不太明显，扩展后成为圆形、椭圆形病斑（有的品种出现梭形或长条形病斑）。叶片病斑圆形至卵圆形，直径 1～2mm，中央乳白色，边缘黄褐色或红褐色，外围有淡黄色晕圈。潮湿条件下病斑正反两面均产生灰黑色霉状物。植株抽雄后病害迅速扩展蔓延，发病严重时植株布满病斑，导致叶片枯死。品种抗性不同而症状表现不同。感病品种病斑较大，扩展快，叶片上密布病斑，多数病斑连合后叶片提前枯死；抗病品种病斑小而少，扩展慢，多为褪绿半透明斑点。

（二）病原

引起该病的是弯孢霉属的多个种，在我国主要为新月弯孢 [*Curvularia lunata*（Wakker.）Boedijn]。在马铃薯葡萄糖琼脂培养基（PDA）平皿上菌落墨绿色丝绒状，呈放射状扩展，老熟后呈黑色，表面平伏状。分生孢子梗褐色至深褐色，单生或簇生，较直或弯曲，大小为（52～116）μm×（4～5）μm。分生孢子花瓣状聚生在梗端，暗褐色，弯曲或呈新月形，大小为（20～30）μm×（8～16）μm，具隔膜 3 个，大多 4 胞，中间 2 细胞膨大，其中第三个细胞最明显，两端细胞稍小，颜色也浅。

（三）发病规律

玉米弯孢霉叶斑病为真菌病害，以菌丝体和分生孢子在病株残体上越冬。每年玉米拔节期和抽雄期正值高温雨季，病残体上产生大量的分生孢子，借气流和雨水传播到叶片上，在有水膜的条件下，分生孢子萌发侵入，引起发病并表现症状，同时产生分生孢子进行反复再侵染。病菌最适萌发的温度为 30～32℃，病菌萌发需要饱和湿度和叶面有水膜，因此高温、高湿、雨水较多的年份有利于发病。此外地势低洼易积水或连作田块发病较重，而且杂草可传播病害。

（四）防治方法

1. 农业防治　种植抗病品种；及时清除病株残体，实行秋翻；铲除杂草，减少田间菌源数量；加强栽培管理，提高施肥水平；注意排水排涝，改善小气候，提高植株抗病能力。

2. 化学防治　在发病初期喷施 70％甲基硫菌灵可湿性粉剂 1 000 倍液、80％多菌灵可湿性粉剂 500～800 倍液、75％百菌清可湿性粉剂 800～1 000 倍液、80％代森锰锌可湿性粉剂 600～800 倍液、80％炭疽福美可湿性粉剂 600 倍液或其他有效药剂。喷药时要重喷"喇叭口"，也可用药液在大喇叭口期灌心，间隔 5～7d 喷 1 次，连续 2～3 次。

四、玉米茎腐病

玉米茎腐病是玉米苗期感染真菌或细菌引起的茎枯症状，分为玉米真菌性茎腐病和玉米细菌性茎腐病。

（一）危害症状

玉米真菌性茎腐病的病菌主要侵染玉米根系和茎基 1～3 节，使其腐烂。病株根部和茎基部腐烂变色，茎基部生有不规则褐色病斑，高湿时病部表面生出白色或粉色霉状物，后期产生蓝黑色小粒点（镰刀菌子囊壳）。病茎秆内腐烂变色，髓部消解并可见白色、粉红色菌丝体，最后薄壁组织腐烂殆尽，仅残留游离的丝状维管束，成为空腔。病株叶片自下而上变色枯萎，并且易倒伏。通常病株叶片逐渐黄枯，但环境条件特别有利时，病株叶片迅速青枯。

玉米细菌性茎腐病通常发生在生育中期（喇叭口期）。主要侵害植株中部叶鞘和茎秆，叶鞘病斑不规则形，红褐色至黑褐色，高湿度条件下病害向上或向下扩展，整株腐烂倒折，发出臭味。

（二）病原

玉米茎腐病是由多种病原菌单独或复合侵染引起的。引起茎腐病的病原菌有 20 余种，不同国家或同一国家的不同地区病原菌种类也存在较大差异。

玉米真菌性茎腐病发病类型主要有三大类：镰刀菌侵染、腐霉菌侵染、腐霉菌和镰刀菌复合侵染。镰刀菌主要种类有禾谷镰刀菌（*Fusarium graminearum* Schwabe）和轮枝镰刀菌 [*F. Verticillioides*（Sacc.）]，腐霉菌主要种类为肿囊腐霉（*Pythium inflatum* Matthews）。

玉米细菌性茎腐病由菊欧文氏菌玉米致病变种 [*Erwinia chrysanthemi* pv. *zeae*（Sabet）] 引起。菌体杆状，两端钝圆，单生，偶成双链，革兰氏染色阴性，周生鞭毛 6～8 根，无芽孢，无荚膜，大小为 $0.85\mu m \times 1.6\mu m$。菌落圆形，低度突起，乳白色，稍透明。

（三）发病规律

玉米真菌性茎腐病是一种土传病害，主要病原菌以卵孢子或休眠孢子在土壤中、病残体上越冬。镰刀菌主要侵染胚根，腐霉菌主要侵染次生根和须根。在正常气候条件下，玉米黄熟期病株率高于乳熟中期，乳熟中期又高于灌浆期。一般来说，中晚熟品种较抗病。玉米茎腐病的发生与气候的关系十分密切，其中与雨水关系最大。玉米生长中后期遇久旱，而乳熟末期至蜡熟期雨水偏多，雨后突然转晴，发病迅速而严重，常在 1～2d 全株叶片迅速失水青枯，果穗下垂，其症状全部呈现急性型；而在玉米生育后期如遇连续阴雨天气，则田间病株发生少，其症状多属普通型。

玉米细菌性茎腐病为细菌性病害。病菌随病株残体在病田土壤中或随种子越冬，玉米生长期从叶片、叶鞘的气孔和伤口侵入引起发病。病菌侵染的温度为 26～36℃，最适温度为 30～32℃。玉米心叶末期为发病高峰期。品种之间抗性不同。高温高湿，多雨暴晴，黏虫、玉米螟发生多的田块，重施苗肥或氮肥，地势低洼，种植过密，等等，均可加重病害发生。

（四）防治方法

1. 农业防治　选用抗病品种；调整播期，适期晚播；及时清理田间病株残体，减少侵染来源；实行玉米和其他非寄主作物轮作，防止土壤病原菌积累；降低种植密度，增加田间通透性；适当增施钾肥，有利于提高玉米的抗病能力。

2. 化学防治　防治玉米真菌性茎腐病，目前没有特效的化学药剂，在幼苗发病初期可喷施 70%甲基硫菌灵可湿性粉剂 1 000 倍液、80%多菌灵可湿性粉剂 500～800 倍液；玉米细菌性茎腐病，发病初期可用 46.1%氢氧化铜水分散粒剂 1 500 倍液等兑水喷雾进行防治。

五、玉米黑粉病

玉米黑粉病也称玉米瘤黑粉病，在世界各玉米产区均有发生，主要分布于温暖干燥地区。目前，是我国黄淮海地区和东北地区主要病害之一，也是黄淮海夏玉米区玉米新品种审定时必须由指定单位进行抗性评价的病害。通常，只要发病就会造成植株矮小、果穗籽粒小且不饱满，严重影响玉米的产量和品质。

（一）危害症状

玉米黑粉病在玉米整个生育期都可发生，幼苗、茎节、叶片、雄穗、果穗和气生根等部位受害。最显著的特征是病菌通过伤口侵染植株的所有地上部分，产生形态各异、大小不一的病瘤（菌瘿）。苗期多在幼苗基部或根茎交界处产生病瘤，造成幼苗扭曲抽缩，叶鞘及心叶破裂紊乱，严重的造成早枯。植株在拔节前后感病，叶片或叶鞘上可出现病瘤，叶片上的较小，多如豆粒大小，常从叶片基部向上成串密生。雌穗侵染后，多在果穗上半部或个别籽粒上形成病瘤，严重的全穗变成较大的瘤肿。

各器官上的病瘤未成熟时呈白色发亮或淡红色，有光泽，内部含有白色松软组织，受轻压常有液体流出，随着冬孢子的形成而呈现灰白色或黑色。病瘤直径一般为 3～15cm。当病瘤成熟后，外膜破裂散出大量黑粉（冬孢子）。若细胞迅速成熟，病瘤的发育受阻而出现小而硬的形态，不产生或只产生少量的冬孢子。一般同一植株上可多处生瘤，有的在同一位置有数个病瘤堆聚在一起。受害的植株茎秆多扭曲，变得矮小，果穗变小甚至空秆。

（二）病原

病原为玉蜀黍黑粉菌 [*Ustilago maydis* (DC.) Corda，异名 *Ustilago zeae* (Beckm.) Unger]，属担子菌门冬孢纲黑粉菌目。厚垣孢子球形至卵形，黄褐色，表面有明显的细刺，直径 8～12μm，在合适的环境条件下，成熟的厚垣孢子可以立即萌发。萌发时产生有隔的先菌丝，侧生 4 个无色梭形担孢子。担孢子萌发产生侵染丝，也常以芽殖方式生出次生小孢子，次生小孢子也可萌发产生侵染丝。

玉米黑粉病病原菌以异宗结合的方式进行繁殖，其担孢子为单倍体，萌发后产生的单倍体菌丝虽能侵入寄主，但不能形成病瘤和厚垣孢子，异性的单倍体担孢子或菌丝结合成双核的菌丝以后，才能在寄主体内迅速扩展，刺激寄主组织，形成瘤肿，并产生厚垣孢子。

厚垣孢子的萌发适温为 26～30℃，最高为 36～38℃，最低为 5～10℃；担孢子的萌发适温为 20～25℃，最高为 40℃，侵入适温为 26.7～35℃。担孢子或厚垣孢子萌发后，均可不经气孔直接侵入致病，但只有尚未停止分生生长的幼嫩组织才能被侵染发病。

（三）发病规律

玉米黑粉病为真菌病害，病菌以冬孢子（黑粉）在土壤、粪肥、种子表面等越冬。翌年冬孢子遇适宜的温湿度条件萌发产生担孢子和次生担孢子，借风、雨、昆虫等介体传播，从寄主的幼嫩组织表皮或伤口侵入，以菌丝在寄主的细胞间和细胞内生长发育，同时刺激寄主细胞膨大增生而形成病瘤。冬孢子成熟后散出，进行再侵染，使病害在田间扩展。玉米生育前期干旱，后期多雨或干湿交替，有利于发病，多年连作、玉米螟危害造成伤口多病害重。在玉米的整个生育期可进行多次再侵染，在抽穗期前后 1 个月内为玉米黑粉病的盛发期。

（四）防治方法

1. 农业防治 选用优良抗病品种；进行秋深翻整地，把地面上的菌源深埋地下，减少初侵染源，同时病瘤必须及时割除；避免用病株沤肥，粪肥要充分腐熟；注意防虫，减少伤口，降低病原菌的侵染机会；缺乏磷、钾肥的土壤应及时补充，要适当施用含锌、硼的微肥；抽雄前后适时灌溉，防止干旱；在病瘤未成熟破裂前，尽早摘除并深埋销毁。

2. 化学防治 用 40％福美双可湿性粉剂按种子质量 1％拌种、25％三唑酮可湿性粉剂按种子质量 0.2％拌种、2％戊唑醇湿拌种剂按种子质量 0.5％～0.6％拌种、3％苯醚甲环唑悬浮剂按种子质量 0.1％拌种、3％苯醚甲环唑悬浮种衣剂按种子质量 0.4％～0.6％拌种等杀菌剂处理种子；玉米播种前或出土前用 25％三唑酮乳油 1 000 倍液或 50％克菌丹可湿性粉剂 800 倍液进行地表喷雾，减少初侵染菌源；在拔节期至喇叭口期，瘤肿未出现前，喷施 25％三唑酮乳油 1 000 倍液、12.5％烯唑醇可湿性粉剂 800～1 000 倍液等杀菌剂。

六、玉米炭疽病

玉米炭疽病主要分布于欧洲、东南亚、澳大利亚、非洲等地，20 世纪 70 年代以来，该病已成为美国的重要病害之一，可造成 19％～37％的产量损失，该病广泛分布于我国各玉米产区。

（一）危害症状

玉米整个生育期均可发生危害，引起种苗萎蔫、茎腐、顶腐、根腐、叶枯、顶枯及粒腐等症状，但通常把出苗后子叶及成株期叶部斑枯型症状称为炭疽病。该病主要发生在玉米中后期植株中、下部的叶片上，初期为水渍状病斑，半透明，圆形至不规则形，后变为梭形，大小为（2～4）mm×（1～2）mm，中央淡褐色，边缘深褐色，着生小黑点（病菌的分生孢子盘）。严重时病斑可汇合成大的斑块，甚至占叶面积1/2以上，使叶片枯死。该病也可发生在叶鞘上，病斑较大，椭圆形，颜色稍浅。

（二）病原

病原为禾生炭疽菌［*Colletotrichum graminicola*（Ces.）Wilson］，属半知菌类。分生孢子盘散生或聚生，黑色；刚毛暗褐色，具隔膜3～7个，顶端浅褐色，稍尖，基部稍膨大，大小为（60～119）μm×（4～6）μm；分生孢子梗圆柱形，单胞，无色，大小为（10～15）μm×（3～5）μm；分生孢子新月形，无色，单胞，大小为（17～32）μm×（3～5）μm。

（三）发病规律

病菌以分生孢子盘或菌丝块在病残体上越冬。翌年产生分生孢子借风雨传播，直接从表皮或气孔侵入，进行初侵染和再侵染。该病在高温高湿条件下发病严重。

（四）防治方法

1. 农业防治　种植抗病品种，并进行种子包衣处理；及时清除病株残体，实行秋翻，铲除杂草，减少田间菌源数量；加强栽培管理，提高施肥水平，注意排水排涝，改善小气候，促进植株健壮，提高植株抗病性。

2. 化学防治　发病早或高感品种可用药剂防治，可选用25％三唑酮乳油1 000倍液、50％克菌丹可湿性粉剂800倍液或80％炭疽福美可湿性粉剂600倍液等进行喷雾防治。

七、玉米螟

玉米螟属鳞翅目螟蛾科，主要有亚洲玉米螟［*Ostrinia furnacalis*（Guenee）］和欧洲玉米螟［*O. nubilalis*（Hübner）］，前者分布较广，后者集中分布在新疆，在我国部分地区是两种混生。

（一）危害症状

初孵幼虫大多在心叶内危害，取食未展开的心叶叶肉，残留表皮，或将纵卷的心叶蛀穿。心叶伸展后，叶面呈现半透明斑点，孔洞呈现横列排孔，通称"花叶"或"链珠孔"。雄穗打苞时，幼虫大多集中苞内危害幼嫩雄穗。抽穗后，幼虫先潜入未散开的雄穗中危害，而至雄穗散开扬花时，则向下转移开始蛀茎危害。一般在雄穗出现前，幼虫大多蛀入雄穗柄内，造成折雄，或蛀入雌穗以上节内。至玉米抽丝时，原在雄穗上一些较小的幼虫，大多自雌穗节及上下茎节蛀入，严重破坏养分输送和影响雌穗的发育，甚至遇风造成折茎而减产，尤以穗下折茎影响产量最重。

（二）形态特征

1. 幼虫　幼虫共5龄，老熟幼虫体长20～30mm，头及前胸背板深棕色，体背淡褐色，中央有3条明显的褐色纵线，中、后胸背面各有1排4个圆形毛片，腹部1～8节背面各有2列横排的毛瘤，前4个较大。

2. 成虫　玉米螟雄蛾黄褐色，体长10～14mm。前翅内横线呈波状暗褐色，外横线锯齿状暗褐色，前缘有两个深褐色斑；后翅淡褐色，有两条波状纹，中央有1条浅色宽带，近外缘有黄褐色带，缘毛内半淡褐色，外半白色。雌蛾体长 13～15mm，翅展 28～34mm，前翅鲜黄色，有黄色锯齿状斑，再外有黄褐色斑。

3. 卵　扁平椭圆形，长约 1mm、宽 0.8mm。数粒至数十粒组成卵块，呈鱼鳞状排列，初为乳白色，渐变为黄白色。孵化前卵的一部分为黑褐色（为幼虫头部，称黑头期）。

4. 蛹　长 15～18mm，红褐色或黄褐色，纺锤形。腹部背面 1～7 节有横皱纹，3～7 节有褐色小齿，横列，5～6 节腹面各有腹足遗迹 1 对。尾端臀棘黑褐色，尖端有 5～8 根钩刺，缠连于丝上，黏附于虫道蛹室内壁。

（三）发生规律

1 年发生 1～7 代，发生代数与各地气候有关，在我国北部地区 1 年发生 1～2 代。在各地主要以末代老熟幼虫在寄主秸秆、穗轴或根茬内越冬。

玉米螟成虫昼伏夜出，有趋光性。成虫将卵产在玉米叶背中脉附近。初孵幼虫有吐丝下垂习性，并随风或爬行扩散，钻入心叶内啃食叶肉，只留表皮。3 龄后蛀入危害，雄穗、雌穗、叶鞘、叶舌均可危害。在玉米螟越冬基数大的年份，田间第一代卵及幼虫密度高，一般发生危害就重。温度 25～26℃、相对湿度 90% 左右，对产卵、孵化及幼虫成活极为有利。

（四）防治方法

1. 农业防治　栽培抗螟高产品种；在秋收之后至春季越冬代化蛹前，采用焚烧、机械粉碎、用作饲料或封垛等多种办法处理越冬寄主作物的秸秆、根茬、穗轴等，减少虫源。

2. 物理防治　设置黑光灯和频振式杀虫灯诱杀越冬代成虫。

3. 生物防治　释放人工繁殖的赤眼蜂，一般在玉米螟各代卵始期、初盛期和盛期，释放松毛虫赤眼蜂或玉米螟赤眼蜂 2～3 次，每次每亩放蜂 1～2 万头，卵盛期放蜂量可适当增加；可用白僵粉菌制剂、苏云金杆菌制剂防治，拌土制成颗粒剂于玉米心叶期施于玉米"大喇叭口"内。

4. 化学防治　在玉米螟幼虫孵化高峰期，施用 90% 敌百虫晶体 1 000 倍液、80% 敌敌畏乳油 2 500～3 000 倍液、20% 氰戊菊酯乳油 3 000 倍液、2.5% 溴氰菊酯乳油 2 000～3 000 倍液、20% 氯虫苯甲酰胺悬浮剂 150mL/hm^2、24% 甲氧虫酰肼悬浮剂 300～675mL/hm^2 等杀虫剂；在心叶末期"喇叭口"内每株施用 0.1% 氯氟氰菊酯颗粒剂 0.16g，或 3% 辛硫磷颗粒剂按 1∶15 拌煤渣或细沙后每株施用 2g。

八、草地贪夜蛾

草地贪夜蛾（*Spodoptera frugiperda*）属夜蛾科。该物种原产于美洲热带地区，具有很强的迁徙能力，美国历史上即发生过数起草地贪夜蛾的虫灾。2016 年起，草地贪夜蛾散播至非洲、亚洲各国，并于 2019 年出现在中国大陆 18 个省份与我国台湾，已在多国造成巨大的农业损失。

（一）危害症状

幼虫取食叶片可造成落叶，其后转移危害。1～3 龄幼虫通常在夜间出来危害，多隐藏在叶片背面取食，取食后形成半透明薄膜"窗孔"。低龄幼虫还会吐丝，借助风扩散转移到周边的植株上继续危害。4～6 龄幼虫对玉米的危害更为严重，取食叶片后形成不规则的长形孔洞，也可将整株玉米的叶片取食光，严重时可造成玉米生长点死亡，影响叶片和果穗的正常发育。此外，高龄幼虫还会蛀食玉米雄穗和果穗。

（二）形态特征

1. 幼虫 老熟幼虫体长 35～40mm，在头部具黄色倒 Y 形斑，黑色背毛片着生原生刚毛（每节背中线两侧有 2 根刚毛），腹部末节有呈正方形排列的 4 个黑斑。生长时，仍保持绿色或成为浅黄色，并具黑色背中线和气门线。如密集时（种群密度大，食物短缺时），末龄幼虫在迁移期几乎为黑色。

2. 成虫 飞蛾粗壮，灰棕色，翅展宽度 32～40mm，具有狭窄的黑色边缘，前翅为棕灰色，后翅为白色，后翅翅脉棕色并透明。雄虫前翅通常呈灰色和棕色阴影，前翅有较多花纹与 1 个明显的白点，呈浅色圆形，翅痣具明显的灰色尾状突起，外生殖器抱握瓣正方形，抱器末端的抱器缘刻缺；雌虫的前翅没有明显的标记，从均匀的灰褐色到灰色和棕色的细微斑点，后翅是具有彩虹的银白色，交配囊无交配片。

3. 卵 呈圆顶状半球形，直径约为 4mm，高约 3mm，卵块聚产在叶片表面，每卵块含卵 100～300 粒，有时成 2 层。卵块表面有雌虫腹部灰色绒毛状的分泌物覆盖形成的带状保护层。初卵绿灰色，12h 后转为棕色，孵化前则接近黑色，环境适宜 4d 后即可孵化。在夏季，卵阶段的持续时间仅为 2～3d。

4. 蛹 红棕色，有光泽，长度为 14～18mm，宽度约为 4.5mm。外被椭圆形或卵形松散土茧，土茧内层长 1.4～1.8cm、宽约 4.5cm，外层长 2～3cm，根据土壤质地可形成地表茧或地下茧。

（三）发生规律

没有滞育现象，在适宜的区域，周年繁殖，1 年可发生多代。适宜发育温度广，为 11～30℃，在 28℃条件下，30d 左右即可完成 1 个世代，而在低温条件下，需要 60～90d 才能完成 1 个世代。在气候、寄主条件适合的中美洲、南美洲、新入侵的非洲大部以及南亚、东南亚和我国的云南、广东、广西、海南等地周年繁殖。成虫可在几百米的高空中借助风力进行远距离定向迁飞，每晚可飞行 100km，成虫通常在产卵前可迁飞 500km，如果风向风速适宜，迁飞距离会更长。

（四）防治方法

以保幼苗、保心叶、保产量为目标，因地制宜采取以下综合防治措施。

1. 农业防治 对草地贪夜蛾周年繁殖的虫源地，因地制宜采取间作套种、轮作改种、调整播期等农业措施，种植驱避诱集植物，改造害虫适生环境，保护利用自然天敌和生物多样性，增强自然控制能力，逐步实现草地贪夜蛾可持续治理。

2. 物理防治 在成虫发生高峰期，集中连片使用灯诱、性诱、食诱和迷向等措施，诱杀迁入成虫，干扰交配繁殖，减少产卵数量，压低发生基数，控制迁出虫量。

3. 化学防治 结合实际，指导农民科学选药、轮换用药、交替用药，延缓抗药性的产生。开展抗药性监测，及时更换抗性高、防效差的药剂。严格按照农药安全使用间隔期用药，既要有效控制草地贪夜蛾危害，更要确保农产品质量安全。

（1）扑杀幼虫。抓住草地贪夜蛾 1～3 龄的最佳用药期，选择在清晨或傍晚，对作物主要被害部位施药。高密度发生区采取高效化学药剂兼治虫卵，快速扑杀幼虫；低密度发生区采取生物制剂和天敌控害。连片发生区，组织社会化服务组织实施统防统治和群防群控；分散或点状发生区，组织农民实施带药侦查、点杀点治。

（2）科学用药。应尽量在低龄（1～3 龄）幼虫盛发期进行防治，部分对虫卵杀灭效果较好的药剂可以提前在卵盛期喷施。在清晨或者傍晚，对达标防治田块实施喷药防治，药剂喷洒要突出玉米心叶、雄穗和雌穗等部位。高效药剂包括 5％甲维盐水分散粒剂 240～675g/hm²、60％乙基多杀菌素悬浮剂 300～600mL/hm²、5％虱螨脲悬浮剂 300～600g/hm²、20％氯虫苯甲酰胺悬浮剂 600～1 500mL/hm²。

4. 生物防治 使用甘蓝夜蛾核型多角体病毒、苏云金杆菌、金龟子绿僵菌、球孢白僵菌、短稳杆菌等进行防治。

注意在玉米抽雄后，不使用菊酯类、有机磷类、甲维盐等对蜜蜂等生物毒性大的药剂；生物农药可与化学农药混合使用；杀卵效果好的药剂可与杀幼虫效果好的药剂混合使用。注意轮换用药，采用不同作用机制的农药轮换使用，每种农药在一季作物使用次数不超过 2 次，延缓害虫产生抗药性。

》》任务实施

一、资源配备

1. 材料与工具 玉米丝黑穗病、玉米黑粉病、玉米大斑病、玉米小斑病、玉米弯孢霉叶斑病、玉米炭疽病和玉米茎腐病的盒装标本或新鲜标本，玉米螟和草地贪夜蛾等害虫的浸渍标本、生活史标本，显微镜、体视显微镜、放大镜、镊子、挑针、刀片、滴瓶、蒸馏水、培养皿、载玻片、盖玻片、解剖刀、酒精瓶、指形管、采集袋、挂图、多媒体资料（包括幻灯片、录像带、光盘等影像资料）、记载用具等。

2. 教学场所 教学实训玉米田、实验室或实训室。

3. 师资配备 每 15 名学生配备 1 位指导教师。

二、操作步骤

1. 病害症状观察

（1）玉米黑粉病的观察。取玉米丝黑穗病和玉米黑粉病的盒装标本或新鲜标本，观察不同黑粉病在玉米上的发生部位，掌握不同黑粉病的识别要点。

（2）玉米叶斑病的观察。取玉米大斑病、玉米小斑病、玉米弯孢霉叶斑病的盒装标本或新鲜标本，观察不同叶斑病的病斑形态，掌握不同叶斑病的识别要点。

2. 病原观察

（1）玉米黑粉病病原的观察。挑取玉米黑粉病病原菌，观察玉米丝黑穗病和玉米黑粉病病原菌冬孢子的特征。

（2）玉米叶斑病病原的观察。挑取不同玉米叶斑病病原菌，观察比较不同病原菌的形态特征。

3. 害虫识别

（1）玉米螟的观察。取玉米螟的成虫和幼虫盒装标本或者玉米螟生活史标本，注意观察玉米螟成虫前翅翅面斑纹特征、幼虫背线和各体节背部毛片的排列情况。

（2）草地贪夜蛾的观察。取草地贪夜蛾的成虫和幼虫盒装标本或者生活史标本，注意观察成虫前翅翅面斑纹特征、幼虫背线和各体节背部毛片的排列情况。

三、技能考核标准

玉米生长中后期植保技术技能考核参考标准见表 11-3-1。

表 11-3-1　玉米生长中后期植保技术技能考核参考标准

考核内容	要求与方法	评分标准	标准分值/分	考核方法
职业技能 （100 分）	病虫识别	根据识别病虫的种类多少酌情扣分	10	单人考核，口试评定成绩
	病虫特征介绍	根据描述病虫特征准确程度酌情扣分	10	
	病虫发病规律介绍	根据叙述的完整性及准确度酌情扣分	10	
	病原物识别	根据识别病原物种类多少酌情扣分	10	
	标本采集	根据采集标本种类、数量、质量评分	10	以组为单位考核，根据上交的标本、方案及防治效果等评定成绩
	制订病虫害防治方案	根据方案科学性、准确性酌情扣分	20	
	实施防治	根据方法的科学性及防效酌情扣分	30	

≫ 思 考 题

1. 比较玉米大斑病和小斑病的区别，如何对两种病害进行防治？
2. 茎腐病的发病特点是什么？应如何防治？

思考题参考
答案 11-3

≫ 拓展知识

玉米病虫害
综合防治技术

项目十二 >>>>>>>>>

马铃薯病虫害防治技术

马铃薯是我国重要的高产作物之一，在北方高寒地区的粮食作物中占有重要地位。一直以来有害生物的发生危害始终威胁马铃薯生产，在马铃薯高效生产栽培技术不断发展的前景之下，如何有效控制病虫危害，发展绿色防控的现代植保技术是亟待努力的方向。以下就马铃薯播前、生长前期和生长中后期的植保技术展开介绍。

任务一 马铃薯播前、生长前期植保措施及应用

>> 任务目标

通过对马铃薯播前的种薯处理技术和生长前期主要病虫害发生规律等内容的学习，能识别播前及生长前期主要病虫害，能综合分析发生规律与原因，提出科学、安全、有效的防治技术措施。

>> 相关知识

马铃薯播前和生长前期的植保措施主要包括马铃薯环腐病、黑痣病、黑胫病的防治，以及种薯处理、化学除草技术的应用。

一、播前种薯处理

马铃薯种植前对种薯的选择和处理极为关键。从病虫防控来看，马铃薯晚疫病、环腐病、黑胫病、疮痂病等多种病害的病原菌主要随薯块的贮藏和运输进行越冬和远距离传播，成为田间发病的初侵染来源。另外，带毒种薯是马铃薯病毒病的主要初侵染源。因此，针对带菌带毒种薯的剔除、药剂处理等措施是防控马铃薯病害的重要植保技术。

（一）种薯晒种

晒种的目的是促进块茎芽眼萌动发芽，达到播种后早出苗的效果，同时可以有效杀灭部分种薯携带的病虫或剔除病虫种薯。在马铃薯集中产区大面积种植时常常采用晒种的方法处理种薯。通过晒种可以发挥多方面作用，比如提高种薯温度，促使其尽快地度过休眠期；为块茎提供足够的氧气，给幼芽萌发准备条件；使薯堆内的水分散失，促使块茎表面干燥，抑制病菌的滋生蔓延，减少病烂薯发生；有利于切块时切面迅速干燥愈合，降低切刀汁液传毒的机会；促使芽块出苗整齐一致。一般在窖藏温度较低，块茎始终处于休眠状

态时，多采取播前晒种（困种）措施。

（二）种薯催芽

由于早春温度低的马铃薯产区，播后出苗迟缓，为了达到早播种、早出苗的目的，一般采用播前种薯催芽处理的方法。马铃薯块茎催芽是在马铃薯播种前1个月，主动采取措施促进种薯萌芽，使其生长期提前的一种做法。

适时催芽有利于芽块发育，减少田间病害感染。环腐病、黑胫病等病害感染轻微的块茎，一般因病菌的刺激萌发较早，而感病严重的块茎因丧失了发芽力，则多数不发芽，可以把早期萌发的块茎和最后一直不发芽的块茎全部淘汰，即可在很大程度上减少田间发病率。

（三）药剂处理种薯

马铃薯种薯进行无病虫化的药剂处理是播种前重要的植保技术，对预防多种种薯带菌的马铃薯病害有显著作用。可采用浸种、闷种和拌种的方法对种薯进行药剂处理。用0.2%甲醛溶液、0.1%多菌灵乳液、0.2%高锰酸钾溶液、0.1%春雷霉素溶液或0.1%氯化汞溶液进行浸种，晾干后播种；50%多菌灵可湿性粉剂500倍液、75%百菌清可湿性粉剂1 000倍液、72%霜脲·锰锌可湿性粉剂1 000倍液或58%甲霜灵·锰锌可湿性粉剂500倍液均匀喷洒在种薯芽块上，用麻袋或塑料布覆盖闷种12～24h后晾干播种；也可用上述药剂按一定比例和细干土或细灰混合均匀后拌在芽块上，再用来播种。

二、马铃薯环腐病

20世纪50年代马铃薯环腐病在我国黑龙江最早发现，目前已遍及吉林、辽宁、内蒙古、青海、宁夏、甘肃、山西、河北、广西、陕西等马铃薯产区。

（一）危害症状

马铃薯环腐病是一种危害输导组织的细菌性病害，引起地上植株和地下块茎均表现明显症状。早期症状常引起植株萎蔫、死苗，感病严重的薯块作种薯时不出芽，或出芽后即死亡，造成缺苗断垄。中期症状主要表现为萎蔫型和枯斑型。萎蔫型症状植株叶片自下而上逐渐萎蔫下垂，叶片变灰色，部分植株株枯死，但叶片不脱落；枯斑型症状从植株基部叶片开始发病，逐渐向上蔓延，叶尖、叶缘呈褐色，叶肉呈黄绿色或灰绿色而叶脉仍为绿色，呈斑驳症状。晚期症状叶尖、叶缘干枯，叶片向内纵卷，重病株矮小，叶片上呈现枯斑后随即整株枯死。

块茎感病时，病薯外表无明显症状，纵切病薯，维管束呈淡黄色或乳黄色，严重后维管束变色部分环绕一周，病薯仅脐部皱缩凹陷变褐色。用手挤压维管束部分即与薯肉分离，组织崩溃，呈颗粒状，变色部分有黄白色菌脓溢出，无明显气味。

（二）病原

马铃薯环腐病病原为密执安棒形杆菌环腐亚种 [*Clavibacter michiganensis* sub-sp. *sepedonicus* (Spieckermann & Kotthoff) Davis et al.]，属厚壁菌门棒形杆菌属。菌体短杆状，无鞭毛，大小为（0.4～0.6）μm×（0.8～1.2）μm，单生或偶尔成双。菌落白色，薄而透明，有光泽，革兰氏染色阳性。该菌生长适宜温度为4～32℃，最适温度为20～25℃，55℃条件下经10min可致死，pH在7.0～8.4时适宜生长。

（三）发病规律

马铃薯环腐病病原菌主要在病薯中越冬，带菌种薯是马铃薯环腐病的主要初侵染源。

病菌随轻病种薯的调运作远距离传播，田间病菌可经由雨水、灌溉水等媒介传播。病菌只能从伤口侵入，经农事作业和昆虫等造成的伤口侵入块茎、匍匐茎、茎部及其他部分，通过切刀扩大侵染。地下部分的病菌也顺着维管束侵入匍匐茎，再扩展到新形成薯块的维管束组织中，造成环腐。

温度是影响马铃薯环腐病流行的主要环境因素，病害发生最适土温为 19～23℃，16℃以下症状出现少，当土温超过 31℃时，幼苗生长受到抑制，病害发生轻。此外，播种期、收获期与发病也有明显关系，播种早发病重，收获早发病轻。因夏播播种晚，收获期早，一般发病都轻。这也就是此病在我国主要流行于北方一季栽培区和南方冷凉山区的原因。

（四）防治方法

1. 农业防治

（1）选育抗病品种和种植无病健薯。目前我国已培育出了一批高抗环腐病的品种，如东农 303、双丰收、宁薯 1 号、万薯 9 号、克新 1 号等，可因地制宜在病区推广种植。同时，通过无病留种田留种，或采用芽栽和种植实生苗繁殖无病种薯，选择无病健薯进行种植。

（2）适宜地块种植并合理轮作。选择地势高、土壤疏松肥沃、土层深厚、易于排灌的沙质土壤地块种植马铃薯。可与十字花科或禾本科作物实行 3～4 年以上的轮作，不与茄科作物轮作，可降低发病率。

（3）加强田间管理和适时收获。及时铲蹚，消灭田间杂草，合理排灌，减少病菌在田间随水体传播扩散的机会，减轻病害发生程度。适时早收可减轻危害，北方较寒冷，到收获期及时收获，以防潮湿烂薯，贮藏窖内要干爽通风、温度适宜。

（4）小整薯播种。用小整薯播种，不用种薯切块播种，避免切刀传病，可设专用种子田，提高种植密度，以生产小薯作种。

（5）选种与消毒工作。播种前可做晒种和催芽处理，并淘汰病薯。种薯切块时必须做好切刀消毒工作，每人准备两把刀、一盆药水，浸刀消毒轮换用刀。可用 75％乙醇、3％苯酚液或 0.1％高锰酸钾溶液、5％甲酚皂（来苏水）溶液或 0.1％杜米芬等消毒。

2. 化学防治　采用药剂浸泡种薯。由于马铃薯环腐病病菌存在于维管束中，一般药剂很难杀死薯块内部的病菌，可用 50mg/kg 硫酸铜溶液浸泡种薯切块 10min，晾干后播种。

三、马铃薯黑痣病

马铃薯黑痣病又称立枯丝核菌病，在我国北方一作区如黑龙江、吉林、辽宁、河北以及内蒙古西部等地区发生普遍，发病率较高，一些产区由于无法实现轮作倒茬而致使该病害的发生危害日益严重。

（一）危害症状

马铃薯黑痣病主要侵害马铃薯的幼芽、茎基部及块茎。早期症状常使幼芽顶部出现褐色病斑，生长点坏死，阻滞幼苗生长发育，造成田间出苗晚或不出苗，长出的幼苗长势衰弱。中期症状主要是茎基部受侵染后出现环剥的褐色病斑，顶端萎蔫，顶部叶片向上卷曲并褪绿，严重时可造成植株直立枯死。晚期症状病征表现明显，在茎基部的地上茎表面，往往产生灰白色菌丝层，其上形成粉状担孢子。

（二）病原

马铃薯黑痣病病原无性态为立枯丝核菌（*Rhizoctonia solani* Kühn），属担子菌门丝核菌属；有性态为瓜亡革菌 [*Thanate phorus cucumeris*（Frank）Donk]，属担子菌门亡革菌属。初生菌丝无色，分枝呈直角或近直角，分枝处大多缢缩，并在附近产生 1 个横隔膜。菌核初为白色，后变为淡褐色或深褐色，菌核形成的适宜温度为 23～28℃。

（三）发病规律

马铃薯黑痣病菌以菌核附着在块茎上越冬，或以菌丝体随病残体在土壤中越冬，病菌可在土壤中存活 2～3 年。带菌种薯是翌年黑痣病的主要初侵染源，又可帮助病害远距离传播。翌春，当温湿度条件适宜时，菌核萌发并侵染马铃薯幼芽，迅速进入皮层和导管组织。一般连作或很少轮作的土壤，丝核菌的存活数量大，黑痣病发病较重。一般混杂品种发病重，新品种和种性纯度高的发病轻。较低的土壤温度和较高的土壤湿度有利于丝核菌的侵染。

（四）防治方法

1. 农业防治

（1）合理轮作。与小麦、玉米、大豆、多年生牧草等作物倒茬，实行 3 年以上轮作，避免重茬，来降低土壤中的病菌数量，以减轻该病发生。

（2）加强田间管理。选择地势平坦、易排涝的地块种植马铃薯。适时晚播和浅播，土温达到 7～8℃时适宜大面积种植，促进早出苗，缩短幼芽在土壤中的时间，减少病菌的侵染。田间发现病株应及时拔除，病穴内可撒入生石灰消毒。

2. 生物防治 研究表明，用荧光假单胞菌（*Pseudomonas fluorescens*）等根际细菌对马铃薯块茎进行细菌化处理，可防止马铃薯块茎上菌核的形成，从而起到一定的防病效果。

3. 化学防治

（1）种薯处理。可用 20％甲基立枯磷乳油 30～50mL、24％噻呋酰胺悬浮剂 30～50mL 或 2.5％咯菌腈悬浮种衣剂 100～200mL 等药剂稀释后进行拌种。

（2）垄沟喷药。播种后覆土前，每亩用 25％嘧菌酯悬浮剂 60～80mL，喷施到种薯切块和土壤中，然后覆土。

四、马铃薯黑胫病

马铃薯黑胫病又称黑脚病，在我国东北、华北、西北等马铃薯产区都有不同程度发生，南方和西南马铃薯栽培区也时有发生。若以带病块茎作种薯，病株率高达 100％，多雨年份可造成严重减产。

（一）危害症状

马铃薯黑胫病菌可侵染马铃薯的茎和块茎，植株茎基部呈墨黑色腐烂是此病的典型症状。发病早期症状表现为茎基部颜色呈黄褐色、浅褐色或黑褐色，叶片出现褪绿、黄化并上卷，植株节间缩短，生长势减弱，病株易从土中拔出。发病中期症状发展为茎基部与母薯连接处变黑，后向地面附近发展，形成黑胫，黑胫多呈现黑褐色至墨黑色，地下茎髓部往往变空。匍匐茎和茎除表皮变色外，茎部维管变褐色，茎横切面处可见 3 条主要的褐色维管束，呈黑褐色点状或短线状。发病晚期症状表现为茎基部呈黑色腐烂，整个植株变黄，呈萎蔫状，继而倒伏、死亡。

（二）病原

马铃薯黑胫病病原为胡萝卜欧文氏菌黑胫亚种，简称黑胫病欧文氏菌［*Erwinia caro-tovora* subsp. *atroseptica*（van Hal）Dye］，属薄壁菌门欧文氏菌属。菌体短杆状，周生鞭毛，大小为（1.3～1.9）μm×（0.53～0.60）μm。革兰氏染色阴性，在琼脂培养基上菌落呈灰白色、圆形。该菌对温度的适应范围比较广，10～38℃均能生长良好，25～27℃最适宜，45℃时则失去活力。

（三）发病规律

带菌种薯是马铃薯黑胫病的主要初侵染源，种薯切块是病害扩大传播的主要途径，田间病菌还可通过灌溉水、雨水、种蝇幼虫和线虫传播。病菌主要通过伤口侵入寄主，再经维管束髓部进入植株，引起地上部发病。病原细菌从病薯或病株释放到土壤中，可在残留于土壤中的病薯块和其他植株残体上存活，并对健康植株的幼根、新生的块茎和其他部分进行再侵染。

雨水多、低洼地、气温较高时发病重，土壤黏重、排水不良的低洼地块发病严重。

（四）防治方法

1. 农业防治

（1）选用抗病品种。不同马铃薯品种对黑胫病的抗（耐）病性是有差异，因此，应加强抗病新品种的选育，因地制宜筛选和种植抗（耐）病优良品种。

（2）采用无病种薯种植。可在播前进行晒种和催芽处理，淘汰病薯。建立无病留种田，严格管理，以获得无病种薯。为避免切刀传播，可采取整薯播种或切刀消毒的办法来减少病害发生。

（3）改进耕作制度并加强田间管理。合理轮作换茬，避免连作，适时早播；及时拔除田间病株并彻底销毁；注意排水，避免过量浇水，以免土壤湿度太大使病害加重；施足基肥，控制氮肥用量，增施磷、钾肥，增强植株抗病能力，并及时培土，防止薯块外露，施用腐熟的有机肥。

2. 化学防治　可用 0.01%～0.05%溴硝醇溶液浸泡种薯 15～20min、0.05%～0.10%春雷霉素溶液浸泡种薯 30min，或用 0.2%高锰酸钾溶液浸泡种薯 20～3min，晾干播种。发病初期可用 77%氢氧化铜可湿性粉剂 600～800 倍液，或 20%噻菌酮可湿性粉剂 1 000～1 500 倍液喷雾防治，每隔 5～7d 用 1 次，连用 3 次，注意交替用药。

五、马铃薯疮痂病

马铃薯疮痂病在我国黑龙江、辽宁、内蒙古、河北、山东、山西、陕西、甘肃、四川、贵州、湖南、湖北、云南等多个地区的马铃薯主产区均有不同程度的危害，近年来已成为影响我国马铃薯种薯生产的主要病害之一。

（一）危害症状

马铃薯疮痂病主要危害薯块，有时也侵害根系。早期症状在块茎表皮产生褐色斑点，以后逐渐扩大呈多角形或不规则形，病斑表面变得粗糙，中央破裂，形成稍隆起的木栓化组织，呈疮痂状。发病中期症状除了形成明显的疮痂外，有些病薯块病斑中部下凹，呈褐色至黑色干腐状，形成凹陷状病状；有的薯块病斑则呈隆起疱斑，病斑一般只限于块茎皮层，一般不裂开。晚期症状会在病薯表面形成明显的突起状、凹陷状、平状的病斑组织，且湿度较大时病斑上出现肉眼可见的灰白色病原菌菌丝。

（二）病原

马铃薯疮痂病的病原菌为疮痂链霉菌［*Streptomyces scabies*（Thaxter）Waksman et Henrici］，属放线菌门链霉菌属。孢子丝呈螺旋状，孢子灰色、光滑，病菌革兰氏染色阳性。病原菌的寄主范围较广，除侵害马铃薯外，还可侵害甜菜、萝卜、胡萝卜、芜菁、甘蓝等。

（三）发病规律

马铃薯疮痂病菌主要以菌丝在病薯和土壤中越冬。田间通过灌溉、雨水、风、农机具等传播，也可随带病种薯调运做远距离传播。病菌主要通过皮孔或伤口侵入薯块，在块茎生长期间可反复向薯块内层再侵染，使病斑逐渐深入和扩大，病斑上新生的菌丝体和孢子进入土壤，成为下一季的初侵染源。块茎形成早期易感病，薯块表皮的木栓层形成后病原菌就不能侵入。

马铃薯疮痂病菌可在土壤中存活多年，土壤、病薯和带菌粪肥是其翌年初侵染来源。北方地区碱性土壤中发病较重，南方酸性土壤中发病较轻；沙质土、有机质少的贫瘠土壤中发病较重，而沼泽土、泥炭土中发病少。马铃薯连作产区病菌大量积累，使得病害日益严重。

（四）防治方法

1. 农业防治

（1）选用抗病品种及无病种薯。中薯3号、川芋早、川芋4号、荷兰806和荷兰18等品种较抗疮痂病，栽培时要选用无病、脱毒率较高、薯形整齐、成熟、芽壮饱满的健康种薯种植。

（2）合理轮作和施肥。与豆科、百合科、禾本科作物进行4～5年轮作，可减轻病害的发生。增施绿肥或硫黄粉等酸性物质，不仅可以改善土壤酸碱度，而且会增加有益微生物，从而减轻发病。

2. 化学防治

（1）种薯药剂处理。用0.1%对苯二酚浸泡30min，或用0.2%甲醛溶液浸泡10～15min，用0.1%氯化汞、代森锰锌消毒种薯，对疮痂病的防治效果明显。

（2）土壤消毒处理。可用70%五氯硝基苯粉剂在病区进行土壤消毒，每公顷沟施15～20kg。重病区则需用氯化苦或溴甲烷熏蒸消毒土壤。

六、马铃薯田化学除草技术

因地域生态差异、气候条件、耕作制度、栽培方式、管理水平的不同，马铃薯田块杂草发生的类群时有不同，常见类群主要以禾本科杂草和阔叶类杂草为主，如马唐、硬草、稗草、狗尾草、千金子、早熟禾、牛筋草、野黍、棒头草、马齿苋、藜、荠菜、婆婆纳、反枝苋、铁苋菜、宝盖草、萹蓄、打碗花、香薷、地锦、苍耳等。杂草生活周期一般都比作物短，种子成熟后即散落田间，具有繁殖与再生力强、抗逆性强、光合作用效益高等生物学特性，在田间与马铃薯争夺养料、水分、阳光和空间，有些还是病虫的中间寄主，不仅对马铃薯生长产生竞争影响，还有利于病虫害发生。随着马铃薯良种繁育和高效栽培技术的不断发展，对化学除草技术的要求也越来越高。在马铃薯播前、播后苗前、苗后时期，主要通过土壤处理或茎叶处理化学防除杂草，除草剂使用应根据草相有针对性地安全用药。主要方法有：

（一）马铃薯播前化学防除田块及周边已出苗的各类杂草

每亩用 41% 草甘膦异丙胺盐水剂 200～250g 兑水 50kg，喷雾处理田内和田边周围已出苗的杂草茎叶。草甘膦是内吸传导型灭生性除草剂，有较好的内吸传导作用，且对恶性多年生杂草起到一定的根除作用。草甘膦入土后很快与铁、铝等金属离子结合而失去活性，对马铃薯地下部分安全。

每亩用 20% 草铵膦水剂 240～400g 兑水 60kg，喷雾处理已出苗的各类杂草茎叶。草铵膦是触杀型灭生性除草剂，触杀效果显著。许多杂草对草铵膦敏感，在对草甘膦产生抗性的地区可以作为草甘膦的替代品使用。草铵膦接触土壤后会被土壤中的微生物迅速分解而失效，故对多年生杂草没有根除作用。

（二）马铃薯播后苗前或移栽前除草剂土壤处理

1. 禾本科杂草为主的马铃薯田块除草剂土壤处理

（1）每亩用 90% 乙草胺乳油 25～30mL 兑水 15～30kg，或用 48% 氟乐灵乳油 50～80mL 兑水 15～30kg，均匀喷于土表。两种药剂均对马唐、牛筋草、狗尾草、旱稗、千金子、硬草等一年生禾本科杂草防除效果良好，对马齿苋、反枝苋、婆婆纳等阔叶杂草也有一定的防除效果。

（2）每亩用 33% 二甲戊灵乳油 150～200mL 兑水 40～50kg，或 20% 敌草胺乳油 200～300g 兑水 40～50kg，均匀喷洒土表。两种药剂均可有效地防除一年生禾本科杂草及部分阔叶杂草，如稗草，马唐、狗尾草、早熟禾、千金子、牛筋草、马齿苋、藜、蓼、繁缕等。在土壤湿润条件下，除草效果好，若土壤干旱应先浇灌再施药，以提高防效。

2. 阔叶草为主的马铃薯田除草剂土壤处理

（1）每亩用 70% 嗪草酮可湿性粉剂 66～76g 兑水 30kg，均匀喷布土表。可防除多种阔叶杂草和某些禾本科杂草，如藜、蓼、马齿苋、苦荬菜、繁缕、匾蓄、苍耳、稗、狗尾草等。

（2）每亩用 50% 利谷隆可湿性粉剂 100～125g 兑水 40～50kg，均匀喷洒于土表。该药剂为选择性芽前、芽后除草剂，具有内吸和触杀作用，可以防除多种阔叶杂草和禾本科杂草，如马唐、稗草、牛筋草、狗尾草、早熟禾、苋、藜、繁缕等。土壤干旱时配合灌水可提高药效。

3. 禾本科杂草和阔叶杂草混生马铃薯田除草剂土壤处理

（1）每亩用 25% 绿麦隆可湿性粉剂 250～300g 兑水 40～50kg，或用 25% 噁草酮乳油 100～150mL 兑水 6kg，均匀喷洒于土表。绿麦隆为选择性内吸传导型土壤处理剂，噁草酮为选择性触杀型土壤处理剂，两种药剂均可有效防除一年生禾本科杂草和阔叶杂草，如马唐、稗草、千金子、狗尾草、牛筋草、繁缕、婆婆纳、铁苋菜、蓼、藜等，均在土壤湿润时药效发挥良好。但绿麦隆在土壤中残效期长、分解慢，应先考虑对后茬作物的影响。

（2）每亩用 42% 乙·乙氧乳油 70～120mL 兑水 60～120kg，或 24% 乙氧氟草醚乳油

40～50mL 兑水 60kg，均匀喷洒于土表。可防除千金子、马唐、牛筋草、硬草、棒头草、繁缕、蓼、婆婆纳、苘麻等多种一年生杂草，对多年生杂草效果差。两种药剂使用时勿使药剂污染水源。

（3）除草剂混用。

①乙草胺混异噁草松。每亩用 90％乙草胺乳油 100～130mL 混 48％异噁草松乳油 50～65mL。

②异丙甲草胺混嗪草酮。每亩用 72％异丙甲草胺乳油 90～110mL 混 70％嗪草酮可湿性粉剂 30～40g。

以上两种混用药剂在马铃薯播后苗前做土壤处理均能有效防除多种一年生禾本科杂草和阔叶杂草。

（三）马铃薯苗后选择性除草剂茎叶处理

1. 用选择性内吸传导型茎叶处理剂 马铃薯苗后田间一年生禾本科杂草 2～6 叶期，每亩用 15％精吡氟禾草灵乳油 30～60mL，或 10.8％高效氟吡甲禾灵乳油 20～30mL，或 10％喹禾灵乳油 60～80mL，兑水 40～60kg 均匀喷雾杂草茎叶；田间以多年生禾本科杂草为主时，在生长旺盛期，每亩用 15％精吡氟禾草灵乳油 80～120mL，或 10.8％高效氟吡甲禾灵乳油 40～50mL，或 10％喹禾灵乳油 150～250mL，兑水 40～60kg 均匀喷雾杂草茎叶。此种方法能有效防除看麦娘、硬草、千金子、马唐、牛筋草、狗尾草、棒头草等禾本科杂草，但均对阔叶杂草和莎草科杂草无效。高效氟吡甲禾灵、精吡氟禾灵和喹禾灵 3 种药剂均对禾本科作物敏感，应充分考虑马铃薯临近田块麦类、玉米等禾本科作物的安全，注意施药安全距离，以免产生飘移药害。

2. 马铃薯田块禾本科杂草 2 叶期至分蘖期用药 每亩用 20％烯禾啶乳油 60～100mL 或 12％精噁唑禾草灵乳油 30～45mL，兑水 40～50kg，均匀喷雾杂草茎叶。能有效防除一年生禾本科杂草，如旱稗、狗尾草、马唐、牛筋草等，适当提高用量也可防除狗牙根等多年生禾本科杂草。

（四）马铃薯田块除草剂使用注意事项

1. 土壤浇足底墒 多种除草剂在土壤湿润条件下才能发挥良好的除草效果。如播种前土壤干旱，应先浇灌再播种，不仅有利于马铃薯苗期生长，还可以很好地提高除草剂的防效。

2. 土块颗粒整地要细 要细耙土块，避免土块中杂草种子接触不到药剂，土块散开后仍能出草。

3. 必要时药剂混用 在阔叶杂草较多的田块，可考虑同其他除草剂合理混用。

4. 注意防止药害 对氟乐灵等施入土壤后残效期较长的药剂，应充分考虑马铃薯田下茬作物高粱、水稻等敏感作物的安全，避免出现残留药害；对高效氟吡甲禾灵、精吡氟禾灵和喹禾灵等对禾本科作物敏感的除草剂使用时，要注意对马铃薯临近小麦、玉米等作物的安全，避免产生飘移药害。

5. 注意化学除草时期 覆膜种植的马铃薯地块，由于农膜直至马铃薯收获才能完全去除，所以化学除草只有在马铃薯播后苗前做土壤处理，一旦覆盖地膜，无法再进行化学防除。若土壤处理除草效果较差时需人工除草。

》》任务实施

一、资源配备

1. 材料与工具　马铃薯种薯，切刀，0.5% 高锰酸钾溶液或 75% 乙醇溶液等消毒液，不同除草剂、喷雾器等，马铃薯环腐病、马铃薯黑痣病、黑胫病、疮痂病病薯浸渍标本，马铃薯脱毒视频。

2. 教学场所　马铃薯试验田、实验室或实训室。

3. 师资配备　每 15 名学生配备 1 位指导教师。

二、操作步骤

1. 马铃薯种薯处理

（1）马铃薯环腐病病薯的观察。观察病薯横切面维管束是否变色，挤压时有无细菌性脓液渗出。

（2）马铃薯拌种。种薯切块后，针对不同防治目标选择药剂配成母液、稀释，均匀地喷洒在薯块上，摊开阴干。

2. 封闭除草　根据往年田间情况选择适宜的除草剂，准确计算农药剂量和兑水量，掌握二次稀释法配药。

三、技能考核标准

马铃薯播前、生长前期植保技术技能考核参考标准见表 12-1-1。

表 12-1-1　马铃薯播前、生长前期植保技术技能考核参考标准

考核内容	要求与方法	评分标准	标准分值/分	考核方法
种薯处理 （20分）	掌握药剂种薯处理技术	根据药剂种类、浓度使用适当准确程度酌情扣分	20	单人考核，口试评定成绩
生长前期病害识别 （40分）	正确识别马铃薯环腐病、黑痣病、黑胫病和疮痂病	根据叙述的完整性及准确度酌情扣分	40	
化学除草技术 （40分）	在马铃薯播前、播后苗前、苗后时期，根据草相有针对性地安全用药	根据除草有效程度酌情扣分	40	

》》思　考　题

1. 为什么说马铃薯播前种薯处理在马铃薯栽培及病害防控中极为重要？种薯处理的技术措施有哪些？

2. 请说明马铃薯环腐病和马铃薯黑胫病的病原，并描述和区分两种病害的典型症状。

3. 请说明马铃薯黑痣病和马铃薯疮痂病的侵染循环特点。

4. 马铃薯田块常见杂草有哪些？在播后苗前用于土壤处理的除草剂有哪些？

思考题参考

答案 12-1

任务二　马铃薯生长中后期植保措施及应用

▶▶任务目标

通过对马铃薯生长中后期主要病虫害发生规律等内容的学习，能识别生长中后期的主要病虫害，综合分析发生规律与原因，提出科学、安全、有效的防治技术措施。

马铃薯生长中后期的植保措施主要针对马铃薯晚疫病、早疫病、病毒病、马铃薯甲虫、马铃薯瓢虫等病虫害的防治。

▶▶相关知识

一、马铃薯晚疫病

马铃薯晚疫病属世界性病害，可造成毁灭性损失。该病在我国云南、四川、重庆、湖南、广西、广东等多雨省份发生普遍，其危害损失程度与当地的降水量、品种抗病性以及所采取的防治措施有关。病害严重发生时，植株提前枯死，产量损失高达20%～40%，甚至绝收。尽管世界各国培育和推广了一些抗病品种，但晚疫病病菌生理小种的快速变化，依然威胁着马铃薯生产。

（一）危害症状

马铃薯晚疫病可危害马铃薯叶片、叶柄、地上茎以及地下块茎。叶片发病症状典型，发病早期叶片病斑多从叶尖和叶缘处发生，初为水渍状褪绿斑，后扩大为半圆形至圆形暗绿色病斑，病斑边缘不明显。发病中期，在冷凉和高湿条件下，病斑扩展速度快，叶背出现白色霉层，即病原菌的孢囊梗和孢子囊；天气干燥时，病斑扩展慢，干燥变褐，很少有霉层，病斑质地干脆、易裂。发病晚期，地上茎部易受害，形成褐色条斑，潮湿时，易出现白色稀疏霉层，组织坏死后，导致地上茎软化甚至崩解，造成该茎及其上的叶片死亡。块茎感病时，形成淡褐色或紫褐色不规则病斑，稍凹陷，薯肉呈不同程度的褐色坏死。

（二）病原

马铃薯晚疫病病原为致病疫霉 [*Phytophthora infestans*（Mont.）de Bary]，属卵菌门疫霉属真菌。致病疫霉寄生专化性较强，一般在植株或薯块上才能生存，寄主范围较窄，在我国主要侵染马铃薯和番茄等茄科作物。无性繁殖时，孢囊梗从气孔伸出，纤细、无色，其上孢子囊无色、椭圆形或柠檬形，顶部有乳状突起。游动孢子肾脏形，具2根鞭毛。有性生殖产生卵孢子。

（三）发病规律

马铃薯晚疫病病菌主要以菌丝体在病薯中越冬。带菌种薯是主要的初侵染来源。病薯播种后，多数病芽失去发芽力或出土前腐烂，有一些病芽尚能出土形成病苗，即田间发病中心。温湿度适宜时，中心病株上的孢子囊借助气流向周围健康植株传播扩散，也可随雨水或灌溉水进入土中，从伤口、芽眼及皮孔等处侵入

马铃薯晚疫病发生规律

块茎，形成新病薯。

晚疫病菌再侵染十分频繁，在一个生长季可发生多次再侵染，病原菌当季就能大量累积，是一种典型的单年流行性病害，气象条件与病害的发生和流行有极为密切的关系。一般天气潮湿而阴沉，早晚多雾、多露或经常阴雨连绵，有利于该病的发生。我国华北、西北和东北地区，马铃薯春播秋收，7—8月的降水量对病害发生影响很大。

马铃薯晚疫病的发生还与品种的抗性密切相关，其抗性主要表现为垂直抗病性和水平抗病性。也与生育期、耕作和栽培技术有一定的关系，一般幼苗期抗病力强，而在生长后期，尤其是近开花末期最易感病。地势低湿、排水不良、播种过密，造成田间小环境湿度大，是病害发生的有利条件。

（四）防治方法

1. 农业防治

（1）选用抗病品种和产地检疫。选用抗病品种种植是防治马铃薯晚疫病最经济、最有效的方法。可选用中薯 4 号、冀张薯 3 号、克新 8 号、克新 16、云薯 103、合作 88、鄂马铃薯 3 号等品种。另外，要严格执行种薯准入制度，实行产地检疫，防止病害蔓延，这对于新的马铃薯种植区尤为重要。

（2）选用无病种薯。选用脱毒种薯或播前精选种薯。种薯切块必须做好切刀消毒工作，可用 75％乙醇、3％甲酚皂溶液、0.5％高锰酸钾溶液浸泡切刀 5～10min 进行消毒，要准备多把切刀，切到病薯随即换用消毒刀。

（3）建立无病留种田。无病留种田应与大田相距 5km 以上，以减少病原菌传播侵染的机会，并严格实施各种防治措施。

（4）高垄栽培。高垄栽培既有利于块茎生长与增产，又有利于田间通风透光、降低小气候环境湿度，不利于病菌的传播和萌发，能有效抑制病害发生。

（5）加强栽培管理。选择沙性较强或排水良好的地块种植。适时早播，不宜过密。合理灌溉，注意排水。发现晚疫病中心病株及时清除，将病株和周围病叶及时带到田外集中深埋或焚烧。

2. 化学防治

（1）种薯药剂处理。使用 72％霜脲氰·代森锰锌可湿性粉剂 600～800 倍液对种薯进行拌种处理，在大面积使用前应做必要的试验，以免药剂处理影响马铃薯出苗率，从而造成不必要的损失。

（2）生长期化学防治。若田间发现中心病株，可交替喷施持效期长、内吸性的治疗剂和保护剂，如每亩使用 68.75％氟吡菌胺·霜霉威悬浮剂 75～100mL、25％双炔酰菌胺悬浮剂 40mL 或 52.5％唑菌酮·霜脲氰水分散粒剂 12.5～25.0g，根据病情每隔 10～15d 喷施 1 次，连续喷施 2～3 次。

二、马铃薯早疫病

马铃薯早疫病也称轮纹病，属世界性病害。2000 年以来我国河北、内蒙古、黑龙江、甘肃、宁夏和山东等大多数马铃薯种植地区早疫病发生与危害一直呈上升趋势。一般可造成减产 10％左右，在发生严重的地块产量损失率达 30％以上，也可造成绝收。

（一）危害症状

马铃薯早疫病主要危害叶片，也可危害叶柄、茎和块茎。同晚疫病相似，叶片发病症状典型，多从植株下部叶片开始，逐渐向上部蔓延。早期叶片上多在靠近叶脉处首先出现圆形褐色凹陷的小斑点，后逐渐扩大形成黑褐色病斑，病健交界明显，病斑周围有 1 条狭窄的褪绿黄色晕圈，以后逐渐消失。中期叶片上形成明显的三角形或不规则形的病斑，病斑上有深浅相间同心轮纹，清晰可见。适合条件下，病斑上易产生黑褐色霉层，即病菌的分生孢子梗和分生孢子。晚期症状，有的叶片上产生数量较多的暗褐色或黑色、形状不规则的小坏死斑，有时病斑连接形成大病斑，进而导致叶片变黄、干枯并脱落，最终造成整株死亡。

（二）病原

马铃薯早疫病病原为茄链格孢 ［*Alternaria solani*（Ellis et Martin）Sorauer］，属半知菌类链格孢属真菌。分生孢子梗单生或 2～5 根丛生，淡褐色，顶端色淡，正直或屈膝，不分枝或罕见分枝，圆筒形，具 1～5 个分隔。分生孢子通常单生，倒棍棒形，黄褐色或青褐色，具横隔膜 4～12 个，纵、斜隔膜 0～5 个，隔膜处常有缢缩。病菌生长适宜温度为 26～28℃，光照是菌丝分化、形成分生孢子梗的必要条件。

（三）发病规律

早疫病菌以菌丝体和分生孢子在病薯、土壤中的病残体或其他茄科植物上越冬，成为翌年的初侵染源。分生孢子借助风、雨或昆虫携带向四周传播。病菌通过表皮、气孔或伤口侵入叶片和茎组织。病菌以分生孢子多次再侵染，使病害在田间快速蔓延，造成早疫病的发生流行。

高温干燥条件有利于马铃薯早疫病发生，尤其在湿润和干燥交替的气候条件下，病害发展最迅速。一般早熟马铃薯品种易感病，而晚熟品种则较抗病。苗期至孕蕾期抗病性最强，始花期抗病性开始下降。高氮和低磷施肥可显著降低早疫病的发生，主要原因是氮肥的使用延缓了植株的衰老。

（四）防治方法

1. 农业防治

（1）选用抗病品种。国内抗性品种有东农 303、晋薯 7 号和克新 1 号。

（2）加强栽培管理。收获后清除田块中的病残体，以减少下一年的初侵染源；花期后适量增加氮肥，延缓叶片衰老，提高植株的抗病性。

2. 化学防治

一般在马铃薯盛花期后开始施药，每隔 7～10d 喷施 1 次，直至收获。可用药剂有 25%嘧菌酯悬浮剂 1 500～2 000 倍、75%代森锰锌水分散粒剂 600～800 倍液、10%苯醚甲环唑水分散粒剂 1 000～1 500 倍液和 20%烯肟菌胺·戊唑醇悬浮剂 1 000～1 500倍液等，其中嘧菌酯防控效果最好。

三、马铃薯病毒病和类病毒病

马铃薯病毒病和类病毒病在我国发生普遍，一方面造成品质退化，另一方面造成产量损失。马铃薯病毒病和类病毒病造成的损失在不同地区、不同田块有很大差别，一般轻者减产 10%左右，重者减产 50%～70%。

(一)危害症状

1. 马铃薯普通花叶病 由马铃薯 X 病毒单独侵染引起,常见的症状为轻花叶,即感染病毒的马铃薯植株生长发育正常,叶面平展,只有病株的中上部叶片表现浓淡不一的轻微花叶或斑驳花叶。气温过高或过低易发生隐症现象。

2. 马铃薯条斑花叶病 由马铃薯 Y 病毒单独侵染引起,症状通常表现为病株叶片背面、叶脉、叶柄及茎上均出现黑褐色坏死条斑,而且叶片、叶柄及茎部均变脆易折。生育中后期,病株叶片由下至上干枯而不脱落,其顶部叶片常出现失绿斑驳花叶或轻皱缩花叶。

3. 马铃薯皱缩花叶病 由马铃薯 X 病毒和马铃薯 Y 病毒复合侵染所致。病叶呈皱缩花叶状,小叶尖向下弯曲,叶脉、叶柄、茎上都有黑褐色坏死条斑。植株生长缓慢,明显矮化,呈绣球状。感病严重时花蕾掉落,不能开花,早期枯死。

4. 马铃薯卷叶病 由马铃薯卷叶病毒引起。病株叶片边缘以主脉为中心向上卷曲,严重时卷成筒状,病叶质脆易折,叶色变淡,有时叶背呈现紫红色,整个植株直立矮化。

5. 马铃薯纺锤块茎病 由马铃薯纺锤块茎类病毒引起。叶柄与主茎的夹角变小,常呈锐角向上竖起,呈半开半合状和扭曲,顶部叶片除变小、卷曲、耸立外,有时叶片背面呈紫红色。

此外,还有马铃薯 S 病毒(PVS)、马铃薯 A 病毒(PVA)、马铃薯 M 病毒(PVM)、黄瓜花叶病毒(CMV)、烟草花叶病毒(TMV)、苜蓿花叶病毒(AMV)、烟草脆裂病毒(TRV)、马铃薯黄矮病毒(PYDV)等,它们单独侵染主要引起微型花叶症状,也可多种组合引起复合侵染,危害相对较轻。同一种病毒有不同株系,加之马铃薯品种间对各种病毒表现的抗病性不同,使病毒病症状变化很大,表现复杂。

(二)病原

1. 马铃薯 X 病毒(*Potato virus X*,PVX) 属 α 线形病毒科马铃薯 X 病毒属(*Potexvirus*)。病毒粒体为弯曲长杆状,存在于细胞质中,稀释限点为 $1 \times 10^{-5} \sim 1 \times 10^{-6}$,体外存活期为 $60 \sim 90d$,血清反应阳性,致死温度为 $68 \sim 76℃$。病毒传播方式为汁液传播,寄主有烟草、辣椒、藜、洋酸浆、假酸浆、曼陀罗、龙葵、尾穗苋、青葙、千日红。

2. 马铃薯 Y 病毒(*Potato virus Y*,PVY) 属马铃薯 Y 病毒科马铃薯 Y 病毒属(*Potyvirus*)。病毒粒体为弯曲长杆状,稀释限点为 $1 \times (10^{-3} \sim 10^{-2})$,体外存活期为 $2 \sim 3d$,血清反应阳性,致死温度为 $52 \sim 62℃$。病毒传播方式为汁液、昆虫传播,寄主有烟草、洋酸浆、假酸浆、藜、枸杞、毛曼陀罗、辣椒等。

3. 马铃薯卷叶病毒(*Potato leaf roll virus*,PLRV) 属马铃薯黄症病毒科马铃薯卷叶病毒属(*Polprovirus*)。病毒粒体为球状,稀释限点为 1×10^{-4},体外存活期为 $3 \sim 4d$,血清反应阳性,致死温度为 $70℃$。病毒传播方式为汁液传播,寄主有曼陀罗、洋酸浆、番茄等。

4. 马铃薯纺锤形块茎类病毒(*Potato spindle tuber viroid*,PSTVd) 属马铃薯纺锤块茎类病毒科马铃薯纺锤形块茎类病毒属(*Pospiviroid*)。和病毒不同,类病毒是一种具有传染性的单链 RNA 病原体,比病毒要小,并且没有病毒通常所有的蛋白质外壳。

(三)发病规律

马铃薯病毒病的初侵染来源主要是带毒的种薯,田间再侵染主要通过病、健株的接触摩擦带毒汁液传播和通过昆虫介体传播。农用机具传播和田间作业也是田间重要的传播途径。

影响病毒病发生轻重的环境因素主要是温度。在马铃薯生长期间，尤其是结薯期处于高温环境，发病严重，并加速种薯退化。另外，高温干燥的气候环境有利于传毒蚜虫的大量发生和迁飞，使得病毒迅速传播，常在短期内造成全田严重发病。

（四）防治方法

1. 农业防治

（1）选用无毒种薯。一是建立无毒种薯繁育基地，获得无毒种薯供留种田繁殖种薯用。留种田应与一般生产田和其他中间寄主田距离 50m 以上，并适当迟播早收，降低种薯带毒率。二是使用脱毒无毒种薯。此外，严格挑选无病种薯，并在早春催芽，通过幼芽鉴定，选择无毒芽的母薯繁殖，也可获得无毒种薯。

（2）种薯热处理消毒。带毒种薯在 35℃条件下处理 56d 或在 36℃条件下处理 39d 可以钝化种薯内的卷叶病毒。

（3）改进栽培管理。主要是使马铃薯避免在高温条件下结薯和促进早熟增产，可因地制宜地调节播期，如春薯冬播、适期早播或夏播留种；高畦栽培，小水沟灌，降低地温，为马铃薯结薯创造冷凉条件；增施有机肥料，增强植株抗病力；等等。

2. 化学防治 采取防蚜避蚜措施消灭传毒媒介，田间出现蚜虫时应及早防蚜，减少病毒传播。可选用 50％抗蚜威可湿性粉剂、10％吡虫啉可湿性粉剂或 20％甲氰菊酯乳油兑水配成 1 500～2 000 倍液喷雾防治，间隔 7～10d，连续防治 2～3 次。

四、马铃薯青枯病

马铃薯青枯病在我国主要发生在云南、贵州、四川、湖北、湖南、广东、广西、福建和台湾等长江流域及其以南的马铃薯产区。该病为系统性侵染病害，植株一旦受侵染，往往导致整株死亡，具有毁灭性，其危害程度仅次于马铃薯晚疫病。

（一）危害症状

马铃薯青枯病在马铃薯幼苗和成株期均能发生。一般幼苗期不明显，多在现蕾开花后急性显症，表现为叶片、分枝或植株急性萎蔫，叶片浅绿色，短期内造成全株茎、叶萎蔫枯死，但病株仍保持青绿色，叶片不脱落，随后叶脉逐渐变褐，茎部出现褐色条纹。横切病株茎部可见维管束变褐，用手挤压有污白色菌脓从切口处溢出。

（二）病原

马铃薯青枯病病原为茄劳尔氏菌 [*Ralstonia solanacearum*（E. F. Smith）Comb. Nov.]，属薄壁菌门劳尔氏菌属细菌。菌体单细胞，短杆状，两端钝圆，大小为（0.9～2.0）μm×（0.5～0.8）μm，极生 1～3 根鞭毛。在肉汁葡萄糖琼脂培养基上，菌落圆形或不规则形，稍隆起，平滑有光泽。革兰氏染色阴性。

（三）发病规律

马铃薯青枯病是一种典型的维管束病害，病菌随病残体、带菌肥料和田间的其他感病寄主残体在土壤中越冬，成为翌年发病的初侵染源。病菌通过雨水、灌溉水、肥料、病苗、昆虫、人畜、生产工具等传播。从根部或茎基部伤口侵入，破坏维管束组织，阻碍水分正常运输，导致植株萎蔫。

高温高湿是青枯病发生和流行的主要环境因素，尤其是雨后转晴，太阳暴晒，土温升高，气温升至 30～37℃，最有利于青枯病流行。连作地、低洼地、土质黏重、排水条件差、土壤偏酸的地块发病重。

（四）防治方法

1. 农业防治

（1）选用抗病品种。目前，较抗青枯病的品种有克新 4 号、东引 1 号、大西洋、新芋 4 号等，生产者可以根据区域特性选用不同的品种或品系。

（2）选用无病种薯。在无青枯病发生的地区或高海拔的区域，选择隔离条件好、气候凉爽、光照充足、交通便利的地方，建立无病良种繁育基地，为马铃薯产区提供无病种薯，也可从无病种薯产区进行调用。

（3）实行轮作。与十字花科或禾本科作物 4 年以上轮作，最好与禾本科作物（如水稻）进行水旱轮作，能明显减轻病菌的侵染危害。不与茄科蔬菜、花生、大豆等作物连作或邻作。

（4）加强栽培管理。清洁田园，翻晒土壤，施适量生石灰，降低土壤酸度。及时清除田间早期病株。注意田间排水，避免大水漫灌。多施优质有机肥和生物有机肥、磷钾肥，减少尿素等化肥的用量，增强植株抗病能力。

2. 化学防治　预防为主，发病前可用 30％王铜悬浮剂 500 倍液、80％乙蒜素乳油 500 倍液、53.8％氢氧化铜悬浮剂 1 000 倍液等灌根，每株灌药液 0.25～0.5kg，每隔 7～10d 灌 1 次，连续防治 2～3 次，交替轮换用药效果更佳。

五、马铃薯甲虫

马铃薯甲虫 [*Leptinotarsa decemLineata* (Say)] 属鞘翅目叶甲科，又称马铃薯叶甲，是我国的对外检疫对象。1993 年马铃薯甲虫传入我国新疆边境地区，后由西向东继续扩散，疫情已经威胁到甘肃乃至全国马铃薯的安全生产。

（一）危害症状

马铃薯甲虫最喜食的寄主是马铃薯，还危害茄子、辣椒、番茄、烟草等，主要以成虫和 3～4 龄幼虫暴食寄主叶片进行危害。危害初期，叶片出现大小不等的孔洞或缺刻，严重时可将叶肉吃光，留下叶脉和叶柄，尤其是马铃薯始花期至结薯期受害，对产量影响最大。

（二）形态特征

1. 成虫　体长 9～12mm、宽 6.1～7.6mm，短椭圆形，体背显著隆起。淡黄色至红褐色，体色鲜亮，有光泽，多数具黑色条纹斑。触角 11 节。前胸背板隆起，小盾片光滑，黄色至近黑色。鞘翅卵圆形，隆起，每一鞘翅有 5 个黑色纵条纹，全部由翅基部伸达翅端，鞘翅刻点粗大，沿条纹排成不规则的刻点行。

2. 幼虫　共 4 龄，体色随着龄期的变化较明显。1～2 龄幼虫体色红褐色，无光泽；3～4 龄幼虫体色变淡，背部明显隆起且两侧各有两排黑色斑点。

3. 卵　长椭圆形，长 1.5～1.8mm，宽 0.7～0.8mm，两端钝尖，橙黄色，少数为橘红色。

4. 蛹　为离蛹，椭圆形，长 9～12mm，宽 6～8mm，橘黄色或淡红色。

（三）发生规律

在我国新疆马铃薯甲虫发生区，1 年可发生 1～3 代，以 2 代为主。成虫在土壤内越冬，翌年 5 月上、中旬当土温回升到 14～15℃时开始出土，陆续迁入刚出苗的马铃薯田，5 月中旬田间成虫数量达到高峰，并大量产卵。产卵块于叶背面，每卵块含卵 12～80 粒，卵期为 5～7d。第一代幼虫危害期为 5 月下旬至 6 月中旬，幼虫期为 15～34d，老熟幼虫在离被害株 10～20cm 的半径范围内入土化蛹，成虫羽化高峰期为 6 月底。第二代幼虫危害期为 7 月上旬至 8 月中旬，化蛹期为 7 月下旬至 8 月下旬，成虫始见于 7 月底，8 月上旬为出土高峰期。8 月中旬后，田间马铃薯被害严重，植株早衰黄枯，引起甲虫食物环境恶化，大部分成虫爬行至田外，转入临近的茄子、番茄田继续取食危害。第二代成虫 8 月中、下旬开始入土休眠准备越冬，少数发育较晚的第二代成虫最晚于 9 月底 10 月初入土越冬。

成虫具假死习性，受惊后易从植株上掉落。卵产于寄主植株下部的嫩叶背面，偶产于叶表和田间各种杂草的茎、叶上。3～4 龄幼虫具有暴食性，占总取食量的 94%。土壤类型影响马铃薯甲虫越冬死亡率，沙质土壤中越冬成虫死亡率最低，而黏土中越冬成虫的死亡率最高。

马铃薯甲虫的天敌主要有两大类：捕食性天敌有二点益蝽、斑腹刺益蝽、巨盆步甲、斑大鞘瓢虫等；寄生性天敌有矛寄蝇、叶甲卵姬小蜂等。

（四）防治方法

1. 加强检疫　马铃薯甲虫主要通过贸易途径进行传播。来自疫区的薯块、水果、蔬菜、原木及包装材料和运载工具均有可能携带此虫。

2. 农业防治

（1）轮作倒茬、秋翻冬灌。在马铃薯甲虫发生严重地区实行与非茄科蔬菜或大豆、玉米、小麦等作物轮作倒茬，恶化其生活环境，中断其食物链，达到逐步降低害虫种群数量的目的。马铃薯收获后进行秋翻冬灌，破坏马铃薯甲虫的越冬场所，可显著降低越冬成虫虫口基数。

（2）适期晚播。适当推迟播期，避开马铃薯甲虫出土危害及产卵高峰期。一方面增加自然死亡率，从而减少产卵量；另一方面可使出土成虫与其天敌发生期相遇，充分发挥生物控制的作用。

3. 物理防治　利用马铃薯甲虫的假死性和早春成虫出土零星不齐、迁移活动性较弱的特点，从 4 月下旬开始动员和组织农户人工捕杀越冬成虫、捏杀叶背卵块，这是降低虫源基数最有效的措施。

4. 生物防治　利用苏云金杆菌、白僵菌等微生物源农药防治马铃薯甲虫效果明显。

5. 化学防治　在幼虫 3 龄以前进行化学防治，常用的药剂有 2.5%高效氯氟氰菊酯乳油 1 000 倍液、2.5%多杀霉素悬浮剂 1 000～1 500 倍液、2.5%溴氰菊酯乳油 500 倍液等，在低龄幼虫高峰期进行喷雾防治，每隔 7～10d 喷洒 1 次，根据虫情连续喷洒 2～3 次。注意交替用药，以免产生抗药性。

六、马铃薯瓢虫

马铃薯瓢虫［*Henosepilachna vigintioctomaculata*（Motschulsky）］又称二十八星瓢虫，属鞘翅目瓢甲科。在我国主要分布在北方，包括东北、华北和西北等地。寄主有马铃薯、茄子、番茄、辣椒、豆类、瓜类、龙葵、小蓟、藜、野苋菜等 20 多种作物和杂草，但主要危害茄科植物，最为喜食马铃薯。

（一）危害症状

成虫、幼虫均可危害，主要取食叶片，也可危害果和嫩茎。被害叶片叶肉被啃食，残留表皮，形成不规则、近乎平行的半透明凹细纹，后变为褐色斑痕，甚至会导致叶片枯萎，有时可将叶片吃成空洞或仅留叶脉。

（二）形态特征

1. 成虫 体长 6.0～8.3mm、宽 5.0～6.5mm，半球形，体背黄褐至红褐色，体躯表面密生黄灰色绒毛。头扁而小，藏于前胸下。鞘翅上共有 28 个黑斑，鞘翅基部 3 个黑斑与后面的 4 个黑斑不在一条直线上，两鞘翅合缝处有 1～2 对黑斑相连。

2. 幼虫 末龄幼虫体长 9～10mm、宽约 3mm，长卵形，体黄褐色或黄色，体背各节有黑色枝刺，枝刺基部具淡黑色环状纹。前胸及腹部第八、第九节各有枝状突 4 个，其他各节每节具有 6 个。

3. 卵 纺锤形，长 1.3～1.5mm，底部膨大，初产时鲜黄色，后变为黄褐色，有纵纹。

4. 蛹 为裸蛹，长 6～8mm，椭圆形，淡黄色，体表被有稀疏细毛，羽化前可出现成虫的黑色斑纹。

（三）发生规律

马铃薯瓢虫在我国东北、华北等地每年发生 2 代，少数只发生 1 代，江苏发生 3 代。以成虫在背风向阳的各种缝隙或隐蔽处群集越冬，石缝、墙缝、屋檐、杂草、灌木根际也都是良好的越冬场所。大部分越冬代成虫 9 月中旬开始向越冬场所迁移，到 10 月上旬基本进入越冬。在北方，越冬成虫多于 5 月先后出蛰活动，出蛰时期与气温密切相关，一般当日平均气温达 16℃以上时即开始活动，达到 20℃则进入活动盛期。

成虫有明显的假死性，中午前后活动活跃，早晚常停息在叶片背面。6—8 月为产卵期，卵多产在马铃薯叶片背面形成卵块，每个卵块 10 余粒卵，产卵期可长达 1～2 个月。卵期为 5～7d。初孵幼虫群集叶背 6～7h 静止不动，随后开始取食。6 月下旬至 7 月上旬为第一代幼虫严重危害期，7 月中、下旬为化蛹盛期，蛹经过 5～7d 羽化为成虫，7 月下旬至 8 月上旬为第一代成虫的产卵盛期。8 月中旬为第二代幼虫危害最严重的时期。第二代成虫于 8 月中旬至 9 月上旬羽化，一直延续到 10 月上旬，此代成虫取食交尾但不产卵，随后逐渐向越冬场所转移进入越冬。

马铃薯瓢虫喜欢温湿度较高的环境条件。如早春气温回升快，温度偏高，降水量接近常年或偏多，第一代往往发生较重。

马铃薯瓢虫的捕食性天敌有草蛉、胡蜂、小蜂和蜘蛛等。寄生性天敌主要是瓢虫双脊姬小蜂，可寄生幼虫和蛹，广泛分布于马铃薯瓢虫危害的马铃薯田间。

（四）防治方法

1. 农业防治

（1）轮作倒茬。实行与非茄科蔬菜或大豆、玉米、小麦等作物轮作，切断食物桥梁，恶化其生活环境，逐步降低害虫种群数量。减少马铃薯田块四周瓜类和茄科蔬菜零散种植的现象，改种马铃薯瓢虫不喜取食的甘蓝、豇豆等蔬菜。

（2）适时收获。监测马铃薯瓢虫化蛹高峰，适时提前收获7～10d，及时沤秧灭虫，减少越冬基数。

2. 物理防治 结合农事活动，根据卵块颜色鲜艳、容易发现的特点，人工摘除卵块；利用成虫的假死性捕杀成虫。

3. 生物防治 可用苏云金杆菌、白僵菌、绿僵菌等生物制剂施药防治，减轻对天敌的影响。

4. 化学防治 成虫盛发至幼虫孵化盛期进行化学药剂防治，同时要注意对田间地边其他寄主植物上马铃薯瓢虫的防治，把成虫和幼虫消灭在分散危害前。可用1.8%阿维菌素乳油1 500～2 000倍液、2.5%高效氯氟氰菊酯乳油2 500倍液、10%吡虫啉可湿性粉剂1 500～2 000倍液、40%辛硫磷乳油1 000倍液、50%敌敌畏乳油1 000倍液、20%氰戊菊酯乳油3 000倍液等喷雾防治。

≫ 任务实施

一、资源配备

1. 材料与工具 马铃薯晚疫病、早疫病、病毒病、青枯病等病害标本以及马铃薯瓢虫、马铃薯甲虫等害虫的浸渍标本、生活史标本及部分害虫的玻片标本，显微镜、体视显微镜、放大镜、镊子、挑针、刀片、滴瓶、蒸馏水、培养皿、载玻片、盖玻片、解剖刀、酒精瓶、指形管、采集袋、挂图、多媒体资料（包括幻灯片、录像带、光盘等影像资料）、记载用具等。

2. 教学场所 教学实训马铃薯田、实验室或实训室。

3. 师资配备 每15名学生配备1位指导教师。

二、操作步骤

1. 病害症状观察

（1）马铃薯早疫病和晚疫病的观察。比较马铃薯两种疫病的症状差别，注意观察叶片上病斑的形状、颜色和轮纹情况。

（2）马铃薯青枯病的观察。观察马铃薯青枯病的发病症状，注意分析青枯病发生时期与气候因素和栽培水平的关系。

2. 病原观察

（1）马铃薯晚疫病、早疫病病原的观察。取马铃薯晚疫病、早疫病的叶片封套标本或者新鲜病叶，挑取叶片背面霉层镜检，观察病原物的特征。

（2）马铃薯青枯病病原的观察。取马铃薯青枯病新鲜病株，切断发病组织，挑取菌脓，做成涂片，并进行革兰氏染色，油镜镜检，观察病原细菌的特征。

3. 害虫形态观察

（1）马铃薯瓢虫的观察。取马铃薯瓢虫成虫和幼虫标本或者生活史标本，观察成虫和幼虫的形态，注意成虫鞘翅上斑点的数量和位置组合方式。

（2）马铃薯甲虫的观察。取马铃薯甲虫成虫和幼虫标本或者生活史标本，观察成虫和幼虫的形态，注意成虫鞘翅纵条纹、刻点的形状和数量，以及幼虫颜色变化和背部两侧斑点形态。

三、技能考核标准

马铃薯生长中后期植保技术技能考核参考标准见表 12-2-1。

表 12-2-1 马铃薯生长中后期植保技术技能考核参考标准

考核内容	要求与方法	评分标准	标准分值/分	考核方法
职业技能（100 分）	病虫识别	根据识别病虫的种类多少酌情扣分	10	单人考核，口试评定成绩
	病虫特征介绍	根据描述病虫特征准确程度酌情扣分	10	
	病虫发病规律介绍	根据叙述的完整性及准确度酌情扣分	10	
	病原物识别	根据识别病原物种类多少酌情扣分	10	
	标本采集	根据采集标本种类、数量、质量评分	10	以组为单位考核，根据上交的标本、方案及防治效果等评定成绩
	制订病虫害防治方案	根据方案科学性、准确性酌情扣分	20	
	实施防治	根据方法的科学性及防效酌情扣分	30	

》思 考 题

1. 马铃薯晚疫病防治的技术措施有哪些？
2. 获得马铃薯无毒种薯的途径有哪些？
3. 请阐述马铃薯瓢虫的发生规律与防治方法。

思考题参考
答案 12-2

》拓展知识

马铃薯病虫害
综合防治技术

项目十三 >>>>>>>>

大豆病虫害防治技术

任务一　大豆苗前及苗期植保措施及应用

≫ 任务目标

　　使学生能够根据田间前茬的病、虫害的发生情况，选择适宜的种衣进行包衣处理，并掌握包衣机械的操作技术。

　　通过对苗期主要病害的症状识别、病原物形态观察和对主要害虫的危害特点、形态特征识别及田间调查，掌握常见病虫害的识别要点，熟悉病原物形态特征，能进行发生情况调查、分析发生原因，能制订防治方案并实施防治。

　　根据当地实际情况和田间前茬出现的杂草情况，选择适宜的除草剂进行播后苗前土壤封闭处理。

≫ 相关知识

一、种子处理

　　种子处理是防治大豆苗期病虫危害及增温、抗旱、保全苗的有效措施，能避免白籽下地，从而达到增产增收的目的。目前生产中防治大豆苗期病虫害最常用方法是采用35%多·福·克种衣剂进行种子包衣，除此还有其他防病或防虫的种衣剂。

（一）大豆种衣剂类型

　　每100kg种子用35%多·福·克种衣剂1 500mL，防治根腐病、根潜蝇、蛴螬等，对中等以下发生大豆胞囊线虫有驱避作用。每100kg种子用2.5%咯菌腈悬浮种衣剂150～200mL＋60%吡虫啉悬浮种衣剂80mL，防治根腐病、大豆根潜蝇。每100kg种子用2.5%咯菌腈悬浮种衣剂150mL＋35%精甲霜灵种子处理乳剂20mL，防治根腐病、大豆褐秆病。每100kg种子用62.5%精甲·咯菌腈悬浮种衣剂200mL，防治根腐病。用60%吡虫啉悬浮种衣剂50mL拌大豆种子12.5～15.0kg，防治地下害虫、苗期地上害虫。每100kg种子用350g/L克百威悬浮种衣剂3 000mL，防治地下害虫、苗期地上害虫。

　　在拌种时加入枯草芽孢杆菌100～150mL或其他芸薹素内酯类植物生长调节剂，可提高幼苗抗病能力，延长控制根腐病时间。

　　在有大豆胞囊线虫的地块可用有效活孢子含量≥20亿/g的淡紫拟青霉菌菌剂按种子

质量的 1% 进行拌种，同时兼防根腐病。

（二）种子包衣方法

种子经销部门一般使用种子包衣机械统一进行包衣，供给包衣种子。如果买不到包衣种子，农户也可购买种衣剂进行人工包衣，方法是：用装肥料的塑料袋，装入 20kg 大豆种子，同时加入 300mL 大豆种衣剂，扎好口后迅速滚动袋子，使每粒种子都包上一层种衣剂，装袋备用；或用拌种器或塑料薄膜按比例加入大豆种子和大豆种衣剂进行包衣。

（三）种子包衣的作用

1. 有效防治大豆苗期病虫害 能有效防治第一代大豆胞囊线虫、大豆根腐病、大豆根潜蝇、大豆蚜虫、二条叶甲等，可以缓解大豆重茬、迎茬减产现象。

2. 促进大豆幼苗生长 大豆幼苗特别是重茬、迎茬大豆幼苗，由于微量元素营养不足致使其生长缓慢，叶片小，使用种衣剂包衣后，能及时补给一些微肥，特别是含有一些外源植物生长调节剂，能促进幼苗生长，使幼苗油绿不发黄。

3. 增产效果显著 大豆种子包衣提高保苗率，减轻苗期病虫害，促进幼苗生长，因此能显著增产。如绥化市在兴福乡试验，重茬地增产 18.4%～24.9%。

（四）使用种衣剂注意事项

无论用哪种包衣方法一定要做到粒粒种子均匀着色后才能出料。要正确掌握用药量，用药量大，不仅浪费药剂，而且容易产生药害，用药量少又降低效果，一般要依照厂家说明书规定的使用量（药种比例）。使用种衣剂处理的种子不能再采用其他药剂拌种。种衣剂含有剧毒农药，注意防止农药中毒（包括家禽），注意不与皮肤直接接触，如发生头晕恶心现象，应立即远离现场，重者应马上送医院抢救。包衣后的种子必须放在阴凉处晾干，并不要再搅动，以免破坏药膜。

二、大豆播后苗前土壤封闭除草

（一）大豆田主要杂草种类

大豆田杂草从防除意义上可分为 3 类，即一年生禾本科杂草、一年生阔叶杂草和多年生杂草。常见的主要杂草种类有：

1. 一年生禾本科杂草 主要有稗草、狗尾草、金狗尾草、野黍、马唐、野燕麦等。

2. 一年生阔叶杂草 主要有藜（灰菜）、反枝苋（苋菜）、刺蓼、酸模叶蓼、龙葵（黑星星）、苍耳（老场子）、风花菜、水棘针、菟丝子、马齿苋、繁缕、萹蓄、野西瓜苗、铁苋菜、香薷（野苏子）、鬼针草（狼把草）、卷茎蓼、鸭跖草（兰花菜）、猪毛菜、苘麻（麻果）等。

3. 多年生杂草 主要有刺儿菜（小蓟）、苣荬菜（取麻菜）、问荆（节骨草）、打碗花、碱草、芦苇等。

（二）常用大豆田土壤封闭除草剂参考配方

目前，大豆田播前或播后苗前封闭除草配方基本上是以乙草胺、异丙甲草胺为主体，其与不同地区的用药习惯、杂草群落、土壤、气候条件及农民的经济承受能力密切相关，构成了复配 2,4-滴异辛酯、噻吩磺隆、嗪草酮、异噁草松等不同格局。

以上各种配方各有利弊，从防效上来看，各种配方对一年生禾本科杂草和一年生阔叶杂草的防效基本相近，区别在于对多年生难防杂草如苣荬菜、蓟、刺儿菜、问荆等的防除效果。咪唑乙烟酸、异噁草松、氯嘧磺隆3种药剂在高剂量情况下对后作影响较大，噻吩磺隆、2,4-滴异辛酯对后作无影响。究竟选择哪种配方，应根据当地的土壤、气候条件、杂草群落、农户的经济条件及来年用药调荐意向等决定。

受种植结构调整、发展绿色食品对农药的使用要求及农民科技、商品意识的提高，一些除草效果好、低毒、低残留、对作物安全的除草剂品种使用比例会不断上升，高残留、对作物安全性较差的除草剂使用量会不断下降。但这种变化应该是个渐进的过程，重要的是应对农民向这个方向的引导，并在现实的基础上加强对农民除草剂使用技术指导，趋利避害，在不脱离实际的基础上争取最好的社会、生态、经济效益。

播后苗前部分常规封闭除草参考配方有：90%乙草胺乳油 1 700～2 000mL/hm² ＋75%噻吩磺隆水分散粒剂 15～25g/hm²；90%乙草胺乳油 1 700～2 000mL/hm² ＋80%唑嘧磺草胺水分散粒剂 48～60g/hm²；90%乙草胺乳油 1 700～2 000mL/hm² ＋90% 2,4-滴异辛酯乳油 450～600mL/hm²；90%乙草胺乳油 1 700～2 000mL/hm² ＋70%嗪草酮可湿性粉剂 300～500g/hm²；90%乙草胺乳油 1 700～2 000mL/hm² ＋48%异噁草松乳油 800～1 000mL/hm²；90%乙草胺乳油 1 700～2 000mL/hm² ＋70%嗪草酮可湿性粉剂 300～400g/hm² ＋48%异噁草松 800～1 000mL/hm²；90%乙草胺乳油 1 700～2 000mL/hm² ＋75%噻吩磺隆水分散粒剂 15～20g/hm² ＋50%丙炔氟草胺 120～180g/hm²；90%乙草胺乳油 2 050～2 400mL/hm² ＋48%异噁草松乳油 1 000～1 200mL/hm² ＋80%嘧唑磺草胺水分散粒剂 30～40g/hm² ＋72%2,4-滴异辛酯乳油 600mL/hm²（苣荬菜、刺儿菜多时使用）。其中，96%异丙甲草胺乳油 1 400～1 700mL/hm² 可与噻吩磺隆、嗪草酮、异噁草松、丙炔氟草胺、嘧唑磺草胺混用，用法与用量同乙草胺。异丙甲草胺安全性好于乙草胺，对大豆产量影响小，虽然用药成本高于乙草胺，但投入产出比要高于乙草胺。特别是地势较低洼的地块，春季雨水较大的年份，使用异丙甲草胺安全，大大降低出药害的概率。

此外，为了提高除草效果，可选用安全性好的除草剂在大豆拱土期施药。可选用精异丙甲草胺、异丙甲草胺、异噁草松、噻吩磺隆等，不能使用乙草胺、嗪草酮、丙炔氟草胺、2,4-滴异辛酯等易产生药害的除草剂。

大豆播后苗前土壤处理优点是防除杂草于萌芽期或造成危害之前，有利于大豆苗期生长，除草效果比较稳定，而且施药成本低，即便防除效果不好，苗后还可以补救。缺点是受土壤类型、有机质含量、酸碱度影响较大，土壤过于黏重、有机质含量过高或酸碱度不符合某种药剂时不适宜采用土壤处理；药效受气象条件影响较大，特别是春季干旱、风大和异常低温或高温都会影响除草效果，且低温易产生药害；有些除草剂如嗪草酮、2,4-滴异辛酯等在早春多雨、土壤湿度大、沙质土、低洼地由于药剂淋溶易产生药害。

三、大豆苗期病虫害

（一）大豆根腐病

大豆根部腐烂统称为根腐病。该病在国内外大豆产区均有发生，以黑龙江省东部土壤潮湿地区发生最重。一般年份大豆生育前期（开花期以前）病株率为75％左右，病情指数为35％～50％；多雨年份病株率可达100％，病情指数可达60％以上。由于根部腐烂，侧根减少，根瘤数量明显减少，导致植株高度下降，株荚数和株粒数显著减少，粒重和百粒重显著下降，减产20％～50％。

1. 危害症状　大豆根腐病由多种病原菌感染，有单独侵染，也有复合侵染的。感病部分为根部和茎基部。不同病原菌引起的症状各有不同（图13-1-1、表13-1-1）。

图13-1-1　大豆根腐病

表13-1-1　不同病原菌引起的根腐症症状

病害名称	病斑颜色	病斑形状	其他特征
镰刀菌根腐病	黑褐色病斑	多为长条形	不凹陷，病斑两端有延伸坏死线
丝核菌根腐病	褐色至红褐色病斑	不规则形	常连片形成，病斑凹陷
腐霉菌根腐病	无色或褐色的湿润病斑	常呈椭圆形	略凹陷

2. 病原　大豆根腐病是由多种病原菌侵染引起的，如镰孢属有尖孢镰刀菌（*Fusarium oxysporum*）、燕麦镰刀菌（*F. avenaceum*）、禾谷镰刀菌（*F. graminearum*）、茄腐镰刀菌（*F. solani*）和半知菌类中的立枯丝核菌（*Rhizoctonia solani*）及卵菌门的终极腐霉菌（*Pythium ultimum*），另外还有紫青霉菌、疫霉菌等。

3. 发病规律　大豆根腐病属于典型的土传病害，病菌以菌丝或菌核在土壤中或病组织上越冬，还可以在土壤中腐生，土壤和病残体是主要的初侵染来源。大豆种子萌发后，在子叶期病菌就可以侵入幼根，以伤口侵入为主，自然孔口和直接侵入为辅。病菌可以靠土壤、种子和流水传播。

连作发病重；播种早发病重；土壤含水量大，特别是低洼潮湿地，发病重；土壤含水量过低，旱情时间长或久旱后突然连续降雨，病害越重；一般氮肥用量大，使幼苗组织柔嫩，病害重；一般根部有潜根蝇危害，有利病害发生，虫株率越高发病越重；某些化学除草剂因施用方法和剂量不当，也加重了根腐病的发生。病原菌的寄主范围很广，可侵染70余种植物。

4. 防治方法　大豆根腐病菌多为土壤习居菌，且寄主范围广，因此必须采取农业防治与药剂防治相结合的综合防治措施。

（1）合理轮作。因大豆根腐病主要是土壤带菌，与玉米、小麦、线麻、亚麻轮作能有效预防大豆根腐病。

（2）及时翻耕。平整细耙，减少田间积水，使土壤质地疏松，透气良好，可减轻根腐病的发生。

（3）调整播期与播深。适时播种，控制播深。一般播深不要超过5cm，以增加幼苗的生长速度，增强抗病性。

（4）加强田间管理。大豆发生根腐病，主要是根的外表皮完全腐烂影响对水分、养分的吸收，因此及时中耕培土到子叶节，能使子叶下部长新根，新根能迅速吸收水分和养分，缓解病情，这是治疗大豆根腐病的一项有效措施。

（5）种衣剂处理种子。目前黑龙江省主要的大豆种衣剂大多数都是多菌灵、福美双、克百威的复配剂，建议使用30％、35％的大豆种衣剂品种。上述杀菌剂有效期25～30d或更长，可推迟根腐病菌侵染，达到保主根、保幼苗、减轻危害的作用。因为大豆根腐病病菌在土壤里，所以发病后在叶片喷施各种杀菌剂一般没有明显效果，应改为喷施叶面肥、植物生长调节剂等，增加茎叶吸收，补充根部吸收水分和养分的不足，可有效缓解病情。

还可选用2.5％咯菌腈种衣剂，杀菌范围广，有效期达到60d以上，防治大豆根腐病效果显著（大豆根腐病从大豆发芽开始直到生长的中后期仍能侵染发病，因此，杀菌剂有效期至少60d）。重茬大豆地发生严重的，可推荐下列配方：每100kg大豆种子用2.5％咯菌腈悬浮种衣剂150～200mL、35％多·福·克悬浮种衣剂1 500mL、2.5％咯菌腈悬浮种衣剂150～200mL＋35％甲霜灵种子处理干粉剂20mL、35％多·福·克悬浮种衣剂1 500mL＋35％甲霜灵种子处理干粉剂20mL或62.5％精甲·咯菌腈悬浮种衣剂200mL。

（二）大豆胞囊线虫病

大豆胞囊线虫病俗称"火龙秧子"，在全国各地增均有发生。该病是我国目前大豆上发生最普遍、危害最严重的一种病害，尤其在吉林、黑龙江等省的干旱地带发生较重，一般减产10％～20％，重者可达30％～50％，甚至绝产。

1. 危害症状　大豆胞囊线虫病主要危害大豆根部，在大豆整个生育期均可发生危害。幼苗期根部受害，地上部叶片黄化，茎部也变淡黄色，生长受阻；大豆开花前后植株地上部的症状最明显，病株明显矮化，根系不发达并形成大量须根，须根上附有大量白色至黄白色的球状物，即线虫的胞囊（雌成虫），后期胞囊变褐，脱落于土中（图13-1-2）。病株根部表皮常被雌虫胀破，被其他腐生菌侵染，引起根系腐烂，使植株提早枯死。结荚少或不结荚，籽粒小而瘪，病株叶片常脱落。在田间，因线虫在土壤中分布不均匀，常造成大豆被害地块呈点片发黄状。

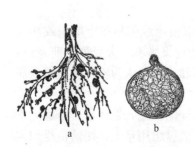

图13-1-2　大豆胞囊线虫病
a. 病株根部　b. 胞囊

2. 病原　大豆胞囊线虫（*Heterodera glycines* Ichinohe），属线形动物门线虫纲异皮科异皮线虫属（又称胞囊线虫属）。大豆胞囊线虫病的生活史包括卵期、幼虫期、成虫期 3 个阶段。卵在雌虫体内形成，贮存于胞囊中。幼虫分 4 龄，脱皮 3 次后变为成虫。1 龄幼虫在卵内发育；2 龄幼虫破壳而出，雌雄线虫均为线状；3 龄幼虫雌雄可辨，雌虫腹部膨大成囊状，雄虫仍为线状；4 龄幼虫形态与成虫相似。雄成虫线状，雌成虫梨形。

3. 发病规律　大豆胞囊线虫主要以胞囊在土壤中越冬，或以带有胞囊的土块混在种子间也可成为初侵染源。胞囊的抗逆性很强，侵染力可达 8 年。线虫在田间的传播主要通过田间作业的农机具、人和畜携带胞囊或含有线虫的土壤，其次为灌水、排水和施用未充分腐熟的肥料。线虫在土壤中本身活动范围极小，1 年只能移动 30～65cm。混在种子中的胞囊在贮存的条件下可以存活 2 年，种子的远距离调运传播是该病传到新区的主要途径。鸟类也可远距离传播线虫，因为胞囊和卵粒通过鸟的消化道仍可存活。

胞囊中的卵在春季气温转暖时开始孵化为 1 龄幼虫，2 龄幼虫破卵壳进入土壤中，雌性幼虫从根冠侵入寄主根部，4 龄后的幼虫就发育为成虫。雌虫体随着卵的形成而膨大成柠檬状称为胞囊，即大豆根上所见的白色或黄白色的球状物。发育成的雌成虫重新进入土中自由生活，性成熟后与雄虫交尾。后期雌虫体壁加厚，形成越冬的褐色胞囊。

大豆胞囊线虫在东北地区每年发生 3～4 代。大豆胞囊线虫病轮作地发病轻，连作地发病重。种植寄主植物，在有线虫的土壤中，线虫数量明显增加；而种非寄主作物，线虫数量就急剧下降。通气良好的沙壤土、沙土，或干旱瘠薄的土壤有利于线虫生长发育；氧气不足的黏重土壤，线虫死亡率高。线虫更适于在碱性土壤中生活。使土壤中线虫数量急剧下降的有效措施就是与禾本科作物轮作，这是由于禾谷类作物的根能分泌刺激线虫卵孵化的物质，使幼虫从胞囊中孵化后找不到寄主而死亡。

4. 防治方法

（1）检疫防治。杜绝带胞囊线虫病的种子进入无病区。

（2）农业防治。不同品种间对胞囊线虫的抗病性有显著差异，采用抗病品种是最经济有效的措施，目前适合黑龙江省种植的抗大豆胞囊线虫病品种有抗线 1 号～抗线 10 号、嫩丰 14、嫩丰 15、嫩丰 18、嫩丰 19、嫩丰 20 等品种。其次，实行 3～5 年以上的轮作，种线麻、亚麻最好，其次是玉米茬种大豆，轮作年限越长效果越好。适期播种（适时晚播）。改善田间环境，采取垄作，进行深松。增施有机肥、磷肥和钾肥，进行叶面喷肥，适时进行中耕培土，以利于侧生根形成。

（3）生物防治。大豆播种时使用 2% 淡紫拟青霉菌颗粒剂 25kg/hm² 同其他化学肥料混合施入土壤，30d 内防治效果比克百威差，30d 后效果超过克百威，胞囊线虫数量明显减少。

（4）化学防治。克百威对大豆胞囊线虫病防效好，可以选用 35%、30% 克百威的种衣剂，用于防治大豆胞囊线虫的种衣剂克百威含量不能低于药剂总含量的 10%。药剂拌种可有效抑制第一代大豆胞囊线虫，并可兼治大豆根潜蝇、蛴螬等地下害虫。

▶▶ 任务实施

一、资源配备

1. 材料与工具 大豆种子、不同类型的种衣剂、包衣机械、大豆根腐病和大豆胞囊线虫的盒装标本或新鲜标本、大豆根潜蝇的生活史标本。显微镜、体视显微镜、放大镜、镊子、挑针、刀片、滴瓶、蒸馏水、培养皿、载玻片、盖玻片、解剖刀、酒精瓶、指形管、采集袋、挂图、多媒体资料（包括图片、视频等资料）、记载用具等。

2. 教学场所 实训大豆田、实验室或实训室。

3. 师资配备 每15名学生配备1位指导教师。

二、操作步骤

1. 病害症状观察

（1）大豆根腐病的观察。比较不同病原菌引起的根腐病的症状差别，注意各类型的识别要点。

（2）大豆胞囊线虫的观察。观察大豆胞囊线虫的发病症状，注意观察须根上是否附有大量白色至黄白色的球状物。

2. 病原观察

（1）大豆根腐病病原的观察。取不同类型大豆根腐病病原菌，观察不同类型病原菌的形态特征。

（2）大豆胞囊线虫病病原的观察。取大豆胞囊线虫根部球状物，解剖观察大豆胞囊线虫雌成虫的形态特征。

三、技能考核标准

大豆苗前植保技术技能考核参考标准见表13－1－2。

表13－1－2 大豆苗前植保技术技能考核参考标准

考核内容	要求与方法	评分标准	标准分值/分	考核方法
职业技能 （100分）	病虫识别	根据识别病虫的种类多少酌情扣分	10	单人考核，口试评定成绩
	病虫特征介绍	根据描述病虫特征准确程度酌情扣分	10	
	病虫发病规律介绍	根据叙述的完整性及准确度酌情扣分	10	
	病原物识别	根据识别病原物种类多少酌情扣分	10	
	制订病虫害防治方案	根据方案科学性、准确性酌情扣分	10	以组为单位考核，根据上交的方案及防治效果等评定成绩
	实施防治	根据方法的科学性及防效酌情扣分	20	
	大豆种子处理	根据种子处理得当酌情扣分	30	

▶▶ 思 考 题

1. 简述大豆胞囊线虫的综合防治方案。
2. 大豆播后苗前土壤处理的优缺点。

思考题参考答案 13-1

任务二 大豆生长前期管理阶段植保措施及应用

》任务目标

通过对大豆生长前期主要病害的症状识别、病原物形态观察和对主要害虫的危害特点、形态特征识别及田间调查，掌握大豆生长前期常见病虫害的识别要点，熟悉病原物形态特征，能识别大豆生长前期的主要病虫害，能进行发生情况调查、分析发生原因，能制订防治方案并实施防治。能够识别大豆田常见的杂草类别，掌握大豆田苗后除草技术。

》相关知识

一、大豆菌核病

大豆菌核病（白腐病），在世界各地均有发生。国外分布于巴西、加拿大、美国、匈牙利、日本、印度等国，我国以黑龙江、内蒙古大豆产区发病重，尤以黑龙江省北部和内蒙古呼伦贝尔地区发病严重，发病率可达 60%～100%，重者造成绝产。

（一）危害症状

地上部发病，产生苗枯、叶腐、茎腐、荚腐等症状，最后导致全株腐烂死亡。茎秆发病病斑不规则形，褐色，可扩展环绕茎部并上下蔓延，造成折断，潮湿时产生絮状菌丝，形成黑色鼠粪状菌核。后期干燥时茎部皮层纵向撕裂，维管束外露呈乱麻状（图 13 - 2 - 1）。

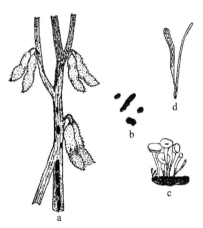

图 13 - 2 - 1　大豆菌核病
a. 病株　b. 菌核　c. 菌核萌发产生子囊盘　d. 子囊和子囊孢子

（二）病原

大豆菌核病病原为核盘菌 ［*Sclerotinia sclerotiorum* （Lib.) de Bary］，属子囊菌门核盘菌属。

（三）发病规律

以菌核在土壤、种子、堆肥和病残体内越冬或越夏。6月中下旬多雨、潮湿并有光照条件下，菌核萌发形成子囊盘（俗称小蘑菇），子囊盘成熟释放大量子囊孢子，随气流、雨水传播，侵染大豆植株的中下部位。初期在叶腋处或茎秆（花、荚也可侵染）上形成水渍状斑块，而后斑块逐渐扩大形成局部溃烂，并伴有白色菌丝，发病晚期有黑色菌核形成。子囊孢子可直接侵入寄主或通过伤口和自然孔口侵入寄主。

如7月中下旬阴雨、潮湿、光照少，田间相对湿度85%以上，温度20～25℃，菌核病子囊孢子就会迅速萌发危害，持续3～5d就会大发生。

（四）防治方法

1. 农业防治　在疫区实行3年以上轮作；选用抗病品种如垦丰19等；深翻并清除或烧毁残茬；中耕培土，防止菌核萌发出土或形成子囊盘。

2. 化学防治　一般于大豆2～3片复叶期（此时正是菌核萌发出土到子囊盘形成盛期）喷药，若田间水分差，喷药时间适当推迟。常用药剂有25%咪鲜胺乳油1 050～1 500mL/hm² 或40%菌核净可湿性粉剂750～1 050g/hm² 或50%乙烯菌核利水分散粒剂1 500g/hm² 或50%腐霉利可湿性粉剂1 500g/hm²。以上各种药剂兑水喷施，7～10d后再喷1次。建议采用机动式弥雾机，喷口向下作业，确保中下部植株叶片着药。

二、大豆细菌性斑点病

黑龙江省是大豆的主要产区，近年来大豆细菌性斑点病有不同程度的发生和流行，尤其在黑龙江西北部地区（如北安、嫩江、绥化等）发生普遍而且较重。在感病品种上轻者可减产5%～10%，重者则可达到30%～40%，危害叶片、叶柄、茎和荚，发病重时可造成叶片提早脱落而减产。病株大豆籽粒变色，降低其商品价值，直接影响到大豆的出口和农民的收益。

（一）危害症状

危害幼苗、叶片、叶柄、茎及豆荚。幼苗染病子叶生半圆形或近圆形褐色斑。叶片染病初生褪绿不规则形小斑点，水渍状，扩大后呈多角形或不规则形，大小为3～4mm，病斑中间深褐色至黑褐色，外围具一圈窄的褪绿晕环，病斑融合后成枯死斑块（图13-2-2）。茎部染病初呈暗褐色水渍状长条形，扩展后为不规则状，稍凹陷。荚和豆粒染病生暗褐色条斑。

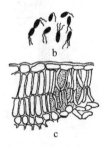

图13-2-2　大豆细菌性斑点病
a. 病叶　b. 病原细菌　c. 病原侵入寄主组织

（二）病原

细菌性斑点病病原为丁香假单胞菌大豆致病变种（*Pseudomonas syringae* pv. *glycinea* Coerp.）。菌体杆状，大小为 0.6～0.9μm，有荚膜，无芽孢，极生 1～3 根鞭毛，革兰氏染色阴性。在肉汁胨琼脂培养基上，菌落圆形、白色、有光泽、稍隆起，表面光滑边缘整齐。

（三）发病规律

病菌在种子上或未腐熟的病残体上越冬。翌年播种带菌种子，出苗后即发病，成为该病扩展中心。病菌借风雨传播蔓延，多雨及暴风雨后，叶面伤口多，利于该病发生。连作地发病重。

（四）防治方法

1. 农业防治　与禾本科作物进行 3 年以上轮作；选用抗病品种；施用酵素菌沤制的堆肥或充分腐熟的有机肥。

2. 化学防治　播种前用种子质量 0.3% 的 50% 福美双可湿性粉剂拌种。发病初期用30% 琥胶肥酸铜悬浮剂 1 500mL/hm² 或 1% 武夷霉素水剂 5 000～7 500mL/hm² 叶面喷雾。

三、大豆霜霉病

大豆霜霉病在我国各大豆产区都有发生，在冷凉多雨的大豆栽培区尤其严重。主要危害叶片和豆粒，造成植株早期落叶、种子百粒重降低、脂肪含量和发芽率降低，东北地区个别年份早熟品种发病率可达 30% 以上。

（一）危害症状

大豆霜霉病在大豆各生育期均可发生。带菌的种子能引起幼苗系统侵染，子叶不表现症状，真叶和第 1～2 片复叶陆续表现症状。在叶片基部先出现褪绿斑块，后沿着叶脉向上伸展，出现大片褪绿斑块，其他复叶可形成相同的症状，以后全叶变成黄色至褐色而枯死。潮湿时叶片背面褪绿部分产生较厚的灰白色霉层，为病菌的孢子囊梗和孢子囊。病苗上形成的孢子囊传播至健叶上进行再侵染，形成边缘不明显、散生的褪绿小点，扩大后形成多角形黄褐色病斑，也可产生灰白色霉层。严重感病的叶片全叶干枯引起早期落叶。豆荚受害后，荚皮无明显症状，荚内有大量的杏黄色粉状物，即病原菌的卵孢子。被害籽粒无光泽，色白而小，表面黏附 1 层灰白色或黄白色粉末，为病原菌的菌丝和卵孢子。

（二）病原

大豆霜霉病的病原为东北霜霉菌 ［*Peronospora man-shurica*（Naum.）sydow］，属卵菌门霜霉属真菌。孢囊梗为二叉状分枝，分枝末端尖锐，向内弯曲略呈钳形，无色。顶生单个倒卵形或椭圆形的孢子囊，单胞，无色，多数有乳状突起。卵孢子近球形，淡褐色或黄褐色，壁厚，表面光滑或有突起物（图 13 - 2 - 3）。

（三）发病规律

病菌以卵孢子在种子和病残体中越冬。带菌种子是最

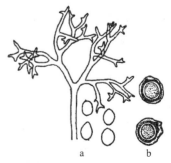

图 13 - 2 - 3　大豆霜霉病
a. 孢囊梗和孢子囊　b. 卵孢子

主要的初侵染源。播种带病的种子，卵孢子随种子发芽而萌发，从寄主的胚轴侵入生长点，形成系统侵染，成为田间的中心病株。发病后在病部形成大量孢子囊，借风雨传播侵染叶片，成为田间再侵染来源。结荚后，病原菌侵染豆荚和豆粒。后期，在病组织内或病粒上的菌丝形成卵孢子。大豆收获时，病原菌以卵孢子在种子上或病残体中越冬。

不同品种的抗病性存在显著差异。感病品种病斑大，扩展迅速，危害重；抗病品种病斑小，危害轻，发展慢。大豆叶片展开 5～6d 最易感病，叶片展开 8d 以后则抗病。种子不带菌或带菌率低的，可不发病或发病轻；种子带菌率高，又遇适宜于发病的条件，发病早而重。湿度是孢子囊形成、萌发和侵入的必要条件，播种后低温有利于卵孢子萌发和侵入种子。

（四）防治方法

1. 农业防治 选用抗病品种，保证种子不带菌，建立无病种子田，或从无病田中留种；如果在轻病田中留种，播前要精选种子，剔除病粒，采用无病种子播种必须进行种子处理。合理轮作，病残体上的卵孢子虽不是主要的初侵染来源，但轮作或清除病残体也可减轻发病。铲除病苗，当田间发现中心病株时，可结合田间管理清除病苗。

2. 化学防治

（1）药剂拌种。选用 35％甲霜灵可湿性粉剂按种子质量 0.3％拌种，或用 80％三乙膦酸铝可湿性粉剂按种子质量 0.3％拌种，防治病苗（初次发病中心）的平均效果可达 90％以上。

（2）喷药防治。发病始期及早喷药，可选 75％百菌清可湿性粉剂 700～800 倍液、70％代森锰锌可湿性粉剂 500 倍液、50％福美双可湿性粉剂 500～1 000 倍液、64％噁霜·锰锌 2 000g/hm² 或 25％甲霜灵可湿性粉剂 1 500g/hm² 等进行喷雾，每隔 7～10d 喷 1 次，共 2 次，用药液量 1 125kg/hm²。

四、草地螟

草地螟（*Loxostege verticalis* L.）属鳞翅目螟蛾科，又称黄绿条螟、甜菜网螟、网锥额野螟，分布在我国吉林、内蒙古、黑龙江、宁夏、甘肃、青海、河北、山西、陕西、江苏等地，危害大豆、甜菜、向日葵、亚麻、高粱、豌豆、扁豆、瓜类、甘蓝、马铃薯、茴香、胡萝卜、葱、洋葱、玉米等多种作物。

（一）危害症状

幼虫取食叶肉，残留表皮，长大后可将叶片食成缺刻或仅留叶脉，使叶片呈网状，大发生时也危害花和幼荚。草地螟是一种间歇性暴发成灾的害虫。

（二）形态特征

草地螟形态特征如图 13-2-4 所示。

1. 成虫 淡褐色，体长 8～10mm，前翅灰褐色，外缘有淡黄色条纹，翅中央近前缘有一深黄色斑，顶角内侧前缘有不明显的三角形浅黄色小斑，后翅浅灰黄色，有两条与外缘平行的波状纹。

2. 幼虫 共 5 龄，老熟幼虫 16～25mm。1 龄幼虫淡绿色，体背有许多暗褐色纹；3 龄幼虫灰绿色，体侧有淡色纵带，周身有毛瘤；5 龄幼虫多为灰黑色，两侧有鲜黄色线条。

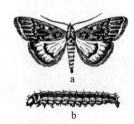

图 13-2-4 草地螟
a. 成虫　b. 幼虫

（三）发生规律

在黑龙江省1年发生2～3代，以老熟幼虫在土内吐丝做茧越冬，翌春5月化蛹及羽化。成虫飞翔力弱，危害黑龙江省的草地螟主要是借高空气流长距离迁飞而来。草地螟成虫有远距离迁飞习性，其种群数量有地区同期突增、突减现象。因为迁出、迁入区蛾量变动与气象条件有密切关系，当迁出区形成上升性气流时，有利于成虫起飞和沿着气流方向远距离迁飞。而在远距离迁飞中遇到下沉性气流，又有利于迁飞的成虫在迁飞区降落，形成新的繁殖中心。此外，幼虫喜欢取食柔软多汁的叶片，进入暴食期后，可将农田和草场的植物叶片吃光，当食物缺乏时，幼虫可成群迁移数千米，造成异地突发。资料显示，东北地区严重发生的草地螟虫源，越冬代成虫一部分来自内蒙古乌兰察布地区，一部分来自蒙古国中东部及中俄边境地区。1代草地螟成虫主要来自我国内蒙古兴安盟、呼伦贝尔和蒙古国草原。草地螟成虫喜食花蜜，卵散产于叶背主脉两侧，常3～4粒在一起，以距地面2～8cm的茎叶上最多。初孵幼虫多集中在枝梢上结网躲藏，取食叶肉，3龄后食量剧增，幼虫共5龄。

（四）防治方法

1. 农业防治 实施田间生态控制，减少田间虫源量。针对草地螟喜欢在藜、猪毛菜等杂草上产卵的习性，采取生态性措施，加大对草地螟的防治力度。实践证明，消灭草荒可减少田间虫量30％以上。此外还应加快铲蹚进度，及早消除农田草荒，集中力量消灭荒地、池塘、田边、地头的草地螟喜食杂草，改变草地螟栖息地的环境，达到减少落卵量、降低田间幼虫密度的目的。在未受害田或田间幼虫量未达到防治指标的地块周边挖沟，沟上口宽30cm、下口宽20cm，沟深40cm，中间立一道高60cm的地膜，纵向每隔约10m用木棍加固，或在地块周边喷4～5cm宽的药带，主要是阻止地块外的幼虫迁入危害。

2. 物理防治 积极诱杀成虫，于进地之前杀灭草地螟。采取高压汞灯杀虫十分有效，每盏高压汞灯可控制面积20hm²，在成虫高峰期可诱杀成虫10万头以上，防治效果可达70％以上。因此要积极创造条件，增设高压汞灯及其他灯光诱杀设施，利用草地螟趋光习性，大量捕杀成虫，有效降低田间虫源。

3. 化学防治 抓住幼虫防治的最佳时期，一般6月12—20日是防治幼虫的最好时期，因此要求农户要及时查田。当大豆百株有幼虫30～50头，在幼虫3龄以前组织农户进行联防，统一进行大面积的防治。药剂最好选用低毒、击倒速度快、经济的药剂，可以每亩用4.5％高效氯氰菊酯乳油30mL或2.5％溴氰菊酯乳油30mL兑水30kg，采用拖拉机牵引悬挂式喷雾机喷雾，或采用背负式机动喷雾器，每人之间间隔5m，一字排开喷雾，集中防治。

五、大豆田苗后除草技术

（一）大豆田苗后茎叶处理常用除草剂配方

1. 烯禾啶同防除阔叶杂草药剂混用配方 12.5％烯禾啶乳油1.5～2.0L/hm²＋250g/L氟磺胺草醚水剂1.5～2.0L/hm²兑水150L均匀喷雾，或12.5％烯禾啶乳油1.0～1.5L/hm²＋480g/L异噁草松乳油0.6～0.75L/hm²＋250g/L氟磺胺草醚水剂0.8～1.0L/hm²兑水150L均匀喷雾。

2. 精喹禾灵同防除阔叶杂草药剂混用配方　50g/L 精喹禾灵乳油 1.5～2.0L/hm² ＋ 250g/L 氟磺胺草醚水剂 1.5～2.0L/hm² 兑水 150L 均匀喷雾，或 50g/L 精喹禾灵乳油 1.0 ～1.5L/hm² ＋480g/L 异噁草松乳油 0.60～0.75L/hm² ＋250g/L 氟磺胺草醚水剂 0.8～ 1.0L 兑水 150L 均匀喷雾。

3. 精吡氟禾草灵同防除阔叶杂草药剂混用配方　150g/L 精吡氟禾草灵乳油 0.9L/hm² ＋ 250g/L 氟磺胺草醚水剂 1.5～2.0L/hm² 兑水 150L 均匀喷雾，或 150g/L 精吡氟禾草灵乳油 0.75L/hm² ＋480g/L 异噁草松乳油 0.60～0.75L/hm² ＋480g/L 灭草松水剂 2L/hm² 兑水 150L 均匀喷雾，或 150g/L 精吡氟禾草灵乳油 0.75L/hm² ＋480g/L 异噁草松乳油 0.60～ 0.75L/hm² ＋250g/L 氟磺胺草醚水剂 0.8～1.0L/hm² 兑水 150L 均匀喷雾，或 150g/L 精 吡氟禾草灵乳油 0.9L/hm² ＋480g/L 灭草松水剂 2.0L/hm² ＋250g/L 氟磺胺草醚水剂 0.8～ 1.0L/hm² 兑水 150L 均匀喷雾。施药地块若杂草基数多、叶龄大时，可加入 10％乙羧氟草 醚乳油 0.25～0.50L/hm²，加快除草速度，提高除草效果。

4. 高效氟吡甲禾灵同防除阔叶杂草药剂混用配方　108g/L 高效氟吡甲禾灵乳油 0.5～ 0.6L/hm² ＋250g/L 氟磺胺草醚水剂 1.5～2.0L/hm² 兑水 150L 均匀喷雾，或 108g/L 高效氟 吡甲禾灵乳油 0.45～0.50L/hm² ＋480g/L 异噁草松乳油 0.60～0.75L/hm² ＋250g/L 氟磺胺 草醚水剂 0.8～1.0L 兑水 150L 均匀喷雾，或 108g/L 高效氟吡甲禾灵乳油 0.45～0.50L＋ 480g/L 异噁草松乳油 0.60～0.75L/hm² ＋480g/L 灭草松水剂 2L/hm² 兑水 150L 均匀喷雾； 108g/L 高效氟吡甲禾灵乳油 0.5～0.6L/hm² ＋250g/L 氟磺胺草醚水剂 0.8～1.0L/hm² ＋ 480g/L 灭草松水剂 2L/hm² 兑水 150L 均匀喷雾。施药地块若杂草基数多、叶龄大时，可加 入 10％乙羧氟草醚乳油 0.25～0.50L/hm²，加快除草速度，提高除草效果。

5. 高效烯草酮同防除阔叶杂草药剂混用配方　120g/L 烯草酮乳油 0.525～0.6L/hm² ＋ 250g/L 氟磺胺草醚水剂 1.5～2.0L/hm² 兑水 150L 均匀喷雾，或 120g/L 烯草酮乳油 0.525～0.600L/hm² ＋250g/L 氟磺胺草醚水剂 0.8～1.0L/hm² ＋480g/L 异噁草松乳油 0.60～0.75L/hm² 兑水 150L 均匀喷雾。

≫ 任务实施

一、资源配备

1. 材料与工具　大豆菌核病、大豆细菌性斑点病、大豆霜霉病等病害盒装标本或新 鲜标本，草地螟的浸渍标本、生活史标本及部分害虫的玻片标本。显微镜、体视显微镜、 放大镜、镊子、挑针、刀片、滴瓶、蒸馏水、培养皿、载玻片、盖玻片、解剖刀、酒精 瓶、指形管、采集袋、挂图、多媒体资料（包括幻灯片、录像带、光盘等影像资料）、记 载用具等。

2. 教学场所　教学实训大豆田、实验室或实训室。

3. 师资配备　每 15 名学生配备 1 位指导教师。

二、操作步骤

1. 病害症状观察

（1）大豆菌核病的观察。观察大豆菌核病的发病症状，注意茎部染病时皮层的变化。

观察病害成熟期标本，大豆茎秆内部是否可见黑色鼠粪状的菌核。

（2）大豆细菌性斑点病的观察。观察封套标本或田间调查时，仔细观察不同发病部位的症状特点。注意观察叶片初期症状是否为水渍状病斑，病斑四周有无黄色晕圈，田间发病病部能否看到白色菌脓溢出，发病豆荚和叶部症状有何区别，以及病荚中豆粒是否正常。

（3）大豆霜霉病的观察。观察大豆霜霉病的发病症状，重点观察叶片上的症状特征。观察病斑是否受叶脉限制，叶片背面是否有霉层出现以及霉层的颜色，豆荚能否染病，豆粒能否染病。

2. 病原观察

（1）大豆菌核病病原的观察。菌核放在水中，吸水后保湿25℃培养，观察能否有子囊盘产生。注意观察子囊盘的结构和子囊及子囊孢子的形态特征。

（2）大豆霜霉病病原的观察。挑取病部背面灰白色霉层制片镜检，注意观察病原孢囊梗的色泽、形状、分枝方式及其分枝顶端的特点。

3. 害虫形态观察　观察草地螟成虫，注意成虫前翅翅中央近前缘是否有一深黄色斑，顶角内侧前缘是否有不明显的三角形浅黄色小斑。观察不同龄期幼虫，注意幼虫体色是否有差异，身体条带是否有差异。

三、技能考核标准

大豆生长前期植保技术技能考核参考标准见表13-2-1。

表13-2-1　大豆生长前期植保技术技能考核参考标准

考核内容	要求与方法	评分标准	标准分值/分	考核方法
职业技能（100分）	病虫识别	根据识别病虫的种类多少酌情扣分	10	单人考核，口试评定成绩
	病虫特征介绍	根据描述病虫特征准确程度酌情扣分	10	
	病虫发病规律介绍	根据叙述的完整性及准确度酌情扣分	10	
	病原物识别	根据识别病原物种类多少酌情扣分	10	
	标本采集	根据采集标本种类、数量、质量评分	10	以组为单位考核，根据上交的标本、方案及防治效果等评定成绩
	制订病虫害防治方案	根据方案科学性、准确性酌情扣分	20	
	实施防治	根据方法的科学性及防效酌情扣分	30	

》思考题

为什么说草地螟是一种间歇性暴发成灾的害虫？

思考题参考
答案13-2

任务三　大豆生长中后期管理阶段植保措施及应用

≫ 任务目标

通过对大豆生长中后期主要病害的症状识别、病原物形态观察和对主要害虫的危害特点、形态特征识别及田间调查和病虫害防治，掌握常见病虫害的识别要点，熟悉病原物形态特征，能识别大豆中后期主要病虫害，能进行发生情况调查、分析发生原因，能制订防治方案并实施防治。

≫ 相关知识

一、大豆紫斑病

大豆紫斑病是大豆的主要病害，各地普遍发生，其中南方重于北方，温暖地区较严重。病粒除表现醒目的紫斑病外，有时龟裂、瘦小，失去生活能力，感病品种紫斑粒率15%～20%，最高可达50%以上，严重影响豆粒质量和产品质量。

（一）危害症状

主要危害豆荚和豆粒，也危害叶和茎。苗期染病，子叶上产生褐色至赤褐色圆形斑，云纹状。真叶染病，初生紫色圆形小点，散生，扩展后形成多角形褐色或浅灰色斑。茎秆染病形成长条状或梭形红褐色斑，严重的整个茎秆变成黑紫色，上生稀疏的灰黑色霉层。豆荚染病病斑圆形或不规则形，病斑较大，灰黑色，边缘不明显，干后变黑，病荚内层生不规则形紫色斑，内浅外深。豆粒染病形状不定，大小不一，仅限于种皮，不深入内部，症状因品种及发病时期不同而有较大差异，多呈紫色，有的呈青黑色，在脐部四周形成浅紫色斑块，严重的整个豆粒变为紫色，有的龟裂。

（二）病原

病原为菊池尾孢（*Cercospora kikuchii* Chup.），属半知菌类尾孢属真菌。子座小，分生孢子梗簇生，不分枝，暗褐色，大小为（45～200）$\mu m \times$（4～6）μm。分生孢子无色，鞭状至圆筒形，顶端稍尖，具分隔，多的达20个以上（图13-3-1）。

（三）发病规律

病菌以菌丝体潜伏在种皮内或以菌丝体和分生孢子在病残体上越冬，成为翌年的初侵染源。如播种带菌种子，引起子叶发病，病苗或叶片上产生的分生孢子借风雨传播进行初侵染和再侵染。大豆开花期和结荚期多雨，气温偏高，均温25.5～27.0℃，发病重，高于或低于这个温度范围发病轻或不发病。连作地及早熟种发病重。

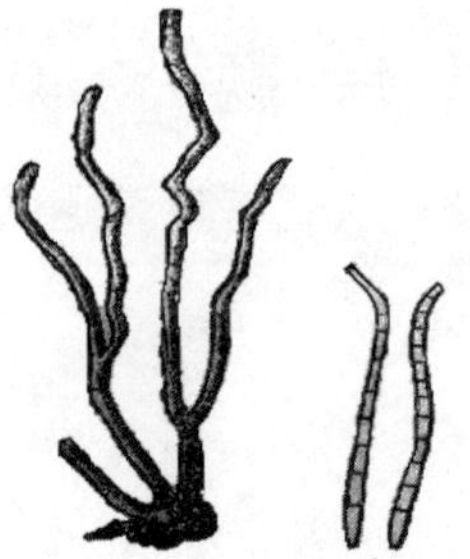

图13-3-1　大豆紫斑病
a. 分生孢子梗　b. 分生孢子

（四）防治方法

1. 农业防治　选用抗病品种，生产上抗病毒病的品种较抗紫斑病。大豆收获后及时进行秋耕，以加速病残体腐烂，减少初侵染源。

2. 化学防治　选用无病种子并进行种子处理，用种子质量 0.3％的 50％福美双可湿性粉剂拌种。在开花始期、蕾期、结荚期、嫩荚期各喷 1 次 30％碱式硫酸铜悬浮剂 400 倍液、40％多菌灵胶悬剂 1 500mL/hm²、80％多菌灵可湿性粉剂 750g/hm² 或 70％甲基硫菌灵可湿性粉剂 1 500g/hm²，结合叶面肥于大豆花荚期叶面喷雾。

二、大豆褐斑病

大豆褐斑病又称褐纹病、斑枯病，多发生于较冷凉的地区，在中国以黑龙江省东部地区发生最重，危害较大。一般地块病叶率达 50％左右，严重地块病叶率达 95％以上，病情指数为 70％以上。该病主要造成叶片枯黄，光合速率急剧降低，提前 10～15d 落叶，造成大幅度减产。大豆植株下部叶片感病对植株中上部产量损失率影响很大，故防治植株下部叶片受害是非常重要的。

（一）危害症状

叶片染病始于底部，逐渐向上扩展。子叶病斑不规则形，暗褐色，上生很细小的黑点。真叶病斑棕褐色，轮纹上散生小黑点，病斑受叶脉限制呈多角形，直径 1～5mm，严重时病斑愈合成大斑块，致叶片变黄脱落。茎和叶柄染病生暗褐色短条状边缘不清晰的病斑。病荚染病上生不规则棕褐色斑点。

（二）病原

病原为大豆壳针孢菌（*Septoria glycines* Hemmi），属半知菌类壳针孢属。病斑上的小黑点为病原菌的分生孢子器，散生或聚生，球形，器壁褐色，膜质，直径（64～112）μm。分生孢子无色，针形，直或弯曲，具横隔膜 1～3 个，大小为（26～48）μm×（1～2）μm。病菌发育温度为 5～36℃，最适温度为 24～28℃。分生孢子萌发最适温度为 24～30℃，高于30℃则不萌发。

（三）发病规律

以分生孢子器或菌丝在病组织或种子上越冬，成为翌年初侵染源。在黑龙江省东部地区，大豆幼苗出土后，子叶和真叶陆续出现病斑。6 月下旬大豆复叶上病斑可以产生第一代分生孢子。该病在黑龙江省每年有两个发病高峰。第一个发病高峰期为 6 月中旬至 7 月上旬，此时气温偏低、多雨、高湿、少日照，前期发病重，7 月中旬以后随着气温升高，病害增长速率减慢；第二个发病高峰期为 8 月中旬至 9 月上旬，此期降温较快、多雨、高湿，后期发病重，发病严重时，9 月上旬大豆叶片自下而上全部黄化脱落。

种子带菌引致幼苗子叶发病，在病残体上越冬的病菌释放出分生孢子，借风雨传播，先侵染底部叶片，后进行重复侵染向上蔓延。侵染叶片的温度范围为 16～32℃，最适温度为 28℃，潜育期 10～12d。温暖多雨、夜间多雾、结露持续时间长发病重。

（四）防治方法

1. 农业防治　选用抗病品种，实行 3 年以上轮作。

2. 化学防治　一般在大豆 3 片复叶期和鼓粒期易发病，在发病初期用 70％甲基硫菌灵可湿性粉剂 1 125～1 500g/hm² 或 25％嘧菌酯悬浮剂 900～1 200mL/hm² 或 75％百菌清可湿性粉剂 600 倍液或 50％琥胶肥酸铜可湿性粉剂 500 倍液、14％络氨铜水剂 300 倍液液叶面喷雾，隔 10d 左右防治 1 次，防治 1～2 次。

三、大豆食心虫

大豆食心虫［*Leguminivora glycinivorella* (Matsumura)］属鳞翅目卷蛾科，是我国北方大豆产区的重要害虫。以幼虫蛀入豆荚危害豆粒，一般年份虫食率为 10％～20％，对大豆的产量、品质影响很大。寄主单一，栽培作物只有大豆，野生寄主有野生大豆及苦参等。

（一）危害症状

大豆食心虫幼虫可咬破豆荚或从绿色嫩夹缝钻入豆荚内。钻入豆荚的幼虫咬食豆粒，轻者豆荚内豆粒形成虫孔、破瓣，严重会食去大豆粒 1/3～1/2，造成豆粒残缺，或整个豆粒被食光。同时大豆食心虫把粪便排在豆荚之内，使大豆在外观品质和内在品质上都受到严重的影响。

（二）形态特征

大豆食心虫形态特征如图 13-3-2 所示。

1. 成虫　暗褐色，体长 5～6mm。前翅暗褐色，前缘有大约 10 条黑紫色短斜纹，外缘内侧有 1 个银灰色椭圆形斑，斑内有 3 个紫褐色小斑。雄蛾前翅色较淡，有翅缰 1 根，腹部末端有抱握器和显著的毛束。雌成虫体色较深，有 3 根翅缰，腹部末端产卵管突出。

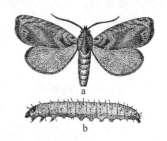

图 13-3-2　大豆食心虫
a. 成虫　b. 幼虫
（丁锦华，2002. 农业昆虫学）

2. 幼虫　分 4 龄。初孵幼虫淡黄色，入荚后为乳白色至黄白色，老熟幼虫鲜红色，脱荚入土后为杏黄色。老熟幼虫体长 8～9mm，略呈圆筒形，趾钩单序全环。

（三）发生规律

大豆食心虫 1 年发生 1 代，以老熟幼虫在大豆田或晒场的土壤中做茧滞育越冬。幼虫孵化当天蛀入豆荚，取食豆粒，幼虫老熟后脱荚，入土结茧越冬。

成虫飞翔力不强，一般不超过 6m。上午多潜伏在叶背面或茎秆上，17—19 时在大豆植株上方 0.5m 左右处呈波浪形飞行，在田间见到的成虫成团飞舞的现象是成虫盛发期的标志。成虫有弱趋光性。在 3～5cm 长的豆荚、幼嫩豆荚、荚毛多的品种豆荚上产卵多，极早熟或过晚熟品种着卵少，在每个豆荚上多数产 1 粒卵。每头雌成虫可产卵 80～200 粒。

初孵幼虫在豆荚上爬行数小时后从豆荚边缘的合缝处附近蛀入，先吐丝结成白色薄丝网，在网中咬破荚皮，蛀入荚内，在豆荚内危害。1 头幼虫可取食 2 个豆粒，将豆粒咬成兔嘴状缺刻。幼虫入荚时，豆荚表皮上的丝网痕迹长期留存，可作为调查幼虫入荚数的依据。

大豆成熟前幼虫入土做茧越冬，垄作大豆在垄台上入土的幼虫约占 75％。入土深度因土壤种类而不同，沙壤土为 4～9cm，黏性黑钙土为 1～3cm。在大豆收割时，有少数幼虫尚未脱荚，收割后如果在田间放置可继续脱荚，运至晒场也可继续脱荚，爬至附近土内越冬，成为翌年虫源之一。

越冬幼虫于翌年 7—8 月上升至土壤表层 3cm 以内做土茧化蛹，蛹期 10～12d。土茧呈长椭圆形，长 7.5～9.0mm，宽 3～4mm，由幼虫吐丝缀合土粒而成。

温湿度和降水量是影响大豆食心虫发生严重程度的重要因素。化蛹期间降雨较多，土壤湿度大，有利于化蛹和成虫出土。大豆连作比轮作受害重，轮作可使虫食率降低10%～14%。大豆结荚期与成虫产卵盛期不相吻合则受害较轻，因地制宜地适当提前播期或利用早熟品种，使成虫产卵时大豆已接近成熟，不适宜产卵，可降低虫食率。大豆品种由于荚皮的形态和构造不同，受害程度也有明显差异。

（四）防治方法

防治食心虫应以品种为基础，以农业防治为主，化学药剂与生物防治为辅，使品种与农业措施、化学药剂、生物制剂、天敌的作用协调起来，才能达到综合防治的目的。

1. 农业防治

（1）选用抗（耐）虫品种。在保证大豆产量和品质的前提下，尽量选用豆荚无茸毛或茸毛少或荚皮木质隔离层紧密而呈横向排列的品种。过早熟品种和晚熟品种也可躲过产卵期，减轻危害。

（2）远距离大区轮作。因食心虫食性单一，飞翔能力弱，因此采用远距离轮作可有效降低虫食率，一般应距前茬豆地1 000m。

（3）及时翻耙豆茬地。豆茬地是食心虫越冬场所，收获后应及时秋翻，将脱荚入土的越冬幼虫埋入土壤深层，增加越冬幼虫死亡率，以减轻翌年危害。

（4）适时早收。如能在9月下旬以前收获，可通过机械杀死大批未脱荚幼虫，减少越冬虫量。

2. 化学防治 从7月下旬开始到8月中旬，每天15时以后，手持80cm长木棒，顺垄走，并轻轻拨动大豆植株，目测被惊动而起飞的成虫（蛾）数量，连续3d累计（双行）成虫（蛾）数量达100头，即进行防治，在黑龙江省一般为8月上、中旬。可用10%氯氰菊酯乳油375～450mL/hm^2、48%毒死蜱乳油1 200～1 500mL/hm^2、2.5%高效氯氟氰菊酯乳油300mL/hm^2、2.5%溴氰菊酯乳油375～450mL/hm^2、20%甲氰菊酯乳油450mL/hm^2、兑水茎叶喷雾。此外，对于小面积地块可以采用药棒熏蒸成虫的方法。用30cm长的玉米秸秆，一端去皮，浸入80%敌敌畏乳油中约3min，使其吸饱药液后，插入豆田中，每隔4垄插1行，棒距5m，进行熏蒸防治。

四、豆荚螟

豆荚螟 [*Etiella zinckenella* (Treitschke)] 属鳞翅目螟蛾科，在我国辽宁南部地区以南都有分布，以黄河、淮河和长江流域各大豆产区受害最重。豆荚螟以幼虫在荚内蛀食豆粒，虫荚率一般为10%～30%，个别地区干旱年份可达80%以上。除大豆外，还取食其他豆科作物。

（一）危害症状

豆荚螟危害症状与大豆食心虫类似，主要以幼虫蛀食荚、花蕾和种子，造成瘪荚、空荚，3龄幼虫还可以转荚危害，入蛀孔大，有粪便堆积，里面有吐丝分泌，严重影响产量和品质。

（二）形态特征

豆荚螟形态特征如图13-3-3所示。

1. 成虫 体长10～12mm，翅展20～24mm，体灰褐色。线状触角，雄蛾触角基部有灰白色毛丛。前翅狭长，灰褐色，混有深褐色和黄白色鳞片，前缘有1条白色纵带，近翅基1/3处有

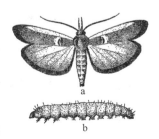

图13-3-3 豆荚螟
a. 成虫 b. 幼虫

1条金黄色宽横带。后翅黄白色，沿外缘褐色。

2. 幼虫 体长14～18mm，紫红色。前胸背板中央有黑色"人"字形纹，两侧各有1个黑斑，后缘中央有2个小黑斑。背线、亚背线、气门线、气门下线明显。趾钩双序环式。

（三）发生规律

豆荚螟1年发生2～8代，以末龄幼虫在土中结茧越冬。成虫昼伏夜出，趋光性弱，受惊扰可短距离飞行。在大豆结荚前，雌成虫选择幼嫩叶柄、花柄、嫩芽或嫩叶背面产卵，结荚后多产在植株中、上部豆荚上。1头雌成虫平均产卵88粒，一般1个豆荚上产1粒卵。卵初产时乳白色，孵化前为暗红色。初孵幼虫先在叶面爬行，后吐丝垂到其他豆荚上，然后在豆荚上结白色薄茧，蛀入豆荚，再蛀入豆粒内取食，1头幼虫可食害4～5个豆粒，并可转荚危害1～3次。幼虫分5龄，幼虫老熟后脱荚入土，幼虫期9～12d。

豆荚螟与大豆食心虫的危害症状相似，前者的蛀入孔和脱荚孔多在豆荚中部，脱荚孔圆形而大，而后者的蛀入孔和脱荚孔多在豆荚的侧面靠近合缝处，脱荚孔椭圆形且小。幼虫脱荚入土后，在0.5～4.0cm深处吐丝结茧化蛹，蛹期20d左右。

冬季气温低，越冬幼虫的存活率低。在适宜温度条件下，湿度对雌蛾产卵影响较大，适宜产卵的相对湿度为70%，低于60%或过高，产卵显著减少。越冬幼虫在表层土壤水分处于饱和状态或绝对含水量30.5%以上时，不能生存；土壤绝对含水量12.6%时，化蛹率和羽化率高。不同土质和地势由于含水量不同，豆荚螟发生的轻重也不同。如壤土上发生重，黏土上发生轻；高地发生重，低地发生轻。

豆荚螟的早期世代发生时，大豆尚未开花结荚，先在其他豆科植物上取食，后转入大豆田取食，因此中间寄主面积大、种植期长、距大豆田近，可使大豆田虫口密度增加。同一地区种植春、夏、秋大豆，有利于不同世代转移危害。大豆结荚期与成虫产卵期吻合、结荚期长的比结荚期短的、荚毛多的比荚毛少的品种受害重。

另外，豆荚螟的天敌有多种赤眼蜂、小茧蜂、姬蜂等，幼虫和蛹也常受细菌、真菌等昆虫病原微生物的侵染。

（四）防治方法

防治豆荚螟应把其控制在蛀荚之前。

1. 农业防治 合理轮作，避免大豆与紫云英、苕子等豆科植物连作或邻作，采用大豆与水稻等非豆科作物轮作，有条件的地方可增加秋、冬季灌水次数，促使越冬幼虫死亡。在豆荚螟发生严重的地区，尽量选用早熟、丰产、结荚期短、豆荚毛少或无毛的抗虫品种。调整播种期，使大豆的结荚期与豆荚螟的产卵期错开。采取豆科绿肥结荚前翻耕，大豆成熟及时收获，并随割随运，都能减少越冬幼虫数量。

2. 生物防治 成虫产卵始盛期释放赤眼蜂可取得较好的防治效果。

3. 化学防治 成虫盛发期至幼虫孵化盛期以前为药剂防治适宜时期。可选用20%氰戊菊酯乳油、2.5%溴氰菊酯乳油或10%氯氰菊酯乳油2 000倍液喷雾，也可选用2.5%敌百虫粉剂或2%杀螟硫磷粉剂30～37.5kg/hm² 喷粉。

五、双斑萤叶甲

双斑萤叶甲［*Monolepta hieroglyphica* （Motschulsky）］属鞘翅目叶甲科，又称双斑长跗萤叶甲。寄主范围广，有豆类、马铃薯、苜蓿、玉米、甜菜、麦类、十字花科蔬菜、向日葵等作物。

（一）危害症状

双斑萤叶甲主要以成虫群集危害，发生始期群集点片危害，发生量大时扩散危害，在黑龙江8月进入危害盛期，取食叶片造成缺刻或孔洞，严重影响作物的光合作用。幼虫主要危害豆科植物和乔本科植物的根。

（二）形态特征

1. 成虫 体长3.6～4.8mm、宽2.0～2.5mm，长卵形，棕黄色具光泽。触角11节，丝状，端部色黑，长为体长2/3，复眼大卵圆形。前胸背板宽大于长，表面隆起，密布很多细小刻点。小盾片黑色呈三角形。鞘翅布有线状细刻点，每个鞘翅基半部具1近圆形淡色斑，四周黑色，淡色斑后外侧多不完全封闭，其后面黑色带纹向后突伸成角状，后足胫节端部具1长刺。腹管外露。

2. 幼虫 体长5～6mm，白色至黄白色，体表具瘤和刚毛，前胸背板颜色较深。

（三）发生规律

在黑龙江省1年发生1代，以卵在大豆田和周围杂草根系土壤中越冬，翌年4月中、下旬开始孵化。6月中旬田边杂草始见成虫，8月中旬进入危害盛期，田间作物收获后又迁入到杂草和蔬菜田中。成虫有群集性和弱趋光性，在一株植物上自上而下地取食，日光强烈时常隐蔽在下部叶背。成虫飞翔力弱，一般只能飞2～5m，早晚气温低于8℃或风雨天喜躲藏在植物根部或枯叶下，气温高于15℃成虫活跃，成虫羽化后经20d开始交尾，把卵产在田间或菜园附近草丛中的表土下。卵散产或数粒粘在一起，耐干旱。幼虫生活在杂草丛下表土中，老熟幼虫在土中筑土室化蛹，蛹期7～10d。干旱年份发生重，近两年来在黑龙江省大部分地区危害趋势越来越严重。

（四）防治方法

1. 农业防治 及时铲除田边、地埂、渠边杂草，秋季深翻灭卵，均可减轻受害。

2. 化学防治 可用2.5%高效氯氟氰菊酯乳油300～400mL/hm²、2.5%溴氰菊酯乳油300～400mL/hm²或10%氯氰菊酯乳油500～600mL/hm²喷雾防治。

》》任务实施

一、资源配备

1. 材料与工具 大豆紫斑病、大豆褐斑病等病害盒装标本及新鲜标本，大豆食心虫、豆荚螟、双斑萤叶甲等害虫的浸渍标本、生活史标本及部分害虫的玻片标本。显微镜、体视显微镜、放大镜、镊子、挑针、刀片、滴瓶、蒸馏水、培养皿、载玻片、盖玻片、解剖刀、酒精瓶、指形管、采集袋、挂图、多媒体资料（包括幻灯片、录像带、光盘等影像资料）、记载用具等。

2. 教学场所 教学实训大豆田、实验室或实训室。

3. 师资配备 每15名学生配备1位指导教师。

二、操作步骤

1. 病害症状观察

（1）大豆紫斑病的观察。观察大豆紫斑病的发病症状，注意叶片上典型的病斑为紫红色圆形小斑，病斑相互愈合时可形成块状坏死，比较与茎部、豆荚上症状的差异。

（2）大豆褐斑病的观察。观察大豆褐斑病的发病症状，病部有无轮纹以及病斑是否受叶脉限制。

2. 病原观察

（1）大豆紫斑病病原的观察。在病部用挑针挑取少量霉状物，制片镜检，或直接观察永久玻片。观察分生孢子梗的色泽、性状、分隔及分生孢子形态特征。

（2）大豆褐斑病病原的观察。用挑针挑取病部的小黑点，制片稍挤压后镜检，或直接观察永久玻片。观察该结构是散生还是聚生、性状、器壁颜色、质地等特征，以及分生孢子的性状、颜色、质地等。

3. 害虫形态观察

（1）大豆食心虫形态观察。观察大豆食心虫成虫，注意其前翅前缘有无大约 10 条黑紫色短斜纹，外缘内侧有无 1 个银灰色椭圆形斑，斑内有无 3 个紫褐色小斑。扒开豆荚观察幼虫的颜色。

（2）豆荚螟形态观察。观察豆荚螟幼虫和成虫特征，注意与大豆食心虫的区分。

三、技能考核标准

大豆生长中后期植保技术技能考核参考标准见表 13 - 3 - 1。

表 13 - 3 - 1　大豆生长中后期植保技术技能考核参考标准

考核内容	要求与方法	评分标准	标准分值/分	考核方法
职业技能 （100 分）	病虫识别	根据识别病虫的种类多少酌情扣分	10	单人考核，口试评定成绩
	病虫特征介绍	根据描述病虫特征准确程度酌情扣分	10	
	病虫发病规律介绍	根据叙述的完整性及准确度酌情扣分	10	
	病原物识别	根据识别病原物种类多少酌情扣分	10	
	标本采集	根据采集标本种类、数量、质量评分	10	以组为单位考核，根据上交的标本、方案及防治效果等评定成绩
	制订病虫害防治方案	根据方案科学性、准确性酌情扣分	20	
	实施防治	根据方法的科学性及防效酌情扣分	30	

思 考 题

1. 如何区分发生在大豆叶片上的褐斑病和紫斑病？
2. 怎样用敌敌畏熏蒸法防治大豆食心虫？
3. 简述豆荚螟的防治措施。

思考题参考
答案 13-3

拓展知识

大豆病虫害综合防治技术

项目十四 >>>>>>>>

棉花病虫害防治技术

任务一　棉花苗前及苗期植保措施及应用

▶▶任务目标

通过对棉花苗前和苗期主要病害的症状识别、病原物形态观察，对病害进行防治，掌握常见病害的识别要点，熟悉病原物形态特征，能识别棉花播前和苗期主要病害，能进行发生情况调查、分析发生原因，能制订防治方案并实施防治。

棉花苗期的植保措施主要针对棉花立枯病、棉花炭疽病、棉花红腐病等病害的防治以及苗前和苗期杂草的防除。

▶▶相关知识

一、棉花立枯病

棉花立枯病是棉花苗期的一种重要病害之一，我国各棉区都有发生，在黄河流域发生比较普遍，是北方棉花苗期病中的主要病害。1999 年棉花立枯病发生严重，受害面积广，有些地区棉苗出苗率仅为 60%～70%，出苗后病苗率亦达 15%～20%，有些地区甚至绝产。

（一）危害症状

棉苗未出土前，病菌可侵染幼根和幼芽，造成烂种和烂芽。幼苗出土以后，则在幼茎基部靠近地面处发生褐色凹陷的病斑，继则向四周发展，颜色逐渐变成黑褐色，直到病斑扩大缢缩，切断了水分、养分供应，造成子叶垂萎，最终幼苗枯倒，即烂根。子叶受害后，多在子叶中部产生黄褐色不规则形病斑，常脱落穿孔。发病较轻的病株仅根和根茎部皮层受害变褐或黑褐色，气温上升后能恢复生长。病原菌由菌丝体繁殖，菌丝体在生长初期没有颜色，后期呈黄褐色，多隔膜，这是立枯病菌最易识别的特征。在病苗、死苗的茎基部及周围、土面常见到白色稀疏菌丝体（图 14-1-1）。

（二）病原

棉花立枯病的病原有性态为瓜亡革菌 ［*Thanatepephorus cucumeris* (Frank) Donk］，属担子菌门亡革菌属；无性态为立枯丝核菌（*Rhizoctonia solani* Kühn），属半知菌类丝核菌属。菌丝发达，初期无色、较细，近似直角分枝，离分枝点不远处生有一个隔膜；老熟菌丝黄褐色，较粗壮，不规则形，表面粗糙。担子圆筒形或长椭圆形，无色，单胞，顶生

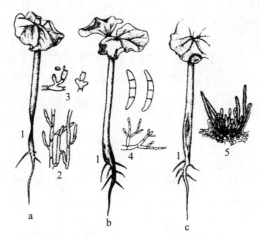

图 14 - 1 - 1　棉花病害

a. 棉花立枯病　b. 棉花红腐病　c. 棉花炭疽病

1. 病苗　2. 菌丝体　3. 担子及担孢子　4. 分生孢子梗及分生孢子　5. 分生孢盘及分生孢子

（程亚樵，2007. 作物病虫害防治）

2～4 个小梗，每个小梗上着生 1 个担孢子。担孢子椭圆形或卵圆形，无色，单胞。棉花立枯病有性世代在自然条件下极少发现，一般以无性世代存在。

（三）发病规律

棉花立枯病可抵抗高温、干旱、冷冻等不良环境条件，适应性很强，一般能存活 2～3 年或数年，但在高温高湿条件下仅存活 4～6 个月。耐酸碱，在 pH 2.4～9.2 范围内均可生长，因此分布很广。

病菌以菌丝体或菌核在土壤中或病残体上越冬。土壤中的菌丝、菌核和担孢子是主要的初侵染源，尤其是菌丝和菌核，带菌种子也可传染。这些初侵染源在棉籽和幼苗根部分泌物的刺激下开始萌发，可以直接侵入或从自然孔口及伤口侵入寄主。棉苗子叶期最易感病，棉苗出土的 1 个月内如果土壤温度持续在 15℃左右，甚至遇到低温多雨或寒流，立枯病就会严重发生，造成大片死苗。病组织上的菌丝可以向四周扩散，继续侵染危害，引起成穴或成片的棉苗发病甚至死亡。若收花前低温多雨，棉铃受害，病菌还可侵入种子内部，成为翌年的初侵染源。

播种过早，气温偏低，棉花萌发出苗慢，病菌侵染时间长，发病重。多年连作棉田发病重。地势低洼，排水不良和土质黏重的棉田发病较重。

（四）防治方法

棉花苗期病害防治采取以农业防治为主、及时喷药防治为辅的综合防治措施。

1. 农业防治

（1）精选棉种。经硫酸脱绒，再对表面的各种病菌进行消毒，剔除出小籽、瘪粒、杂籽及虫蛀籽，再晒种 30～60h，增强棉苗抗病力。

（2）加强栽培管理。秋耕冬灌、合理轮作和适期播种，可减轻发病。棉田增施有机肥，促进棉苗健壮生长，提高抗病力，能抑制病原菌侵染棉苗。一般在出苗 70% 左右或雨后要进行中耕松土，以提高土壤温度，降低土壤湿度，破除板结，使土壤通气良好，能抑制根部发病。遇阴雨天时，及时开沟排水防渍。及时将病苗、死苗集中烧毁，以减少田间病菌传染。

2. 化学防治 在低温多雨情况下棉苗易发生多种病害，尤其是寒流和连续的阴雨，大量发生病苗、死苗。因此在寒流及阴雨前及时喷药保护，一般在出苗80％左右应进行喷药，根据病情决定喷药次数及药剂种类和浓度。常用杀菌药剂有半量式波尔多液、50％多菌灵可湿性粉剂、50％福美双可湿性粉剂等。

二、棉花炭疽病

棉花炭疽病是棉花苗期和铃期最主要病害之一，全国各棉区均有分布，发病都较严重，重病年份造成缺苗断垄，甚至毁种。棉花整个生长期都能发病，病菌不仅侵染幼苗的根茎部，还能危害幼茎、叶、真叶和棉铃，后期还可造成烂铃，直接影响棉花产量，苗期和铃期受害最为严重。病原菌有两种，印度炭疽菌和普通炭疽菌，我国棉花上以普通炭疽菌较常见，其只危害棉花1种植物。

（一）危害症状

棉籽刚发芽未出土前就可被侵染，幼芽及幼根变褐腐烂，病轻的尚能出土。被害棉苗的茎基部产生红褐色小病斑，扩大后呈褐色略凹陷的纵条斑，病斑边缘仍呈红褐色，病重时，病斑可扩展包围整个茎基，呈黑褐色半湿腐状，苗枯萎。子叶被害时，多在叶缘产生半圆形黄褐色或褐色病斑，外缘上面有橘红色黏性物质，即病菌分生孢子。子叶中部的病斑近圆形或不规则形，易干枯破碎，严重时，常枯死早落。幼苗顶端被害时呈黑褐色枯死。叶柄及茎秆上的症状均呈红褐色至黑褐色的纵条斑，病部容易折断，铃上病斑初为暗红色小点，以后逐渐扩大并凹陷，中部变为灰褐色，上面有橘红色黏性物质，病铃腐烂可形成僵瓣（图14-1-1）。

（二）病原

棉花炭疽病由普通炭疽菌引起。有性态为棉小丛壳菌 [*Glomerella gossypii*（Southw.）EDg.]，属子囊菌门小丛壳属，在自然情况下很少发生；无性态为棉刺盘孢菌（*Colletotrichum gossypii* Southw.），属半知菌类刺盘孢属。分生孢子盘周围生有许多褐色刚毛，盘上生有许多棍棒状、单胞、无色的分生孢子梗，梗短，梗顶端各生一个分生孢子。分生孢子长椭圆形或一端稍窄短棒状，无色，单胞，大小为（9～26）μm×（3.5～7.0）μm，大量分生孢子堆积时，形成橘红色的黏质物。棉花炭疽菌最适生长温度为25～30℃，孢子萌发最适温为25～35℃，10℃时不萌发。

（三）发病规律

病菌以分生孢子和菌丝体在种子或病残体上越冬，种子带菌是主要的初侵染源。翌年棉籽发病后侵入幼苗，之后在病株上产生大量分生孢子，借风雨、昆虫及灌溉水传播，形成再次侵染。播种后遇到低温多雨会影响棉籽萌发和出苗速度，易遭受病菌侵染而造成烂种、烂芽。出苗后棉花生长发育不良，降低抗病力，发病重。特别是低温伴随有寒流和阴雨，有利于叶部病害大发生，而造成成片死苗。若苗期低温多雨、铃期高温多雨，炭疽病就容易流行。整地质量差、播种过早或过深、栽培管理粗放、田间通风透光差或连作多年等，都能加重炭疽病的发生。病菌分生孢子可在种子上存活1～3年，病菌在微碱性条件下发育良好，pH在5.8以下则停止生长。

（四）防治方法

1. 农业防治

（1）种子选用和处理。选用无菌种子和种子消毒是防治该病的关键。选用棉粒饱满、无病菌、生命力强的棉籽。开水和冷水按 3∶1 混合，按水质量与棉籽质量为 2.5∶1 的比例放入棉种，在 55～60℃的水中浸泡 0.5h，捞后晾干即可播种，该法只能杀死种子上的病菌，还可用药剂拌种。

（2）栽培措施。合理轮作，精耕细作，适期播种，加强田间管理，增湿保墒，中耕松土，早间苗、晚定苗以确保苗全苗壮。

2. 化学防治 苗期发病可用 20%甲基胂酸锌可湿性粉剂 800 倍液、70%甲基硫菌灵可湿性粉剂 1 000 倍液或 50%多菌灵可湿性粉剂 800 倍液均匀喷雾。蕾铃期发病，用 70%代森锌水剂 800 倍液或 50%多菌灵可湿性粉剂 800 倍液均匀喷雾。

三、棉花红腐病

棉花红腐病也称烂根病，全国各棉区均有发生，是我国棉花苗期一种危害较大的病害，黄河流域棉区苗期红腐病发病率一般在 20～50%，最高可达 80%以上，北方棉区苗期发病重，南方棉区铃期发病重。主要引起棉花烂种、烂芽、茎基腐烂和根部腐烂，棉花的苗期、棉铃期在根、茎基、子叶和真叶部位均有发病可能。除棉花外还可侵染小麦、玉米、黄瓜和马铃薯等。

（一）危害症状

染病的幼苗出土前芽变红褐色而腐烂。出土后受害棉苗根部的根尖、侧根开始变黄，以后逐渐蔓延到全根，变黑褐色腐烂；受害幼茎导管呈暗褐色，近地面的幼茎基部有黄色条斑，后变褐腐烂，土面以下的幼根、幼茎肿胀；子叶、真叶边缘产生灰红色不规则斑，湿度大时其上面产生粉红色霉层，即病原菌的分生孢子。蕾铃期发病后，初生无定形病斑，外面有红粉，遇潮湿天气或连阴雨时病情扩展，迅速遍及全铃，有的波及棉纤维上，产生均匀的粉红色或浅红色霉层，雨后常粘成粉红色块状物，严重时铃壳不开裂，形成僵瓣。种子发病后，发芽率降低（图 14-1-1）。

（二）病原

棉花红腐病由多种镰刀菌引起，以串珠镰刀菌（*Fusarium moniliforme* Sheld.）为主，其次为半裸镰刀菌（*F. semitectum*）和禾谷镰刀菌（*F. graminearum*）等。串珠镰刀菌属半知菌类镰刀菌属，有大小两种分生孢子。大型分生孢子镰刀形，直或略弯，无色，多数有 3～5 个分隔，大小为（17.6～46.8）μm×（3.52～6.08）μm；小型分生孢子卵形或椭圆形，无色，多数单胞，大小为（4.48～12.8）μm×（2.52～3.52）μm，串生或假头生。病菌最适生长温度为 25～30℃，分生孢子萌发最适温度为 20～25℃，相对湿度 86%以上。

（三）发病规律

病菌可在种子内外、枯枝、枯叶及土壤中的烂铃等病残体上越冬，翌年产生的分生孢子和菌丝体成为初侵染源。附着在种子短绒上的分生孢子和潜伏于种子内部的菌丝体，播种后即侵入危害幼芽或幼苗。棉铃期，分生孢子或菌丝体借助风、雨、昆虫等媒介传播到棉铃上，从伤口侵入，造成烂铃，病铃使种子内、外部均带菌，形成新的侵染循环。病菌在棉花生长季节营腐生生活。盐碱地、低洼地、连作棉田以及播种过早的棉田发病较重。棉花红腐病的发生与气象条件关系密切，病菌潜育期为 $3\sim10\mathrm{d}$，其长短因环境条件而异。

（四）防治方法

1. 种子处理 种子处理是预防苗期红腐病的有效措施。可用 50％多菌灵可湿性粉剂按种子质量 0.5％拌种，或 100kg 种子用 45％敌磺钠可湿性粉剂 500g 拌种。拌种时加水量一般不需要太多，喷拌即可。还可用种衣剂包衣或生防菌拌种等措施。

2. 加强田间管理 清洁田园，及时清除田间的枯枝、落叶、烂铃等，并集中烧毁。适期播种，中耕松土，进行轮作，加强苗期管理。

3. 化学防治 棉花苗期和铃期发病时喷药防治可有效控制病害的发生。苗期用 20％甲基胂酸锌可湿性粉剂 800 倍液或 25％多菌灵可湿性粉剂＋15％福美双可湿性粉剂 1 000 倍液灌根。铃期可用 50％福美双可湿性粉剂 500 倍液或 70％代森锰锌可湿性粉剂 800 倍液均匀喷雾防治。

四、棉花苗前及苗期化学除草

棉田杂草主要有 24 科 260 余种，其中禾本科杂草有牛筋草、狗尾草、马唐、旱稗等，阔叶杂草有藜、铁苋菜、田旋花、马齿苋等，以及莎草科杂草香附子等。杂草防控要早期治理、综合防控。

（一）播前土壤封闭处理

棉花播种前对土壤进行封闭处理，可选用 48％氟乐灵乳油 1 125～1 500mL/hm² 均匀喷雾土壤，喷后立即耙匀填土，施药后立即播种。

（二）播后苗前土壤处理

因苗床土壤中杂草种子量大，加之覆膜后高温高湿的环境条件，杂草出土早且集中，故在棉花苗床播种后覆膜前施药，选用 90％乙草胺乳油 800～1 200mL/hm²、72％异丙甲草胺乳油 1 100～2 200mL/hm²、33％二甲戊灵乳油 3 000～4 500mL/hm²、50％敌草胺可湿性粉剂 2 250～3 750g/hm² 及其混剂兑水后，进行土壤喷雾，施药量一般不宜过大，否则影响育苗质量。

（三）茎叶喷雾处理

棉花苗期杂草防除可选用 10.8％精氟吡甲禾灵乳油 450～750mL/hm²、12.5％烯禾啶乳油 1 300～1 500mL/hm²、15％精吡氟禾草灵乳油 750～1 000mL/hm² 及其混剂进行茎叶喷雾处理，喷药时应避开棉花植株的绿色组织。棉花幼苗期遇低温、多湿、苗床积水或药量过多易受药害。

≫ 任务实施

一、资源配备

1. 材料与工具 棉花立枯病、棉花炭疽病和棉花红腐病的盒装标本或新鲜标本。显微镜、镊子、挑针、刀片、滴瓶、蒸馏水、培养皿、载玻片、盖玻片、酒精瓶、指形管、采集袋、挂图、多媒体资料（包括幻灯片、录像带、光盘等影像资料）、记载用具等。

2. 教学场所 实训棉花田、实验室或实训室。

3. 师资配备 每 15 名学生配备 1 位指导教师。

二、操作步骤

（1）结合教师讲解及棉花病害症状的仔细观察，分别描述棉花病害症状识别特征。

（2）根据田间棉花病害的症状和发生情况进行预测预报，从而制订棉花病害的综合防治措施。

（3）根据棉花田间杂草情况，制订棉田杂草的防治技术措施。

三、技能考核标准

棉花苗期植保技术技能考核参考标准见表 14-1-1。

表 14-1-1　棉花苗期植保技术技能考核参考标准

考核内容	要求与方法	评分标准	标准分值/分	考核方法
职业技能 （100分）	病虫识别	根据识别病虫的种类多少酌情扣分	10	单人考核口试评定成绩
	病虫特征介绍	根据描述病虫特征准确程度酌情扣分	10	
	病虫发病规律介绍	根据叙述的完整性及准确度酌情扣分	10	
	病原物识别	根据识别病原物种类多少酌情扣分	10	
	标本采集	根据采集标本种类、数量、质量评分	10	以组为单位考核，根据上交的标本、方案及防治效果等评定成绩
	制订病虫害防治方案	根据方案科学性、准确性酌情扣分	20	
	实施防治	根据方法的科学性及防效酌情扣分	30	

▶▶ 思 考 题

总结棉花苗期病害的防治措施。

思考题参考
答案 14-1

任务二　棉花生长前期植保措施及应用

▶▶ 任务目标

通过对棉花生长前期主要病害的症状识别、病原物形态观察和对主要害虫的危害特点、形态特征识别及田间调查和参与病虫害防治，掌握常见病虫害的识别要点，熟悉病原物形态特征，能识别棉花生长前期主要病虫害，能进行发生情况调查、分析发生原因，能制订防治方案并实施防治。

棉花生长前期的植保措施主要包括棉花枯萎病、棉花角斑病、棉叶螨、棉盲蝽等病虫害的防治。

》 相关知识

一、棉花枯萎病

棉花枯萎病是棉花生长前期的重要病害之一，世界各主要产棉国均有发生。中国在20世纪70年代调查，东北、西北、黄河流域和长江流域的20个省、市，几乎都有发生危害，以四川、陕西、云南、江苏、山东、山西、河南等省危害严重。20世纪80年代中期以后，随着大量抗病品种的推广，枯萎病在我国产棉区基本得到控制，但在局部地区仍然发生较重，目前还是棉花上的一种重要病害。该病具有毁灭性，一旦发生很难根治。

（一）危害症状

棉花整个生育期均可受害，是典型的维管束病害。症状常表现多种类型：苗期有青枯型、半边黄型、黄色网纹型、皱缩型、紫红型、黄化型；蕾期有皱缩型、半边黄型、枯斑型和顶枯型，严重的病株落叶成光杆型。

病株维管束呈棕褐色，纵贯全株。棉株在3～4片真叶或蕾期为发病高峰，重病株枯死，造成缺株；一般病株表现株矮、节间缩短，或半边枯死，结铃稀疏，吐絮不畅，易脱落。

该病有时与黄萎病混合发生，症状更为复杂，表现为矮生枯萎或凋萎等。纵剖病茎可见木质部有深褐色条纹。湿度大时病部出现粉红色霉状物，即病原菌分生孢子梗和分生孢子。

（二）病原

棉花枯萎病病原是尖孢镰刀萎蔫专化型〔*Fusarium oxysporum* Schl. f. sp. *vasinfectum* (Atk.) Snyder et Hanson〕，属半知菌类镰刀菌属。菌丝透明，具分隔，在侧生的孢子梗上生出分生孢子。小型分生孢子无色，卵圆形，单胞，大小为（5～12）μm×（2.0～3.5）μm；大型分生孢子无色，多胞，镰刀形，略弯，两端稍尖，足胞明显或不明显，多数为3个隔膜，大小为（19.6～39.4）μm×（3.5～5.0）μm；厚垣孢子顶生或间生，淡黄色，单生或串生，近球形，壁厚（图14-2-1）。大型分生孢子分为3种培养型：Ⅰ型为对称镰刀

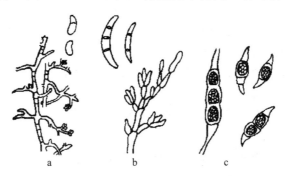

图14-2-1　棉花枯萎病
a. 小型分生孢子和分生孢子梗　b. 大型分生孢子和分生孢子梗　c. 厚垣孢子
（程亚樵，2007. 作物病虫害防治）

形或纺锤形，顶细胞较长，逐渐变窄狭，足细胞明显或不明显，孢子 3 个隔膜；Ⅱ型为不对称镰刀形，或新月形稍直，顶细胞长，孢子 3～5 个隔膜，最多达 8 个，形态变化较大；Ⅲ型孢子短宽，顶细胞钝圆或有喙，孢子上宽下窄，足细胞明显或不明显，孢子 3 个隔膜。枯萎病病菌的菌落因菌系、生理小种及培养基不同而有差异。

（三）发病规律

枯萎病菌主要在种子、病残体或土壤及粪肥中越冬。田间病株上病菌的分生孢子、厚垣孢子及微菌核遇到适宜的条件开始萌发，产生菌丝，长出孢子，借气流、风雨或机具传播，侵染四周的健株。如有的从棉株根部伤口或直接从根的表皮或根毛侵入，在棉株内扩展，进入维管束组织后，在导管中产生分生孢子，向上扩展到茎、枝、叶柄、棉铃的柄及种子上，造成叶片或叶脉变色、组织坏死、棉株萎蔫。棉田一旦发生枯萎病则很难铲除。该菌可在种子内外存活 5～8 个月，在病株残体内存活 0.5～3.0 年，可在棉田土壤中腐生 6～10 年。

（四）防治方法

1. 农业防治

（1）种植抗耐病品种。种植抗耐病品种是防治棉花枯萎病最有效、最经济的措施。选用高产优质抗耐病品种，减轻重病田的产量损失。枯萎病、黄萎病混合发生的地区，提倡选用兼抗枯萎病、黄萎病或耐病品种。

（2）保护无病区。目前我国无病的棉区面积仍然较大，因此要千方百计保护好无病区，无病区的棉种绝对不能从病区引调。必须引种时，引进的棉种经硫酸脱绒后，用 80% 抗菌剂 402 药液，加温至 55～60℃，浸种 30min，或用 0.3% 多菌灵胶悬剂在常温下浸种 14h，经过 2～3 年的试种、鉴定和繁殖，才可大面积推广种植。

（3）加强栽培管理。及时铲除土壤中病株枝叶、杂草菌源，及时定苗、拔除病苗，并在棉田外深埋或烧毁；施用热榨处理过的饼肥；最好与禾本科作物轮作，提倡与水稻轮作；秋耕深翻；加强棉花现蕾开花后水肥营养管理，提高棉花抗病性和抵抗力；科学施肥，增施有机肥；合理密植；等等。以上措施均有减轻发病的作用。

2. 化学防治　叶面喷施 0.8%～1.0% 磷酸二氢钾溶液，棉花根部灌施 36% 三氯异氰尿酸可湿性粉剂 500～800 倍液，使其自然扩散吸附，达到治病效果。

二、棉花角斑病

棉花角斑病分布广，世界各产棉国家均有发生，我国各棉区都有发生，以华南和新疆棉区发生较重，是棉花上的一种常见细菌性病害，主要危害草棉、木棉。棉田受害后轻则影响植株的同化能力，组织死亡，铃皮皱缩，幼铃易脱落，成铃内部纤维易变黄，重则引起落叶、落柄、烂铃，影响棉花产量。重病田发病率可高达 80%～100%，造成幼苗死亡、叶片枯死、蕾铃脱落及烂铃，严重影响棉花的产量和品质。

（一）危害症状

棉花整个生育期都能遭受角斑病的危害。棉苗出土前受害，造成烂籽、烂芽，不能出苗。子叶和幼茎受害后，出现深绿色油渍状斑点，后变为淡褐至黑褐色圆形斑，使棉茎收缩变细，幼苗折断死亡。病菌初侵入时，仅危害气孔四周的组织，出现油渍状小点，后病菌繁殖增大，破坏周围组织，形成斑点，扩大为重病斑。真叶染病后，叶背先产生深绿色小点，后扩展呈油渍状，叶片正面病斑多角形，有时病斑沿脉扩展呈不规则条状，致叶片枯黄脱落。蕾和苞叶上出现不规则油渍状透明、深绿色至红褐色病斑，造成蕾铃脱落。棉铃染病初生油渍状深绿色小斑点，后扩展为近圆形或数个病斑连在一起呈不规则形，褐色至红褐色，病部凹陷，幼铃脱落，成铃部分心室腐烂。

（二）病原

棉花角斑病是由黄单胞细菌棉角斑致病变种 [*Xanthomonas campestris* pv. *malvacearum* (Smith) Dye] 引起，寄主范围很窄。菌体杆状，大小为 $(1.2\sim2.4)$ $\mu m\times(0.4\sim0.6)$ μm，一端具 $1\sim2$ 根鞭毛，可游动，有荚膜，革兰氏阴性，在 PDA 培养基上形成浅黄色圆形菌落，菌体细胞常 $2\sim3$ 个结合为链状体。该菌存在明显的生理分化，已鉴定出 18 个生理小种，其中 8 号小种的致病力最强，几乎能感染所有供试棉花品种。

（三）发病规律

病菌生长温度范围为 $10\sim38℃$，最适温度为 $25\sim30℃$，在 $50\sim51℃$ 下经 10min 死亡，干燥条件下能耐 80℃ 高温和 $-28℃$ 的低温。pH 范围为 $6.1\sim9.3$，最适 pH 为 6.8 左右，休眠期间抵抗不良环境能力强，病菌在种子内部可存活 $1\sim2$ 年。

病原细菌主要在种子及土壤中的病铃等病残体上越冬，翌春带菌的棉籽发芽时，可从幼苗子叶的气孔中入侵，也可从伤口入侵，在细胞间隙繁殖，破坏叶内的组织，经 $8\sim10d$ 产生症状。在子叶的病斑部溢出大量带菌的菌脓，经风、雨、昆虫传播到其他棉株上或其他部位，引起再侵染，后又侵害蕾、铃，最后到种子，造成种子带菌。铃壳上的病菌随病残体落入土中，下一年侵染幼苗。

（四）防治方法

1. 农业防治

（1）种子处理。采用硫酸脱绒或机械脱绒，可消灭棉种短绒带菌；使用 $55\sim60℃$ 温水浸种 30min；选用抗病品种；药剂拌种。

（2）田间管理。适期播种，合理密植；雨后及时排水，防止湿气滞留；结合间苗、定苗发现病株及时拔除，清除病残体，集中烧埋、深埋或沤肥；中耕散墒，施肥要合理搭配，采用垄作或高畦栽培。

2. 化学防治　苗期发病初期喷洒 1：1：200 等量式波尔多液，每两周喷 1 次，连续喷药 3 次。也可用 20％ 粉锈灵可湿性粉剂 1 000 倍液或 65％ 代森锌可湿性粉剂 600 倍液均匀喷雾。为促进植株健壮生长，可同时加配芸薹素、二铵水溶液等营养调节剂，间隔 5d 左右喷 1 次，连续喷 $2\sim3$ 次。

三、棉叶螨

我国棉花上的叶螨主要有朱砂叶螨 [*Tetranychus cinnabarinus* (Boisduval)]、截形叶螨 [*T. truncatus* Ehara]、二斑叶螨 [*T. urticae* Koch]、土耳其斯坦叶螨 [*T. turkestani* (Ugarov et Nikolski)]，均属蛛形纲蜱螨目叶螨科，其中朱砂叶螨是我国分布最广、危害最严重的种类。

棉叶螨又称棉花红蜘蛛，在我国各棉区均有分布，是侵害棉花的主要害虫之一。寄主广泛，除危害棉花外，还危害玉米、高粱、小麦、大豆等。棉叶螨主要在棉花叶面背部刺吸汁液，使叶面出现黄斑、红叶和落叶等危害症状，形似火烧，俗称"火龙"。暴发年份，造成大面积减产甚至绝收。其在棉花整个生育期都可危害，给棉花生产造成严重损失。

（一）危害症状

棉叶螨主要以若螨、幼螨、成螨集中在棉花植物的叶背刺吸汁液危害。受害初期，叶正面出现黄白或黄褐色斑点，随着棉叶螨的增多，斑点加密，连成片，变为紫红色；随着危害加重，棉叶卷曲，主干、枝叶及叶背面均布满丝网；棉花在中后期严重受害时，会造成落叶、落花、落蕾、落铃，形成光秆，即使不成光秆，也将严重影响光合作用，使棉株不能正常生长，植株矮小，影响棉花产量。

（二）形态特征

以朱砂叶螨为例进行介绍。

1. 成螨　雌成螨卵圆形，长 0.48～0.55mm，宽约 0.32mm，红褐色或锈红色，眼的前方淡黄色；身体两侧各有黑斑 1 个，其外侧 3 裂，内侧接近身体中部；背面的表皮纹路纤细，在内腰毛和内骶毛之间纵行，形成明显的菱形纹。雄成螨略呈菱形，比雌虫小得多，体长约 0.36mm、宽约 0.19mm，黄绿色或鲜红色，须肢跗节的锤突细长，长度大于宽度的 3 倍，腹部末端稍尖。

2. 幼螨　近圆形，长约 0.15mm，浅红色，稍透明，足 3 对。

3. 若螨　分前期若螨和后期若螨，均具足 4 对。前期若螨椭圆形，长约 0.2mm，黄绿色，雌若螨体侧出现深色斑点，雄若螨深色斑点不明显。雄若螨比雌若螨少蜕 1 次皮就羽化为雄成螨，雌若螨蜕皮成为后期若螨，然后羽化为雌成螨。后期若螨长约 0.4mm。

4. 卵　圆形，直径约 0.13mm，初产时无色透明或略带乳白色，逐渐变为淡黄色，将孵化前，透过卵壳可见两个红色斑点。

（三）发生规律

在我国朱砂叶螨年发生代数主要与气候条件有关。辽河流域棉区 1 年约发生 12 代，黄河流域 12～15 代，长江流域 15～18 代，华南棉区 20 代以上。棉叶螨以雌成螨及其他虫态寄附在林带的树缝、枯枝落叶以及树皮下等群集越冬，2 月下旬至 3 月上旬开始，气温达 6℃以上时，首先在越冬或早春寄主上危害，待棉苗出土后再移至棉田危害。朱砂叶螨在棉株基部危害繁殖，然后借助气流和风力向棉田植株中部上扩散，有时也依靠人工、水流或爬行等扩散到田间各处。干旱的气候和高温的环境有利于棉叶螨的繁殖，因此，棉叶螨危害最为严重的时节就是 6 月下旬至 8 月中旬，9 月上、中旬晚发迟衰棉田棉叶螨也可危害。

棉叶螨的繁殖方式主要是两性生殖。在无雄虫时，能孤雌生殖，但所产的卵发育成的个体全部是雄虫。雌成虫交配后，一般经 1～3d 就能产卵，多产于叶背面。每头棉红蜘蛛雌虫平均产卵数为 50～150 粒，平均产卵期约 2 周，产卵集中在前半期。

天气是影响棉叶螨发生的首要条件。高温干旱、久晴无降雨，棉叶螨将大面积发生，造成叶片变红，落叶垮秆。而大雨、暴雨对棉叶螨有一定的冲刷作用，可迅速降低虫口密度，抑制和减轻棉叶螨危害。少雨和小雨有利于其发生。

（四）防治方法

1. 农业防治　主要以农业防治为基础，压低虫口基数，以减轻发生程度。平整土地，实行轮作倒茬，秋耕冬灌，铲除杂草，及时抗旱，加强棉田管理，促使棉苗生长健壮，人工抹虫和摘除虫叶，合理增施氮肥和磷肥等措施都可以减轻棉叶螨危害。早春做好田边地头周围杂草上害螨的调查，及时喷打保护带。

2. 生物防治　棉叶螨的天敌有塔六点蓟马、食螨瓢虫、捕食螨、草蛉和小花蝽等，应合理保护利用这些天敌。如遇田间天敌数量不足，应减少化学防治次数，保护天敌，创造有利于其生存和繁殖的条件，达到以虫治虫的目的。另外，还可以用植绥螨或白僵菌治螨。

3. 化学防治　在棉叶螨未进入棉田前，在棉田周围的植被上连续喷施 0.5 波美度石硫合剂 2 次。当棉叶螨进入棉田发生危害时，及早打药，发现 1 株打 1 圈，发现 1 点打 1 片，应选用专用杀螨剂 3%炔螨特乳油 2 000 倍液、5%噻螨酮乳油 2 000 倍液或 50%溴螨酯乳油 1 000 倍液，选择在露水干后或者傍晚时进行防治，把棉叶螨危害控制在最小范围，同时要均匀喷洒到叶子背面，做到大田不留病株，病株不留病叶。

四、棉盲蝽

棉盲蝽又称盲椿象、番花虫等，属半翅目盲蝽科，是棉花上主要害虫之一。我国棉区危害棉花的盲蝽有 5 种，分别为绿盲蝽 [*Lygus lucorum* Meyer-Dur]、苜蓿盲蝽 [*Adelphococris lineolatus* Goeze]、中黑盲蝽 [*Adelphococris suturalis* Jakovlev]、三点盲蝽 [*Adelphococris fasciaticollis* Reuter]、牧草盲蝽 [*Lygus pratensis* L.]。其中，绿盲蝽分布最广，全国各地均有分布，华南棉区以绿盲蝽为主；苜蓿盲蝽和三点盲蝽分布于黄河流域和辽河流域棉区；中黑盲蝽分布于陕西省和长江流域中、下游；牧草盲蝽主要在西北内陆棉区，黄河流域棉区也有发生。

（一）危害特征

棉盲蝽以成虫、若虫刺穿嫩头顶芽及幼嫩花蕾果实，刺吸棉株组织内汁液，造成蕾铃大量脱落、"破头叶"和枝叶丛生。棉株不同生育期被害后表现不同，子叶期被害，表现为枯顶；真叶期受害顶芽和边心常发黑枯死，有时还激发不定芽萌生，出现"破头疯"；幼蕾被害呈现黑褐色刺斑，常干枯脱落；中型蕾被害则形成"张口蕾"，不久即脱落；幼铃被害伤口呈水渍状斑点，重则黑心僵瓣脱落；顶心或旁心受害，形成"扫帚棉"。棉花从子叶期到结铃各个生育阶段都能受害。

（二）形态特征

以绿盲蝽为例进行介绍。

1. 成虫　体长 5.0～5.5mm、宽 2.5mm，雌虫稍大，黄绿至浅绿色，全身被细毛。触角比身体短，4 节。前胸背板无斑纹，有微弱小刻点。小盾片，前翅革片，爪片绿色，膜质部暗灰色。

2. 若虫　初孵若虫短而粗，取食后呈绿色或黄绿色，触角第一节膨大。足绿色，胫节着生黑色微毛，有刺。

3. 卵　长茄形，初产白色，后成淡黄色，上端有乳白色卵盖，中央凹陷，两端较突起。

（三）发生规律

棉盲蝽由南向北发生代数逐渐减少，因种类和地区的差异，每年可发生 3～7 代。主要以卵在植物的茎组织内越冬，少数地区则以成虫在杂草间、树木树皮等裂缝及枯枝落叶下越冬。

成虫喜阴湿，怕干燥、强光，飞翔力强，行动敏捷活跃，对黑光有趋性，产卵有一定的选择性，一般在生长旺盛茂密的棉花上产卵。绿盲蝽第一代成虫卵量最大，每头雌虫可产卵 250～300 粒，第二、第三代 100 粒左右，成虫寿命 30～50d；苜蓿盲蝽、三点盲蝽的产卵量均不足百粒，成虫寿命 20d 左右；牧草盲蝽的产卵量最高，平均 300～400 粒，最高可达 700 粒。

棉盲蝽受气候条件的影响较大，绿盲蝽适宜的温度范围较广。越冬卵一般要在相对湿度为 60％以上时才大量孵化。一般 6—8 月降雨偏多的年份，有利于其发生危害。棉花生长茂盛、蕾花较多的棉田，发生较重。一般靠近冬寄主和早春繁殖寄主的棉田，常发生早而重。

棉盲蝽的天敌有蜘蛛、寄生螨、草蛉以及卵寄生蜂等，以点脉缨小蜂、盲蝽黑卵蜂、柄缨小蜂 3 种寄生蜂的寄生作用最大，自然寄生率高达 20％～30％。

(四) 防治方法

1. 农业防治 早春及时清除棉茬、枯枝、落叶，清除棉田周围杂草，消灭越冬卵，减少早春虫口基数，减少向棉田转移的虫量。调整作物结构，科学合理施肥，合理灌水，及时打顶，避免棉花在蕾铃期旺长，减轻盲蝽的危害。

2. 化学防治 从棉花苗期至蕾铃期当百株有成、若虫 10 头或新被害株达 3％时，可进行药剂防治。棉盲蝽的抗药性弱，可以用药剂防治，选用 40％辛硫磷乳油 1 000～2 000 倍液、45％马拉硫磷乳油 1 000 倍液等及其复配制剂、4.2％甲维盐·高氯 500 倍液等，每隔 5～7d 喷 1 次药，连续喷 2～3 次，大面积统一施药效果较好，并做到药物交替使用，以提高防治效果。注意靠近田地边的杂草及灌木上也要一同喷药。

≫任务实施

一、资源配备

1. 材料与工具 棉花枯萎病和棉花角斑病的盒装标本或新鲜标本，棉叶螨、棉盲蝽等害虫的盒装标本以及生活史标本。显微镜、体视显微镜、镊子、挑针、刀片、滴瓶、蒸馏水、培养皿、载玻片、盖玻片、酒精瓶、指形管、采集袋、挂图、多媒体资料（包括幻灯片、录像带、光盘等影像资料）、记载用具等。

2. 教学场所 实训棉花田、实验室或实训室。

3. 师资配备 每 15 名学生配备 1 位指导教师。

二、操作步骤

（1）结合教师讲解及棉花病原形态的仔细观察，分别描述棉花病原的形态特征。

（2）结合教师讲解及棉花害虫形态特征的仔细观察，分别描述棉花害虫成幼虫识别特征。

（3）结合教师讲解及棉花害虫危害状的仔细观察，分别描述棉花害虫的危害状。

三、技能考核标准

棉花生长前期植保技术技能考核参考标准见表 14-2-1。

表 14-2-1　棉花生长前期植保技术技能考核参考标准

考核内容	要求与方法	评分标准	标准分值/分	考核方法
职业技能 （100 分）	病虫识别	根据识别病虫的种类多少酌情扣分	10	单人考核，口试评定 成绩
	病虫特征介绍	根据描述病虫特征准确程度度酌情扣分	10	
	病虫发病规律介绍	根据叙述的完整性及准确度酌情扣分	10	
	病原物识别	根据识别病原物种类多少酌情扣分	10	
	标本采集	根据采集标本种类、数量、质量评分	10	以组为单位考核，根 据上交的标本、方案及 防治效果等评定成绩
	制订病虫害防治方案	根据方案科学性、准确性酌情扣分	20	
	实施防治	根据方法的科学性及防效酌情扣分	30	

》》思 考 题

1. 如何防治棉花枯萎病？
2. 棉叶螨的危害状是什么？

思考题参考
答案 14-2

任务三　棉花生长中后期植保措施及应用

》》任务目标

通过对棉花生长中后期主要病害的症状识别、病原物形态观察和对主要害虫的危害特点、形态特征识别及田间调查和参与病虫害防治，掌握常见病虫害的识别要点，熟悉病原物形态特征，能识别棉花生长中后期主要病虫害，能进行发生情况调查、分析发生原因，能制订防治方案并实施防治。

棉花生长中后期的植保措施主要包括棉花黄萎病、棉铃病害等病害的防治以及棉铃虫等害虫的防治。

》》相关知识

一、棉花黄萎病

棉花黄萎病是棉花上最重要的病害，也是全国农业植物检疫对象之一，世界主产棉国家均有发生。1914 年在美国弗吉尼亚州首先发现，随后南美洲、北美洲、亚洲、欧洲、非洲的 21 个国家相继发现。我国各主要产棉区均有发生，北方棉区重于长江流域棉区。棉花黄萎病从苗期到花期均有发生，花期为发病高峰，发病早的损失重。棉花黄萎病菌是重要的土传病原菌之一，寄主范围很广，能侵染多种农作物引起黄萎病。

(一) 危害症状

一般在 3～5 片真叶期开始显症，生长中后期棉花现蕾前后显病。初在植株下部叶片边缘和叶脉间出现浅黄色斑块，渐渐扩展，由白变褐焦枯，但主脉保持绿色，呈掌状斑驳，似西瓜皮，叶肉变厚，叶缘向下卷曲；严重时，叶片干枯脱落成光秆，蕾铃稀少，棉铃提前开裂，顶端常留下无病的嫩枝或心叶或下部丛生新枝。纵剖病茎，木质部上产生浅褐色变色条纹。成株期受害一般不矮化变形，且叶片脱落少，只叶片有时略呈皱肿。夏季暴雨后出现急性型萎蔫症状，棉株突然萎垂，叶片大量脱落。由于病菌致病力强弱不同，症状表现也不同（图 14－3－1）。

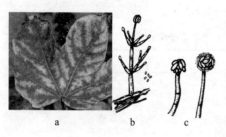

图 14－3－1 棉花黄萎病
a. 病叶 b. 分生孢子梗 c. 分生孢子
（程亚樵，2007. 作物病虫害防治）

(二) 病原

世界上引起棉花黄萎病的病菌有 2 种，均属于半知菌类轮枝菌属。

1. 大丽轮枝孢（*Verticillium dahliae* Kleb.） 菌丝体白色，分生孢子梗直立，长 110～130μm，呈轮状分枝，每轮 3～4 个分枝，分枝大小为 (13.7～21.4) μm×(2.3～9.1) μm，轮枝顶端或顶枝着生分生孢子。分生孢子长卵圆形，单胞，无色，大小为 (2.3～9.1) μm×(1.5～3.0) μm。孢壁增厚形成黑褐色的厚垣孢子，许多厚壁细胞结合成近球形微菌核，大小为 30～50μm。

2. 黑白轮枝孢（*Verticillium albo-atrum* Reinke et Berthold） 菌丝细长，老熟后能产生黑色菌核。菌丝上轮生分生孢子梗，梗上着生卵圆形 2～4 个轮层，每轮层有轮枝 1～7 根，每个轮枝顶端分裂出单个分生孢子。分生孢子椭圆形，单胞，无色，大小为 (3～10) μm×(2.5～5) μm，可形成黑色休眠菌丝体组成的小菌核。

(三) 发病规律

病株上各组织都可带菌传播危害，土壤中的病叶作为病残体是近距离传播的重要菌源，棉籽带菌是远距离传播的重要途径。土壤中的病菌通过根系直接侵染，病菌穿过皮层细胞进入导管并繁殖，形成的分生孢子和菌丝体堵塞导管。病菌产生的轮枝毒素也是致病的重要因素，毒素是一种酸性糖蛋白，具有很强的致萎作用。此外，通过风、雨、灌溉、带病菌肥料和农业操作等也会造成病害传播扩展。

适宜发病温度为 25～28℃，高于 30℃、低于 22℃发病缓慢，高于 35℃出现隐症。在适宜温度范围内，湿度、雨日、雨量是决定病菌消长的重要因素。棉花黄萎病菌没有明显的寄主专化性，利用棉花黄萎病菌在不同棉花品种上致病力的差异划分的生理小种或生理型受环境条件影响比较大，存在着一定程度的差异。

(四) 防治方法

1. 检疫防治 加强种子调运检疫，建立无病良种繁殖基地；病区的棉籽、病残体均需严格消毒处理；严禁带菌棉籽、病残枝落叶、未经高温处理的病区棉籽饼及带有病菌的肥料等进入无病区；对老病区和零星新病区的轻病田，采取早查、早拔；进行土壤处理，控制病情蔓延。

2. 农业防治 苗床处理，种子消毒；种植和培育抗病、耐病品种；禾本科作物轮作倒茬；施用无病和腐熟农家肥，增施钾肥；中耕除草、整枝打杈；病叶、残枝和枯枝、落叶、烂铃等及时清除，集中烧毁；病田要进行秋耕冬灌；加强棉田管理，提高棉花抗病力。

3. 化学防治 适时喷洒缩节胺，进行种子硫酸脱绒，药剂拌种或温水浸种。棉田发病初期，及时用 50%多菌灵可湿性粉剂或 70%甲基硫菌灵可湿性粉剂 800～1 000 倍液灌根或喷雾。

二、棉铃病害

棉铃病害是我国各大棉区普遍并频繁发生的重要病害，由于自然条件不同，棉铃病害发生的种类和危害情况也各异。黄河流域棉区以棉铃疫病、红腐病、炭疽病为主，长江流域棉区以棉铃疫病为主，炭疽病、角斑病、红腐病危害也比较严重；新疆棉区过去以角斑病为主，目前角斑病已成为偶发病害，灰霉病和软腐病发生较为普遍，但由于气候干燥，铃病危害并不严重。因此我国棉铃病害以黄河流域和长江流域危害较重，个别年份发病率相当高，一些棉田可造成一半的棉铃发病，造成巨大的产量损失。总体来说，我国棉铃病害主要是棉铃疫病、炭疽病、红腐病和红粉病，黑果病仅在局部地区发生较重。

(一) 危害症状

1. 棉铃疫病 主要危害棉株中下部果枝的棉铃。发病时多先从棉铃苞叶下的铃面、铃缝及铃尖等部位侵入，初生淡褐、淡青至青黑色水渍状病斑，不断扩散，后期整个棉铃面变为青绿色或黑褐色，一般不发生软腐。多雨潮湿时，铃面生出 1 层稀薄的白色至黄白色霉层，即病菌的孢子囊和孢囊梗。

2. 炭疽病 棉铃被害后，在铃面初生暗红色小点，以后逐渐扩大并凹陷，呈边缘暗红色的黑褐色斑。潮湿时病斑上生橘红色或红褐色黏质物，即病菌的分生孢子盘。严重时可扩展到铃面一半，甚至全铃腐烂，使纤维成黑色僵瓣。

3. 红腐病 病菌多从铃尖、铃面裂缝或青铃基部易积水处侵入，发病后初呈墨绿色、水渍状小斑，迅速扩大后可波及全铃，使全铃变黑腐烂。潮湿时，在铃面和纤维上产生白色至粉红色的霉层。重病铃不能开裂，形成僵瓣。

4. 红粉病 棉铃期均可发生，病菌多从铃面裂缝处侵入，发病后先在病部产生深绿色斑点，逐渐产生粉红色霉层，随病部不断扩展，可使铃面局部或全部布满粉红色厚而紧密的霉层，高湿时腐烂，铃内纤维上也产生许多淡红色粉状物。病铃不能开裂，常干枯后脱落。

5. 黑果病 只侵染棉铃，铃壳被害后初淡褐色，全铃发软，后铃壳呈棕褐色，僵硬多不开裂，铃壳表面密生突起的黑色小点，后期表面布满煤粉状物，病铃内的纤维也变黑僵硬。

棉铃病害常常是混合侵染，这不仅加剧了烂铃的速度，同时也增加了症状的复杂性（图 14 - 3 - 2）。

(二) 病原

1. 棉铃疫病 病原为苎麻疫霉（*Phytophthora boehmeriae* Saw.），属卵菌门疫霉属。孢囊梗无色，单生或呈假轴状分枝，大小为（25～130）μm×（2～3）μm。孢子囊初无色，成熟后无色或淡黄色，卵圆形或近球形，大小为（26.4～88.0）μm×（13.2～59.4）μm，顶端有 1 个明显的半球形乳头状突起，偶尔 2 个，遇水后释放游动孢子。游动孢子肾脏形，侧生 2 根鞭毛。静止孢子球形或近球形，直径 8～12μm。藏卵器球形，光滑，初无色，成熟后黄褐色，大小为（19～42.9）μm。雄器围生，椭圆或近圆形，大小为（14.8～18.3）μm×

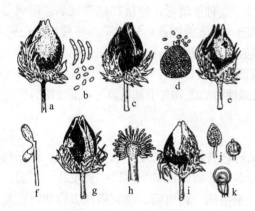

图 14-3-2　棉铃病害

a~b. 红腐病　c~d. 黑果病　e~f. 红粉病　g~h. 曲霉病　i~k. 疫病

(14.6~16.5) μm，卵孢子球形，成熟后黄褐色，直径平均 26.2μm。厚垣孢子很少产生。

2. 炭疽病　见项目十四任务一中的棉花炭疽病病原。

3. 红腐病　见项目十四任务一中的棉花红腐病菌原。

4. 红粉病　病原为粉红单端孢 [*Trichothecium roseum* (Pers.) Link]，属半知菌类聚端孢属。分生孢子梗细长，直立而不分枝，顶端略弯曲，有 2~3 个隔膜，分生孢子簇生于梗端。分生孢子梨形或卵形，无色至淡粉色，双胞，分隔处略缢缩，大小为 (9.28~27.20) μm× (5.44~12.80) μm。

5. 黑果病　病原为棉色二孢 (*Diplodia gossypina* Cooke)，属半知菌类色二孢属。分生孢子器球形或近球形，黑褐色。分生孢子开始无色、单胞，后变为深褐色、双胞，顶端钝圆，基部平截，大小为 (14.4~29.4) μm× (9.6~14.7) μm。

（三）发病规律

棉铃病害种类较多，但多数寄生性较弱，除炭疽病菌、红腐病菌等可在种子上越冬成为主要初侵染来源外，其他多在土壤及其病残体上越冬，因此土壤及其病残体是最重要的初侵染来源。棉铃疫菌、炭疽病菌和红腐病菌都可在苗期感染幼苗，前期感染也可为中后期的铃病发生提供菌源。其侵染途径与病菌种类及其寄生性有关，寄生性较强的，如炭疽病菌、棉铃疫菌等，除伤口侵入外，还可直接侵入，其他多由伤口或棉铃裂缝等处侵入。发病后，病菌则通过风、雨和昆虫传播，进行再侵染。湿度大，再侵染次数多，棉铃病害便会严重发生。

棉铃病害的发生和危害程度除与棉种的特性有关外，还与气候条件、虫害、棉铃期及栽培措施等密切相关，尤以气候条件影响最大。温度偏低、日照少、雨量大、雨日多有利棉铃病害发生，是导致烂铃的主导因子，特别是骤然降温、阴雨连绵的天气，对棉铃病的发生更为有利。虫害严重的棉田，因造成大量伤口，棉铃病害较重。氮肥施用量多，连作棉田逐年增加，棉株密度较高，只要气象条件适宜，便会导致棉铃病流行成灾。

（四）防治方法

1. 农业防治　提倡大小垄种植，合理密植，及时整枝、打顶、摘除老叶；对旺长棉田可喷施缩节胺、矮壮素及乙烯利催熟；通过加强管理减轻棉铃虫、红铃虫等钻蛀性害虫的危害；施足基肥，巧施追肥，重施花铃肥，氮、磷、钾肥配合施用；及时排灌，避免棉田长期积水，灌溉时要采用沟灌，以减轻铃病发生。

2. 化学防治　在棉铃病发生初期，用 50％多菌灵可湿性粉剂 500 倍液、70％代森锰锌可湿性粉剂 600 倍液或 58％甲霜灵·锰锌可湿性粉剂 500 倍液喷雾防治，喷药应以棉株下部果枝为重点。

三、棉铃虫

棉铃虫〔*Helicoverpa armigera*（Hübner）〕又称棉铃实夜蛾、红铃虫、绿带实蛾，属鳞翅目夜蛾科。棉铃虫是棉花蕾铃期重要钻蛀性害虫，为世界性害虫，在我国各地棉区和蔬菜种植区均有分布，黄河流域棉区、辽河流域棉区和西北内陆棉区为常发区，长江流域棉区受害较重。棉铃虫为杂食性，寄主有玉米、油菜、小麦、豌豆、花生、向日葵等农作物，寄主植物有 30 多科 200 余种。

（一）危害症状

初孵幼虫啃食嫩叶尖及幼小花蕾；2～3 龄时吐丝下垂转株危害，蛀食蕾、花、果实。蕾被蛀食后苞叶张开发黄，之后脱落；花的柱头和花药被害后，不能授粉结铃；青铃被蛀成空洞后，常诱发病菌侵染，造成烂铃，蛀孔多在果蒂部。幼虫也食害棉花嫩尖和嫩叶，形成孔洞和缺刻，造成无头棉，影响棉花的正常生长发育。

（二）形态特征

棉铃虫形态特征如图 14 - 3 - 3 所示。

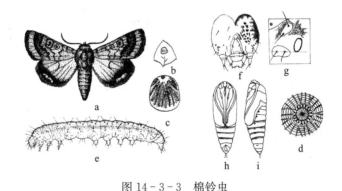

图 14 - 3 - 3　棉铃虫
a. 成虫　b. 卵　c. 卵扩大　d. 卵顶部表面纹饰　e. 幼虫　f. 幼虫头部正面
g. 幼虫前胸侧面　h. 蛹腹面　i. 蛹侧面
（袁锋，2001. 农业昆虫学）

1. 成虫　体长 15～20mm，翅展 31～40mm。雌蛾赤褐色，前翅赤褐色。雄蛾灰绿色，触角丝状。前翅翅尖突伸，外缘较直，斑纹模糊不清，中横线由肾状纹下斜伸至翅后缘，末端达环状纹的正下方，外横线斜向后伸达肾状纹正下方。后翅灰白色，脉纹褐色明显，沿外缘有黑褐色宽带，宽带中部 2 个灰白斑不靠外缘。

2. 幼虫　老熟幼虫体长 30～42mm，初孵幼虫青灰色，以后体色变化大，有淡绿色、绿色、淡红色、黑紫色等，体表布满长而尖的褐色和灰色小刺。前胸侧毛组的 L1 毛和 L2 毛的连线通过气门，或至少与气门下缘相切。

3. 卵 卵表面可见纵横纹，高 0.51～0.55mm，直径 0.44～0.48mm，近半球形，底部较平，顶部微隆起。初产时乳白色或淡绿色，逐渐变为黄色，孵化前紫褐色。

4. 蛹 长 17～20mm，纺锤形，赤褐色至黑褐色，腹末端有 1 对基部分开的刺，气门较大，腹部第 5～7 节的背面和腹面的前缘有 7～8 排较稀疏的半圆形刻点。

（三）发生规律

棉铃虫在我国各棉区的年发生代数和主要危害世代因地而异。棉铃虫在黄河流域棉区年发生 3～4 代，长江流域棉区年发生 4～5 代，以滞育蛹在土中越冬。黄河流域棉区 4 月下旬至 5 月中旬，当气温升至 15℃以上时，越冬代成虫羽化，并产卵。第一代幼虫主要危害小麦、豌豆、苜蓿、春玉米等作物，一般不危害棉苗，6 月上、中旬入土化蛹，6 月中、下旬第一代成虫盛发，此时棉花进入现蕾期，大量迁入棉田产卵；6 月底至 7 月中、下旬为第二代幼虫的危害盛期，也是全年危害棉花最严重的时期，7 月中、下旬进入化蛹盛期，7 月下旬至 8 月上旬为第二代成虫盛发期，主要集中于棉花上产卵；第三代幼虫危害盛期在 8 月上、中旬，成虫盛发期在 8 月下旬至 9 月上旬，大部分成虫仍在棉花上产卵；9 月下旬至 10 月上旬第四代幼虫老熟，在 5～15cm 深的土中筑土室化蛹越冬，部分非滞育蛹当年羽化，并可产卵、孵化，但因温度下降不能满足幼虫发育需要而死亡。

成虫昼伏夜出，飞翔力强，喜取食花蜜，对黑光灯有趋性，对气味有趋性。产卵多在黄昏和夜间进行，散产在嫩叶、嫩梢、茎基等处。雌成虫有多次交配习性，羽化当晚即可交尾，单雌产卵量 1 000 粒左右，最多达 3 000 多粒。幼虫一般 6 龄，孵化后喜取食卵壳，初孵幼虫群集限食，有转株危害的习性，3 龄以上的幼虫具有自相残杀的习性。

棉铃虫发生的最适宜温度为 25～28℃，相对湿度为 70%～90%，第二、第三代危害严重。棉铃虫天敌很多，有寄生蜂、寄生蝇、鸟雀类等。

（四）防治方法

1. 农业防治 种植抗虫品种，合理间作套种，及时中耕灭茬，深翻冬灌，人工除虫，控制棉田后期灌水，控制氮肥用量，适时打顶整枝并将枝叶带出田外销毁，可将棉铃虫卵和幼虫消灭，压低棉铃虫在棉田的发生量。

2. 物理防治 利用成虫对黑光灯、高压汞灯的趋性，对其进行诱杀；利用成虫对杨树叶挥发物的趋性和白天在杨树枝把内隐藏的特点，在棉田摆放杨树枝把诱蛾，或性诱剂诱杀成虫。

3. 生物防治 应尽量减少农药的使用和改进施药方式，减少对天敌的杀伤，发挥自然天敌对棉铃虫的控制作用；喷洒生物农药，释放天敌赤眼蜂。

4. 化学防治 在田间棉铃虫幼虫 3 龄前用药，可以使用 4%甲维·氟铃脲微乳剂 450mL/hm²、12%甲维·虫螨腈悬浮剂 750mL/hm² 或 35%氯虫苯甲酰胺悬浮剂 750mL/hm²。

▶▶任务实施

一、资源配备

1. 材料与工具 棉花黄萎病和棉铃病害的盒装标本或新鲜标本，棉铃虫的盒装标本以及生活史标本。显微镜、体视显微镜、镊子、挑针、刀片、滴瓶、蒸馏水、培养皿、载玻片、盖玻片、酒精瓶、指形管、采集袋、挂图、多媒体资料（包括图片、视频等资料）、记载用具等。

2. 教学场所 实训棉花田、实验室或实训室。

3. 师资配备　每 15 名学生配备 1 位指导教师。

二、操作步骤

（1）结合教师讲解及棉花病原形态的仔细观察，分别描述棉花病原的形态特征。

（2）结合教师讲解及棉花害虫形态特征的仔细观察，分别描述棉花害虫成幼虫识别特征。

（3）结合教师讲解及棉花害虫危害状的仔细观察，分别描述棉花害虫的危害状。

（4）根据田间棉花害虫形态观察和发生情况进行预测预报，从而制订棉花害虫的综合防治措施。

三、技能考核标准

棉花生长中后期植保技术技能考核参考标准见表 14-3-1。

表 14-3-1　棉花生长中后期植保技术技能考核参考标准

考核内容	要求与方法	评分标准	标准分值/分	考核方法
职业技能 （100 分）	病虫识别	根据识别病虫的种类多少酌情扣分	10	单人考核口试评定成绩
	病虫特征介绍	根据描述病虫特征准确程度酌情扣分	10	
	病虫发病规律介绍	根据叙述的完整性及准确度酌情扣分	10	
	病原物识别	根据识别病原物种类多少酌情扣分	10	
	标本采集	根据采集标本种类、数量、质量评分	10	以组为单位考核，根据上交的标本、方案及防治效果等评定成绩
	制订病虫害防治方案	根据方案科学性、准确性酌情扣分	20	
	实施防治	根据方法的科学性及防效酌情扣分	30	

》》思考题

1. 如何从症状上区分棉花枯萎病和黄萎病？
2. 简述棉花红腐病和红粉病的区别。
3. 简述棉铃虫的识别特征，制订棉铃虫的综合防治措施。

思考题参考
答案 14-3

》》拓展知识

棉花病虫害
综合防治技术

项目十五 >>>>>>>>>

甘薯、烟草及糖料作物病虫害防治技术

任务一 甘薯、烟草及糖料作物病害防治技术

≫ 任务目标

通过对甘薯、烟草及糖料作物主要病害的症状识别、病原物形态观察、病害防治，掌握病害的识别要点，熟悉病原物的特征，能识别甘薯、烟草及糖料作物主要病害，能够制订防治方案并实施。

≫ 相关知识

一、甘薯黑斑病

甘薯黑斑病又称甘薯黑疤病，世界各甘薯产区均有发生。该病害于 1890 年首次发现于美国，1905 年传入日本，1937 年从日本鹿儿岛传入我国辽宁省，随后该病逐渐由北向南蔓延危害，已成为我国甘薯产区危害普遍而严重的病害之一，常年损失为 5%～10%。此病不仅在大田危害严重，而且能引起死苗、烂苗床、烂窖，造成严重损失。此外，病薯中可产生甘薯黑疱霉酮等物质，家畜食用后，可引起中毒，严重者死亡。用病薯块作发酵原料时，能毒害酵母和糖化酶菌，延缓发酵过程，降低乙醇产量和质量。因此，有效控制甘薯黑斑病是保障甘薯生产的重要环节。

（一）危害症状

该病在苗期、大田生长期和收获贮藏期均可发生，主要危害薯苗和薯块，地上部分很少发病。

1. 苗期症状 受侵染的幼芽基部产生凹陷的圆形或梭形小黑斑，后逐渐纵向扩大至 3～5mm，重时则环绕苗基部形成黑脚状。地上部病苗衰弱、矮小，叶片发黄，重病苗死亡。湿度大时，病部可产生灰色霉状物（菌丝体和分生孢子），后期病斑丛生黑色刺毛状物及粉状物（子囊壳和厚垣孢子）。

2. 生长期症状 病苗移栽到大田后，重病株不能扎根而枯死，基部变黑腐烂、枯死。轻病株尚能继续生长，只在接近土面处长出少数侧根，但生长衰弱，叶片发黄脱落，遇干旱易枯死，造成缺苗断垄，即使成活，结薯也少。薯蔓上的病斑可蔓延到新结的薯块上，多在伤口处产生黑色或黑褐色的斑块，圆形或不规则形，中央稍凹陷，湿度大时，病部生有黑色刺毛状物及粉状物。病斑下层组织墨绿色，病薯变苦。

3. 贮藏期症状　贮藏期薯块上的病斑多发生在伤口和根眼上，初为黑色小点，逐渐扩大成圆形、椭圆形或不规则形膏药状病斑，稍凹陷，直径 1～5cm，轮廓清晰。病组织坚硬，可深入薯肉 2～3mm，薯肉呈黑绿色，味苦。潮湿时，病斑上常产生灰色霉状物或散生黑色刺状物（病菌子囊壳的颈），顶端常附有黄白色蜡状小点（子囊孢子）。贮藏后期常与其他真菌、细菌病害并发，引起腐烂。

（二）病原

甘薯黑斑病的病原为甘薯长喙壳菌（*Ceratocystis fimbriata*），属子囊菌门长喙壳菌属真菌。菌丝体寄生于寄主细胞间或偶有分枝伸入细胞内。有性阶段子囊壳呈长颈烧瓶状，具长喙，子囊为梨形或卵圆形，内含子囊孢子。子囊孢子呈钢盔状，单胞，无色，成熟后成团聚集于喙端。无性阶段产生内生分生孢子和内生厚垣孢子。其中，分生孢子呈杆状至哑铃状，单胞，无色；厚垣孢子近球形，单胞，厚壁，暗褐色（图 15-1-1）。分生孢子寿命较短，厚垣孢子和子囊孢子寿命较长。

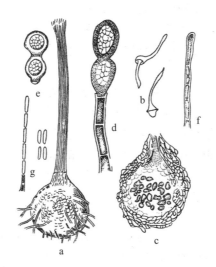

图 15-1-1　甘薯黑斑病菌
a. 子囊壳　b. 子囊孢子　c. 子囊壳纵切面　d. 厚垣孢子形成
e. 厚垣孢子　f. 分生孢子形成　g. 分生孢子

病菌在培养基上生长的温度为 9～36℃，最适温度为 23～29℃，菌丝及孢子的致死温度平均为 51～53℃（10min）。病菌在 pH 为 3.7～9.2 时都可生长，最适 pH 为 6.6。病菌有生理分化现象，在致病力上可分强致病力株系和弱致病力株系。在自然情况下，主要侵染甘薯，人工接种能侵染牵牛、月光花等多种旋花科植物。

（三）发病规律

甘薯黑斑病菌主要以子囊孢子、厚垣孢子和菌丝体等在薯块或土壤中病残体上越冬，是主要初侵染来源。自然情况下，在田间 7～9cm 深处的土壤内，病菌能存活 2 年以上。病菌附着于种薯表面或潜伏在种薯皮层组织内，育苗时，在病部产生大量孢子，传播并侵染附近的种薯和秧苗，发病轻则减少拔苗茬数，重则造成烂炕。带病薯苗插秧后，污染土壤，导致大田发病，重病苗在短期内死亡，轻病苗生根后，在近土表的蔓上病斑，易形成愈伤组织，病情有所缓解。大田土壤带菌传病率较低，病菌一般是由薯蔓蔓延到新结薯块上，形成病薯。鼠害、地下害虫、收获和运输过程中人的操作、农机具、种薯接触有利于病菌的传播和侵染。入窖前如果已造成大量创伤，入窖后温度、湿度适宜病侵入，可造成大量潜伏侵染，春季出窖病薯率明显增加。贮藏期一般只有 1 次侵染。黑斑病菌寄生性不强，主要由伤口侵染。甘薯收刨、装卸、运输、挤压及虫兽伤害造成的伤口是病菌侵染的重要途径，也可从根眼、皮孔等自然孔口及其他自然裂口侵入。病害潜育期的长短受温度和病菌侵染途径等影响，温度低，潜育期长，25℃左右时潜育期最短，一般为 3～4d，贮藏期薯块上的黑斑病菌潜育期可长达几个月。病菌从伤口侵入时潜育期短，直接侵入时潜育期长。

（四）防治方法

1. 检疫防治 甘薯黑斑病的主要传播途径是病薯和病苗，严格控制病薯和病苗的传入或传出是防止该病蔓延的重要环节。

2. 农业防治

（1）选用抗病品种。抗病品种有济薯 7 号、南京 92、华东 51、烟薯 6 号等。

（2）选用无病种薯。建立无病留种地，利用无病苗圃及时供应无病薯苗，以减少大田的侵染来源。最好选用 3 年以上未栽植甘薯的地块做留种地，施无病净肥，种薯单收、单运、单贮藏。

（3）做好安全贮藏。做好安全贮藏是防止种薯传病的关键措施。留种种薯应适时收获，严防冻伤，精选入窖，避免损伤。种薯入窖后进行高温处理，在 35～37℃下处理 4d，相对湿度保持在 90％，以促进伤口愈合，防止病菌感染。

（4）培育无病壮苗。尽量用新苗床育苗，用旧苗床时应将旧土全部清除，并喷药消毒。施用无菌肥料。育苗初期，可用高温处理种薯，促进愈伤组织木栓化的形成，阻止病菌从伤口侵入。高温处理是在种薯上床育苗后，保持温床 34～38℃，以后降至 30℃左右，出芽后降至 25～28℃，拔苗前降至 20～22℃，以后每拔 1 次苗浇足 1 次水，并将温度升到 28～30℃。实行高剪苗，获得不带菌或带菌少的薯苗。苗床（炕）上的春薯苗要求在距地面 3～6cm 处剪苗栽插，将剪取的苗再密植于水肥条件好的地方，加强肥水管理，然后再在距地面 10～15cm 处高剪，栽插大田，此为 2 次高剪苗。

3. 化学防治 育苗过程中，可用药剂喷床法和药剂浸苗法防治甘薯黑斑病。常用药剂有 50％多菌灵可湿性粉剂 500 倍液、70％甲基硫菌灵可湿性粉剂 500 倍液等。浸苗时，要求药液浸至秧苗基部 10cm 左右。

二、甘薯软腐病

甘薯软腐病是甘薯贮藏期经常发生的 1 种病害。病菌腐生性较强，分布广泛，全国各甘薯生产区均有发生。除甘薯外，该病菌还可危害多种作物的果实和贮藏器官。

（一）危害症状

甘薯软腐病俗称水烂，是采收及贮藏期的重要病害。薯块感病后，病部表面长出一团白色绵毛状物，后变暗色或黑色，然后在病部表面长出大量灰黑色菌丝及黑色小颗粒，患病组织软化，呈水渍状，破皮后流出黄褐色汁液，带有酒香味，如果被后入的病菌侵入，则变成霉酸味和臭味，以后干缩成硬块。环境合适时，4～5d 即全薯腐烂。

（二）病原

甘薯软腐病主要由匍枝根霉菌（黑根霉）（*Rhizopus nigricans*）和米根霉（*R. oryzae*）引起，以前者为主，适合较低温度（6～22℃）下危害，后者为次，适于高温（22～30℃）下危害，两者都是接合菌门根霉属真菌。菌丝初无色，后变暗褐色，形成匍匐根。无性态由根节处簇生孢囊梗，直立，暗褐色，顶端着生球状孢子囊1个，囊内产生很多暗色圆形孢子，单胞，由匍匐根的根节处又形成孢囊梗。有性态产生黑色接合孢子，球形表面有突起。

（三）发病规律

病原菌附着在被害薯块上或在贮藏窖内越冬，由伤口侵入，以孢囊孢子随气流传播进行再侵染。薯块有伤口或受冻易发病。发病适温15～25℃，相对湿度76%～86%；气温在29～33℃，相对湿度高于95%不利于孢子形成及萌发，而利于薯块愈伤组织形成，发病轻。

（四）防治方法

1. 农业防治

（1）适时收获。避免冻害，夏薯应在霜降前后收完，秋薯应在立冬前收完，收薯宜选晴天，小心从事，避免伤口。

（2）入窖前精选健薯。汰除病薯，把水汽晾干后适时入窖。提倡用新窖，旧窖要清理干净，或把窖内旧土铲除露出新土，必要时进行熏蒸。

（3）科学管理贮窖。一是贮藏初期，即甘薯发干期，甘薯入窖10～28d应打开窖门换气，待窖内薯堆温度降至12～14℃时可把窖门关上。二是贮藏中期，即12月至翌年2月低温期，应注意保温防冻，窖温保持在10～14℃，不要低于10℃。三是贮藏后期，即变温期，从3月起要经常检查窖温，及时放风或关门，使窖温保持在10～14℃。

2. 化学防治　用硫黄熏蒸贮窖，用量为15g/m³；种用薯块入窖前可用50%多菌灵可湿性粉剂500倍液或50%甲基硫菌灵可湿性粉剂500倍液浸蘸薯块1～2次，晾干后入窖。

三、烟草黑胫病

烟草黑胫病是烟草生产上最具毁灭性的病害之一，又称烟草疫病，烟农称其为"黑秆疯""黑根"，常年发病率为1%～8%，严重地区可达25%～35%。该病最早于1896年在印度尼西亚的爪哇岛发现，我国1950年首次发现于黄淮烟区。各主要产烟区均有不同程度发生，其中安徽、山东、河南为历史上的重病区，云南、贵州、四川、湖南、广东、广西、福建等南方烟区发生也相当普遍。在多雨年份，发病后病情扩展蔓延迅速，往往在1～2周内可导致植株死亡，甚至整田毁灭，造成绝收。

（一）危害症状

病害可发生在烟草的整个生育期，但多发生于成株期，少数苗床期发生。发病部位以茎基部为主，根部和叶片也可受害。

苗期发病先在烟苗茎基部出现黑色病斑，或从底叶发病沿叶柄蔓延至幼茎，引起幼苗猝倒，可导致烟苗成片死亡。气候干燥时，病株变黑干枯、死亡；湿度大时，黑斑上长出白色菌丝，严重时可由土表传染至附近烟苗，造成幼苗成片死亡。

大田成株期发病主要在茎秆基部和根部，先是茎基变黑，再向上蔓延，叶片从脚叶依次变黄下垂，气温高时常萎蔫，俗称"穿大褂"，数日后枯死。烟田湿度大或积水时，下部叶常产生圆形、近圆形大型褐色斑块，俗称"猪尿斑"，上呈水渍状浓淡相间轮纹。病斑发展快，数日内可通过主脉叶基到达茎秆，造成"烂腰"，至全株枯死（图15-1-2）。病株根部常变黑，部分侧根、须根腐烂，髓部呈黑褐色干缩碟片状，碟片之间长满白色菌丝，这一特征在剖检茎部时可与茎褐腐病区分开。黑胫病无论在茎上、叶上发病，湿度大时病部表面均可产生一层白色菌丝层，这是与其他根、茎病的区别。

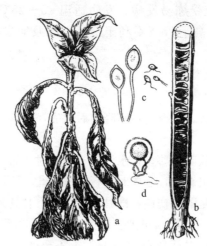

图15-1-2 烟草黑胫病

a.病株 b.病茎剖面 c.孢子囊 d.雄器及藏卵器

（徐洪富，2003.植物保护学）

（二）病原

病原为寄生疫霉烟草变种（*Phytophthora parasitica* var. *nicotianae*），属卵菌门疫霉属真菌。菌丝无色透明，无隔膜，有分枝。孢囊梗分化不明显，菌丝状，从气孔伸出，孢子囊顶生或侧生，梨形或椭圆形，顶部有乳状突。游动孢子圆形或肾形，侧生两根不等长的鞭毛，能在水中游动，遇到寄主时鞭毛脱落，萌发产生芽管侵入寄主。在较高温度下，孢子囊也能直接萌发产生芽管侵入寄主。病菌在病残体或是老培养基上可形成厚垣孢子。厚垣孢子圆形或卵形，黄色，萌发时产生芽管形成菌丝。

病菌喜高温高湿。菌丝生长温度范围为10～36℃，最适温度为28～32℃；游动孢子活动与萌发的温度范围为7～34℃，最适温度为20℃。光线有抑制孢子囊萌发的作用。病菌在pH为4.4～9.6时均能发育，以pH为7～8最适。

（三）发病规律

病菌主要以菌丝体、厚垣孢子随病残体遗落在土壤或混杂在堆肥中越冬。厚垣孢子对不良环境抵抗力很强，能在土壤和肥料中存活3年左右，因此，土壤和用病株残体做成的堆肥是最主要的侵染来源。另外，病菌的孢子囊可借流水广为传播，因而下暴雨时地面积水漫流或洪水都有利于病菌传播。此外，风雨也是传病媒介，如叶部受害和茎部的"腰烂"，大多是病原经风雨传播后所致。

烟草黑胫病发生的有利气候条件是高温高湿。一般平均气温低于20℃时发病较少，幼苗在16℃以下很少发病，24～32℃时有利于侵染，28～32℃时发病最快。雨季来得越早，降水量越大，发病越严重。6—7月的雨量对本病流行起重大作用，每次降雨后常出现发病高峰期，冬烟期、春烟期发病较轻。

（四）防治方法

1. 农业防治

（1）种植抗病品种。如烤烟品种中的 G28、G140、NC82、NC89、K326、中烟 14、中烟 15 等，晒烟品种中的金英、青梗等。

（2）加强栽培管理。适时早育苗，及时间苗、定苗、炼苗，促进烟苗健康生长；适时早栽，尽可能使烟株感病阶段错开高温多雨季节；重病区田块与禾本科作物及甘薯轮作 3年以上或水旱轮作；推广深沟高垄栽培育苗，垄高 30～40cm；及时中耕除草、注意排灌结合，降低田间湿度；及时拔除病茎、病叶，烧掉或深埋；增施有机肥和磷肥，提高植株的抗病能力。

2. 生物防治 常用每亩 1 000 亿活芽孢/g 枯草芽孢杆菌可湿性粉剂 100～120g 兑水50kg 于植株茎基部施用，一般间隔 5～7d，喷 3～5 次。另外，大蒜提取物，柠檬草精油，桉树、兰香和蒌叶的叶片抽提物以及中草药提取物对烟草黑胫病菌有较好的抑制效果，可以此为原料研制成植物保护性杀菌剂。

3. 化学防治 播种后 2～3d，用 25％甲霜灵可湿性粉剂 2kg/hm² ，加水喷洒苗床；移栽前再喷 25％甲霜灵可湿性粉剂 500 倍液，可带药移栽。零星发病时，可用 25％甲霜灵可湿性粉剂 500 倍液或 72.2％霜霉威水剂 600 倍液喷防，每隔 10～15d 用药 1 次，连续2～3 次。在黑胫病对甲霜灵有抗病性表现的烟区，可选用 72.2％霜霉威水剂等药剂替代或交替用药。

四、烟草赤星病

烟草赤星病是烟草生长中后期发生的叶斑病，对烟草的产量和质量影响很大。该病自1892 年首次在美国报道以来，曾几次给烟叶生产造成重大损失。在 1960 年以前，此病是我国烟草生产上的次要病害，1960 年后曾一度在山东、河南等烟区暴发流行，自 20 世纪80 年代以来，在我国各产烟区都有该病害的发生，以山东、河南、安徽、黑龙江、吉林等地发生严重，其次是四川、云南、贵州、辽宁、陕西等烟区。此外，广东的香料烟产区、浙江的晒红烟产区危害也较重。

（一）危害症状

该病发生于大田生长期，主要危害叶片，也可侵染茎、花梗和蒴果等。叶片染病多从下部叶片发生，然后向上发展。病斑初为圆形黄褐色小斑点，后扩大为 0.6～2.0cm 褐色圆形或近圆形病斑，上具赤褐色或深褐色同心轮纹，易破碎，扩展较快时，边缘出现黄色晕圈（图 15 - 1 - 3）。湿度大时，病斑上可见深褐色或黑色霉状物，即病原菌的分生孢子梗和分生孢子。茎、花梗、蒴果染病时，出现长椭圆形或梭形深褐色凹

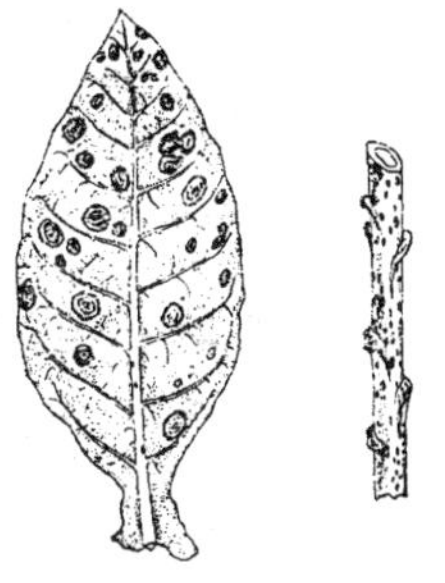

图 15 - 1 - 3 烟草赤星病
（李清西，2002. 植物保护）

陷斑。

（二）病原

病原为链格孢菌（*Alternaria alternata*），属半知菌类链格孢属真菌。菌丝有分隔，褐色。分生孢子梗暗色，单生或簇生，无分枝，膝状弯曲，有 1～3 个分隔。分生孢子褐色，链生于梗上，基部大，顶端较细，呈倒棍棒形或椭圆形，多有喙，具 1～3 个纵隔和 3～7 个横隔。该菌最适生长温度为 25～30℃，在低于 5℃ 或高于 38℃时停止生长。在干燥条件下，病叶上的孢子能保持约 1 年的生活力。赤星病菌在微酸条件下生长较好，最适 pH 为 5.5，在 pH 为 3.0～10.2 均可生长。黑暗有利于产孢，但降低孢子萌发率和抑制菌丝生长，光照有利于孢子萌发和菌丝生长，但减少产孢量。

（三）发病规律

病菌以菌丝体在病残体、掺杂病株残体的粪肥中或在田间枯死的杂草上越冬。翌春，菌丝开始产生分生孢子，借气流、风雨等传播，进行初侵染。病菌多从寄主气孔、伤口侵入，病部长出分生孢子进行再侵染。烟株幼苗期抗病，以后抗病能力逐渐减弱，烟叶成熟后开始进入感病阶段。发病的适宜温度为 23.7～28.5℃。雨日多、湿度大是病害流行的重要因素，采收期遇雨常致烟草赤星病大流行。种植密度大、田间荫蔽、采收不及时发病重。

（四）防治方法

根据烟草赤星病的发病规律，防治上采用以种植抗病品种、药剂防治和实施科学的栽培措施相结合的农业防治措施，必要时进行化学防治。

1. 农业防治

（1）选用抗病品种。目前，较抗烟草赤星病的品种有净叶黄和美国的 Beinhart 10001 等高抗品种，CV87、CV85、NC95、Coker319 等为中抗品种。

（2）栽培管理措施。春烟适期早栽，地膜覆盖，及时采收和烘烤，使烟草感病阶段避开雨季。适当加大行距，改善通风透光条件，降低田间湿度。合理施肥，使用氮肥不可过多、过晚，以免造成贪青晚熟，要适当增施磷、钾肥。氮素过多会导致植株营养失衡，烟株晚发迟熟，氮肥、磷肥、钾肥配比失调或土壤中磷、钾缺乏常会导致烟株抗病性降低，较易感病。适当提高钾肥用量，于团棵期、旺长期、平顶期叶面喷施磷酸氢二钾，可增强烟草的抗病性，使病害明显减轻。科学打顶、适量留叶、及时清除老叶可减少侵染源，防止病害蔓延。

2. 化学防治　烟草赤星病发病田块可使用 10％多抗霉素可湿性粉剂 500～1 000 倍液、50％异菌脲可湿性粉剂 1 000 倍液、70％代森锰锌可湿性粉剂 800 倍液等化学药剂防治，一般隔 7～10d 喷药 1 次，共 2～3 次。用药宜早，提早预防，及时使用表面保护剂进行防治。

五、烟草病毒病

烟草病毒病俗称烟草花叶病，是目前世界各烟草产区分布最广、发生最为普遍的一大类病害。烟草病毒病最早于 1857 年由 Swieten 以烟草反常现象为特征所记载，1886 年 Mayer 首次将发生的这种反常现象命名为烟草花叶病。

国外报道已从烟草上分离到的病毒有 27 种左右，国内已发现的烟草病毒有 16 种，其中引致烟草花叶病的病毒主要有烟草花叶病毒（TMV）、黄瓜花叶病毒（CMV）、马铃薯Y病毒（PVY）和烟草蚀纹病毒（TEV）等。各种病毒在不同的地区间分布略有差异，TMV主要分布在东北、云南、贵州、广东、四川等地，CMV主要发生在黄淮、西南、西北、福建等地，在有些地区还存在TMV和CMV的复合侵染。烟草病毒病的田间病株率一般在20%～40%，严重的可达40%～80%（有些局部地块高达100%）。烟草感染病毒后，叶绿素受破坏，光合作用减弱，减产幅度可达20%～80%。病毒病发生后，还严重影响烟叶的品质，使品质变劣。

（一）危害症状

1. 烟草花叶病毒 自苗期至大田期均可发生。幼苗被侵染后，新叶的叶脉组织颜色变浅，呈半透明的明脉，随后叶脉两侧叶肉组织褪绿，叶片形成黄绿相间的斑驳或花叶。田间症状因气候条件、病毒株系不同而异，经常可分为两种类型：一种是轻型花叶，只在叶片上形成黄绿相间的斑驳或花叶，植株高度及叶片形状、大小均无明显变化；另一种是重型花叶，叶片上部分叶肉组织增大或增多，叶片厚薄不均匀，形成很多泡状突起，叶片皱缩扭曲，有时叶子边缘逐渐向下卷曲。若苗期感病，植株严重矮化，生长缓慢，几乎无经济价值。后期不能正常开花结实，或结出的果小而皱缩，种子量少且小，多不能发芽。

2. 黄瓜花叶病毒 与TMV在田间的症状相似，有时不易区分。发病初期，首先在心叶上表现明脉，然后出现黄绿相间的花叶症状，严重时叶片变窄、扭曲，也形成泡状突起等症状。除表现花叶外，有时伴有叶片狭窄，叶基呈拉紧状，叶片上茸毛稀少，叶色发暗，无光泽。病叶有时粗糙，发脆呈革质，叶基部伸长，侧翼变窄变薄，叶尖细长。致病力强的株系还会使植株下部叶片形成闪电状坏死斑或褪绿橡叶症、叶脉坏死等症状。CMV也可造成植株矮缩、发育迟缓等全株症状。大田期的典型症状有：叶片颜色深浅不均，形成典型的花叶；上部叶狭窄、叶柄拉长，叶缘上卷，叶尖细长，呈畸形；有时病叶上出现深绿色的泡状斑；中部叶或下部叶可形成闪电状坏死，褐色至深褐色；小叶脉或叶脉形成深褐色或褐色坏死。

CMV与TMV的症状区别：TMV的病叶边缘时常向下翻卷，叶基不伸长，叶面茸毛不脱落，泡状斑多而明显，有缺刻；而CMV引起的病叶片，病斑边缘时常向上翻卷，叶基拉长，两侧叶肉几乎消失，叶尖呈鼠尾状，叶面茸毛脱落，泡状斑相对较少，有的病叶粗糙，如革质状。

3. 马铃薯Y病毒 由于病毒株系不同而表现出不同症状，常见的有脉带型和脉斑型。

（1）脉带型。在烟株上部叶片呈黄绿花叶斑驳，脉间色浅，叶脉两侧深绿，形成明显的脉带斑。

（2）脉斑型。病株下部叶片发病，叶片黄褐色，主侧脉从叶基开始呈灰黑色或红褐色坏死，叶柄脆，摘下叶柄可见维管束变褐，同时在茎秆上出现红褐色或黑色坏死条纹。

4. 烟草蚀纹病毒 苗期感病，嫩叶上最初也表现出明脉的症状，随后形成花叶或斑驳，叶片厚薄不均，皱缩扭曲而畸形，叶缘有时向叶背卷曲，早期发病植株节间缩短、矮化。成株期感病，病株不出现明显矮化，上部新叶出现明脉和浅斑驳症状，而坏死症状多从下二棚叶开始，自下向上蔓延，重病叶多出现于感病植株的第 7～10 叶位，表现为叶柄拉长，叶片变窄，叶面出现 1～2mm 的褪绿小黄斑，严重时布满整叶，并沿细脉发展连接成褐色或银白色线状蚀刻症，最后病部连片坏死脱落，叶片破碎。根据烟草类型和品种不同，在叶片上还可出现细叶脉、侧脉失绿发白、叶面泛红呈点刻状坏死等症状，同时，叶背侧脉呈明显黑褐色间断坏死。

田间 CMV 常与 TMV 复合侵染，引起严重的矮花叶症状；与 PVY 复合侵染，常形成叶脉坏死、整叶变黄、枯死等症状。

（二）病原

1. 烟草花叶病毒　病毒粒体为直杆状，致死温度为 90～93℃，稀释限点为 $10^4～10^7$，体外保毒期 2 个月以上，干燥病组织内病毒粒体可存活 50 多年仍具致病力。TMV 在自然界中有多个株系，我国主要有普通株系（TMV-C）、番茄株系（TMV-Tom）、黄色花叶株系（TMV-YM）和环斑株系（TMV-RS）4 个株系。因株系间致病力差异及与其他病毒复合侵染，造成症状的多样性。TMV 寄主范围非常广泛，除烟草外还可危害茄科的番茄、辣椒、马铃薯等重要蔬菜和杂草，人工接种可侵染十字花科、苋科、菊科、豆科等 36 科 350 多种植物。TMV 主要靠汁液机械摩擦进行传播，但不通过种子、昆虫及其他介体传播。

2. 黄瓜花叶病毒　病毒粒体为等轴对称的正二十面体，直径为 28～30nm。该病毒致死温度为 67～70℃，稀释限点为 $10^3～10^6$，体外保毒期较短，为 72～96h。烟草上 CMV 分 5 个株系，即典型症状系（D 系）、轻症系（G 系）、黄斑系（Y1 和 Y2 系）、扭曲系（SD 系）和坏死株系（IN 系），各株系在寄主范围、症状、侵染力等方面均有差异。CMV 寄主范围极其广泛，自然寄主有十字花科、葫芦科、豆科、菊科、茄科等 67 科 470 多种植物，人工接种还可侵染藜科、马齿苋科等 85 科 365 属约 1 000 种植物。此外，CMV 还可侵染玉米，是第一个被报道的既能侵染单子叶植物又能侵染双子叶植物的病毒。CMV 在自然界中主要靠蚜虫以非持久性方式传播，传毒蚜虫有 75 种左右，其中以桃蚜和棉蚜为主。

3. 马铃薯 Y 病毒　病毒粒体为弯曲线状，致死温度为 55～65℃，稀释限点为 $10^4～10^6$，体外保毒期为 2～4d，但因株系不同而有差异。我国已鉴定出在烟草上发生的 PVY 有 4 个株系，即普通株系（PVY-0）、茎坏死株系（PVY-NS）、坏死株系（PVY-N）和褪绿株系（PVY-Ch1）。PVY 寄主范围也较为广泛，可侵染马铃薯、番茄、辣椒等 34 属 163 种以上的植物，其中以茄科、藜科和豆科植物受害较重。PVY 自然条件下主要通过蚜虫以非持久性方式传播，汁液摩擦及嫁接也可传毒。传毒蚜虫主要有棉蚜、烟蚜、马铃薯长管蚜等。

4. 烟草蚀纹病毒　病毒粒体为弯曲线状，致死温度为 55℃，稀释限点为 $10^2～10^4$，体外保毒期 5～10d。此病毒主要通过蚜虫传毒，有 10 种蚜虫可以传播此病毒，其中烟蚜传毒力最强，其次是棉蚜和菜缢管蚜，此外汁液传毒也很容易。烟草蚀纹病毒主要危害茄科植物，同时也可侵染其他 19 科 120 种植物。

（三）发病规律

TMV 可在土壤中的病株残根、茎上越冬作为翌年的初侵染源。混有病残体的种子、肥料及田间其他带病寄主，甚至烘烤过的烟叶烟末都可成为病害的初侵染源。也可通过汁液摩擦接触进行传播。接触摩擦传毒效率很高，田间病健植株接触，农事操作中手、工具甚至衣物等接触病株再接触健株都可引起发病。因此，田间发生多次再侵染，使病害在田间扩展蔓延。

CMV 主要在越冬的农作物、蔬菜、多年生树木、杂草等植物上越冬，翌春经有翅蚜带毒迁飞传到烟田。蚜虫获毒和接毒时间很短，均只有 1min，最长保毒时间为 100～120min。CMV 还可通过多种植物种子越冬，但未见有烟草种子传毒的报道。若烟田生有菟丝子，也可进行传毒。

PVY 与 CMV 相似，主要在农田杂草、马铃薯种薯、越冬蔬菜等寄主上越冬，春季通过蚜虫迁飞传向烟田。

TEV 主要在茄科蔬菜及野生杂草中越冬，翌春由蚜虫向烟田传播，造成初侵染。

（四）防治方法

1. 农业防治

（1）栽种抗耐病品种。目前已培育出一批抗 TMV 和耐 CMV 的品种，如 H-423、辽烟 6 号、辽烟 9 号等高抗 TMV，还有一些品种如辽烟 8 号、广黄 54 等对 TMV 也分别有较好的抗病性或耐病性，广东培育的 C151、C212 等品系对 CMV 有很强的耐病性。烤烟、白肋烟中 G140、86038 等品种对 TEV 有较好的抗耐病性，烤烟新品种秦烟 96 对 PVY 有较好耐病性。

（2）加强栽培管理。对于 TMV 应从以下几方面着手：培育无病烟苗，选用无病株种子，应注意风选种子，防止混入病株残屑；苗床土应选非烟田土和非菜园土，苗床应远离烤房、晾棚等场所；间苗、除草等过程中，手及用具应用肥皂水等消毒；尽量避免病地重茬或与茄科、十字花科等连作，重病地实行 2～3 年轮作；适时早育苗，早移栽，严禁移栽已发病的烟苗。在 CMV 和 PVY 发生重的地区，烟田应远离蔬菜园，并适当调节移栽期，使烟苗易感病期避过蚜虫迁飞高峰。合理的小麦-烟套作或用银灰塑料薄膜覆盖烟地避蚜均有良好的防病作用。若结合小麦喷洒防蚜药剂，效果更好。若出现花叶，应及时追施速效肥如 1% 尿素，及时浇水，减轻病害发生。对于 TEV 引起的病毒病要根据本地生态条件和蚜虫（尤其是烟蚜）迁飞的情况，适当确定移栽时间，以使烟株高感病期和蚜虫迁飞期相互避开，达到防病的目的。

2. 化学防治　发病初期田间喷施病毒抑制剂可起到较好的预防作用，缓解病毒危害，可根据当地情况选用 20% 病毒 A 可湿性粉剂 500 倍液、3.85% 唑·铜·吗啉胍可湿性粉剂 500 倍液、1.5% 植病灵乳剂 800 倍液或 2% 宁南霉素水剂 250 倍液，苗期用药 2～3 次，移栽前用药 1 次，防止病毒移栽时通过接触传染，移栽后的生长前期用药 1～2 次，可明显减轻病毒病的发生。发病初期喷洒硫酸锌 500 倍液可加强植株生长势，对病害有一定的减轻作用。对 CMV、PVY 和 TEV 发生重的地区，应注意及时防蚜，在烟蚜迁飞盛期及时喷施 50% 抗蚜威可湿性粉剂 2 000 倍液。

六、甘蔗凤梨病

甘蔗凤梨病是甘蔗种苗期发生的一种真菌病害，1893 年在印度尼西亚爪哇岛首次发现。因被害蔗种初期有凤梨果实的味道而被称为"凤梨病"。该病现已分布于亚洲、非洲和美洲近 40 个甘蔗生产国。我国最早由 W. Komarav 于 1900 年在华南和西南蔗区发现，目前，在广东、广西、云南、四川、福建、江西、台湾等地发生较普遍。主要危害贮藏的种蔗和春植蔗，发生严重时造成发芽率低，可达50%以上。

（一）危害症状

蔗种染病切口两端初呈红色，散发出凤梨香味，稍后切口转呈灰黑色，先后长出灰色粉状物、黑色粉状物和黑色刺毛状物。病菌从两端切口向茎的中心迅速扩展，内部组织也逐渐转为红色，后变为乌黑色，组织严重腐烂，最终仅留黑色束发状纤维和大量煤黑色粉状物，蔗种的内部形成空腔。茎节上的蔗芽也多坏死不能萌发成苗，或虽能萌发成苗，但生长纤弱，叶细而缺乏光泽，多终致枯死。田间受伤的蔗茎也会受侵染，病菌从伤口侵入，初期症状不明显，后期可造成内部组织败坏、外皮皱缩变黑、病株叶片枯萎，严重时感病植株死亡。

（二）病原

病原有性态为奇异长喙壳（*Ceratocystis paradoxa*），属子囊菌门长喙壳属真菌；无性态为奇异根串珠霉（*Thielaviopsis paradoxa*），属半知菌类根串珠霉属真菌。病菌营养体为有隔菌丝，无色至淡褐色。无性态产生大、小两种类型的分生孢子。小型孢子圆筒形，壁薄，无色，内生；大型孢子为厚壁孢子，球形至椭圆形，壁厚，初色浅，后至黑褐色，四周具刺状突起。子囊壳近球形，深褐色，喙长而细，黑色。子囊卵形，内生8个子囊孢子。子囊孢子单胞，椭圆形，无色，成熟时子囊壁易消解，子囊孢子从长喙孔口释出。

病菌生长温度为13~34℃，最适温度为28℃，最适pH为5~7。病菌在土中能腐生。病菌存在生理分化现象，有两个株系，株系1的菌丝为无色，株系2的菌丝为黑色。

病菌主要危害热带、亚热带作物，寄主范围广。除甘蔗外，还能侵染香蕉、木瓜、菠萝、龙眼、柿、桃、槐、可可、咖啡、槟榔、椰子、非洲油棕、棕竹、海枣、南瓜、车前草等。人工接种时能侵染玉米和高粱。

（三）发病规律

病菌以菌丝体或厚垣孢子潜伏在带病的组织里或落在土壤中越冬。菌丝体在蔗田的腐烂叶片上能存活3~4个月，在蔗渣内可存活7个月，厚壁孢子在土壤里可以存活达4年之久。初侵染主要来自蔗田土壤和种蔗上越冬的病原体，蔗田附近的其他寄主也可提供初侵染源。种蔗带菌可引起贮藏期危害。病菌产生的无性孢子和有性孢子均可进行再侵染。病菌可通过气流、雨水和灌溉水、蔗刀、老鼠、昆虫等途径传播，在贮藏期和堆垛催芽期则主要通过接触进行传播。甘蔗凤梨病只能从伤口侵入宿根或蔗茎，潜伏期较短，通常为2~3d，但在病部形成主要再侵染源分生孢子则需2周左右。秋植甘蔗下种后遇高温干旱发病很轻，当遇有暴风雨或台风后，发病率高达90%以上。春植甘蔗下种后，土温低于19℃或遇有较长时间阴雨发病重。此外，土壤黏重、板结、蔗田低洼积水、湿度大发病重。

（四）防治方法

1. 农业防治

（1）选用抗病品种。选用萌芽势强、出土快、抗逆力强、成茎率高、高产稳产的抗病优质品种是控制甘蔗凤梨病发生危害最为经济有效的方法。如新台糖16、桂糖16、农林8

号等，表现出较好的抗性。

（2）加强栽培管理。常发病区实行 2 年以上的水旱轮作。沟施石灰调节土壤酸碱度至中性或微碱性。施足基肥，适期下种，适度盖土，并保持土壤湿润，有条件的地方采用地膜覆盖，提高地温，使甘蔗早生快发，对减轻病害具有明显作用。

2. 化学防治　可用 50％多菌灵可湿粉剂、50％甲基硫菌灵可湿粉剂或 50％苯菌灵可湿粉剂 1 000 倍液浸种 10 min；窖贮种蔗，在入窖前也可用 50％多菌灵可湿粉剂或 50％甲基硫菌灵可湿粉剂 500 倍液浸种切口，可防腐烂。

七、甜菜褐斑病

甜菜褐斑病是影响甜菜生产的重要病害。该病于 1893 年在波兰首次发现，目前已遍及各甜菜种植国家和地区，其中以欧洲危害最严重，在我国甜菜产区均有不同程度的发生与危害。一般可使块根减产 10％～20％，降低含糖量 1～2°Bx，发病严重时可使块根减产 30％～40％，降低含糖量 3～4°Bx，茎叶减产 40％～70％。我国东北的南部、中部，以及黄河中游、下游等甜菜产区发生较重，华北、西北产区则较轻。

（一）危害症状

甜菜褐斑病主要危害叶片、叶柄和种球，花枝也可受害。叶片感病最初呈现褐色或紫褐色圆形或不规则形小斑点，后逐渐扩大成直径为 3～4mm 的病斑，病斑中央色浅，较薄，易破碎，边缘由于花青素的产生呈褐色或赤褐色（图 15-1-4）。叶片正反面均有病斑，但正面较多，危害严重时每张叶片可达数百个病斑，后期病斑常愈合成片，叶片干枯死亡。湿度大时，病斑上出现灰白色霉状物，即病原菌的分生孢子梗和分生孢子。

在一般菌量条件下，病菌不侵染生育旺盛的幼叶，仅侵染达到一定成熟度的叶片。由株丛外层叶片先开始发病，后逐渐向中层叶片扩展，致使老叶陆续枯死脱落，长出的新叶也不断被害。整个植株根冠粗糙肥大，青头很长，似凤梨状。叶柄被感染形成梭形病斑。病菌还能侵染花序，花序受害后可使种球带菌。

（二）病原

病原为甜菜生尾孢（*Cercospora beticola*），属半知菌类丛梗孢目尾孢属真菌。菌丝橄榄色，在寄主表皮下集成垫状菌丝团。分生孢子梗从气孔伸出，基部为黄褐色，顶部呈灰色或无色透明，多数不分枝，2～17 根丛生。分生孢子着生于分生孢子梗顶端，鞭状或披针形，基部呈截断状，向上逐渐变细，顶端较尖锐，稍弯曲，无色透明。分生孢子初生时，无分隔或 1 分隔，成熟后一般为 6～12 个隔膜（图 15-1-4）。分生孢子发育适温 25～28℃，高于 37℃或低于 5℃发育停滞，45℃处理 10min 即死亡。萌发时的最适相对湿度为 98％～100％，在水滴中最好。菌丝团生活力强，在种球或叶片上能存活 2 年。

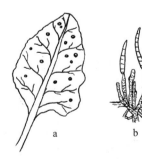

图 15-1-4　甜菜褐斑病
a. 叶片受害状　b. 分生孢子梗及分生孢子

（三）发病规律

病菌以菌丝体在病残体、留种株根头或种球上越冬，条件适宜可形成分生孢子，成为翌年的初侵染源。春季，分生孢子可借风、雨水传播500～1 000m，从气孔侵入，在叶片细胞间蔓延，形成病斑。生长期，病斑上形成的分生孢子能进行多次再侵染。降雨、大雾或灌水能促进分生孢子的形成，田间湿度大病害加重，连作地发生也重。

甜菜褐斑病的发生与流行的气象指标为：生产上，平均气温高于15℃，最低平均气温高于10℃，降水量多于10mm，且再有1次降雨，孢子得以产生并传播蔓延，再经10～15d的潜育期，田间即出现第一批病斑。此后，凡平均气温为19～25℃，最低平均气温13℃以上，每旬降雨1～2次或以上，每次降水量20mm左右，病害流行。

（四）防治方法

1. 农业防治

（1）种植抗病品种。目前，国内抗病和较抗病的甜菜品种有甜研301、甜研302、甜研303、双丰8号、范育1号等。近年报道，单粒型甜菜杂交种中甜-吉洮单302对甜菜褐斑病有较高的抗性。

（2）加强栽培管理。秋季收获后及时清除病残体，集中烧毁或深埋，减少翌年的初侵染菌源。实行4年以上轮作。当年甜菜地与去年甜菜地应保持500m以上距离。提早中耕管理，追肥时控制氮肥施用量，增施磷、钾肥，可提高植株抗病力。在阴雨天，及时开沟排水，降低地下水位。摘除下位老叶，清除田间杂草，增加植株间的通透性，降低田间湿度，从而减轻病害发生程度。

2. 化学防治　防病效果较好的药剂有36％甲基硫菌灵悬浮剂1 200～1 300倍液、40％多菌灵悬浮剂250～500倍液、40％硫黄·多菌灵悬浮剂250～300倍液、45％三苯基乙酸锡可湿性粉剂750～800倍液等。喷药时期掌握在发病初期，每隔10～15d喷1次，连续喷药3～4次。

八、甜菜根腐病

甜菜根腐病是多种真菌和细菌复合侵染引起的甜菜块根腐烂病的总称。1887年由德国的Eidam首次报道，目前在美国、俄罗斯、日本等甜菜种植国均有发生。在我国黑龙江和吉林的甜菜产区发生比较普遍，危害重，一般可造成甜菜块根减产10％～20％，严重地块发病率高达60％～100％，个别地块甚至绝产。

（一）危害症状

甜菜根腐病为土传病害，不同病菌侵染甜菜块根所产生的症状各不相同，而且多种病菌复合侵染时，症状难以区分。不同病原菌所致根腐病的症状表现主要可分为5种类型：

1. 镰刀菌根腐病　镰刀菌根腐病又称镰刀菌萎蔫病，是镰刀菌侵染引起的1种维管束病害，主要侵染甜菜根体或根层，使维管束变浅褐色、木质化。病菌多由伤口或植株生长衰弱部位侵入，因土壤干旱，主根、侧根失水凋萎而造成的破口等也是侵入途径。发病初期，在病部表皮产生褐色水渍状不规则形病斑，病斑逐渐蔓延向根内部深入，在根的横切面上很容易看到维管束环从浅肉桂色到深黄褐色。发病后期块根呈黑褐色干腐状，内部出现空腔，根外部常可见浅粉色的菌丝体。发病轻的植株生长不良，发育滞缓，叶丛萎蔫。重病株块根溃烂，地上部叶丛干枯死亡。

2. 丝核菌根腐病　首先发生在根冠、根体部或叶柄基部，最初形成褐色斑点，后逐渐扩展腐烂，并且由上向下蔓延至根体。腐烂处稍凹陷，并形成裂痕（纵沟），腐烂组织呈褐色至黑褐色，在裂痕内常可看到褐色菌丝体。在适宜发病的条件下，整个块根由表及里腐烂解体，地上部叶丛萎蔫。在高温高湿的情况下，还能蔓延到叶柄上，在严重感病的植株根颈处或叶柄着生处，有时可看到褐色的菌丝体。

3. 蛇眼菌黑腐病　首先从根体或根冠处出现黑色云纹状斑块，稍凹陷，然后从根内向根外腐烂，烂穿表皮造成裂口，除导管外全部变黑。

4. 白绢型根腐病　又称菌核病。根头先发病，向下蔓延，病部较软凹陷，呈水渍状腐烂，块根表皮和根冠土表处有白色绢丝状菌丝体，后期产生油菜籽大小的深褐色菌核。

5. 细菌性尾腐病　又称根尾腐烂病。细菌先从根尾、根梢侵入，由下向上扩展蔓延，病部组织变软，呈暗灰色至铅黑色水渍状软腐，发病严重时造成块根全部腐烂，表皮从根上脱落，病组织中的导管被病原菌分解为纤维状，常溢有黏液，散发出腐败酸臭味。

（二）病原

镰刀菌根腐病、丝核菌根腐病、蛇眼菌黑腐病和白绢型根腐病等4种根腐病的病原均为真菌，细菌性尾腐病的病原为细菌。

1. 镰刀菌根腐病　病原主要有黄色镰刀菌（*Fusarium culmorum*）、茄腐镰刀菌（*F. solani*）、尖孢镰刀菌（*F. oxysporum*）、串珠镰刀菌（*F. moniliforme*）和燕麦镰刀菌（*F. avenaceum*），均属半知菌类镰刀菌属真菌。前两种为主要致病菌，出现频率最多。分生孢子为镰刀型，无色，3~5个分隔；厚垣孢子椭圆形或圆形，间生或顶生。

2. 丝核菌根腐病　病原为半知菌类丝核菌属的立枯丝核菌（*Rhizoctonia solani*）。菌丝体初期无色，后期呈淡褐色或深黄褐色，多为直角分枝，分枝处稍缢缩，且有1个隔膜。形成的菌核深褐色，扁圆形或近圆形，表面粗糙，大小不一。通常不形成担子和担孢子。

3. 黑腐型根腐病　病原为甜菜茎点霉（*Phoma betae*），属半知菌类茎点霉属，与甜菜蛇眼病的病原相同。分生孢子器埋生于寄主表皮下，球形至扁球形，暗褐色。分生孢子圆形至椭圆形，单胞，无色。

4. 白绢型根腐病　病原为齐整小核菌（*Sclerotium rolfsii*），属半知菌类小核菌属，其有性世代是担子菌门阿泰菌属的罗耳阿太菌（*Athelia rolfsii*），不常发生。菌丝体白色，茂盛，疏松或集结成线形贴于基物上，呈辐射状扩展，状似白绢。菌丝分枝不呈直角，具隔膜。菌核初为乳白色，后变浅黄色至茶褐色，球形至卵球形，表面光滑有光泽。

5. 细菌性尾腐病　病原为薄壁菌门欧文氏菌属胡萝卜软腐欧文氏菌甜菜亚种（*Erwinia carotovora* subsp. *betavasculorum*）。菌落圆形，灰白色。菌体杆状，单生、双生或链状，无荚膜，无芽孢，周生2~6根鞭毛，革兰氏染色阴性，兼厌气性。

（三）发病规律

甜菜根腐病的病原物主要以菌丝、菌核或厚垣孢子在土壤、病残体上越冬。翌年，病原借助田间耕作、雨水和灌溉水传播，主要从根部伤口或其他损伤处侵入。因此，土壤带菌是重要的初侵染源。

该病一般在 6 月中、下旬开始发病，7 月中旬至 8 月中旬进入发病盛期，8 月下旬至 9 月病害基本停止蔓延。该病发生情况与甜菜生长状况和环境条件关系密切，在田间生育不良的根、畸形根、虫伤根、人为造成的伤根均有利于病菌侵入。7—8 月雨水多，土壤过湿或过干，都易诱发该病。细菌引起的尾腐根腐病在伤口多、雨水多、排水不良的地块发病重。

(四) 防治方法

1. 农业防治

(1) 种植抗病品种。选用、培育抗根腐病的甜菜品种是最有效的一项措施。目前比较抗（耐）病的品种有甜研 301、甜研 302、双丰 1 号、范育 1 号等。

(2) 加强栽培管理。实行合理轮作和换茬，避免重茬和迎茬，一般至少实行 4 年以上轮作，采用禾本科作物为前茬，忌用蔬菜为前茬，甜菜与禾本科作物轮作是预防甜菜根腐病的主要手段。改进栽培措施，改善栽培环境，选择土壤肥沃、轮作时间长、地下水位低、排水良好的田块种植甜菜。合理施肥，施足基肥，在施足农家肥的基础上，增施过磷酸钙、骨粉等作种肥，在生育中期追施硝酸铵，增强植株抗病能力。

2. 生物防治 据报道，应用荧光假单胞杆菌防治甜菜根腐病有一定防病效果。

3. 化学防治 50% 福美双可湿性粉剂 0.5～0.6g/kg 处理苗床，70% 敌磺钠可溶粉剂 475～760g 拌种 100kg，能减轻苗立枯病的发生。防治细菌性尾腐病应从防治地下害虫减少伤口防治细菌引起的根腐病应从防治地下害虫减少伤口入手，加强肥水管理，必要时喷洒或浇灌 14% 络氨铜水剂 300 倍液、47% 春雷·王铜可湿性粉剂 800 倍液等。

▶▶ 任务实施

一、资源配备

1. 材料与工具 甘薯黑斑病、甘薯软腐病、烟草黑胫病、烟草病毒病、甘蔗凤梨病、甜菜褐斑病、甜菜根腐病等实物标本、新鲜材料、病原菌玻片。挂图、多媒体资料（包括图片、视频等资料）、显微镜、载玻片、盖玻片、挑针、纱布、蒸馏水、刀片、徒手切片夹持物、镜头纸、0.1% 氯化汞、无菌水等。

2. 教学场所 教室、实验（训）室或大田。

3. 师资配备 每 15 名学生配备 1 位指导教师。

二、操作步骤

1. 病害调查 选择病害发生较为严重的甘薯、烟草、甘蔗等田块，调查病害发生种类、危害状况及危害特点。

2. 资料查询 结合调查结果，查询学习资料，获得相关知识。

3. 病害识别 结合教师讲解及对病害症状观察，识别薯类、烟草及糖料作物常见病害。

4. 病原识别 通过显微镜镜检，识别薯类、烟草及糖料作物常见病害的病原菌形态特征。

5. 病害防治 根据薯类、烟草及糖料作物主要病害发生规律，制订综合治理措施。

三、技能考核标准

薯类、烟草及糖料作物病害防治技术技能考核参考标准见表 15-1-1。

表 15-1-1 薯类、烟草及糖料作物病害防治技术技能考核参考标准

考核内容	要求与方法	评分标准	标准分值/分	考核方法
薯类、烟草及糖料作物病害识别（40分）	采集、识别10种病害	根据采集病害标本特征、病害识别情况酌情扣分，每错1种扣2分	20	单人考核，口试评定成绩
	判断10种病害病原分类（属）	病原物属的名称每错1种扣1分	10	
	描述病害的识别要点	症状描述不正确每种扣1分	10	
病原菌形态识别（30分）	玻片标本制作	根据玻片擦试、病菌挑取、盖玻片放置等符合要求情况酌情扣分	15	单人操作考核
	病菌观察识别	根据显微镜操作熟练程度，病原菌形态清晰度，特征明显与否酌情扣分	15	
综合防治技术（30分）	制订综防措施	根据薯类、烟草及糖料作物病害发生的种类制订综合防治措施是否符合要求情况酌情扣分	15	单人操作考核
	可行性和可操作性	根据制订的综防措施是否具有可操作性和可行性酌情扣分	15	

》思 考 题

1. 如何防治甘薯黑斑病？
2. 如何防治烟草病毒病？

思考题参考
答案 15-1

任务二 甘薯、烟草及糖料作物虫害防治技术

》任务目标

通过对甘薯、烟草及糖料作物主要害虫的危害特征及形态特征的识别，掌握害虫的识别要点，熟悉害虫的发生规律，能为甘薯、烟草及糖料作物主要害虫制订防治方案并实施。

》相关知识

一、甘薯麦蛾

甘薯麦蛾（*Brachmia macroscopa*）又称甘薯卷叶虫，属鳞翅目麦蛾科昆虫。甘薯麦

蛾除在新疆、宁夏、青海、西藏等地未见报道外，全国各地发生普遍，而且以南方各省发生较为严重。

（一）危害症状

甘薯麦蛾主要危害甘薯、蕹菜（空心菜）、月光花和牵牛等旋花科植物。以幼虫吐丝卷叶，在卷叶内取食叶肉，留下白色表皮，状似薄膜。幼虫尚能危害嫩茎、嫩梢，发生严重时大部分薯叶被卷食，叶肉几乎被食尽，整片地呈现"火烧"现象，严重影响甘薯的产量和品质。

（二）形态特征

甘薯麦蛾形态特征如图 15-2-1 所示。

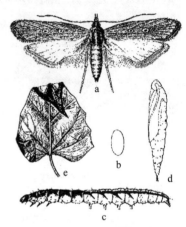

1. 成虫 体长 5～7mm，翅展 15～16mm，体黑褐色。前翅狭长，暗褐色或锈褐色，中室内有 2 个黑色小点，翅外缘有 5 个小黑点。后翅宽，淡灰色，缘毛长。

2. 幼虫 老熟幼虫体长 18～20mm，头稍扁，黑褐色。前胸背板褐色，两侧暗褐色，呈倒"八"字形。中胸至第二腹节背面黑色，第三腹节以后各节乳白色，亚背线黑色，第 2～6 腹节每节两侧各有 1 条黑色斜纹。

3. 卵 长约 0.6mm，椭圆形，表面具细纵横脊纹，初产时灰白色，后变为淡黄褐色。

4. 蛹 长 7～8mm，黄褐色，纺锤形，头钝尾尖，末端有钩刺 8 个。

图 15-2-1 甘薯麦蛾
a. 成虫 b. 卵 c. 幼虫 d. 蛹 e. 危害状
（赵春明，2016. 植物保护专业综合实践）

（三）发生规律

甘薯麦蛾在不同地区每年发生的世代数不同，我国从北到南 1 年发生 3～9 代，在北方以蛹在残株落叶下越冬，在南方多以成虫在田间杂草丛中或屋内阴暗处越冬，世代重叠。甘薯麦蛾成虫趋光性强，且行动活泼，喜食花蜜。白天潜伏于薯叶背面或茎蔓基部隐蔽处，夜间进行交尾、产卵。卵通常散产于叶背面的叶脉之间，也有少数卵产于新芽和嫩茎上。幼虫共 4 龄，其中 1 龄幼虫只在叶面剥食叶肉，不进行卷叶，但吐丝下坠；2 龄幼虫即开始吐丝作小部分卷叶，并在卷叶内取食肉；3 龄以后，幼虫的食量大增，卷叶程度也增大，且有转移危害的习性。1 头幼虫从小到大能危害十几片叶子，影响薯株正常生长和薯块膨大。幼虫除主要危害叶片外，也取食虫嫩茎和嫩梢。幼虫老熟后在卷叶或土缝里化蛹。

高温低湿是甘薯麦蛾严重发生的重要因子，在气温 25～28℃、相对湿度 60%～65% 的条件下发育繁殖最为旺盛。甘薯植株在生长前期受害会影响营养的供应，延缓甘薯的生长；甘薯块根膨大时期，如虫口密度增大，大量的叶片被害，光合作用降低，会阻碍薯块膨大，产量损失可达 10% 以上。甘薯品种不同，受害程度不同，一般叶片肥厚的品种比叶片薄的品种受害重。

甘薯麦蛾的天敌有步甲、茧蜂、白僵菌等，这些天敌对害虫的发生有一定抑制作用。

（四）防治方法

1. 农业防治 秋后要及时清洁田园，处理残株落叶，清除杂草，消灭越冬蛹，降低田间虫源；田内初见幼虫卷叶危害时，要及时捏杀新卷叶中的幼虫或摘除新卷叶。

2. 化学防治　化学防治应掌握在幼虫发生初期施药，喷药时间以 16—17 时为宜，此时防治效果较好。首选药剂有 48％毒死蜱乳油 1 000～1 500 倍液喷雾防治，防效可达 90％以上。

二、烟青虫

烟青虫（*Helicoverpa assulta*）又称烟草夜蛾，属鳞翅目夜蛾科。其分布广，寄主多，除烟草外，可取食辣椒、棉花、番茄、玉米、麻类、豌豆等多种植物。

（一）危害特征

以幼虫蛀食寄主的花蕾、花及果实，造成落花、落果及果实腐烂，也可咬食嫩叶和嫩茎，造成茎中空折断。幼虫还能在烟草植株上部叶片取食，造成透明斑痕、孔洞、缺刻或无头苗，严重时食光叶肉，仅留下叶脉。

（二）形态特征

烟青虫形态特征如图 15-2-2 所示。

1. 成虫　体长 13～15mm，翅展 28～37mm，黄褐色。前翅黄褐色，斑纹及横线明显，中横线较直，未达到环形纹正下方，外横线末端达肾形纹边缘下方，亚外缘线锯齿排列参差不齐，亚外缘线至外缘线之间为褐色宽带；后翅黄褐色，外缘黑褐色横带较窄，外侧有黄斑直达外缘。

2. 幼虫　初孵幼虫为铁锈色，体长约 2mm。老熟幼虫一般体长 30～42mm，体色变化很大，有绿色、青绿色、黄褐色、红褐色、黑紫色等。前胸侧气门前下方 1 对毛的连线远离气门的下缘，这是和棉铃虫区分的方法。

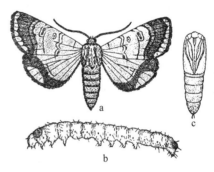

图 15-2-2　烟青虫
a. 成虫　b. 幼虫　c. 蛹
（徐洪富，2003. 植物保护学）

3. 卵　扁圆形，底部平，初为乳白色，卵壳上有网状花纹，纵棱不达底部，每 2 根长纵棱之间夹 1 根较短的纵棱。

4. 蛹　赤褐色，纺锤形，长 17～21mm，体长、体色与棉铃虫相似，腹部5～7节背面与腹面有 7～8 排比较密而小的马蹄形刻点。

（三）发生规律

烟青虫1年发生2～6代，在云南、华南部分烟区可全年繁殖，在黄淮烟区以蛹在土壤中越冬，世代重叠明显。成虫昼伏夜出，趋光性弱，趋蜜源性强；在叶正、反面具茸毛处、嫩茎、花蕾和果实上产卵，一般成虫每叶产1粒，少数2～3粒，成虫产卵量为400～800粒；后期成虫对杨树枝把有明显的趋性。初孵幼虫先食卵壳，后吐丝下垂转移，取食烟叶，现蕾后蛀食花蕾、青果，取食花蕊和未成熟种子；3 龄幼虫白天潜伏，夜间、清晨取食；4～6 龄食量大增，占幼虫总食量的 90％以上。幼虫有假死性、自残性，老熟后在土中做室化蛹越冬。天敌对烟青虫的消长有一定的控制作用，如寄生幼虫的螟蛉绒茧蜂，捕食性天敌如草蛉、胡蜂、蜘蛛等。

烟青虫是喜湿喜温性的害虫，发育适温是 21～28℃，相对湿度在 70％以上，在夏季降雨适中而均匀时发生严重。大风雨可降低田间卵量，雨水过多、土壤湿度过大可增加蛹的死亡率。在地势低洼、植株茂密、水肥条件较好的地块，烟青虫危害严重。在成虫发生期蜜源植物丰富，成虫补充营养充足，则产卵量大，发生就严重。一般白肋烟草品种、长势茂密浓绿和套种辣椒地块受害重。

(四) 防治方法

1. 农业防治　在部分地区可改夏烟为春烟，能减轻危害；秋翻地块或冬灌水淹地；及时打顶抹杈；移栽缓苗后可在8—9时人工捕捉幼虫；成虫发生期可用杨树枝把诱成虫，于每天清晨套袋捕杀。

2. 生物防治　保护天敌；喷洒100亿活孢子/mL苏云金杆菌乳剂或100亿活孢子/g杀螟杆菌粉剂300～400倍液，防3龄前幼虫；可用棉铃虫核型多角体病毒防治，一般比化学农药提前3～4d喷施。

3. 化学防治　由于烟青虫属钻蛀性害虫，所以必须抓住卵期及低龄幼虫期（尚未蛀入果实中）施药，在幼虫3龄前，百株虫量为24.5头时喷药。可用90%敌百虫晶体800～1 000倍液、50%辛硫磷乳油1 000～2 000倍液或25%溴氰菊酯乳油3 000～4 000倍液等。

三、甜菜跳甲

甜菜跳甲目前已发现有4种，分别为甜菜凹胫跳甲（*Chaetocnema discreta*）、黄曲条跳甲（*Phyllotreta striolata*）、黄宽条跳甲（*Phyllotreta humilis*）、黄狭条跳甲（*Phyllotreta vittula*），均属鞘翅目叶甲科昆虫。下面以甜菜凹胫跳甲为例进行介绍。

(一) 危害特征

甜菜凹胫跳甲成虫咬食甜菜幼苗的子叶和真叶，使叶呈缺刻或圆孔形。大发生时，叶片全部被吃光，造成缺苗。成虫有时还危害藜科、蓼科、十字花科等植物。

(二) 形态特征

1. 成虫　体长1.5～2.0mm，全体黑色，体端较圆，黑色暗绿有光泽。头部触角间隆起呈脊状，前胸背板后缘有粗刻点，向下凹陷，前、中足的胫节、跗节暗褐色。

2. 幼虫　体长4～5mm，略呈筒状，尾端略细。

3. 卵　椭圆形，浅黄色，稍透明，长0.4～0.5mm。

4. 蛹　椭圆形，浅黄绿色，长2～3mm。

(三) 发生规律

甜菜凹胫跳甲1年发生1代，以成虫在沟边、田边、草丛根际土层中越冬。翌春，甜菜幼苗出土后，大量成虫迁移到甜菜地咬食甜菜的幼苗，未向甜菜转移前以藜科等杂草为食。成虫产卵于寄主根附近2～5cm土层中或侧根上。幼虫孵出后，先在土层内活动，危害藜科植物根部，化蛹在土内，秋季成虫羽化后取食甜菜，后聚集越冬。

甜菜凹胫跳甲为东北甜菜产区经常发生的甜菜苗期害虫，特别是干旱地区、靠近森林地带和荒地的甜菜地受害严重。

(四) 防治方法

1. 农业防治　消灭田内外杂草，特别是藜科杂草；实行轮作；配合春耕秋翻精耕细作。

2. 化学防治　以药剂拌种防治最有效，可用70%噻虫嗪种子处理悬浮剂0.25L拌种

100kg，或 35% 多·福·克种衣剂 4L 拌种 100kg。甜菜幼苗期也可田间喷药防治，可用 50% 辛硫磷乳油 1 000 倍液喷雾。也可用 2% 杀螟硫磷粉剂 1.0～1.5kg 拌细土 15～20kg 制成毒土，撒在甜菜苗周围，均有防效。

四、甜菜夜蛾

甜菜夜蛾（*Spodoptera exigua*）又称贪夜蛾、白菜褐夜蛾、玉米夜蛾，属鳞翅目夜蛾科昆虫。甜菜夜蛾为世界性、多食性、暴发性害虫，已知寄主植物达 171 种之多。近年来，随着我国蔬菜种植面积的扩大和复种指数的提高，甜菜夜蛾的危害更为广泛和严重。甜菜夜蛾在各地区危害程度不一，江淮、黄淮流域危害较为严重，受害面积较大。

（一）危害特征

幼虫主要危害甜菜的叶片。初孵幼虫群集叶背，吐丝结网，在其内取食叶肉，留下表皮，形成透明的小孔。3 龄后可将叶片食成孔洞或缺刻，严重时仅余叶脉和叶柄，致甜菜苗死亡，造成缺苗断垄，甚至毁种。存活的甜菜糖分下降，质量降低。

（二）形态特征

甜菜夜蛾形态特征如图 15-2-3 所示。

1. 成虫　体长 10～14mm，翅展 25～30mm，虫体灰褐色。头、胸有黑点。前翅内横线、亚外缘线为灰白色，外缘有 1 列黑色的三角形小斑，肾状纹与环状纹均为黄褐色，有黑色轮廓线；后翅银白色，略带粉红色，翅缘灰褐色。

2. 幼虫　老熟幼虫体长 24～28mm。体色变化很大，由绿色、暗绿色、黄绿色、褐色至黑褐色，背线有或无，颜色各异。腹部气门下线为明显的黄白色纵带，有时带粉红色，此带直达腹部末端，不弯到臀足上，是区别于甘蓝夜蛾的重要特征。各节气门后上方具有 1 个明显白斑，体色越深，白斑越明显。

3. 卵　半球形，白色，上有白色绒毛覆盖。

4. 蛹　蛹体长 7～12mm，黄褐色。在 3～7 节背面、5～7 节腹面有粗刻点。臀棘上有刚毛 2 根，呈叉状，腹面基部有 2 根极短的刚毛。

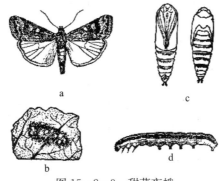

图 15-2-3　甜菜夜蛾
a. 成虫　b. 卵　c. 蛹　d. 幼虫

（三）发生规律

甜菜夜蛾 1 年发生的世代数因地区而异，1 年可发生 4～7 代，北京、陕西 1 年发生 4～5 代，山东 5 代，湖北 5～6 代，江西 6～7 代，有世代重叠现象。江苏、河南、山东以蛹在土中越冬，江西、湖南以蛹在土中、少数未老熟幼虫在杂草上及土缝中越冬，冬暖时仍见少量取食。在亚热带和热带地区可周年发生，无越冬休眠现象。

成虫昼伏夜出，趋光性强，趋化性弱，有较强的迁飞能力。卵多产在叶背和叶柄处，呈块状，卵块上覆盖有白色绒毛。每雌虫可产卵 100～600 粒，卵期 2～6d。初孵幼虫有群集性，2 龄后分散危害，4 龄后食量大增，高龄幼虫具有负趋光性，白天多潜入土中或菜心内，夜间取食危害。有假死性，受惊后即卷曲落地，有自相残杀习性。在整个幼虫期，5～6 龄幼虫危害最重。当气温高、密度大、食料缺乏时，幼虫有成群迁移习性。幼虫老熟后入土 4～9cm 吐丝筑室化蛹，如表土坚硬，也可在表土化蛹。蛹期 7～11d，蛹在 −12℃低温下仅能耐寒数日，不能长期抵御低温。

甜菜夜蛾是一种间歇性大发生的害虫，其喜温、耐高温，不耐低温。幼虫抗寒力较弱，在 2℃以下经数日即可大量死亡。冬季长期低温对其越冬不利，同时，晚秋降温时，田间的虫态是否具有抗寒性，是决定越冬死亡率和翌年发生基数的重要因素。因此，北方冬季气温较低，越冬死亡率高，春季发生较少，在东北、新疆及内蒙古等地不能大量发生危害。除温度外，甜菜夜蛾喜欢干旱少雨的气候，多雨对其化蛹羽化不利，因而夏末炎热干旱时，秋季常会大发生。

（四）防治方法

甜菜夜蛾的识别与防治

1. 农业防治　在蛹期结合农事需要进行中耕除草、冬灌，深翻土壤。早春铲除田间地边杂草，破坏早期虫源滋生、栖息场所，这样有利于恶化其取食、产卵环境。

2. 物理防治　傍晚人工捕捉高龄幼虫，拍碎卵块，能有效地降低虫口密度。在成虫始盛期，在田间设置黑光灯或频振式杀虫灯诱杀成虫，或利用性诱剂诱杀成虫。

3. 生物防治　使用苏云金杆菌制剂进行防治及保护，或利用卵的优势天敌黑卵蜂，或幼虫的主要天敌白僵菌、寄生蜂、姬蜂等进行生物防治。

4. 化学防治　施药时间应选择在清晨最佳。幼虫 3 龄前，喷施 25%灭幼脲乳油 1 000～2 000 倍液，或高效氟氯氰菊酯乳油 1 000 倍液＋5%氟虫脲乳油 500 倍液配成的混合液，或5%高效氯氰菊酯乳油 1 000 倍液＋5%氟虫脲可分散液剂 500 倍液配成的混合液。由于该虫极强的抗药性，施药中要注意交替轮换使用杀虫机制不同的杀虫剂。

≫ 任务实施

一、资源配备

1. 材料与工具　当地气象资料，甘薯、烟草及糖料作物主要害虫的历史资料、栽培品种及生产技术方案、害虫种类及分布危害情况等资料，甘薯麦蛾、烟青虫、甜菜跳甲、甜菜夜蛾等当地常发性害虫成虫、幼虫（若虫）盒装标本和浸渍标本。体视显微镜、放大镜、镊子、挑针、蒸馏水、培养皿、载玻片、泡沫塑料板、挂图及多媒体资料等。

2. 教学场所　教室、实验（训）室或大田。

3. 师资配备　每 15 名学生配备 1 位指导教师。

二、操作步骤

1. 病害调查　选择害虫发生较危严重的田块或薯窖，调查薯类、烟草及糖料作物害虫发生种类、危害状及危害程度。

2. 资料查询　结合调查结果，查询学习资料，获得相关知识。

3. 害虫识别　通过体视显微镜镜检，对害虫形态特征进行仔细观察，识别薯类、烟草及糖料作物常见害虫种类。

4. 防治方案制订　根据薯类、烟草及糖料作物主要害虫发生规律，制订综合治理方案。

三、技能考核标准

甘薯、烟草及糖料作物害虫防治技术技能考核参考标准见表 15-2-1。

表 15-2-1　甘薯、烟草及糖料作物害虫防治技术技能考核参考标准

考核内容	要求与方法	评分标准	标准分值/分	考核方法
薯类、烟草及糖料作物害虫识别（50分）	识别 10 种害虫	害虫名称每错 1 种扣 1 分	10	单人考核，口试评定成绩
	列出 10 种害虫目、科名称	害虫目名每错 1 种扣 1 分，害虫科名称每错 1 种扣 1 分	20	
	描述主要害虫的识别要点	描述害虫形态特征不正确酌情扣分	20	
综合防治技术（50分）	制订综防措施	根据薯类、烟草及糖料作物害虫发生种类制订综合防治措施是否符合要求情况酌情扣分	30	单人操作考核
	可行性和可操作性	根据制订的综防措施是否具有可操作性和可行性酌情扣分	20	

》思 考 题

1. 如何防治烟蚜？
2. 甘蔗螟虫有哪些种类？应如何防治？

思考题参考
答案 15-2

项目十六 >>>>>>>>>

常见蔬菜病虫害防治技术

任务一　常见蔬菜苗期植保措施及应用

▶▶任务目标

通过对蔬菜苗期病害的症状识别、病原形态观察和对主要害虫危害特点、形态特征识别及田间调查和参与病虫害防治，掌握常见病虫害的识别要点，熟悉病原物形态特征，能识别蔬菜苗期主要病虫害，能进行发生情况调查、分析发生原因，能制订防治方案并实施防治。

蔬菜苗期植保措施主要针对猝倒病、立枯病、蚜虫、小菜蛾、跳甲等病虫害的防治。

▶▶相关知识

一、苗期病害

（一）危害症状

1. 猝倒病　猝倒病从种子发芽到幼苗出土前发病，造成烂种、烂芽。出土不久的幼苗最易发病，死苗迅速。多是幼苗茎基部出现水渍状黄褐色病斑，迅速扩展后病部缢缩成线状，子叶尚未凋萎之前幼苗便倒伏贴地不能挺立，因刚刚倒折幼苗依然为绿色，故称之为猝倒病。苗床最初只是零星发病，数日内即可以此为中心迅速向四周扩展蔓延，引起成片死苗。在苗床湿度高时，病苗残体表面及附近床面长出一层白色棉絮状霉。最后病苗多腐烂或干枯。

2. 立枯病　立枯病多在出苗一段时期后发病，死苗较慢。在幼苗茎基部产生椭圆形暗褐色病斑，以后逐渐扩展、凹陷、绕茎一周，使茎基收缩，病苗萎蔫，最后枯死。枯死病苗多直立而不倒伏，故称之为立枯病。苗床湿度高时，病苗附近床面上常有稀疏的淡褐色蛛丝状霉。

3. 沤根　沤根从刚出土幼苗到较大苗均能发生。发生沤根时，幼苗茎叶生长受抑制，叶片逐渐发黄，不生新叶，病苗易从土中拔出，可见根部不发新根和不定根，根皮呈锈褐色，逐渐腐烂、干朽。重时幼苗萎蔫，最后枯死。

（二）病原

1. 猝倒病　病原为真菌界卵菌门腐霉属的瓜果腐霉菌［*Pythium aphanidermatum*

(Eds.) Fitzp.]。菌丝体繁茂，呈白色棉絮状，菌丝与孢子囊梗区别不明显。孢子囊生于菌丝顶端或中间，丝状或分枝裂瓣状或不规则膨大。孢子囊萌发时形成球状泡囊，释放出几个至几十个游动孢子。游动孢子肾形，有两根鞭毛，可在水中游动。卵孢子球形，厚壁，表面光滑，淡黄褐色。

2. 立枯病　病原为真菌界半知菌类丝核菌属的立枯丝核菌（Rhzoctonia solani Kühn）。菌丝粗壮，初时无色，老熟时淡褐色，分枝呈直角，分枝处缢缩。老熟菌丝常集结成不定形淡褐色至黑褐色菌核，菌核之间常有菌丝相连。

3. 沤根　沤根是一种生理病害。苗床长时间低温、高湿和光照不足，使幼苗根系在缺氧状态下呼吸作用受阻，不能正常发育，根系吸水能力降低且生理机能破坏造成的。

（三）发病规律

病菌主要在土壤中越冬。腐霉菌以卵孢子，丝核菌以菌核和菌丝体随病残体在土壤中越冬。两种菌腐生性都很强，均能以菌丝体在土壤腐殖质上营腐生生活，在土壤中可存活2～3年。条件适宜时，腐霉菌卵孢子萌发产生游动孢子或直接长出芽管侵入寄主，菌丝体上形成孢子囊，并释放出游动孢子直接侵染幼苗，引起猝倒病发生。丝核菌可以菌丝直接侵入寄主，引起立枯病发生。病菌主要借雨水、灌溉水，或苗床土壤中水分的流（移）动传播。此外，带菌粪肥、农具也能传播。

种子质量、发芽势及幼苗长势强弱与发病有很大关系，土壤温湿度对发病影响更大。病菌虽适温较高，但温限范围较宽，腐霉菌在10～30℃、丝核菌在13～42℃均能活动，苗床发病均发生在对该种蔬菜幼苗发育不利的温度条件下。茄子、番茄、辣椒、黄瓜等喜高温菜苗，多在苗床温度较低时发病；洋葱、芹菜、甘蓝等喜低温菜苗，多在苗床温度较高时发病。病菌耐旱能力不同，丝核菌耐旱能力较腐霉菌高，但两种菌都喜高湿。苗床土壤高湿极易诱致发病，灌水后积水窝或苗床棚顶滴水处往往最先出现发病中心。幼苗子叶中养分快耗尽而新根尚未扎根之前正是幼苗营养危急期，抗病力最弱，也是幼苗最易感病的时期，此时遇寒流侵袭或连续低温、阴雨（雪）天气，床温在15℃以下，猝倒病就会暴发，损失惨重。即使稍大些的幼苗，如温度变化大、光照不足，幼苗纤细瘦弱抗病力下降，立枯病也易发生。另外，播种过密、间苗不及时、苗床浇水过多过勤以及通风不良等，往往加重苗病发生和蔓延发展。幼苗子叶养分耗尽、新根未扎实和幼茎木栓化前为易感病阶段，容易造成病害严重发生。

（四）防治方法

1. 农业防治

（1）科学设置苗床。应选择地势较高、背风向阳、排水良好、土质肥沃地块作苗床。选用无菌新土作床土，沿用旧床土要进行药剂处理。播前床土要充分翻晒，粪肥应充分腐熟并撒施均匀。

（2）苗床管理。播前浇足底水。适量播种，及时分苗。果菜类要搞好苗床保温工作，白天床温不低于20℃，北方寒冷地区可采用电热温床育苗，以防止冷风或低温侵袭。出苗后抓紧无风晴天早揭床盖，增加光照，适当换气炼苗。遇寒流降温天气则应晚揭早盖，注意防寒保温。芹菜、甘蓝等要防止23℃以上的高温，床温较高时，可在午间用席遮阳。苗床洒水不宜过多过勤，以防床内湿度过大。发现病苗立即拔除，并撒上草木灰或干细土。

2. 化学防治

（1）床土消毒。旧床育苗时，床土必须用药剂处理。播前用 40％甲醛溶液 100～150 倍液浇湿床土，覆膜盖严，闷 4～5d 后揭膜耙土，经 14d 药液充分挥发后再播种。或者选用 50％多菌灵可湿性粉剂、70％敌磺钠可湿性粉剂、40％福美·拌种灵可湿性粉剂 8～10g/m² 加拌 5～10kg 干细土制成药土，播种前取 1/3 撒在床面作垫土，播种后用其余 2/3 作盖土，然后加盖塑膜保持床土湿润以防药害。

（2）种子处理。播种前用 50℃温水浸种 15min，也可选用 50％多菌灵可湿性粉剂或 50％福美双可湿性粉剂拌种，用药量为种子质量的 0.2％～0.3％。

（3）如苗床已发现少数病苗，应及时拔除，并施药保护，以防止病害蔓延。猝倒病常用药剂有 722g/L 霜霉威盐酸盐水剂 5～8mL/m²（黄瓜苗床浇灌）、34％春雷·霜霉威水 12.5～158mL/m²（黄瓜苗床浇灌）、2 亿孢子/g 木霉菌 4～6g/m²（番茄苗床喷淋）、3 亿孢子/g 哈茨木霉菌 4～6g/m²（番茄灌根）、20％乙酸铜可湿性粉剂 1.5～2.4g/m²（黄瓜灌根），立枯病防治常用药剂有 50％异菌脲可湿性粉剂 2～4g/m²（辣椒泼浇）、15％噁霉灵水剂 5～7g/m²（辣椒泼浇）、1 亿 CFU/g 枯草芽孢杆菌微囊粒剂 0.15～0.25g/m²（番茄喷雾）、3 亿孢子/g 哈茨木霉菌 4～6g/m²（番茄灌根）、70％敌磺钠可溶性粉剂 0.37～0.74g/m²（黄瓜泼浇或喷雾）、30％甲霜灵·噁霉灵水剂 1.5～2.0g/m²（黄瓜苗床喷雾）、70％噁霉灵可湿性粉剂 1.25～1.75g/m²（黄瓜苗床喷雾）。苗床施药后，往往造成湿度过大，可撒草木灰或细干土以降低湿度。

二、蚜虫

蚜虫是蔬菜上发生最普遍、危害最重的一类害虫，常见的有 10 余种，重要的有桃蚜（*Myzus persicae* Sulzer）、菜缢管蚜（*Lipaphis erysimi* Kaltenbach）、甘蓝蚜（*Brevicoryne brassicae* L.）、瓜蚜（*Aphis gossypii* Glover）与豆蚜（*A. craccivora* Koch），均属同翅目蚜科。菜缢管蚜（萝卜蚜）、甘蓝蚜、豆蚜（苜蓿蚜）寄主范围较窄，只危害十字花科蔬菜和豆科作物，其中菜缢管蚜喜食白菜、萝卜等叶面多毛而少蜡的十字花科蔬菜，甘蓝蚜喜食甘蓝、花椰菜等叶面光滑而多蜡的十字花科蔬菜，豆蚜主要危害豇豆、菜豆、花生、苜蓿等豆科作物，而桃蚜（烟蚜）、瓜蚜（棉蚜）寄主范围非常广，几乎可以危害所有种类蔬菜。

（一）危害症状

蚜虫均以成、若蚜群集在寄主嫩叶背、嫩茎和嫩尖上刺吸汁液，豆蚜还可在花和豆荚上吸食汁液。受害叶片上形成斑点，造成叶片卷缩，重时菜苗（株）萎蔫，直至枯死。一些蚜虫，如瓜蚜在吸食汁液的同时，分泌大量蜜露，污染下面叶片，诱发煤污病，影响叶片光合作用。同时蚜虫能传播多种病毒病，造成更大危害。

（二）形态特征

田间最多的是无翅胎生雌蚜，几种蚜虫的形态特征如下。

1. 瓜蚜 体长 1.5～1.9mm，夏季黄绿色，春、秋季墨绿色，体表被薄粉，腹管较短，尾片两侧各有毛 3 根。

2. 桃蚜 体长 2mm，绿色、黄绿色或樱红色，额瘤显著。腹管长，为尾片的 2.3 倍。尾片有曲毛 6～7 根。

3. 萝卜蚜　体长 1.8mm，绿色或黑绿色，被薄粉。表皮粗糙，有菱形网纹。腹管长，且端部缢缩，为尾片的 1.7 倍。尾片有长毛 4～6 根。

4. 甘蓝蚜　体长约 2.5mm，暗绿色，覆有较厚的白蜡粉。无额瘤，腹管短于尾片。

5. 豆蚜　体长 1.8～2.0mm，黑色或紫黑色，带光泽，腹背 1～6 节背面膨大隆起。腹管细长，末端黑色。尾片乳突状，黑色，明显上翘。

（三）发生规律

蚜虫的发生情况极为复杂。

桃蚜、瓜蚜具有季节性的寄主转换习性，属于迁移型蚜虫。在北方冬季主要以卵在越冬寄主上过冬，桃蚜越冬寄主有桃、李、杏等核果类果树，瓜蚜越冬寄主有鼠李、木槿、花椒、石榴、刺儿菜、夏枯草、紫花地丁等，在南方可以终年活动、繁殖。在北方也可在温室蔬菜上越冬或继续危害，翌年早春越冬卵孵化为"干母"，在刚萌芽的越冬寄主上孤雌繁殖 2～3 代"干雌"，然后产生迁移型有翅雌蚜，从越冬寄主迁飞到田间寄主蔬菜上活动危害，并以孤雌胎生方式繁殖 10～20 代。开始田间呈点片发生，以后随气温上升，繁殖加快，并产生有翅蚜向全田扩散蔓延。秋末，产生有翅性母蚜回迁到越冬寄主上产生雌、雄性蚜，交配后产卵越冬。1 年发生 20～30 代。

萝卜蚜、甘蓝蚜、豆蚜无转移寄主的习性，属于留守型蚜虫。秋季分别在十字花科、豆科蔬菜作物和杂草寄主根茎部产卵越冬，也可以成蚜、若蚜随菜株在贮藏窖或温室内等暖和的地方越冬，南方则全年繁殖危害，无越冬现象。翌春越冬卵孵化，在越冬寄主上繁殖数代后产生有翅蚜向周围蔬菜上扩散。国内由北向南 1 年发生 10～20 代。

蚜虫繁殖力很强，早春和晚秋 15～20d 完成 1 代，夏季 4～7d 即可完成 1 代。瓜蚜在适宜条件下，单雌每天可产若蚜 18 头，平均 5.5 头，生殖期约 10d。1 头雌蚜一生可产若蚜 60～70 头，若蚜脱皮 4 次变成成蚜。以孤雌生殖方式繁殖，其后代全为雌性，因此数量的增长速度非常惊人。桃蚜、萝卜蚜、甘蓝蚜、豆蚜也是一样，繁殖很快，极易酿成猖獗发生。远距离的扩散蔓延都是有翅蚜迁飞造成的。

温湿度对蚜虫影响最大，是影响蚜虫数量消长的主要因素。一般 5℃以上越冬卵就开始孵化，12℃以上时开始繁殖，随着温度增高繁殖速度加快，22～26℃是蚜虫活动、繁殖最适宜温度，28℃以上对蚜虫发生和繁殖不利，表现在田园有春、秋两个繁殖危害高峰，尤以 5—7 月虫量最大、危害最为严重。相对湿度超过 75％时，蚜虫繁殖、活动受抑制，干旱气候一般对蚜虫发生有利。雨水对蚜虫有直接冲刷、机械击落作用。有翅蚜对黄色有强烈趋性，对银灰色有负趋性。蚜虫天敌种类多、数量大，对其种群影响极为显著。

（四）防治方法

1. 清洁田园，减少虫源　蔬菜生长期间经常及时铲除田间、地边杂草。蔬菜收获后深翻地，并结合施肥清除杂草，处理残株、落叶，切断蚜虫中间寄主和栖息场所，消灭部分蚜虫。

2. 合理布局，调节播期　易受桃蚜危害的茄果类、十字花科蔬菜地，应与桃等越冬寄主有一定距离间隔。秋季十字花科蔬菜，特别是大白菜适期晚播，使受害期在菜株长大后或避开蚜虫发生高峰，可明显减轻受害程度。

3. 黄板诱杀，银膜驱蚜　在有翅蚜由越冬寄主向菜田迁飞时，可在菜田扦插涂有机油的黄板（高出作物60cm），每亩用30块板，诱杀有翅蚜。或在菜田至少50％地面铺上银灰色反光膜，也可在田间插竿拉挂10cm宽的银灰色反光膜条，驱避蚜虫。上述两种物理防治措施在保护地内应用效果更好。

4. 化学防治　防治菜蚜，一般要求消灭在有翅蚜迁飞之前可用22％氟啶虫胺腈悬浮剂113～187mL/hm²、50％氟啶虫酰胺水分散粒剂225～375g/hm²、40％啶虫脒水分散粒剂75～100g/hm²、25％环氧虫啶可湿性粉剂120～240g/hm²、10％吡虫啉可湿性粉剂120～180g/hm²、20％溴氰·吡虫啉悬浮剂300～450g/hm²、50％吡蚜·螺虫酯水分散粒剂225～300g/hm²兑水喷雾。

三、小菜蛾

小菜蛾［*Plutella xylostella*（L.）］属鳞翅目菜蛾科，又称菜蛾，幼虫俗称小青虫、两头尖、吊丝虫等，全国各地普遍发生，是甘蓝、花椰菜、萝卜、小白菜、油菜等十字花科蔬菜的重要害虫。

小菜蛾的识别
与防治

（一）危害症状

幼虫危害叶片。初孵幼虫往往钻入叶片上下表皮之间取食叶肉，形成细小的隧道。虫龄稍大的幼虫则啃食叶肉，仅留下1层表皮，称之为"开天窗"。3～4龄幼虫转到叶背或心叶危害，将叶片吃成孔洞或缺刻，严重时将叶片吃成网状，失去食用和商品价值。特别是在蔬菜苗期，常集中于菜心危害，吃去生长点，严重时造成毁种重播。小菜蛾也危害种株的嫩茎和嫩荚。

（二）形态特征

1. 成虫　体长6～7mm，翅展12～15mm，体灰褐色，触角丝状。前、后翅狭长而尖，密生长缘毛，前翅中央有黄白色三度曲折的波状带。静止时两翅叠起呈屋脊状，黄白色部分合并成为3个连串的斜方块，前翅缘毛高高翘起呈鸡尾状。

2. 卵　椭圆形，长约0.5mm，浅黄绿色，表面光滑有光泽。

3. 幼虫　老熟幼虫体长10～12mm，头黄褐色，胴部淡绿色，两头尖细，腹部4～5节膨大，呈长纺锤形。

4. 蛹　长5～8mm，绿色至褐色，纺锤形，外被灰白色透明薄茧（图16-1-1）。

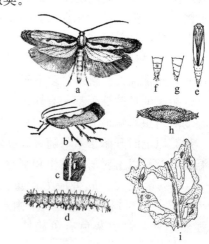

图16-1-1　小菜蛾
a. 成虫　b. 成虫侧面观　c. 卵　d. 幼虫　e. 蛹
f. 蛹末端腹面观　g. 蛹末端侧面观　h. 茧　i. 被害状

（三）发生规律

1年发生代数各地不一，东北为3～4代，华北、西北4～6代，华中、华东9～14代，华南20～22代，多代区世代重叠严重。北方以蛹在向阳处的残株落叶或杂草间越冬，南方各地则可终年发生。越冬蛹翌春4—5月羽化，越冬代成虫寿命长达百天，其他代成虫寿命11～28d。成虫羽化后当天即可交配，1～2d后开始产卵。卵多产在叶背脉间凹陷处，散产或数粒集聚一起，每雌平均产卵200粒左右，卵期3～11d。幼虫共4龄，幼虫期12～27d。幼虫很活泼，遇惊扰即扭动、倒退、翻滚落下，或吐丝下垂。老熟幼虫一般在被害叶片背面或枯叶、叶柄、叶脉及杂草上吐丝做薄茧化蛹。蛹期8～14d。菜蛾抗逆性强，适温范围广，10～40℃均可存活并繁殖，发育适温20～30℃。春季温暖、干燥有利其发生，夏季十字花科蔬菜少天敌多、气温高、暴雨多不利发生，秋后数量又回升，因而在北方5—6月及8—9月出现两个发生高峰，尤以春季危害最重。盛夏时节，因高温多雨和天敌等因素的综合抑制作用，田间虫口密度显著下降。降水量为50mm对小菜蛾生长发育有影响，80mm以上则明显受抑制。十字花科蔬菜栽培面积大，复种指数高，发生重。天敌啮小蜂、绒茧蜂等对小菜蛾发生量有明显的抑制作用。

（四）防治方法

1. 农业防治　合理安排茬口，避免十字花科蔬菜连作。气温较高时，覆盖遮阳网，培养壮苗。蔬菜收获后及时清洁田园。

2. 生物防治　用100亿孢子/g苏云金芽孢杆菌菌粉200～1 000倍液，或用雌性外激素顺-11-十六碳烯乙酸酯或顺-11-十六碳烯乙酸醛诱杀雄蛾。这些药剂具有高效、安全等特点，一般施药后3～5d达到最佳防治效果，持效期一般为10～15d。

3. 化学防治　小菜蛾发生代数多，用药频繁，对有机磷和拟除虫菊酯等多种杀虫剂都有抗药性，应注意药剂的轮换使用。可用15%唑虫酰胺悬浮剂450～750mL/hm²、1%甲维盐微乳剂150～255mL/hm²、25g/L多杀霉素悬浮剂750～1 050mL/hm²、240g/L虫螨腈悬浮剂375～525mL/hm²、22%氰氟虫腙悬浮剂1 050～1 200mL/hm²、12%甲维·虫螨腈悬浮剂600～675mL/hm²、20%甲维·甲虫肼悬浮剂113～187mL/hm²兑水喷雾。

四、跳甲

跳甲在蔬菜上发生的共有4种，即黄曲条跳甲（*Phyllotreta striolata* Fabricius）、黄直条跳甲（*P. undulata*）、黄宽条跳甲（*P. humilis* Weise）、黄狭条跳甲（*P. vittula* Redtenbacher），均属鞘翅目叶甲科。其中黄曲条跳甲为全国性害虫，分布最广，危害最重，黄直条跳甲多分布在南方，黄宽条跳甲、黄狭条跳甲在东北、华北发生普遍。4种跳甲均主要危害十字花科蔬菜，如白菜、萝卜、芥菜、花椰菜、甘蓝等，此外，还可危害茄果类、瓜类、豆类蔬菜。

（一）危害症状

以成虫、幼虫危害。成虫咬食叶片，造成小孔洞、缺刻，严重时只剩叶脉。幼苗受害，子叶被吃后整株死亡，造成缺苗断条。留种株的花蕾、嫩荚、嫩梢有时也受害。幼虫生活在土中，一般只食害菜根，蛀食根皮成弯曲虫道，咬断须根，使菜株叶片萎蔫，重时枯死。成、幼虫造成的伤口常诱致软腐病流行。

（二）形态特征

黄曲条跳甲成虫体长约2mm，长椭圆形，黑色有光泽；两鞘翅中央各有1条黄色纵条斑，两端大，中部狭而弯曲；后足腿节膨大，善跳跃。卵椭圆形，长0.3～0.4mm，初时淡黄色，后变乳白色。老熟幼虫长4mm，长圆筒形，黄白色，头、前胸背板淡褐色，各节有不显著的毛瘤。蛹长约 2mm，椭圆形，乳白色。

其他 3 种跳甲与黄曲条跳甲相似，最主要的区别在于鞘翅上的黄色纵斑形状。黄直条跳甲的黄色纵斑颇狭窄，不及翅宽的 1/3；黄宽条跳甲的黄色纵斑甚阔，占鞘翅大部，仅余黑色边缘；黄狭条跳甲的黄色纵斑狭小，近直形，中央宽度仅为翅宽的 1/3（图 16-1-2）。

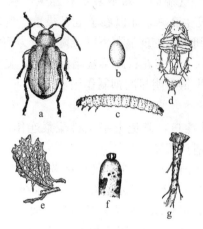

图 16-1-2　黄曲条跳甲
a. 成虫　b. 卵　c. 幼虫　d. 蛹
e. 叶被害状（成虫危害）　f、g. 根被害状（幼虫危害）

（三）发生规律

黄曲条跳甲由北向南 1 年发生 3～8 代，陕西关中每年发生 4～5 代。各地均以成虫在被害残株、落叶、杂草和土缝中越冬，翌春气温达 10℃以上开始取食，20℃时食量大增。成虫善跳跃，高温时还能飞翔，早晚或阴雨天躲藏不动，中午前后活动最盛。有趋光性，对黑光灯敏感，还有趋黄色、绿色的习性。成虫耐饥力弱，对低温抵抗力强，寿命可达 1 年以上。产卵期可延续 1.0～1.5 个月，因此世代重叠，发生不整齐。多于晴天午后产卵，卵散产于菜株周围湿润的土缝中或细根上，也可在植株基部咬 1 个小孔卵产于内。平均每雌虫产卵 200 粒左右，20℃时卵发育历期 4～9d。幼虫孵化后在 3～5cm 的表土层啃食根皮，幼虫共 3 龄，幼虫发育历期 11～16d。老熟幼虫在 3～7cm 深的土中做土室化蛹，蛹期约 20d。黄曲条跳甲喜湿怕干，卵孵化要求 100％相对湿度，全年以秋雨季发生最重，春季次之，夏季减轻，湿度高的菜田重于湿度低的菜田。该虫偏嗜白菜、萝卜、油菜、芥菜等，以叶色乌绿的种类受害最重。十字花科蔬菜连作地发生重，但甘蓝和花椰菜受害轻。

（四）防治方法

1. 农业防治　菜地与非十字花科作物轮作。清除田内枯枝落叶和杂草，减少越冬虫源。

2. 化学防治　成虫开始产卵前可用 25％噻虫嗪水分散粒剂 150～250g/hm²、5％啶虫脒可湿性粉剂 450～600g/hm²、30％氯虫·噻虫嗪悬浮剂 417～499mL/hm² 兑水 750g 喷雾。喷药时由田边向田内围喷，以防成虫逃逸。防治幼虫可用 3％呋

虫胺颗粒剂 $15.0 \sim 22.5 kg/hm^2$、4%噻虫·高氯氟颗粒剂 $12 \sim 15 kg/hm^2$、1%联苯·噻虫胺颗粒剂 $60 \sim 75 kg/hm^2$，拌细土撒施或施于种植穴中后覆土。

》任务实施

一、资源配备

1. 材料与工具 蔬菜猝倒病、立枯病等病害的相关图片资料，小菜蛾、蚜虫、跳甲等当地常发性害虫成虫、幼虫（若虫）盒装标本和浸渍标本。体视显微镜、放大镜、镊子、挑针、蒸馏水、培养皿、载玻片、泡沫塑料板、挂图及多媒体资料等。

2. 教学场所 教室、实验（训）室或大田。

3. 师资配备 每 15 名学生配备 1 位指导教师。

二、操作步骤

（1）结合教师讲解及对蔬菜病害症状的仔细观察，分别描述蔬菜病害症状识别特征。

（2）结合教师讲解及对蔬菜病原形态的仔细观察，分别描述蔬菜病原的形态特征。

（3）结合教师讲解及对蔬菜害虫形态特征的仔细观察，分别描述蔬菜害虫成、幼虫识别特征。

（4）结合教师讲解及对蔬菜害虫危害状的仔细观察，分别描述蔬菜害虫的危害状。

三、技能考核标准

蔬菜苗期植保技术技能考核参考标准见表 16 - 1 - 1。

表 16 - 1 - 1 蔬菜苗期植保技术技能考核参考标准

考核内容	要求与方法	评分标准	标准分值/分	考核方法
职业技能 （100 分）	病虫识别	根据识别病虫的种类多少酌情扣分	10	单人考核，口试评定成绩
	病虫特征介绍	根据描述病虫特征准确程度酌情扣分	10	
	病虫发病规律介绍	根据叙述的完整性及准确度酌情扣分	10	
	病原物识别	根据识别病原物种类多少酌情扣分	10	
	标本采集	根据采集标本种类、数量、质量评分	10	以组为单位考核，根据上交的标本、方案及防治效果等评定成绩
	制订病虫害防治方案	根据方案科学性、准确性酌情扣分	20	
	实施防治	根据方法的科学性及防效酌情扣分	30	

》思 考 题

1. 常见的蔬菜苗期病害有哪些？简述其防治方案。
2. 简述蔬菜蚜虫的发生危害特点，并制订综合防治措施。
3. 根据小菜蛾的主要生活习性，应采取哪些措施进行防治？
4. 黄曲条跳甲什么情况下发生危害严重？应怎样防治？

思考题参考
答案 16-1

任务二　常见蔬菜苗后植保措施及应用

》任务目标

通过对蔬菜苗后病害的症状识别、病原形态观察和对主要害虫危害特点、形态特征识别、田间调查和参与病虫害防治，掌握常见病虫害的识别要点，熟悉病原物形态特征，能识别蔬菜苗后主要病虫害，能进行发生情况调查、分析发生原因，能制订防治方案并实施防治。

蔬菜苗后植保措施主要针对白菜霜霉病、白菜软腐病、茄子褐纹病、番茄灰霉病、辣椒炭疽病、黄瓜霜霉病、黄瓜细菌性角斑病、黄瓜枯萎病、蔬菜根结线虫病、菜粉蝶、夜蛾类、美洲斑潜蝇、温室白粉虱等病虫害的防治。

》相关知识

一、白菜霜霉病

霜霉病是蔬菜最重要的一类病害，在瓜类、葱类、莴苣、菠菜以及白菜、甘蓝、萝卜等十字花科蔬菜上普遍发生，其中黄瓜霜霉病、大白菜霜霉病、菠菜霜霉病、莴苣霜霉病、葱霜霉病都是这些蔬菜危害最重的病害。

（一）危害症状

白菜霜霉菌的危害症状见图 16-2-1。一般以成株期发病为主，症状最明显。主要危害叶片，葱类还能危害花梗，十字花科采种株还能危害花薹、种荚等。发病初期，在叶片上出现水渍状浅绿色斑点，迅速扩展，因受叶脉限制而呈多角形水渍状大斑，葱和菠菜的病斑常为椭圆形或不规则形，随后病斑变成黄褐色或淡褐色。湿度大时，病斑背面出现霜状霉层，霉层颜色黄瓜上为紫黑色，大白菜、莴苣上为白色，菠菜上为灰紫色，葱上为灰白色。病重时，叶片布满病斑或病斑相互连片，致使病叶干枯、卷缩，最后病叶枯黄而死。葱类花梗发病，多从病部弯折；大白菜等十字花科采种株发病，花薹肿胀、扭曲、畸形，俗称

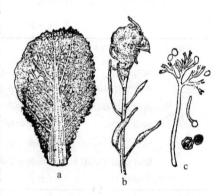

图 16-2-1　白菜霜霉病
a. 叶片症状　b. 种株症状　c. 病原菌

"老龙头"；菠菜、葱经常有病菌系统侵染发生，造成病株矮缩，叶片畸形、扭曲，表面上长满霜霉状霉层。

（二）病原

病原为真菌界卵菌门霜霉目的寄生霜霉 [*Peronospora parasitica* (Pers.) Fr.]。菌丝体无隔，无色，蔓延于寄主细胞间隙，以吸胞伸入寄主细胞内吸取养分。无性态在菌丝

上产生孢子囊梗，从气孔伸出，状如树枝，具有6～8次二叉状分枝。孢子囊无色，单胞，长圆形至卵圆形。有性态产生卵孢子，卵孢子黄色至黄褐色，近球形，壁厚，表面光滑或有皱纹，卵孢子萌发直接产生芽管。

（三）发病规律

白菜霜霉病主要发生在春秋两季。在北方，一般以卵孢子随病残体在土壤中越夏、越冬，或以卵孢子和休眠菌丝在萝卜和芜菁的块根里越夏、越冬。在不良的环境下，卵孢子在土壤中可存活12年，只要条件适宜，经2个月的短期休眠就可萌发。春季侵染油菜、小白菜、萝卜等，在其发病的中后期，病组织中可形成大量的卵孢子，这些卵孢子在当年秋季可侵染秋季大白菜，因此，卵孢子是北方地区春秋两季十字花科蔬菜大面积发病的初侵染源。

卵孢子萌发出的芽管，从寄主气孔或表皮直接侵入，菌丝在细胞间隙扩展，引起寄主组织病变。以后产生孢子囊梗及孢子囊，从气孔伸出，形成霜状霉层。在苗期，卵孢子从幼茎侵入后，菌丝可向上扩展达到子叶及第一对真叶内引起发病，但不能到达第二对真叶，形成有限系统侵染。

在田间，孢子囊由气流和雨水传播，在1个生长季节可进行多次侵染，使病害扩展蔓延。通常霜霉病的发生3个阶段：①始发期。从出苗至5片真叶前，田间出现少数病苗，以此形成发病中心，向四周蔓延。②普发期。始发期后约10d，在幼苗9～10片真叶期，病株率迅速上升，病害普遍发生，但病情不重。③流行期。普发期后，病情迅速加重，随即进入流行期。

（四）防治方法

应以加强栽培管理和消灭初侵染源为主，合理利用抗病品种，加强预测预报，配合药剂防治等综合措施进行防治。

1. 农业防治

（1）选用抗病品种。由于抗花叶病品种也抗霜霉病，各地可因地制宜选用。

（2）加强栽培管理。选用无病株留种。播种前用10％盐水选种，清除瘪粒病籽。合理轮作，实行2年以上轮作，水旱轮作效果更好。适期播种，秋白菜适期晚播，使包心期避开多雨季节，同时注意合理密植。加强栽培管理，精细整地，高垄栽培，及时排除积水，降低田间湿度，结合间苗剔除病残体。增施磷、钾肥，适期追肥，增强植株抗病力。采收后清除病残体，深翻压埋病菌。

2. 化学防治　用25％甲霜灵可湿性粉剂或50％福美双可湿性粉剂按种子质量的0.3％拌种消毒；田间发病药剂可选用40％三乙膦酸铝可湿性粉剂200～300倍液、70％乙铝·锰锌可湿性粉剂500倍液、70％百菌清可湿性粉剂600倍液或72％霜脲·锰锌可湿性粉剂800～1 000倍液，每5～7d喷1次。

二、白菜软腐病

白菜软腐病又称水烂、烂疙瘩，全国各地都有发生，为白菜和甘蓝包心后期的主要病害之一。北方地区个别年份可造成大白菜减产50％以上，甚至绝收。而且在运输、销售、贮藏过程中，均可发生腐烂，损失极大。除危害十字花科蔬菜外，还可危害马铃薯、番茄、莴苣、黄瓜、胡萝卜等蔬菜，引起不同程度的损失。

（一）危害症状

白菜软腐病发生部位多从伤口处开始，初期呈浸润状半透明，以后病部扩大而发展成明显的水渍状，表皮下陷，上面有污白色细菌溢脓。病部内部组织除维管束外，全部腐烂呈黏滑软腐状，并发出恶臭。这种恶臭是软腐细菌分解细胞组织后，再次侵入的其他腐败细菌分解蛋白胨产生吲哚类的物质所致（图 16-2-2）。

图 16-2-2 白菜软腐病
a. 病株 b. 病组织内的病原细菌 c. 病原细菌放大
（肖启明，2002. 植物保护技术）

白菜多在包心后开始表现症状。初期植株外围叶片萎蔫，早晚能恢复，随着病情加重，萎蔫不再恢复。重病株结球小，叶柄基部和根茎处心髓组织完全腐烂，充满灰黄色黏稠物，臭气四溢，病株一踢即倒，一拎即起。有的从外叶边缘或心叶顶端向下扩展，或从叶片虫伤处向四周蔓延，最后造成整个菜头腐烂。腐烂病叶在晴暖干燥环境下失水变成透明薄纸状。

（二）病原

白菜软腐病由胡萝卜欧文氏菌属胡萝卜亚种〔*Erwinia carotovora* subsp. *carotovora* (Jones) Bergey et al.〕侵染引起。菌体为短杆状，周生鞭毛 2～8 根，无荚膜，不产生芽孢，革兰氏染色阴性。培养基上菌落为灰色，圆形或不定形，稍带荧光性，边缘明晰。

生理生长的温度范围为 9～40℃，以 25～30℃为最适。对氧气要求不严格，因而在缺氧情况下也能生长发育。在 pH 5.3～9.3 都能生长，但以 pH 7.2 为最适。要求高湿度，不耐干旱和日晒，致死温度为 50℃（10min）。在培养基上，其致病力可以经久不变，在土壤中未腐烂寄主组织中可以存活较长时间，但当寄主腐烂后，一般只能存活 2 周左右。

（三）发病规律

白菜软腐病的
侵染循环

在北方，病菌主要在带病采种株和病残体中越冬。田间发病的植株，春季栽于田间的带病采种株，土壤、粪肥以及贮窖周围的病残体上均带有大量病菌，为重要的初侵染来源。春季病菌经雨水、灌溉水、施肥和昆虫等传播，从自然裂口或伤口侵入寄主。此外土壤中残留的病菌还可从幼芽和整个生育期的根毛区侵入，通过维管束向地上部运转；或潜伏在维管束中，成为生长后期和贮藏期腐烂的主要菌源。由于病菌寄主范围广，经潜伏侵染后，从春到秋在田间辗转危害，引起生育期和贮藏期发病。

（四）防治方法

1. 农业防治　加强栽培管理，精细翻耕整地，促进病残体腐解。选择高岗地或采用高垄栽培，播前覆盖地膜，可减少病菌侵染。秋白菜适当晚播，使包心期避开传病昆虫的高峰期。施足底肥，肥料充分腐熟，及时追肥，促进菜苗健壮。避免大水漫灌，雨后及时排水。发现病株立即拔出深埋，且病穴应撒石灰消毒，防止病害蔓延。及时防治地下害虫和甘蓝蝇、黄曲条跳甲、菜青虫、小菜蛾、蟋蟀等害虫，减少虫咬伤口，可减轻病害发生。

白菜软腐病的
诊断与防治

2. 化学防治　大白菜包心前可选用 100 亿芽孢/g 枯草芽孢杆菌可湿性粉剂 900～1 050g/hm²、20％噻菌铜悬浮剂 1 125～1 500g/hm²、50％氯溴异氰尿酸可溶性粉剂 750～900g/hm²、5％大蒜素微乳剂 900～1 200g/hm²、30％噻森铜悬浮剂 1 500～2 025g/hm²、2％春雷霉素可湿性粉剂 1 500～2 250g/hm² 兑水喷雾，喷药 2～3 次，间隔 7～10d。

三、番茄灰霉病

番茄灰霉病是保护地蔬菜的重要病害，茄科蔬菜以番茄、辣椒和茄子受害最重，我国在 20 世纪 70 年代后期灰霉病发展迅速，危害严重，造成早春大量烂果，一般减产 20％～30％，危害严重的可达 50％左右。

（一）危害症状

番茄叶、茎、花、果实均可受害，但以果实受害最重。叶片发病，多从叶缘呈 V 形向内扩展，初水渍状，浅褐色，边缘不规则，具深浅相间轮纹，后病部产生灰霉，致叶片枯死。果实发病，青果受害最重，造成大量烂果。病菌多先从残留的柱头或花瓣侵染，后向果面或果柄扩展，呈灰白色腐烂，病部长出大量灰绿色霉层，果实失水后僵化。茎部发病，开始亦呈水渍状小点，后扩展为长椭圆形或长条形斑，湿度大时病斑上长出灰褐色霉层，严重时引起病部以上枯死。

（二）病原

病原为灰葡萄孢（*Botrytis cinerea* Pers. ex Fr.），属半知菌类。灰色霉层即病菌分生孢子梗及分生孢子。分生孢子梗丛生、单枝或树枝状分枝，灰色，后转灰褐色，顶端膨大呈头柱状，上生小突起，其上产生大量分生孢子（图 16-2-3）。分生孢子圆形或椭圆形，单胞，无色或淡色。

（三）发病规律

病菌以菌核在土壤里越冬，或以菌丝及分生孢子在病株残体上、地表及土壤内越冬，成为翌年初侵染源。病株上产生的分生孢子，借雨水、灌溉水或气流传播，由伤口、花器或枯死组织侵入，进行再次侵染而使病害扩展蔓延。

图 16-2-3　番茄灰霉病菌
a. 分生孢子　b. 分生孢子梗

冬春保护地低温高湿是灰霉病发生流行的主要因素，尤其湿度是流行的主导因素。病菌发育适温为 16～20℃，相对湿度为 95％以上。倒春寒易发病。第一果穗最易感病，且大多发生在果柄、果蒂、果缝处，重茬地、苗床密度大、光照不足、用药不当均有利于发病。

（四）防治方法

根据灰霉病的发病部位、病菌侵染特点，应采取以加强栽培管理为主、药剂防治为辅的综合防治措施。

1. 农业防治 培育无病壮苗，晴天上午晚放风，使棚温迅速升高至 31～33℃，超过 33℃再开始放顶风，31℃以上高温可降低病菌孢子萌发速度，推迟产孢，降低产孢量。当棚温降至 25℃以上，中午继续放风，使下午棚温保持 20～25℃；棚温降至 20℃关闭通风口以减缓夜间棚温下降，夜间棚温维持在 15～17℃。阴天中午也要打开通风口换气。

2. 化学防治 严格掌握防治适期，发病初期开始喷药。可选用 50％异菌脲可湿性粉剂 750～1 500g/hm²、50％腐霉利可湿性粉剂 750～1 500g/hm²、30％咯菌腈悬浮剂 135～180mL/hm²、50％啶酰菌胺水分散粒剂 600～750g/hm²、40％嘧霉胺悬浮剂 930～1 410mL/hm²、0.3％丁子香酚可溶液剂 1350～1 800g/hm² 兑水喷雾，隔 7～10d 喷 1 次，连喷 3～4 次。保护地可用 10％腐霉利烟剂 3 000～4 500g/hm²、15％腐霉·百菌清烟剂 3 000～4 500g/hm² 等，傍晚密闭棚室，熏烟 4h 以上。由于灰霉病易产生抗药性，应尽量减少用药量和施药次数，轮换和交替用药，以提高防治效果，延缓抗药性产生的速度。

四、黄瓜霜霉病

黄瓜霜霉病是一种世界性病害。我国各地都有发生，露地和保护地栽培的黄瓜常因此病危害而遭受很大损失。在适宜的发病条件下，流行速度快，1～2 周即可使叶片枯死，减产高达 30％～50％，有的地块因此病危害只采 1～2 次瓜后就提早拉秧，菜农称之为"跑马干"。

（一）危害症状

主要危害子叶。子叶被害初呈褪绿色黄斑，扩大后变黄褐色。真叶染病，叶缘或叶背面出现水渍状病斑，病斑逐渐扩大，受叶脉限制，呈多角形淡褐色或黄褐色斑块，湿度大时叶背面或叶面长出灰黑色霉层。后期病斑连片，致叶缘卷缩干枯，严重的田块一片枯黄（图 16-2-4）。

图 16-2-4 黄瓜霜霉病
a. 病叶　b. 孢子囊梗及孢子囊

（二）病原

病原为古巴假霜霉菌［*Pseudoperonospora cubensis* (Berk. et Curt.) Rostow.］，属鞭毛菌亚门假霜霉菌属，是一种专性寄生菌。孢囊梗从气孔伸出，单生或 2～5 根丛生，锐角状分枝 3～5 次，末端小梗直或稍弯曲。孢子囊卵形或椭圆形，有乳头状突起，淡褐色或紫褐色，在水中可产生 6～8 个游动孢子。游动孢子椭圆形，侧生两根鞭毛，在水中游动片刻后鞭毛收缩，变成圆形的休止孢子。休止孢子萌发产生芽管，侵入寄主。

（三）发病规律

我国北方地区，冬季霜霉病菌在温室、塑料大棚的黄瓜上越冬，病部产生的孢子囊借气流传播到阳畦和露地黄瓜上，依次引起夏黄瓜、秋黄瓜发病，最后又在棚室黄瓜上越冬。只要条件适宜，各茬黄瓜上可多次发生再侵染。田间孢子囊借气流和雨水传播，从寄主的气孔或表皮侵入。冬季严寒的东北北部，每年初侵染的菌源，一般认为是孢子囊随季风由外地传入的。

黄瓜霜霉病的流行要求多雨、多露、多雾、昼夜温差大及阴雨大与晴天交替的气象条件，适宜病害流行的气温为 20～24℃。当气温 16℃ 以上，如遇降雨，空气湿度大，田间便可出现发病中心。此后若雨日多，晴雨交替，相对湿度 80% 以上，病害就会流行。一般山东、河南 5 月上旬开始发生，5 月中、下旬至 6 月上旬为发病盛期；辽宁的发病盛期在 6 月下旬至 7 月上旬；黑龙江于 7 月上、中旬流行。此外，地势低洼、栽植过密、浇水过多也会加重病害。棚室黄瓜若管理不善，造成高湿的小气候，昼夜温差大，叶片上长时间保持水滴和露珠时，就会导致病害的严重发生，尤其是遇连阴天光照不足时病害更重。品种间抗病性也有差异。

（四）防治方法

1. 农业防治

（1）选用抗病品种。各地可根据当地条件选种抗病品种，如博新 3-6、博新 3-9、沃林 3 号、沃林 6 号、沃林 18、津优 35、津优 36、德瑞特 16A、德瑞特 16B、京研 107、冬冠等。

黄瓜霜霉病的诊断与防治

（2）加强栽培管理。选择地势较高、排水良好的地块建棚或栽植黄瓜，栽前施足基肥。适当控制浇水次数，加强中耕，露地黄瓜注意雨后排水。棚室黄瓜要选用无滴膜，生长期控制浇水次数，适当放风通气，降低棚内相对湿度至 90% 以下，使叶面无结露现象。发病初期，还可进行高温闷棚灭菌。具体方法是：选择晴天的中午，闷棚前先灌足底水，使土壤湿润，以增强高温下黄瓜生长的适应性。在黄瓜生长点附近，安放温度计，以检查温度的上升限度。闷棚的温度掌握在 45～47℃，持续 0.5～1.5h，黄瓜生长点部位的温度不能超过 47℃，否则会造成烧伤。若闷棚过程中出现温度过高的现象，应及时轻度通风降温。闷棚结束时，逐渐揭膜通风降温，切忌温度大起大落，闷棚后 2d 内及时追施适量速效肥。每隔 10～15d 闷棚 1 次，共进行 2～3 次。

2. 化学防治　黄瓜霜霉病流行性强，蔓延迅速，必须在病害发生前或中心病株刚出现时开始喷药，间隔 7～10d 喷 1 次。药剂可选用 25% 嘧菌酯悬浮剂 480～720mL/hm²、10% 氰霜唑悬浮剂 480～600mL/hm²、50% 吡唑醚菌酯水分散粒剂 375～450g/hm²、40% 烯酰吗啉悬浮剂 600～750mL/hm²、58% 甲霜·锰锌可湿性粉剂 1 500～1 800g/hm² 兑水喷雾。大棚、温室在结瓜后发病初期，用 45% 百菌清烟剂 3.75kg/hm² 分放 6～7 处，用暗火点燃熏 1 夜，翌晨通风，间隔 7d 再用药 1 次；或于傍晚用 5% 百菌清粉剂 15kg/hm² 喷粉，间隔 9～11d 再用药 1 次。喷雾应均匀周到，并特别注意喷叶背面。喷粉时施药人员要戴口罩和风镜，并由里向外喷施。

五、黄瓜细菌性角斑病

（一）危害症状

主要危害叶片，产生病斑，偶尔也能危害果实。

黄瓜细菌性角斑病叶片上病斑初为油渍状褪绿斑点，扩展后呈角状，黄褐色，病斑边缘往往有油渍状晕区。湿度大时，病斑背面溢出乳白色菌脓，干后菌脓呈1层白色膜或白色粉末。后期病斑干枯，质脆，易穿孔或从病健交界处开裂。

（二）病原

病原为假单胞菌属丁香假单胞杆菌黄瓜角斑病致病变种［*Pseudomonas syringae* pv. *Lachrymans* (Smith et Bryan) Young，Dye & Wilkie］。菌体短杆状，链生，有1～5根极生鞭毛，革兰氏染色反应阴性。

（三）发病规律

病菌主要随种子和病残体在土壤中越冬，黄瓜、菜豆种子既可种子表面带菌也可种子内部带菌。越冬菌在温湿度条件适宜时，开始侵染危害，一般由气孔、水孔、伤口侵入。田间菜株发病后病部产生的细菌借风雨、灌溉水、昆虫传播，农事操作也可传播，远距离传播则通过带菌种子调运而实现。病害侵染发病较快，在条件适宜时潜育期仅3～5d，再侵染频繁，易于造成流行。

黄瓜细菌性角斑病发病适温为24～25℃，温度要求虽有差异，但都要求85％以上的高相对湿度。多雨、大雾、重露是诱发病害的决定因素，尤其是暴风雨不仅利于病菌传播，而且使叶片相互摩擦造成大量的伤口，增加细菌侵入概率。地势低洼，管理不善，肥料缺乏，植株衰弱，或偏施氮肥，植株徒长，发病均重。

（四）防治方法

1. 农业防治

（1）种子处理。应从无病地或无病株留种。一般种子最好进行温汤浸种，黄瓜种子可用50℃温水浸种20min。

（2）无病土育苗。重病地与非寄主蔬菜进行2～3年轮作。适时播种、定植。定植后注意松土、追肥，促进根系发育。及时中耕除草、绑架。雨后排水，防治害虫。

（3）清洁田园。生长期间初见病株，及时摘除病叶、病果，深埋处理。收获后彻底清除病株残体，随后深翻土壤。

2. 化学防治　发病初期及时进行药剂防治，可用50％甲霜·铜可湿性粉剂600倍液、77％氢氧化铜可湿性微粒粉剂400倍液、14％络氨铜水剂300倍液、60％琥铜·乙膦铝可湿性粉剂500倍液、50％琥胶肥酸铜可湿性粉剂500倍液、1∶1∶200波尔多液喷雾防治。

六、黄瓜枯萎病

（一）危害症状

黄瓜枯萎病一般多在植株开花结果后陆续发病。初时中午可见病株中下部叶片似缺水状萎蔫，早晚可恢复正常，翌日中午再次萎蔫，并且萎蔫叶片不断增多，逐渐遍及全株叶片。叶片萎蔫、恢复，如此反复，少则2～3d，多则5～7d，萎蔫叶片便不能恢复。此时，在植株茎蔓基部临近地面处变为褐色、水渍状，随之病部表面生出白色和略带粉红色霉状物，有时病部还能溢出少许琥珀色胶质物。最后病部干缩，表皮纵裂如麻，整个植株枯萎而死。番茄等茄果类枯萎病和菜豆枯萎病与之相似，只是茎部稍见湿渍状，上面有少许淡粉红色霉或无特殊表现，但纵剖枯萎病病株，均可见植株维管束变褐色至暗褐色（图 16 - 2 - 5）。

图 16 - 2 - 5　黄瓜枯萎病
a. 病株　b. 病茎部及病根　c. 大型和小型分生孢子

（二）病原

病原为真菌界半知菌类瘤座孢目镰刀菌属的尖孢镰刀菌（*Fusarium oxysporum* Schlecht.）。病菌区分为许多专化型，黄瓜、番茄、菜豆枯萎病菌分别为不同专化型。病菌可产生大小两种分生孢子。大分生孢子镰刀形或梭形，顶胞圆锥形，底胞有足胞，无色，具 1～5 个隔膜（多数 3～4 个隔膜）。小分生孢子椭圆形或卵形，无色，单胞。菌丝中段或顶部细胞能形成厚垣孢子。老熟菌丝可聚成拟菌核。

（三）发病规律

枯萎病菌主要以菌丝、厚垣孢子和菌核在土壤及肥料中越冬，病菌在土壤中可存活 5～6 年，厚垣孢子和菌核还可通过牲畜排出的粪便传播，另外，种子也可少量带菌。病菌由寄主根部的伤口或根毛顶端的细胞间侵入，而后进入维管束，在导管内发育，能阻塞导管，影响水分运输，引起植株萎蔫。病菌还能分泌毒素，使寄主中毒死亡。

枯萎病属土传病害，其发病程度取决于当年土壤中的菌量。连作是发病的重要因素，连作年限越长病害越重。一般新病区从零星发生到普遍发病只需 5～6 年。地势低洼、土壤黏重、排水不良的地块对瓜类根系发育不利，病害也较重。浇水次数过多，水量过大，对发病有利。土壤温度在 24～28℃时最适合病菌的侵染，病害潜育期随温度升高而缩短。酸性土壤不适合瓜类生长，但对病菌活动有利，因而发病重。瓜类不同品种对枯萎病的抗性有差异，但高抗品种不多。据报道，黄守瓜幼虫食害瓜根造成的伤口可使病菌趁机而入，也会加重黄瓜枯萎病的发生。

（四）防治方法

1. 农业防治

（1）嫁接防病。用南瓜作砧木嫁接黄瓜，有明显的防病增产效果。

（2）加强栽培管理。实行 3 年以上轮作。选用优质种子，播前用 55℃温水浸种 10min，然后催芽注意地面平整，带土移栽，增施磷、钾肥，控制浇水次数。

2. 化学防治　发病初期，用 7.5% 混合氨基酸铜水剂 200～400 倍液、4% 春雷霉素可湿性粉剂 100～200 倍液、3% 甲霜·噁霉灵水剂 500～600 倍液、68% 噁霉·福美双可湿性粉剂 800～1 000 倍液等灌根，每株用药液 250～500mL，每隔 7d 灌 1 次，连续 3～4 次。

也可按每平方米苗床用 50%多菌灵可湿性粉剂 8g 处理畦面或用 50%多菌灵可湿性粉剂 60kg/hm² 混入细土拌匀后施于定植穴内。种子处理可用 2.5%咯菌腈悬浮种衣剂 4～8mL/kg 进行种子包衣。

七、辣椒炭疽病

(一)危害症状

炭疽病苗期、成株期均可受害,成株期叶片、茎、果实都可发病。辣椒发病,多在老叶上产生大小不等的近圆形或不规则形、中间灰褐色边缘深褐色的病斑,其上轮生小黑点。果实以近成熟时易发病,初时产生水渍状褐色斑点,扩展后呈大小不等的圆形或不规则形、黑褐色、稍凹陷的病斑,病斑上有稍隆起的同心轮纹,其上轮生许多稍大的小黑点,湿度大时病斑表面溢出红色黏质物。被害果内部组织半软腐,易干缩,致病部呈羊皮纸状。

(二)病原

病原为真菌界半知菌类黑盘孢目炭疽菌属的胶孢炭疽菌 [*Colletotrichum gloeosporioides*(Penz.)Sacc.]。病菌分生孢子盘黑色,初埋生于寄主表皮下,后期露出。分生孢子盘上密生排列分生孢子梗,其中散生一些刚毛,刚毛刚直,黑色。分生孢子梗短小,直立,其顶生分生孢子。分生孢子单胞,无色,不同种炭疽菌分生孢子形状不同,如瓜炭疽菌为长圆形,辣椒炭疽菌为长椭圆形,菜豆炭疽菌为卵形至圆柱形,大小也有差异。

(三)发病规律

病菌主要以分生孢子附着在种子表面,或以菌丝体潜伏在种皮内越冬,也能以分生孢子盘和菌丝体随病残体在土壤中越冬,成为翌年病害的初侵染来源。翌年越冬菌源在适宜条件下产生分生孢子,或越冬的分生孢子借气流、雨水等传播进行初侵染。发病后病斑上产生新的分生孢子,不断反复侵染传播。分生孢子多从伤口侵入,也可从寄主表皮直接侵入,潜育期一般为 3～5d。此病的发生与温湿度关系密切,一般温暖多雨有利于病害发生。菜地潮湿、通风差、排水不良、种植密度过大、施肥不足或施氮肥过多,或因落叶而造成的果实日灼等均易加重病害的发生。此外,品种间抗病性也有差异。

(四)防治方法

1. 农业防治

(1)选用抗病品种。各地可根据具体情况选用抗病品种,一般辣味强烈的品种较抗病。

(2)选用无病种子及种子消毒。建立无病留种田或从无病果留种。若种子带菌,播前用 55℃温汤浸种 30min 消毒处理,取出后用凉水冷却,催芽播种;也可用冷水浸种 10～12h,再用 1%硫酸铜溶液浸 5min,捞出后用少量草木灰或生石灰中和酸性,即可播种。

(3)轮作和加强栽培管理。发病严重的地块应与茄科和豆科蔬菜实行 2～3 年轮作。应在施足有机肥的基础上配施氮、磷、钾肥。避免栽植过密和在地势低洼地种植。采用营养钵育苗,培育适龄壮苗。预防果实日灼。清除田间病残体,减少病菌侵染源等措施都可减轻发病。

2. 化学防治　发病初期或果实着色时开始喷药，可选用50％咪鲜胺锰盐可湿性粉剂555～1 110g/hm²、80％代森锰锌可湿性粉剂2 250～3 150g/hm²、22.5％啶氧菌酯悬浮剂420～495mL/hm²、25％嘧菌酯悬浮剂480～720mL/hm²、30％肟菌酯悬浮剂375～562mL/hm²、30％唑醚•戊唑醇悬浮剂900～1 050mL/hm²等兑水喷雾，隔7～10d喷1次，连喷2～3次。

八、茄子褐纹病

褐纹病寄主范围较小，生产中发生普遍、危害严重的是茄子褐纹病。

（一）危害症状

苗期、成株期均可发病。苗期发病，形成猝倒、立枯和"悬棒槌"等症状。成株期，叶片、茎秆、果实都可发病。果实发病，初时在果实上生成圆形或近圆形褐色小斑点，扩展后成稍凹陷的褐色湿腐型大病斑，病斑有时可扩至半个或整个果实，并在病部轮生稍大的小黑点，最后病果腐烂落地或成僵果悬留在枝头。叶片发病，初生水渍状圆形小斑点，扩展后形成大小不等的圆形或不规则形病斑，病斑边缘褐色或深褐色，中央灰白色，上面生细微的小黑点，病斑组织变薄变脆，易破裂并脱落成穿孔。茎秆枝条发病，病斑梭形或长椭圆形，边缘紫褐色，中央灰白色，稍凹陷，形成干腐状溃疡斑，上面散生许多小黑点，后期病部皮层脱离而露出木质部，易由此折断（图16-2-6）。

图16-2-6　茄子褐纹病
a. 病茎　b. 病叶　c. 病果　d. 分生孢子器
e. 椭圆形分生孢子　f. 钩形分生孢子

（二）病原

病原为真菌界半知菌类球壳孢目拟茎点菌属的茄褐纹拟茎点霉 [*Phomopsis vexans* (Sacc. et Syd.) Harter]。病菌分生孢子器埋生于寄主表皮下，成熟后外露，扁球形，壁厚而黑，大小为60～35um，因环境条件及寄主部位不同而异。分生孢子单胞，无色，有椭圆形、钩形两种状态。一般叶部孢子器内孢子椭圆形，茎、果部孢子器内孢子钩形，有时也常有一孢子器内两种孢子同时混生的情况。

（三）发病规律

病菌能以菌丝体和分生孢子器随病残体在土表越冬，也可以菌丝体潜伏在种皮内或分生孢子黏附在种子表面越冬。病残体上的病菌可存活 3 年，种子上病菌可存活 2 年。种子带菌引起幼苗发病，土壤中病菌引起茄株茎基部溃疡，它们产生出分生孢子成为田间叶片、茎秆、果实发病的再侵染菌源。病部再产生分生孢子借风、雨、昆虫及农事操作传播。分生孢子萌发产生芽管从伤口或直接穿透表皮侵入，潜育期 7～10d。

病菌在 7～40℃均能生长发育，最适温度 28～30℃，要求 80％以上相对湿度。7—8 月高温季节，遇多雨或潮湿气候病害就易流行。因此，降雨早晚和多少，是褐纹病能否发生和流行的决定性因素。

（四）防治方法

1. 农业防治

（1）选用抗病品种。一般长茄较圆茄抗病，白皮茄、绿皮茄比紫皮茄抗病。

（2）选用无病种子和种子处理。从无病田或无病株上采种，如种子带菌应进行消毒处理。可用 55℃温水浸种 15min 或 50℃温水浸种 30min，取出后立即用凉水冷却，随后进行催芽、播种。

（3）实行轮作。应避免与茄科作物连作，南方地区实行 3 年以上轮作，北方地区实行 4～5 年轮作。

（4）加强栽培管理。旧苗床土壤用甲醛、福美双、多菌灵等药剂处理，新床要选用无病净土。施足底肥，宽行密植，提早定植。实行地膜覆盖栽培或行间盖草。植株结果后立即追肥，并结合中耕培土。茄子生育后期，采取小水勤灌，以满足茄子结果对水分的需要。雨后及时排水。

2. 化学防治　幼苗期或发病初期，可喷施 70％代森锰锌可湿性粉剂 500 倍液、50％克菌丹可湿性粉剂 800 倍液等，定植后在植株基部地面上撒施草木灰或熟石灰粉，以减轻茎基部侵染。成株期、结果期应根据病势发展情况，每隔 7～10d 喷 1 次，连喷 3～4 次，可选用 10％氟硅唑水乳剂 600～750g/hm^2、10％苯醚甲环唑水分散粒剂 750～1 245g/hm^2 等兑水喷雾。

九、蔬菜根结线虫病

根结线虫可危害几十种蔬菜，尤其在黄瓜、番茄、茄子、胡萝卜等蔬菜上是一个毁灭性病害。根结线虫病目前在局部地区发生，并处于日益发展加重趋势，值得注意。

（一）危害症状

发病轻微时，蔬菜植株仅有些叶片发黄，中午或天热时叶片略显萎蔫。发病较重时，蔬菜植株矮化，瘦弱，长势差，叶片黄萎。发病重时，蔬菜植株提早枯死。症状表现最明显的是蔬菜植株的根部。把菜株连根挖出，在水中涮去泥土后可见主根朽弱，侧根和须根增多，并在侧根和须根上形成许多根结，俗称"瘤子"。根结大小不一，形状不正，初时白色，后变淡灰褐色，表面有时龟裂。较大根结上一般又可长出许多纤弱的新根，其上再形成许多小根结，致使整个根系成为一个"须根团"。剖视较大根结，可见病部组织里埋生许多鸭梨形的极小的乳白色虫体。

（二）病原

病原为根结线虫属线虫，主要种类为南方根结线虫（*Meloidogyne incognita* Chitwood）和爪哇根结线虫 [*M. javanica*（Treub）]。病原线虫幼虫线状，雄成虫线状，雌成虫鸭梨形。虫体无色透明或稍具乳白色。雌虫卵产在阴门分泌胶质所形成的卵囊（袋）内，每头雌虫可产卵 300～800 粒。成熟雌虫埋生在病部（根结）组织内部，不再移动。

（三）发病规律

病原线虫常以卵或 2 龄幼虫随病残体在土壤中越冬。翌春环境条件适宜时，越冬卵孵化出幼虫或越冬幼虫继续发育。传播途径主要是病土和灌溉水，病苗和人、畜、农具等也可携带传播。线虫借自身蠕动在土粒间可移行 30～50cm 短距离。2 龄幼虫为侵染幼虫，接触寄主根后多由根尖部分侵入，定居在根生长锥内。线虫在病部组织内取食、生长发育，并能分泌吲哚乙酸等生长素刺激虫体附近细胞，使之形成巨型细胞，致使根系病部产生根结。幼虫在根结内发育为成虫，并且雌、雄虫开始交尾产卵。在 1 个生长季里根结线虫可繁殖 1 代，繁殖数量很大。一旦根结线虫传（带）入，很快就会大量繁殖，积累起来造成严重危害。

根结线虫多分布在 20cm 深土层内，以 3～10cm 土层范围内数量最多。土温 20～30℃，土壤相对湿度 40%～70%，适合线虫繁殖。土温超过 40℃大量死亡，致死温度 55℃（10min）。一般土质疏松、湿度适宜（不过干、不过湿）、盐分低的地块适于线虫存活。重茬地病重，一旦进入保护地往往重于露地。

（四）防治方法

1. 农业防治

（1）合理轮作。最好与禾本科作物实行 2～3 年的轮作，水旱轮作效果也较好。

（2）清洁田园，培育无病壮苗。清除病根，集中销毁，以降低田间线虫密度。选择无病地块或无病土做苗床，培育无病壮苗供移栽。

2. 物理防治

（1）水淹法。对 5～30cm 土层进行淤灌数月，可抑制线虫的侵染和繁殖。保护地拉秧后，挖沟起垄，加入生石灰灌水，覆地膜并闭棚，利用高温缺氧杀死线虫。

（2）暴晒法。盛夏高温季节，每隔 10d 左右深耕翻土，共两次，深度达 25cm 以上，利用高温和干燥杀死土表的线虫。

（3）蒸汽消毒。保护地有条件时可进行休闲期蒸汽消毒，事先于土壤中埋好蒸汽管，地面覆盖厚塑料布，通过打压送入热蒸汽，使 25cm 土层温度升至 60℃以上，并维持 0.5h，可大大降低虫口密度。

3. 化学防治

（1）定植前消毒。苗床土或棚室土壤定植前化学消毒，可用 30%滴·滴混剂 600kg/hm²，在播前 3 周开沟施药后覆土压实，熏蒸杀线虫；也可用 98%棉隆微粒剂 90kg/hm² 拌入 900kg 细干土，开 25cm 深的沟施药，然后覆土压实，土温为 15～20℃时，封闭 10～15d 后再播种栽苗。

（2）定植时消毒。可用 0.5%阿维菌素颗粒剂 30～45kg/hm²、10%噻唑膦颗粒剂 15～30kg/hm²、10%阿维·噻唑膦颗粒剂 2.25～3.00kg/hm² 等穴施或沟施。

（3）药剂灌根。成株期发病可选 5％阿维菌素水分散粒剂 5 000～6 000 倍液、20％噻唑膦水乳剂 1 000 倍液、21％阿维·噻唑膦水乳剂 1 000 倍液灌根。

十、菜粉蝶

菜粉蝶（*Pieris rapae* Linne）属鳞翅目粉蝶科，也称白粉蝶，幼虫称菜青虫，是十字花科蔬菜上分布最广，危害最重的粉蝶。此外，在局部地区还有大菜粉蝶、东方粉蝶、斑粉蝶及褐脉粉蝶，常与菜粉蝶混合发生，但发生量较少。

（一）危害特征

以幼虫危害十字花科蔬菜叶片，2 龄以前在叶背啃食叶肉，留下 1 层透明的表皮，俗称"开天窗"。3 龄以后幼虫吃叶成孔洞和缺刻，严重时吃光叶肉仅残留叶柄和叶脉，影响菜株生长发育和包心。同时，排出的虫粪污染叶面和菜心，降低商品价值。虫伤口还易导致软腐细菌感染而造成菜株腐烂。

（二）形态特征

菜粉蝶形态特征如图 16-2-7 所示。

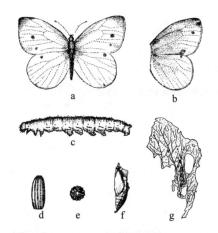

图 16-2-7　菜粉蝶
a. 雌成虫　b. 雌成虫前后翅　c. 幼虫　d～e. 卵
f. 蛹　g. 危害状

1. 成虫　体长 15～20mm，翅展 45～55mm，体灰黑色，翅粉白色，翅基和顶角灰黑色。雌蝶前翅有两个显著的黑色圆斑，雄蝶仅有 1 个明显的黑斑。

2. 卵　似瓶状，表面具纵脊和网格，高约 1mm，初产时淡黄色，后变橙黄色。

3. 幼虫　老熟幼虫体长 28～35mm，青绿色，背线淡黄色，气门线为一断续黄色纵条纹，体表密生细绒毛和小黑点。

4. 蛹　长 18～21mm，纺锤形，两端尖细，中间膨大，体背有 3 个角状突起，头部前端中央有 1 个管状突起，体色青绿、棕褐、灰黄或灰绿色。

（三）发生规律

菜粉蝶在我国由南向北 1 年发生 4～9 代，陕西年发生 5～6 代。各地均以蛹越冬，多选在菜地附近向阳的墙壁上、屋檐下、篱笆、土缝、树干、杂草残株等处。翌春越冬蛹羽化时间参差不齐，造成世代重叠。羽化的成虫仅白天活动，喜在蜜源植物和甘蓝等寄主植株间飞行取食、交配和产卵。卵散产，多产于叶背面，平均每雌虫产卵 100～150 粒。卵孵化以清晨最多，初孵幼虫先取食卵壳，再啃食叶肉。幼虫受惊时，1、2 龄幼虫有吐丝下坠习性，大龄幼虫则有卷缩虫体坠地习性。幼虫行动迟缓，但老熟幼虫能爬行很远寻找化蛹场所。成虫只在白天活动，尤以晴天中午活动最盛。成虫对芥子油有趋性，十字花科蔬菜含芥子油糖苷易招引成虫产卵。甘蓝、花椰菜上卵量最多，受害最重。温度在 20～25℃，相对湿度75％左右最适合菜粉蝶发育，因而多数地区常有春、秋两个发生高峰。陕西各地大都以春夏之交（5—6 月）和秋季（9—10 月）发生数量多，特别是第二代幼虫在 6 月上、中旬对晚春甘蓝危害最重，是防治的重点。菜粉蝶有许多种天敌，如微红绒茧蜂、凤蝶金小蜂、广赤眼蜂等，在抑制虫口上起很大作用。

（四）防治方法

1. 农业防治 每一茬十字花科蔬菜收获后，要及时清除田间残株，以减少产卵场所，并消灭其中隐藏的幼虫和蛹。

2. 化学防治 甘蓝幼苗期百株卵量 30～50 粒，百株 3 龄前幼虫 15～20 头，团棵期的卵量和幼虫量分别为 200 粒以上和 200 头以上时开始用药。可用 1％甲维盐微乳剂 150～225mL/hm²、10％溴氰虫酰胺可分散油悬浮剂 150～210mL/hm²、15％茚虫威悬浮剂 75～225mL/hm²、45％甲维·虫螨脲水分散粒剂 75～150mL/hm²、12％甲维·氟酰胺微乳剂 150～225mL/hm² 兑水喷雾。

3. 生物防治 用 80 亿～100 亿活孢子/g 杀螟杆菌粉剂或青虫菌粉剂 500 倍液，也可用 Bt 乳剂 200 倍液或苏云金杆菌库斯塔变种（HD-1）800～1 000 倍液喷雾，或 0.5％苦参碱水剂 705～795mL/hm² 兑水喷雾。有条件的地区可以用菜青虫颗粒体病毒防治。此外，在成虫产卵期，喷施 3％过磷酸钙浸出液，能拒避产卵。

十一、美洲斑潜蝇

美洲斑潜蝇（*Liriomyza sativae* Blanchard）为检疫性害虫，1993 年在我国海南反季节蔬菜上首先发现，现已扩散到 20 多个省份，暴发成灾，成为当地蔬菜尤其是保护地蔬菜生产上的毁灭性害虫。该虫寄主达 12 科 100 余种，主要危害豆科、茄科、葫芦科蔬菜，尤喜食瓜类、豆类、番茄和马铃薯等。

（一）危害症状

美洲斑潜叶蝇均以幼虫潜入叶内蛀食叶肉组织，残留上下表皮，仅在叶片正面形成蛇形紧密盘绕的不规则潜道，颜色发白且带湿黑和干褐区域，随幼虫成长虫道逐渐加宽，幼虫粪便在虫道内呈短线状左右排列。此外，成虫产卵、取食也能造成伤斑，进而诱发病害。

（二）形态特征

1. 成虫 美洲斑潜蝇身体小型，成虫体长 1.3～2.3mm，翅展 1.3～2.3mm，雌虫比雄虫稍大些。体淡灰黑色，胸背板亮黑色，头、腹和小腹片黄色。

2. 幼虫 蛆形，身体两侧紧缩。老熟幼虫体长 3mm，初孵化时近乎无色，渐变淡橙黄色，后变橙黄色。腹末端有 1 对圆锥形的后气门，在气门顶端有 3 个小球状突起为后气门孔。

菜粉蝶的识别与防治

3. 卵 椭圆形，乳白色，稍透明，长 0.2～0.3mm，很小不易发现。

4. 蛹 椭圆形，腹面稍扁平，长 1.3～2.3mm，颜色变化大，淡橙黄色至金黄色。

（三）发生规律

美洲斑潜蝇在我国南方可周年发生，有世代重叠现象，在海南每年可发生 20 余代，在北方露地条件下不能越冬，冬、春季可在温室内繁殖危害，以老熟幼虫在叶片表皮外或在土壤表层化蛹。蛹期 7～14d，成虫寿命 15～30d，卵期 2～5d，幼虫期 4～7d，世代短。每雌可产百余粒卵，繁殖力强。卵和幼虫在叶组织内生活，存活率高，种群数量增长快。春末夏初形成发生危害高峰，夏季虫口迅速减少，秋季又逐渐增加，并陆续转移到萝卜、莴苣、白菜幼苗上危害或迁入温室中过冬。成虫有飞翔能力，可以扩散传播，但飞行距离只 100m 左右，自然扩散能力不大。远距离传播主要靠卵和幼虫随寄主植株、切条、切花、叶菜、带叶的瓜果豆菜，或者蛹随盆栽植株土壤、交通工具等远距离传播。

（四）防治方法

美洲斑潜蝇的
识别与防治

1. 农业防治 在美洲斑潜蝇危害重的地区，要考虑蔬菜布局，把美洲斑潜蝇嗜好的瓜类、茄果类、豆类与不受其危害的作物进行套种或轮作。适当稀植，增加田间通风性。及时清理田园，将被害作物集中深埋、沤肥或烧毁。

2. 物理防治 在保护地中可用黄板诱杀成虫。也可采用灭蝇纸诱杀成虫，在成虫始盛期至盛末期，每公顷设置 225 个诱杀点，每个点放置 1 张诱蝇纸诱杀成虫，3～4d 更换 1 次。或用美洲斑潜蝇诱杀卡，使用时把诱杀卡揭开，挂在美洲斑潜蝇多的地方，室外使用时每 15d 换 1 次。

3. 化学防治 以成虫高峰期至 1 龄幼虫（初显虫斑）为适宜化学防治期，一般每隔 5～7d 防治 1 次，连续防治 2 次以上。幼虫多于晨露干后至 11 时前在叶面活动最盛，老熟幼虫早晨易从虫道出来暴露在叶面上，是施药防治的最好时机。可选用 70% 灭蝇胺水分散粒剂 225～300g/hm^2、31% 阿维·灭蝇胺悬浮剂 225～300mL/hm^2、1.8% 阿维菌素可湿性粉剂 450～600g/hm^2、60g/L 乙基多杀菌素悬浮剂 750～870mL/hm^2、1.1% 阿维·高氯微乳剂 1 350～2 700mL/hm^2 兑水喷雾。或用 22% 敌敌畏烟剂 4.3g/hm^2 于傍晚闭棚熏蒸，也有较好的防治效果。

十二、温室白粉虱

粉虱类害虫主要有温室白粉虱（*Trialeurodes vaporariorum* Westwood），属同翅目粉虱科，俗称小白蛾子。它分布广，危害重，是世界性害虫，但主要危害区在北方。近年来，温室白粉虱随着北方温室、塑料大棚等保护地蔬菜发展而迅速扩散蔓延，在一些地区已成为黄瓜、番茄、茄子、菜豆等保护地主栽蔬菜的一大害虫。在大发生的时候保护地附近露地蔬菜也严重受害。

（一）危害症状

成虫和若虫群集叶背吸食菜株汁液，使受害叶片褪色、变黄、萎蔫，甚至全株枯死。除直接危害外，白粉虱成虫和若虫还能排出大量蜜露，污染叶片和果实，诱发煤污病，影响菜株的呼吸作用和光合作用，从而削弱菜株长势，降低产量和质量。

（二）形态特征

1. 成虫　体长 1.0～1.5mm，淡黄色，雌、雄均有翅，翅面覆盖白色蜡粉，外观全体呈白色，停息时双翅在体背合拢呈屋脊状，形同小蛾子，翅端半圆状遮住整个腹部，翅脉简单，前翅具 2 脉，1 长 1 短，后翅仅 1 根脉。

2. 若虫　体长 0.5～0.8mm，椭圆形，扁平，淡黄绿色，体表具长短不齐的蜡质丝状突起。

3. 卵　长椭圆形，有短柄，长 0.25mm，初产时淡黄色，孵化前黑褐色。

4. 蛹　为伪蛹（实是 4 龄若虫），长 0.8mm，椭圆形，扁平，中央略高，黄褐色，其背有 5～8 对长短不齐的蜡质丝（图 16 - 2 - 8）。

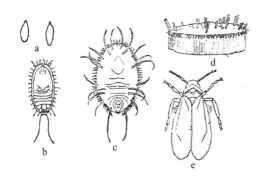

图 16 - 2 - 8　温室白粉虱
a. 卵　b. 若虫　c. 蛹的背面观　d. 蛹的侧面观　e. 成虫

（三）发生规律

在北方温室内，每年可发生 10 多代。冬季室外不能存活，但可以各虫态在温室内的菜株上继续繁殖危害，翌春温度适宜时开始迁移扩散。初时虫口增长缓慢，5—6 月虫口增长快，危害也重。成虫羽化后 1～3d 可交配产卵。每雌虫平均产卵 124.5～324 粒，每经 1 代数量可增长 64～146 倍。也可进行孤雌生殖，其后代均为雄性。成虫对黄色有强烈趋性，忌避白色、银灰色。成虫不善于飞翔，除借菜苗移栽传带至较远距离外，自然向外扩散范围较小。在田间多先点片发生，逐渐向四周扩散，田间虫口密度分布不均匀。成虫喜欢群集于菜株上部嫩叶危害并在嫩叶上产卵。各虫态在菜株上就呈垂直分布：最上部嫩叶以成虫或初产的淡黄色卵为最多，稍下部叶片多为变黑的卵，再往下部叶片依次为初龄若虫、老龄若虫（伪蛹），最下部叶片则以伪蛹为多，也有部分新羽化的成虫。产卵时，卵排列成环状或散产。若虫孵化后先在叶背爬行活动数小时，找到适宜的取食部位便固定在叶背面吸汁危害。白粉虱的发育时期、成虫寿命、产卵数量等均与温度有密切关系，成虫活动最适温度为 25～35℃。温度高至 40℃时，卵和若虫大量死亡，成虫活动能力显著下降。卵的发育起点温度为 7℃，若虫抗寒能力弱。温度在 24℃时，卵期 7d，若虫期 8d，蛹期 6d，成虫期 15～57d。

（四）防治方法

1. 农业防治

（1）调整作物布局，切断桥梁寄主。合理布局，轮换种植，避免混栽，防止相互传播、连续危害。在烟粉虱的核心发生区，调整种植禾本科等非寄主植物，如水稻、玉米、小麦、大麦、葱、蒜等，形成作物隔离带，控制迁移扩散。建议大棚轮种芹菜、韭菜、叶用莴苣等烟粉虱的非喜好作物。适当推迟播种期，春季提早栽培辣椒、番茄、茄子，秋季适当推迟播种期，可以显著减少冬前烟粉虱的发生，降低大棚内的发生基数。

（2）清洁田园，消灭或减少虫源。种植前和收获后要清除田间杂草及残枝落叶，并做好棚室的熏杀残虫工作。及时整枝打杈，摘除有虫的老叶、黄叶，加以销毁。

（3）培育无虫苗，防止害虫随苗传播。温室或棚室内，在栽培作物前要彻底杀虫，严格把关。苗床与生产地（大棚、温室）要分开。对培育的或引进的秧苗要严格检查，防止有虫苗进入生产地。

2. 物理防治　利用粉虱的趋黄性，在棚室内悬挂黄板诱杀成虫。使用 60 目的防虫网覆盖，阻隔粉虱进入大棚内危害。

3. 生物防治　释放丽蚜小蜂防治粉虱。当每株植株有粉虱 0.5～1.0 头时，每株放丽蚜小蜂 3～5 头，每隔 10d 放 1 次，连续放蜂 3～4 次，可有效控制其危害。

4. 化学防治　温室大棚可用 20% 异丙威烟剂 3.0～4.5kg/hm²、3% 高效氯氰菊酯烟剂 2.25～5.25kg/hm²，每亩大棚设 4～6 个放烟点，放烟后密闭 6h，每隔 3～5d 放 1 次，连续放 2～3 次。或用 50% 敌敌畏乳油 3.5～7.5kg/hm² 加水 14～15kg、锯末 40～50kg 拌匀后，撒于行间，关闭门窗，36℃ 时熏 1.0～1.5h。

≫ 任务实施

一、资源配备

1. 材料与工具　白菜霜霉病、白菜软腐病、番茄灰霉病、黄瓜霜霉病、黄瓜细菌性角斑病、黄瓜枯萎病、辣椒炭疽病和茄子褐纹病等病害的盒装标本或新鲜标本，菜粉蝶、美洲斑潜蝇、温室白粉虱以及夜蛾类等害虫的盒装标本以及生活史标本。显微镜、体视显微镜、镊子、挑针、刀片、滴瓶、蒸馏水、培养皿、载玻片、盖玻片、酒精瓶、指形管、采集袋、挂图、多媒体资料（包括图片、视频等资料）、记载用具等。

2. 教学场所　实训蔬菜田、实验室或实训室。

3. 师资配备　每 15 名学生配备 1 位指导教师。

二、操作步骤

（1）结合教师讲解及对蔬菜病害症状的仔细观察，分别描述蔬菜病害症状识别特征。

（2）结合教师讲解及对蔬菜病原形态的仔细观察，分别描述蔬菜病原的形态特征。

（3）结合教师讲解及对蔬菜害虫形态特征的仔细观察，分别描述蔬菜害虫成幼虫识别特征。

（4）结合教师讲解及对蔬菜害虫危害状的仔细观察，分别描述蔬菜害虫的危害状。

（5）根据田间蔬菜病害的症状和发生情况进行预测预报，从而制订蔬菜病害的综合防治措施。

（6）根据对田间蔬菜害虫形态观察和发生情况进行预测预报，从而制订蔬菜害虫的综合防治措施。

三、技能考核标准

蔬菜苗后植保技术技能考核参考标准见表16-2-1。

表 16-2-1　蔬菜苗后植保技术技能考核参考标准

考核内容	要求与方法	评分标准	标准分值/分	考核方法
职业技能 (100分)	病虫识别	根据识别病虫的种类多少酌情扣分	10	单人考核，口试评定成绩
	病虫特征介绍	根据描述病虫特征准确程度酌情扣分	10	
	病虫发病规律介绍	根据叙述的完整性及准确度酌情扣分	10	
	病原物识别	根据识别病原物种类多少酌情扣分	10	
	标本采集	根据采集标本种类、数量、质量评分	10	以组为单位考核，根据上交的标本、方案及防治效果等评定成绩
	制订病虫害防治方案	根据方案科学性、准确性酌情扣分	20	
	实施防治	根据方法的科学性及防效酌情扣分	30	

≫ 思 考 题

1. 影响大白菜软腐病发生的主要因素有哪些？应如何进行防治？
2. 试述辣椒炭疽病的防治方法。
3. 菜粉蝶在当地1年发生几代？应怎样防治？
4. 怎样解决无公害蔬菜生产与病虫防治的矛盾？

思考题参考
答案 16-2

≫ 拓展知识

蔬菜病虫害
综合防治技术

项目十七 ▶▶▶▶▶▶▶▶▶

常见果树病虫害防治技术

任务一　常见果树主要病害防治技术

▶▶任务目标

通过对常见果树主要病害的症状识别、病原物形态观察及田间调查的学习，掌握常见果树病害的识别要点，熟悉病原物形态特征，能识别常见果树的主要病害，能进行发生情况调查、分析发生原因，能制订防治方案并实施防治。

常见果树病害有苹果树腐烂病、苹果轮纹病、苹果褐斑病，葡萄霜霉病、葡萄黑痘病、葡萄白腐病，梨黑星病、梨锈病，桃缩叶病、桃细菌性穿孔病，枣疯病，葡萄灰霉病，等等。

▶▶相关知识

一、苹果树腐烂病

苹果树腐烂病又名烂皮病，是对我国苹果产区威胁很大的毁灭性病害，主要危害 10 年以上结果树的主干和主枝，也可危害小枝、幼树和果实。陕西作为苹果主产区，各地都有发生，陕南危害较轻，关中较重，渭北黄土高原、榆林风沙区危害最重。30 年以上的大树多因腐烂病危害而枯死。

（一）危害症状

症状主要发生在树龄 10 年以上的老树，危害结果树的枝干，尤其是主干分叉处最易发生，幼树和苗木及果实也可受害。根据病害发生的季节、部位不同，主要分为 2 种症状类型。

1. 溃疡型　溃疡型症状多发生在主干和大枝上，是冬春发病盛期和夏季在极度衰弱树上发生的典型症状。初期病部为红褐色，略隆起，呈水渍状，有黄褐色液体溢出，病皮易于剥离，内部组织呈暗红褐色，有酒糟气味。后期病部失水干缩，下陷，硬化，变为黑褐色，病部与健部之间裂开。以后病部表面产生许多小突起，顶破表皮露出黑色小粒点，此即病菌的子座，内有分生孢子器和子囊壳。雨后或潮湿时，从小黑点顶端涌出黄色细小卷丝状的孢子角，内含大量分生孢子，遇水稀释扩散。溃疡型病斑在早春扩展迅速，短期内常发展成为大型病斑，围绕枝干造成环切，使上部枝干枯死，危害极大。

2. 枝枯型　多发生在 2～5 年生的枝条或果台上，在衰弱树上发生更明显。病部红褐色，水渍状，不规则形，迅速延及整个枝条，终使枝条枯死。病枝上的叶片变黄，园中易发现。后期病部也产生黑色小粒点。

（二）病原

病原菌有性态为黑腐皮壳菌（*Valsa mali* Miyabe et Yamada），属子囊菌门核菌纲球壳菌目黑腐皮壳属。无性态属半知菌类球壳孢目壳囊孢属（*Cytospora* sp.）。

病原菌形态如图 17-1-1 所示。寄主组织中的菌丝，在表皮下紧密结合形成黑色小颗粒即子座，顶部穿破表皮。子座内着生分生孢子器或子囊壳。分生孢子器内有多个腔室，1 个孢子器可产生 3 000 万个分生孢子，孢子器能连续 2 年产生分生孢子。分生孢子单胞，腊肠形，两端圆，无色。秋季在子座中生成 3~14 个子囊壳，子囊壳呈球形，具长颈。子囊壳内壁生出子囊，每一个子囊含有 8 个子囊孢子。子囊孢子腊肠状，无色，单胞。

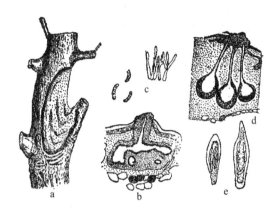

图 17-1-1　苹果树腐烂病
a. 树干上的溃疡症状　b. 分生孢子器　c. 分生孢子梗及分生孢子
d. 子囊壳　e. 子囊及子囊孢子

（三）发病规律

苹果树腐烂病以菌丝体、分生孢子器、子囊壳在病树及砍伐的病残枝皮层中过冬。翌春分生孢子器遇到降雨，吸水膨胀产生孢子角，通过雨水冲溅随风传播，这是病菌传播的重要途径。此外，昆虫（如苹果透翅蛾、梨潜皮蛾等）也可传播。子囊孢子也能侵染，但发病力低，潜育期长，病部扩展慢。病菌从伤口侵入已死亡的皮层组织，3 月下旬至 5 月孢子侵染较多，湿腐现象明显；7—8 月为休眠期，病部缓慢扩展；9—10 月有小回升，但侵染较少；12 月至翌年 2 月不侵染。入侵的伤口很多，如冻伤、剪锯口、虫伤口等。

苹果树腐烂病是一种寄生性很弱的真菌，能在树皮各部潜伏。树势衰弱，愈伤力低，是引起病害流行的主要原因。引起树势衰弱的原因很多，如管理粗放，土壤板结，根系发育不良；结果过多，肥水供应不足；病虫防治不好，引起叶片早落。冬春冻害是引起病害流行的主要原因。

（四）防治方法

苹果树腐烂病的防治要以加强栽培管理、提高抗病力为根本，同时搞好田间喷药、刮除落皮层、病斑治疗、果园卫生、防治其他病虫、防止冻害及日灼等，才能控制病害的发生与危害。

1. 农业防治

（1）加强栽培管理，增强树势。从幼树开始，深翻改土，增加施肥，特别是有机肥和磷、钾肥；合理灌水，果园应建立好良好的灌水及排水系统，实行"秋控春灌"；细致修剪，控制结果，合理疏花疏果，控制大小年现象；加强病虫害的防治，尤其是早期落叶病防治；做好果树防冻，入冬前进行树干涂白。

（2）消除菌源。刮除病斑在2—11月进行，每月对全园逐树认真检查1次，发现病斑及时刮除，其中最好时期是春季高峰期，即3—4月。用快刀将病变组织及带菌组织彻底刮除，而且要刮去0.5cm左右的健康组织，刮成梭形，不留死角，不拐急弯，不留毛茬，并在表面涂药。刮治的树皮组织、枯枝死树、修剪枝条要及时清理出果园。剪锯口等伤口用煤焦油或油漆封闭，以减少病菌侵染。

（3）脚接和桥接。主干、主枝的大病疤及时进行桥接和脚接，辅助恢复树势。

2. 化学防治　刮除病斑后需在表面涂药，如10波美度石硫合剂、40%腐必清可湿性粉剂100倍液、5%菌毒清水剂50倍液、60%腐殖酸钠50～75倍液、3%甲基硫菌灵涂剂、人造树皮、21.2%腐殖酸·铜水剂等，涂抹2～3次。

二、苹果轮纹病

苹果轮纹病又称粗皮病、轮纹褐腐病、黑腐病，主要危害枝干和果实，是黄河流域及其以南地区的重要病害。此病除危害苹果外，还危害梨、桃、李、杏、栗、枣等多种果树。

（一）危害症状

枝干受害，以皮孔为中心，形成扁圆形或椭圆形、直径0.3～3.0cm的红褐色病斑，病斑质地坚硬，中心疣状突出，边缘龟裂，往往与健部组织形成一道环沟，翌年病斑中间生黑色小粒点（分生孢子器）。病斑与健部裂缝逐渐加深，病组织翘起如马鞍状，许多病斑连在一起，表层十分粗糙，故有"粗皮病"之称。

果实多在近成熟期和贮藏期发病。果实受害，以皮孔为中心，生成水渍状褐色小斑点，很快呈同心轮纹状，向四周扩大，淡褐色或褐色，并有茶褐色的黏液溢出。病斑发展迅速，条件适宜时，几天内全果腐烂，发出酸臭气味，病部中心表皮下逐渐散生黑色粒点（即分生孢子器）。

（二）病原

病原有性态为梨生囊孢壳（*Physalospora piricola* Nose），属子囊菌门座囊菌目囊孢菌属，有性阶段不常出现。无性态为轮纹大茎点菌（*Macrophoma kawatsukai* Hara），属半知菌类球壳孢目大茎点霉属。

病原菌形态如图17-1-2所示。分生孢子器扁圆形或椭圆形，顶部有略隆起的孔口，内壁密生分生孢子梗。分生孢子梗棒槌状，单胞，顶端着生分生孢子。分生孢子单胞，无色，纺锤形或长椭圆形。子囊壳在寄主表皮下产生，黑褐色，球形或扁

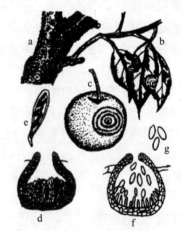

图17-1-2　苹果轮纹病
a. 病枝　b. 病叶　c. 病果　d. 子囊壳　e. 子囊
f. 分生孢子器　g. 分生孢子

球形，具孔口，内有许多子囊藏于侧丝之间。子囊长棍棒状，无色，顶端膨大，壁厚透明，基部较窄。子囊内生8个子囊孢子，子囊孢子单胞，无色，椭圆形。

（三）发病规律

病菌以菌丝、分生孢子器及子囊壳在被害枝干越冬。菌丝在枝干病组织中可存活4～5年，每年4—6月间产生孢子，成为初次侵染来源。7—8月孢子散发较多，病部前3年产生孢子的能力强，以后逐渐减弱。分生孢子主要随雨水飞溅传播，一般不超过10m范围。由花谢后的幼果至采收前的成熟果实病菌均可侵入，以6—7月侵染最多。幼果受侵染不立即发病，处于潜伏状态。果实近成熟期，内部生理生化发生变化，潜伏菌丝迅速蔓延扩展，果实才发病。果实采收期为田间发病高峰期。

轮纹病的发生和流行与气候条件有关。果实生长前期，降水次数多，发病高峰早，病菌孢子散发多，侵染也多；成熟期遇上高温干旱，轮纹病发生严重。轮纹病是一种寄生性较弱的病菌，衰弱植株、老弱枝干及老病园内补植的小树易染病。果园管理粗放，挂果过多，以及施肥不当，偏施氮肥，发病较多。

（四）防治方法

苹果轮纹病的防治，应在加强栽培管理、增强树势、提高树体抗病能力的基础上，采用以铲除枝干上菌源和生长期喷药保护为重点的综合防治，而化学药剂防治是关键措施。在清除树体病源的基础上，要连续几年进行综合防治，才能有效地控制危害。

1. 农业防治

（1）加强栽培管理。要增施粪肥，合理修剪，增强树势，提高抗病力。同时，要及时治虫，减少伤口。

（2）刮除病皮。结合冬春修剪，刮除病皮及老皮、粗皮，剪除病枯枝条，集中烧毁或深埋。刮除的病斑用0.5%小檗碱水剂150倍液＋有机硅均匀涂抹3～5次，每次间隔3～5d，涂抹范围要大出刮治范围2～3cm。

2. 化学防治　发芽前在搞好果园卫生的基础上应当喷1次铲除性药剂。从5月下旬开始喷第一次药，以后结合防治其他病害，共喷3～5次，以保护果实。对轮纹病比较有效的药剂是全园喷1次3～5波美度石硫合剂、1∶2∶240波尔多液、50%多菌灵可湿性粉剂800倍液、40%福·福锌可湿性粉剂400倍液、5%菌毒清水剂50倍液等。每年苹果套袋前果树生长期喷保护性杀菌剂，可选用10%苯醚甲环唑水分散粒剂2 000～2 500倍液、25%丙环唑乳油6 000～8 000倍液、80%代森锰锌可湿性粉剂800倍液、70%甲基硫菌灵可湿性粉剂800倍液、50%多菌灵可湿性粉剂600倍液进行防治，间隔10～15d喷1次。苹果套袋后，可选用1∶2∶200波尔多液、77%氢氧化铜800～1 000倍液、80%碱式硫酸铜800～1 000倍液。果实采收后，挑除病、虫、伤果，用0.63% 1-甲基环丙烯片剂89～178mg/m³熏蒸消毒后于0～2℃低温贮藏，可控制发病。

三、苹果褐斑病

苹果褐斑病与灰斑病、圆斑病、轮斑病统称为苹果早期落叶病，其中以褐斑病危害最重，我国苹果产区的西北、华北等地均有分布。这里主要介绍一下近年来发病较严重的褐斑病。

（一）危害症状

褐斑病主要危害苹果树的叶片，也可侵染果实，病斑主要有以下3种类型（图17-1-3）。

1. 同心轮纹型 叶片发病初期在叶正面出现黄褐色小点，渐扩大为圆形，中心为暗褐色，四周为黄色，病斑周围有绿色晕，病斑中出现黑色小点，呈同心轮纹状。叶背为暗褐色，四周浅黄色，无明显边缘。

2. 针芒型 病斑似针芒状向外扩展，无一定边缘。病斑小，数量多，布满叶片，后期叶片渐黄，病斑周围及背部绿色。

3. 混合型 病斑大，不规则，其上也有小黑粒点。病斑暗褐色，后期中心为灰白色，边缘有的仍呈绿色。

3种类型病斑发展至后期很难截然划分，但3种病斑都是边缘不整齐，与健全部分界限不明显，后期病叶变黄脱落，病斑边缘仍保持绿色形成晕圈，是苹果褐斑病的重要特征。

果实染病时，果面出现淡褐色小斑点，逐渐扩大为直径6~12mm圆形或不规则形褐色斑，凹陷，表面有黑色小粒点。病部果肉褐色，呈海绵状干腐。

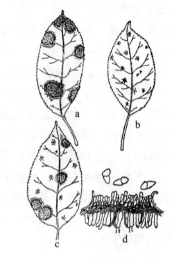

图17-1-3 苹果褐斑病
a. 同心轮纹斑型 b. 针芒型 c. 混合型
d. 分生孢子盘和分生孢子

（二）病原

病原为苹果盘二孢［*Marssonina coronaria*（Ell. et Davis）Davis］，属半知菌类腔孢纲黑盘孢目。该菌的有性阶段为苹果双壳菌（*Diplocarpon mali* Harada et Sawamura），属子囊菌门盘菌纲柔膜菌目双壳属。

病原菌形态如图17-1-3所示。分生孢子盘初埋生于表皮下，成熟后突破表皮外露。盘上有呈栅栏状排列的分生孢子梗，无色，单胞，棍棒状。梗上产生无色、双胞的分生孢子，上胞较大而圆，下胞较窄而尖。子囊盘肉质，钵状。子囊棍棒状，有囊盖。子囊内含有8个香蕉形双胞的子囊孢子。

（三）发病规律

以菌丝、菌索和分生孢子盘在病叶上越冬，也能以子囊盘在落叶上过冬。过冬的病菌春季产生分生孢子，随雨水冲溅，成为初侵染源。潮湿是病菌扩展及产生分生孢子的必要条件，干燥及沤烂的病叶均无产生分生孢子的能力。子囊孢子和分生孢子要求23℃以上温度和100%相对湿度才能萌发，从叶背侵入，潜育期6~12d。病菌产生毒素，刺激叶柄基部提前形成离层，叶片黄化，提前脱落，发病至落叶13~55d。分生孢子借风雨再侵染。

发病程度与降雨、品种及树势有关。雨水和多雾是病害流行的重要条件，5—6月降雨早而多，发病早而重；7—8月高温多雨，病害大流行。主栽品种红玉、元帅易感病，倭锦、青香蕉，金冠次之，小国光、柳玉比较抗病。强树病轻，弱树病重；幼树病轻，结果树病重；土层厚的病轻，土层薄的病重；树冠外围病轻，内膛病重。

（四）防治方法

1. 农业防治

（1）清洁果园。秋冬季清除果园落叶，或对果园浅耕，减少越冬菌源。

（2）加强栽培管理。增施肥料，增强树势，提高抗病能力。土质黏重或地下水位较高的果园，注意排水。加强果树整形、修剪，使其通风透光，降低果园小气候湿度，抑制病害发生。

2. 化学防治 于5月上、中旬，6月上、中旬和7月中、下旬喷3次药。可选择1∶2∶200波尔多液、1.5%多抗霉素水剂300～500倍液、50%异菌脲可湿性粉剂1 500倍液、70%甲基硫菌灵可湿性粉剂800倍液、70%代森锰锌可湿性粉剂500倍液、75%百菌清可湿性粉剂800倍液等交替使用。注意在幼果期喷用波尔多液易产生果锈。

四、葡萄霜霉病

葡萄霜霉病是世界性病害，我国各葡萄产区均有分布。流行年份，病叶焦枯早落，病梢扭曲，发育不良，对树势和产量影响很大。

（一）危害症状

主要危害叶片，也可危害地上部分的幼嫩组织。叶片受害后，开始呈现半透明、边缘不清晰的油渍状小斑，后发展成为黄色至褐色的不规则形病斑，并能愈合成大块病斑，天气潮湿时病斑背面产生灰白色霜霉层。病斑最后变褐干枯，叶片早落。新梢、卷须、穗轴及叶柄发病时，开始也呈现半透明油渍状小斑点，后扩大为微凹陷、黄色至褐色不定形病斑，潮湿时病斑上产生白色霜霉。病梢生长停滞、扭曲、枯死。幼果生病后，病部褪色，变硬下陷，也产生白色霜状霉层，随即皱缩脱落。

（二）病原

病原为葡萄生单轴霉 ［*Plasmopara viticola*（Berk. et Curt.）Berl. et de Toni］，属卵菌门卵菌纲霜霉目单轴霉属。

病原菌形态如图17-1-4所示。无性繁殖时产生孢子囊，孢子囊内产生游动孢子。孢囊梗一般5～6根，由寄主气孔伸出，无色，单轴分枝，分枝处近直角，分枝末端略膨大，且有2～3个短的小梗，其上着生卵形、顶端有乳头突起的孢子囊，在水中萌发产生肾脏形游动孢子。游动孢子无色，生有两根鞭毛，后失去鞭毛，变成圆形静止孢子。发育后期进行有性繁殖，在寄主组织内形成卵孢子。卵孢子褐色，球形。

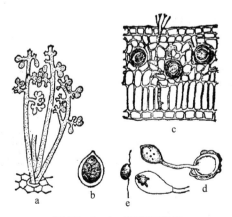

图17-1-4 葡萄霜霉病
a.孢囊梗 b.孢子囊 c.病组织中的卵孢子 d.卵孢子萌发 e.游动孢子

（三）发病规律

病菌以卵孢子在病残组织，尤其在病叶中越冬，寿命可维持 1～2 年，少数情况下也有以菌丝在芽内越冬的。春季卵孢子萌发产生游动孢子囊，再以游动孢子经风雨传播至近地面的叶面上，萌发产生芽管，从气孔、皮孔侵入寄主，引起初侵染，潜育期 7～12d。葡萄发病后，产生孢子囊，进行再侵染。条件适宜时，可重复多次。秋末，病菌在病残体中形成卵孢子越冬。

（四）防治方法

葡萄霜霉病的
诊断与防治

1. 农业防治

（1）果园清洁。冬季修剪病枝，扫除落叶，收集烧毁带菌残体。秋季深翻，减少越冬菌源。

（2）加强栽培管理。合理修剪，尽量剪除近地面不必要的蔓枝，棚架不要过低，改善通风透光条件。增施磷、钾肥和石灰，避免偏施氮肥。雨季注意排水，减少湿度，增强寄主抗病性。

2. 化学防治

春季用 1∶0.5∶200 波尔多液或 80％代森锰锌可湿性粉剂 600 倍液或 70％代森锌可湿性粉剂 500 倍液喷洒保护。发病初期用 40％三乙膦酸铝可湿性粉剂 200～300 倍液、68％甲霜灵·锰锌可湿性粉剂 600 倍液等喷雾，每隔 10～15d 喷 1 次，连续 3～5 次，叶片正面和背面都要喷均匀，能取得良好的防治效果。

五、葡萄黑痘病

葡萄黑痘病又称黑斑病、鸟眼病、疮痂病、痘疮病等，是我国分布广、危害大的葡萄病害之一，尤其春秋两季，温暖潮湿、多雨地区发病重，可使葡萄减产 80％左右。

（一）危害症状

黑痘病主要危害叶、叶柄、果梗、果实、新梢及卷须等幼嫩的绿色部位，以幼果受害最重。由葡萄萌芽直到生长后期均可发生，以春季和夏初危害较为集中。

幼果早期极易感病，果面及穗梗产生许多褐色小点，后干枯脱落。稍大时染病，初为深褐色近圆形病斑，以后病斑扩大，中央凹陷为灰白色，边缘紫褐色，上有黑色颗粒，形如鸟眼。空气潮湿时，病斑中产生乳白色黏状物质。病果深绿色，味酸、质硬，有时开裂，无食用价值。叶片受害，产生小型圆斑，初为黄色小点，逐渐扩展为 1～4mm 大小的中部变成灰色的圆斑，外围有紫褐色晕圈，最后干枯穿孔。新梢、幼蔓、卷须、叶柄和果梗受害，病斑呈褐色、不规则形，稍凹陷，病斑可相互愈合成溃疡状。病梢和病须常因病斑环切而枯死。果梗受害，果实干枯脱落或形成僵果（图 17-1-5）。

（二）病原

病原无性态为葡萄痂圆孢菌（*Sphaceloma ampelinum* de Bary），属于半知菌类腔孢纲黑盘孢目痂圆孢属。

病原形态如图 17-1-5 所示。分生孢子盘生于寄主表皮下的病组织中，突破表皮后，长出分生孢子梗和分生孢子。分生孢子梗短小，无色，单胞。分生孢子椭圆形，单胞，无色，稍弯曲。空气潮湿时，分

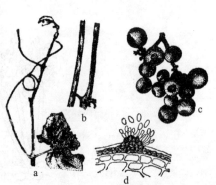

图 17-1-5　葡萄黑痘病
a. 病梢、病叶　b. 病蔓　c. 病果
d. 分生孢子盘及分生孢子

生孢子盘涌出胶质、乳白色的分生孢子群。

(三) 发病规律

黑痘病菌以菌丝在果园残留的病残组织中越冬，以结果母枝及卷须上为多。菌丝生活力很强，在病组织中可存活 4～5 年。翌春 (4—5 月) 产生分生孢子，经风雨吹溅，传播到新梢和嫩叶上。孢子萌发后，直接穿透寄主表皮侵入寄主，进行初侵染，潜育期 6～12d，以后再对幼嫩组织进行多次再侵染。远距离传播依靠有菌苗木或插条。

(四) 防治方法

1. 农业防治

(1) 品种和苗木选择。选用抗病品种。调运插条或苗木时要进行消毒，加强检疫。

(2) 加强管理。结合冬剪，剪除病蔓、病梢、病叶和病果，减少越冬菌源。

葡萄黑痘病的
诊断与防治

2. 化学防治　发芽前喷施 0.5％五氯酚钠和 3 波美度石硫合剂；展叶后至果实着色前每隔 10d 左右用 1∶0.5∶200 波尔多液、25％多菌灵可湿性粉剂 400 倍液、70％代森锰锌可湿性粉剂 500～600 倍液、50％甲基硫菌灵可湿性粉剂 800 倍液、10％苯醚甲环唑 2 000 倍液、25％腈菌唑可湿性粉剂 1 000 倍液等喷雾，均可有效地控制病情发生或发展。

六、葡萄白腐病

葡萄白腐病又称腐烂病，是葡萄生长期引起果实腐烂的主要病害，在全国各葡萄园地发生较普遍。果实损失率在 10％～15％，严重的年份可损失 60％以上，甚至失收。高温高湿季节，该病危害相当严重。

(一) 危害症状

主要危害果穗果粒，引起烂穗，一般接近地面的果穗尖端先发病。在小果梗或穗轴上产生水渍状、浅褐色病斑，逐渐蔓延至整个果粒，最后全粒呈褐色腐烂，病穗轴及果面密生灰白色小粒点，溢出灰白色黏液，病部呈灰白色腐烂，因此称为白腐病。严重时全穗腐烂，受到振动时病果甚至病穗极易脱落。有时病果失水形成干缩僵果，悬挂于枝上。枝蔓上病斑暗褐色，凹陷不规则，表面密生灰白色小粒点。后期病皮呈丝状纵裂与木质部分离，如乱麻状。叶片发病，初呈水渍状、淡褐色、近圆形斑点，逐渐扩大成具有环纹的大斑，上面也着生灰白色小粒点，后期病斑常干枯破裂。

(二) 病原

病原无性态为白腐垫壳孢 (*Coniella diplodiella* Petrak et Sydow)，属半知菌类垫壳孢属。病部长出的灰白色小粒点即病菌的分生孢子器。分生孢子器球形或扁球形，底部壳壁凸起呈丘形，其上着生不分枝、无分隔的分生孢子梗。分生孢子梗顶端着生单胞、卵圆形或圆形的分生孢子。

(三) 发病规律

病菌以分生孢子器及菌丝体随病粒、病皮等病残组织落入土中或在病枝蔓上越冬。翌春条件适宜，产生分生孢子，借雨水飞溅传播，从伤口侵入，并进行多次再侵染。多雨、高湿、通风透光差的果园发病重，特别是在采收前的发病季节遇暴风雨或雹害，果梗、果穗受伤，造成大量伤口，常导致病害的流行。果实进入着色期和成熟期，其感病程度也逐渐增加，一般接近地面的果穗先发病。土质黏重、排水不良、地下水位高或地势低洼、杂草丛生的果园发病重。立架式比棚架式发病重，双立架式比单立架式发病重，东西架向比南北架向发病重。

（四）防治方法

1. 农业防治

葡萄白腐病的
诊断与防治

（1）加强栽培管理。适当提高果穗离地面的距离。及时摘心、剪副梢，使枝叶间通风透光良好。同时搞好果园排水工作，降低田间湿度。

（2）及时清除病残体。生长季节及时摘除病果、病叶，剪除病蔓。秋季采收后搞好清园工作，并刮除病皮，集中烧毁。

2. 化学防治　重病园在病害始发期前，用福美双1份、硫黄粉1份、碳酸钙2份，混合均匀，15～30kg/hm²，撒于葡萄园土面，进行地面灭菌。病害开始发生时，喷药保护，以后每隔10～15d喷1次，共喷3～5次。常用药剂有10%苯醚甲环唑水分散粒剂1 000倍液、10%氟硅唑水分散粒剂2 000倍液、25%戊唑醇水乳剂2 000倍液、50%苯菌灵可湿性粉剂150倍液、70%甲基硫菌灵可湿性粉剂1 000倍液、80%多菌灵可湿性粉剂800倍液、75%百菌清可湿性粉剂600倍液、80%代森锰锌可湿性粉剂500倍液、50%福美双可湿性粉剂600倍液等。

七、果树其他病害

除了上述常见的发生较重的果树病害之外，还有一些较重要的常发性病害。现列表（表17-1-1）简要比较它们的危害症状、病原及防治方法。

表17-1-1　其他果树病害一览表

名称	危害症状	病原	防治方法
苹果霉心病	病果果心变褐，长满灰绿色或粉红色霉状物，引起心果腐烂，后致全果腐烂，外观症状不明显。幼果受害重的，早期脱落。近成熟果实受害，偶尔果面发黄，果形不整，或者着色较早	由半知菌类的链格孢菌、单端孢菌、镰刀菌、拟茎点霉菌等多种弱寄生菌混合侵染引起。以菌丝体潜存于坏死组织或病僵果内或以孢子潜藏在芽的鳞片间越冬，翌年以孢子传播侵染	加强栽培管理，减少菌源；低温贮藏，窖温最好保持在1～2℃；在花前、终花期、坐果期各喷1次代森锰锌、甲基硫菌灵类的杀菌剂
苹果白粉病	主要危害叶片。新梢顶端被害后，新梢和嫩叶表面布满白粉，展叶迟缓，发育停止，发病严重时，病叶萎缩，变褐色枯死，新梢顶端枯萎	病原为子囊菌门叉丝单囊壳属真菌。以菌丝在冬芽鳞片间或鳞片内越冬。翌春冬芽萌发时，越冬菌丝产生分生孢子，靠气流传播，直接侵入新梢	冬季彻底剪除病梢，减少越冬病原；合理密植、灌水、施肥，增强树势，提高抗病力；萌芽前喷1次石硫合剂；花前1次药，花后2次药，可喷三唑酮、甲基硫菌灵等
梨黑星病	叶片受害，正面产生多角形或近圆形褪色黄斑，背面产生辐射状霉层；感病的幼芽鳞片、茸毛较多，后期产生黑霉；花序发病，花萼、花梗基部发生霉斑，萎蔫枯死；新梢和果实发病，病部呈疮痂状，因此又称疮痂病	病原有性态为子囊菌门黑星菌属的梨黑星菌，无性态为半知菌类黑星孢属的梨黑星孢菌。以分生孢子或菌丝体在腋芽的鳞片内或病梢上越冬。翌春形成子囊壳，产生子囊孢子作初侵染源	秋末冬初清除落叶和落果，早春梨树发芽前结合修剪清除病梢，清除病源；在梨树花前、花后各喷1次药，可选用甲基硫菌灵、多菌灵、百菌清等
梨锈病	叶片、幼果、新梢、果梗与叶柄均可受害，正面形成橙黄色、近圆形的病斑，以后背面隆起，在隆起处长出褐色毛状物，成熟后先端开裂散出黄褐色锈孢子，最后病斑变黑枯死，病斑多时，引起早期落叶	病原为担子菌亚门胶锈菌属的梨胶锈菌。病菌在整个生活史中产生4种类型孢子：性孢子、锈孢子、冬孢子、担孢子。有转主寄生特性，必须在转主寄主如桧柏、龙柏等树木上越冬，才能完成其生活史	清除梨园周围5km以内的桧柏类转主寄主；转主寄主不能清除时，应在桧柏树上喷石硫合剂等，铲除越冬病菌；梨树萌芽期至展叶后25d内，喷三唑酮预防担孢子侵染，如已经发病可喷三唑酮、烯唑醇、氟硅唑等进行防治

（续）

名称	危害症状	病原	防治方法
桃缩叶病	主要危害叶片，也可危害花、嫩梢及幼果。病叶叶缘卷曲，叶片增厚变脆，呈红褐色；新梢受害后肿胀、节间缩短、呈丛生状，严重时整枝枯死；幼果被害呈畸形，果面龟裂，易早期脱落	病原为子囊菌门外囊菌属的畸形外囊菌。病菌以子囊孢子或芽孢子在桃芽鳞片上或树皮上越冬。翌春桃树萌芽时，越冬孢子也萌发长出芽管侵染嫩芽、幼叶引起发病	摘除病梢，减少翌年的越冬菌量；对发病树应加强管理，追施肥料，使树势得到恢复，增强抗性；在桃树花芽露红而未展开前喷1次石硫合剂或波尔多液，控制初侵染的发生
桃细菌性穿孔病	主要危害叶片，也能侵害果实和枝梢。叶片被害，形成红褐色至黑褐色不规则形病斑，以后病斑干枯，病、健组织交界处发生一圈裂纹，脱落形成穿孔；枝条受害后，形成春季溃疡斑和夏季溃疡斑，可造成枯梢现象	病原为甘蓝黑腐黄单胞菌桃穿孔致病型，属细菌中的黄单胞杆菌属。病菌主要在病枝梢上越冬，翌春随气温上升，病菌随桃树汁液从病部溢出，借风、雨或昆虫传播，由叶片的气孔、枝梢皮孔及枝条上的芽痕侵入，引起发病	冬季修剪病枝，扫除落叶，减少越冬菌源；注意开沟排水，降低空气湿度，增施有机肥和磷、钾肥；春季用石硫合剂或波尔多液喷洒保护，发芽后用代森锌喷施
葡萄灰霉病	花序、幼果感病，先在花梗和小果梗或穗轴上产生淡褐色、水渍状病斑，后病斑变褐色并软腐，空气潮湿时，病斑上可产生灰色霉状物。空气干燥时，感病的花序、幼果逐渐失水、萎缩，后干枯脱落，造成大量的落花落果，严重时可整穗落光	病原无性态为半知菌类的灰葡萄孢霉，有性态为子囊菌门的富克尔核盘菌。病菌以菌核、分生孢子及菌丝体随病残组织在土壤中越冬。翌春温度回升、遇雨或湿度大时从菌核上萌发产生分生孢子，新老分生孢子通过气流传播到花序上，萌发侵入寄主，实现初次侵染	剪净病枝蔓、病果穗及病卷须，清除病原；注意调节室（棚）内温湿度，抑制病菌孢子萌发，减缓病菌生长；果穗套袋，消除病菌对果穗的危害；开花前用波尔多液、多菌灵、多抗霉素等预防，病害发生初期，选用腐霉利等喷施防治
枣疯病	枣树的幼树和老树均能发病。枣疯病的不定芽、腋芽和隐芽大量萌发成发育枝和小枝，形成一丛丛的短疯枝；花变叶病株的花器，花梗伸长，并有小分枝，萼片、花瓣、雄蕊均可变为小叶。病树一般很少结枣或不结枣，失去经济价值	病原是一种类菌原体，是介于病毒和细菌之间的多形态质粒，无细胞壁，形状多样，大多为椭圆形至不规则形，一般直径为250～400nm。主要通过嫁接和分根传染，也可通过叶蝉等昆虫传播，远距离传播依靠病苗调运	清除疯枝，铲除无经济价值的病株；选用抗病的酸枣品种作砧木；加强果园管理，增施碱性肥和农家肥；在发病初期，在病树根茎部钻孔，滴注四环素药液或喷施氯化铁溶液2～3次预防，或用土霉素药液注入树干基部或中下部用以治疗

》》任务实施

一、资源配备

1. 材料与工具　当地果树主要病害，如苹果树腐烂病、苹果轮纹病、苹果褐斑病、梨黑星病、桃缩叶病、桃细菌性穿孔病、葡萄霜霉病、葡萄白腐病、葡萄黑痘病等的蜡叶标本、浸渍标本、病原菌玻片标本。显微镜、体视显微镜、放大镜、镊子、挑针、刀片、滴瓶、蒸馏水、载玻片、盖玻片、采集袋、标本夹、剪刀、锯、挂图、多媒体资料（包括图片、视频等影像资料）、记载用具等。

2. 教学场所　教学实训果园、实验室或实训室。

3. 师资配备　每15名学生配备1位指导教师。

二、操作步骤

1. 病害症状观察

（1）观察同种病害在不同器官上症状表现。观察发病部位、病斑形状、颜色，病部是否有病征。

（2）果树枝干病害观察。取同种果树枝干上发生的不同病害，比较病斑形状、大小颜色及病征的差别。

（3）果实病害观察。取同种果实上的不同病害，比较病斑形状、大小、颜色、轮纹的有无、果面凸凹情况及病征的差别。

（4）叶片病害观察。取同种叶片上的不同病害，比较病斑形状、大小、颜色、病斑正面、背面及病征的差别。

2. 病原观察
取当地常见果树病害病原玻片标本，观察病菌菌丝、有性子实体或无性子实体的特征。

3. 田间病害观察和标本采集

（1）果树休眠期观察。观察果树休眠期田间病株的枝、芽等部位的特征。

（2）果树生长期观察。观察当地果树常见病害的发病部位、不同发病时期的症状特征。

（3）采集标本。采集的标本应有一定的复份，一般应在 5 份以上，以便用于鉴定、保存和交流。

（4）走访调查。走访农户，对果树品种、密度、水肥条件、修剪及病害发生情况进行调查，分析果树病害发生与栽培管理之间的关系。

（5）记载。将观察和调查的主要内容填入表 17 - 1 - 2。

表 17 - 1 - 2　果树病害发病情况记录

病害名称	发病部位	病状	病征	发病条件	备注

三、技能考核标准

果树病害植保技术技能考核参考标准见表 17 - 1 - 3。

表 17 - 1 - 3　果树病害植保技术技能考核参考标准

考核内容	要求与方法	评分标准	标准分值/分	考核方法
职业技能 （100 分）	病害识别	根据识别病虫的种类多少酌情扣分	10	单人考核，口试评定成绩
	症状描述	根据描述病虫特征准确程度酌情扣分	10	
	发病规律介绍	根据叙述的完整性及准确度酌情扣分	10	
	病原物识别	根据识别病原物种类多少酌情扣分	10	
	标本采集	根据采集标本种类、数量、质量评分	10	以组为单位考核，根据上交的标本、方案及防治效果等评定成绩
	制订病害防治方案	根据方案科学性、准确性酌情扣分	20	
	实施防治	根据方法的科学性及防效酌情扣分	30	

》》思 考 题

1. 苹果树腐烂病应如何防治？
2. 葡萄上有哪些常见的病害？简要比较其危害症状。

思考题参考
答案 17-1

任 务 二　常见果树主要虫害防治技术

》》任务目标

通过对常见果树主要害虫的危害特点、形态特征及田间调查的学习，掌握常见果树害虫的危害特点，熟悉害虫形态特征，能进行发生情况调查、分析发生原因，能制订防治方案并实施防治。

常见的果树害虫有食心虫类（桃小食心虫、梨小食心虫、梨大食心虫）、苹果蠹蛾、桃蛀螟、葡萄透翅蛾、桃一点叶蝉、叶螨、蚜虫类、介壳虫类、木虱类等。

》》相关知识

一、食心虫类

食心虫类主要有桃小食心虫、梨小食心虫、梨大食心虫、苹小食心虫等，这里介绍前三种。

（一）桃小食心虫

桃小食心虫（*Carposina niponensis* Walsingham）属鳞翅目蛀果蛾科，简称"桃小"，又名蛀果蛾，是我国北部和中部地区重要的果树害虫。寄主植物已知有 10 多种，以苹果、梨、枣、山楂受害最重。

1. 危害症状　此虫危害苹果时，被害果在幼虫蛀果后不久，从入果孔处流出泪珠状的胶质点。胶质点不久就干涸，在入果孔处留下一小片白色蜡质膜。随果实生长，入果孔愈合成一个小黑点，周围果皮略呈凹陷，幼虫入果后在皮下潜食果肉，果面上出现凹陷的潜痕，果实变形成畸形果，又称"猴头果"。幼虫发育后期，食量增加，在果内纵横潜食，粪排在果实内，造成所谓"豆沙馅"，果实失去食用价值，损失严重。

2. 形态特征　桃小食心虫形态特征如图 17-2-1 所示。

（1）成虫。体长 5～8mm，翅展 13～18mm，全体灰白色或浅灰褐色。前翅近前缘中部有 1 个蓝黑色近乎三角形的大斑，基部及中央部分有 7 簇黄褐色或蓝褐色的斜立鳞片。后翅灰色，缘毛长，浅灰色。

（2）卵。深红色，桶形，端部 1/4 处环生 2～3 圈 Y 形刺毛。

（3）幼虫。老龄幼虫体长 13～16mm，全体桃红色，幼龄幼虫淡黄白色。头褐色，前胸背板深褐色或黑褐色，各体节有明显的褐色毛片。

桃小食心虫的
识别与防治

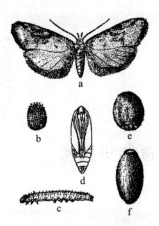

图 17-2-1 桃小食心虫
a. 成虫　b. 卵　c. 幼虫　d. 蛹　e. 冬茧　f. 夏茧

（4）蛹。体长 6.5～8.6mm，全体淡黄白色至黄褐色。茧有两种，一种是扁圆形的越冬茧，由幼虫吐丝缀合土粒而成，十分紧密；另一种是纺锤形的蛹化茧，又称夏茧，质地疏松，一端留有羽化孔。

3. 发生规律　1 年发生 1～2 代，以老熟幼虫在 3～10cm 土层中做冬茧越冬。翌年夏初幼虫破茧爬出土面，在土块下、杂草等缝隙处做纺锤形夏茧化蛹。幼虫出土始期因地区、年份和寄主的不同而有差异，陕西在 4 月下旬到 5 月中旬，盛期在 5 月中下旬至 6 月上、中旬，末期在 7 月上、中旬，前后延续 2 个多月，成为以后各虫态发生期长及前后世代重叠的重要原因之一。越冬幼虫从出土至成虫羽化，需要 11～20d，平均 14d。越冬代成虫一般在 5 月下旬至 6 月中旬陆续发生，一直延续到 7 月中、下旬或 8 月初结束。卵期 7～10d，绝大部分卵产在果实上，第一代卵盛期在 7 月，第二代卵盛期在 8 月中、下旬。幼虫孵化后蛀入果内危害。危害盛期在 7 月上、中旬，幼虫在果内危害 14～35d，7 月初至 9 月上旬，幼虫陆续老熟脱果落地。脱果晚的入土做冬茧越冬，仅发生 1 代。大部分脱果早的，在表土缝隙处结夏茧化蛹，7 月中旬至 9 月下旬羽化为成虫，发生第二代。第二代幼虫在果内危害至 8 月中、下旬开始脱果，延续到 10 月入土越冬。

成虫有微弱趋光性，每雌产卵 45～200 粒，90% 的卵产在苹果萼洼处、枣吊、梗洼、叶背面等处。幼虫孵化后爬行约 0.5h，多从萼洼蛀入，不食果皮，蛀果 1～3d 后，从蛀果孔溢出果胶，干后留下白色蜡质物。幼虫在果内生活 20 多天，然后脱果结茧。

降雨对幼虫出土影响较大，土壤含水量达 10%～15% 时大量出土。若前期降水量大，出土早，成虫羽化早，多数桃小食心虫的幼虫脱果在地面结长茧，发生第二代；若前期降雨少，或长期缺雨推迟了幼虫大量出土时期，甚至当年不出土，大多数只能发生 1 代。夏季平均气温超过 30℃，是限制桃小食心虫分布和发生的重要原因。

桃小食心虫天敌有 10 余种，其中有 2 种寄生蜂和 1 种寄生性真菌控制作用较大。甲腹茧蜂（*Chelonus* sp.），每年发生 2 代，第二代寄生率可达到 34%～50%。中国齿腿姬蜂（*Pristomerus chinensis* Ashmead），除寄生桃小食心虫幼虫外，还可寄生梨小食心虫、顶芽卷叶蛾等，寄生率有些地方高达 20%～30%。真菌玫烟色拟青霉（*Pascilomycas fumosoroscus*），寄生于结茧蛹体上，有些年份寄生率高达 85%。

4. 防治方法

（1）农业防治。在越冬幼虫出土前，将树根颈基部土壤扒开 13～16cm，刮除贴附枝干上的老粗皮、翘皮表皮的越冬茧。于第一代幼虫脱果时，结合压绿肥进行树盘培土压夏茧。在幼虫蛀果危害期间（幼虫脱果前），于果园巡回检查摘除虫果，并杀灭果内幼虫。在春季对树干周围半径 1m 以内的地面覆盖地膜，能控制幼虫出土、化蛹和成虫羽化。在成虫卵前对果实进行套袋保护，已成为防治该虫的最有效方法。

（2）物理防治。田间安置黑光灯或利用桃小食心虫性诱剂或迷向丝诱杀成虫；在越冬幼虫脱果以前，在主枝、主干上束草把诱集脱果幼虫，晚秋或者早春取下烧掉。

（3）生物防治。5—9月，用昆虫病原线虫悬浮液喷洒果树周围的土壤，使其寄生桃小食心虫幼虫，每平方米施寄生线虫60万～80万条，杀虫效果良好；或者在桃小食心虫成虫发生期，田间释放赤眼蜂，使其寄生虫卵，一般4～5d放蜂1次，连续释放3～4次。

（4）化学防治。成虫发生期预测采用性诱剂诱集雄蛾的办法，一般在高峰期第二天进行树上喷药防治，10d后再喷洒第二次药，可有效防治第一代虫卵和初孵幼虫。常用药剂有10%联苯菊酯乳油2 500～3 000倍液、30%氰戊·马拉硫磷乳油1 500～2 000倍液、苏云金杆菌乳剂500～600倍液、1.8%阿维·甲氰乳油2 500～3 000倍液、2.5%氯氟氰菊酯乳油1 500～2 000倍液、25%灭幼脲3号胶悬剂1 500倍液、20%除虫脲悬浮剂4 000～6 000倍液等。

（二）梨大食心虫

梨大食心虫（*Nephopteryx pirivorella* Matsumura）属鳞翅目螟蛾科，简称"梨大"，又称"吊死鬼""黑钻眼"等，各地梨区均有发生，是梨树的重要害虫。

1. 危害症状 幼虫危害梨芽及幼果。越冬幼虫从花芽基部蛀入，直达花轴髓部，虫孔外有细小虫粪，有丝缀连，被害芽干瘪。越冬后的幼虫转害新芽，吐丝缠缀花芽鳞片，花丛被害严重时，常全部凋萎。幼果被害，蛀孔处有虫粪堆积，果柄基部有大量缠丝，使被害幼果不易脱落，1头幼虫可转害1～4个幼果，至老熟时在最后1个果内结茧化蛹，被害果逐渐干枯变黑皱缩，悬于枝上，至冬不落，俗称"吊死鬼"。

2. 形态特征 梨大食心虫形态特征如图17-2-2所示。

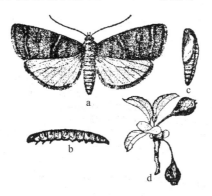

图17-2-2 梨大食心虫

a. 成虫 b. 幼虫 c. 蛹 d. 被害状

（1）成虫。体长10～12mm，翅展24～26mm。全身暗灰褐色。前翅带有紫色光泽，内外缘各有1条灰白色横波状纹，中间有1条灰白色肾状纹。

（2）卵。长约1mm，椭圆形，稍扁，初产时黄白色，1～2d后变为红色。

（3）幼虫。长17～20mm，头、前胸盾、臀板黑褐色，胸腹部的背面暗绿褐色，无臀栉。

（4）蛹。长约13mm，黄褐至黑褐色，腹末有6根弯曲的钩刺形成1横列。

3. 发生规律 1年发生代数因地区而异。东北延边梨区1年发生1代，辽宁、河北、山西北部1～2代，山东、河北中南部、四川重庆、山西中南部梨区2代，陕西、河南、安徽、江苏2～3代。各地均以幼龄幼虫在花芽内做灰白色小茧越冬。陕西关中3月中、下旬，当气温达12～13℃，梨芽膨大时，转移新芽危害，每虫可危害1～3个芽。4月下旬开始转移到幼果上危害。果内生活 20 余天，老熟时夜晚出果吐丝，将果柄缠于果枝上，5 月下旬至 6 月上旬在果内化蛹，6 月上、中旬羽化产卵。成虫产卵多在果实萼洼、芽旁、枝杈粗皮、果面叶基等处。每处产卵 1～2 粒，卵期 5～7d。芽和枝上的卵孵化后，幼虫先危害芽后危害果实。果上的卵孵化后，幼虫直接蛀入果实。幼虫生活 25d 左右，到 7 月下旬在果内化蛹，第一代成虫到 8 月上、中旬羽化。这次产卵多在芽上和芽的附近，幼虫孵化后即蛀入芽内危害，经短期危害后到 8 月中、下旬即越冬。少部分发生 3 代，大部分发生 2 代。

4. 防治方法

（1）农业防治。结合冬季修剪，剪除虫芽，减少越冬虫源。在开花期和幼果期，及时摘除受害花序或幼果，并集中烧毁。

（2）物理防治。在成虫发生期，利用黑光灯或应用性引诱剂诱杀成虫。

（3）化学防治。在幼虫转芽、转果盛期及卵盛期喷洒化学药剂进行树上防治。可选用的药剂有 4.5% 高效氯氰菊酯乳油 1 200 倍液、37% 高氯·马乳油 1 500 倍液、1.8% 阿维菌素乳油 3 000 倍液、25% 高氯·辛乳油 500 倍液等。

（三）梨小食心虫

梨小食心虫 ［*Grapholitha molesta*（Busck）］）属鳞翅目小卷叶蛾科，简称"梨小"，又称桃折梢虫、东方蛀果蛾，全国各地均有分布，寄主有梨、桃、李、杏等。

1. 危害症状 幼虫危害桃、梨等嫩梢，多从端部下面第 2～3 叶柄基部蛀入，向下取食，蛀入孔外有虫粪排出，外流胶液，嫩梢逐渐枯萎下垂，俗称"折梢"。早期危害梨果时，入果孔较大，还有虫粪排出，蛀孔周围腐烂变黑，俗称"黑膏药"；后期危害梨、桃和苹果等果实，入果孔很小，四周青绿色，稍凹陷，果不变形。

2. 形态特征 梨小食心虫形态特征如图 17-2-3 所示。

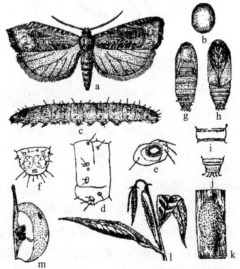

图 17-2-3 梨小食心虫

a. 成虫 b. 卵 c. 幼虫 d. 幼虫第二腹节侧面观 e. 幼虫履足趾钩

f. 幼虫第 9～10 腹节腹面观，示臀栉及臀趾钩 g. 蛹背面观

h. 蛹腹面观 i. 蛹第四腹节背面观 j. 蛹腹部末端背面观

k. 茧 l. 桃梢被害状 m. 梨果被害状

（1）成虫。体长 5～7mm，翅展 10～15mm，全体灰黑色，无光泽。前翅灰褐色，前缘有 8～10 组白色短斜纹，翅中央有一小白点，翅端有 2 列小黑斑点；后翅缘毛灰色。

（2）卵。扁圆形，中央略隆起，淡黄白色。

（3）幼虫。老熟幼虫体长 8～12mm，头黄褐色，体背桃红色，前胸背板与体色相近，腹末具深褐色臀栉 4～7 刺。

（4）蛹。黄褐色，体长 4～7mm，腹部第 3～7 节背面有短刺 2 列，蛹外有薄茧。

3. 发生规律　在辽宁南部、华北 1 年发生 3～4 代，我国中部每年发生 4～5 代，南方各地每年可发生 6～7 代，以老熟幼虫结灰白色薄丝茧在老树翘皮下、枝杈、缝隙、根颈、土壤、果库墙缝中越冬。翌春开始化蛹。发生期不整齐，世代重叠明显。苹果、梨、桃混栽区，春季第一、第二代（约 6 月下旬前）主要危害桃梢，第三代（约 7 月初以后）开始转害苹果、梨果。在 4～5 代区各代发生期，越冬代为 4 月上旬至 5 月中旬，第一代为 5 月下旬至 6 月中旬，第二代为 6 月下旬至 7 月中旬，第三、第四代为 7 月下旬至 9 月，这时桃果已采收，苹果、梨果为被害高峰。

4. 防治方法

（1）农业防治。梨小食心虫具有转移寄主危害的特性，尽量避免桃、李、杏与梨、苹果混栽。冬季时清扫果园落叶落果，刮除老翘皮，并集中深埋或烧毁，消灭越冬代幼虫。在幼虫发生初期，要及时剪除被害梢集中烧毁，及时摘除有虫果集中销毁。果实采收后要进行清园，消灭梨小食心虫虫源。

梨小食心虫的
识别与防治

（2）物理防治。利用糖醋液、黑光灯、性诱剂诱杀成虫。

（3）生物防治。梨小食心虫的天敌主要有赤眼蜂、白茧蜂、黑青金小蜂扁股小蜂、姬蜂和白僵菌等。在果园里释放赤眼蜂防治梨小食心虫，卵被寄生率可达 40%～60%。在果园里喷白僵菌粉防治越冬幼虫，越冬幼虫被寄生率达 20%～40%，特别是湿度大的果园，根茎土中越冬幼虫被寄生率高达 80% 以上。

（4）化学防治。成虫产卵盛期和卵孵化盛期喷 20% 甲维・吡丙醚悬浮剂 4 000 倍液、3% 甲维盐微乳剂 4 000 倍液、30% 阿维・毒死蜱微乳剂 1 500 倍液、12% 高氯・毒死蜱乳油 1 500 倍液等。

二、桃蛀螟

桃蛀螟 [*Conogethes punctiferalis* (Guenée)] 又称桃蛀野螟，属鳞翅目螟蛾科。在我国分布广，发生普遍，食性杂。危害多种果树，主要有桃、李、杏、板栗、樱桃、葡萄、苹果和梨等，也可危害玉米、高粱茎秆、葵花盘等。

（一）危害症状

以幼虫食害桃、李、杏、板栗、樱桃、葡萄、苹果和梨等的果实、种子，也危害向日葵、高粱、玉米等的种子，造成严重减产。果实受害，蛀孔外粘有粪便，果实易腐烂脱落。向日葵、高粱、玉米等的种子被害后，种仁被食尽仅剩空壳。

（二）形态特征

桃蛀螟形态特征如图 17-2-4 所示。

1. 成虫　体长 12mm 左右，翅展 20～28mm，全体橙黄色。前翅散生 25～26 个黑斑，后翅 14～15 个，虫体背面约 10 个黑斑。

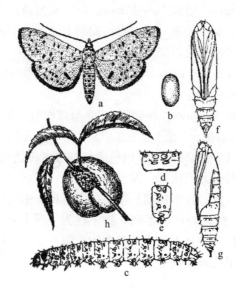

图 17 - 2 - 4 桃蛀螟

a. 成虫　b. 卵　c. 幼虫　d. 幼虫第四腹节背面观

e. 幼虫第四腹节侧面观　f. 蛹腹面观　g. 蛹侧面观　h. 被害状

2. 幼虫　老熟幼虫体长 20～25mm，头部褐色，胸背暗红色。中、后胸及第 1～8 腹节各有褐色大小毛片 8 个，排成 2 列，前列 6 个，后列 2 个。

3. 卵　椭圆形，初产乳白色，后变红褐色。

4. 蛹　体长 13mm，褐色。臀棘细长，末端有卷曲的刺 6 根。

（三）发生规律

在东北、华北地区 1 年发生 2～4 代，在长江流域一带 1 年发生 4～5 代，都以老熟幼虫在树皮裂缝、树洞、土、石缝、玉米、高粱秆穗、向日葵盘中等处做茧越冬。翌年 5—6 月出现越冬成虫，6 月上旬为产卵盛期；5 月下旬至 7 月中旬发生第一代幼虫，7 月下旬至 8 月上旬为第一代成虫发生盛期；7 月中旬至 8 月底发生第二代幼虫，8 月上旬至 9 月上旬发生第二代成虫；8 月中旬后发生第三代幼虫，9 月底幼虫陆续越冬。

成虫有趋光性，对糖醋液也有趋性，白天停歇在桃叶背面，傍晚以后活动。喜欢在枝叶茂密的桃果上产卵，桃果顶部、肩部及两果相互紧靠的部位产卵较多。早熟桃上产卵早，危害期长，晚熟桃上卵量大，受害率高。桃蛀螟的发生与降雨有一定关系，一般雨量充足、相对湿度在 80% 以上的环境条件有利于其发生。幼虫在危害期间有转果的习性。

（四）防治方法

桃蛀螟的识别
与防治

1. 农业防治　在每年 4 月中旬，越冬幼虫化蛹前，清除玉米、向日葵等寄主植物的残体，并刮除苹果、梨、桃等果树翘皮，集中烧毁，减少越冬虫源；果实套袋；拾毁落果和摘除虫果，消灭果内幼虫。

2. 物理防治　在桃园内点黑光灯或用糖醋液诱杀成虫。

3. 生物防治　喷洒苏云金杆菌 75～150 倍液或青虫菌液 100～200 倍液。

4. 化学防治　在产卵盛期喷洒 48% 毒死蜱乳油 1 500 倍液、2.5% 高效氯氟氰菊酯乳油 3 000 倍液、1.8％阿维菌素乳油 3 000 倍液或 25％灭幼脲悬浮剂 1 500～2 500 倍液等。

三、葡萄透翅蛾

葡萄透翅蛾（*Paranthrene regalis* Butler）又称葡萄透羽蛾，属鳞翅目透翅蛾科。在我国广泛分布，危害葡萄和野葡萄。

（一）危害症状

以幼虫蛀食嫩梢和 1～2 年生枝蔓。新梢被害，先端枯死。老蔓被害，受害部位肿大成瘤状，上部叶变黄萎蔫，果实脱落。被幼虫蛀食的茎蔓可见蛀孔，孔外有虫粪，并且容易折断。

（二）形态特征

葡萄透翅蛾的形态特征如图 17 - 2 - 5 所示。

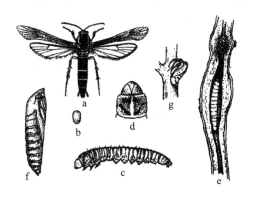

图 17 - 2 - 5　葡萄透翅蛾
a. 成虫　b. 卵　c. 幼虫　d. 幼虫头部和前胸背板
e. 危害状　f. 蛹　g. 成虫羽化后的蛹壳

1. 成虫　体长 18～20mm，翅展 30～38mm，黑褐或黑蓝色。头顶、颈、后胸两侧、下唇须第三节黄色。前翅红褐色，前缘、外缘及翅脉黑色，后翅半透明。腹部具 3 条黄色横带。雄虫腹末有长毛丛 2 束。

2. 幼虫　幼虫体长 25～38mm，略呈圆筒形，头部红褐色，胸腹部黄白色，老熟时带紫红色，前胸背板具倒"八"字纹。

3. 卵　卵为椭圆形，略扁平，紫褐色，长约 1.1mm。

4. 蛹　蛹红褐色，长约 18mm，圆筒形。

（三）发生规律

1 年 1 代，以老熟幼虫在葡萄枝蔓中越冬。翌年 4 月下旬至 5 月上旬越冬幼虫活动，先咬 1 个圆形羽化孔，吐丝封闭孔口，后做茧化蛹。成虫于 5 月中旬至 6 月上旬羽化，昼伏夜出，有趋光性。成虫将卵散产在叶腋、芽的缝隙、叶片及嫩梢等处。初孵幼虫多从叶柄基部蛀入，蛀孔紫红色。蛀道可直至嫩梢，形成长形隧道，嫩梢萎蔫枯死。7 月中、下旬后，幼虫转移至 2 年生蔓中危害，受害部膨大成瘤状，上部叶变黄，果实脱落。9 月后大部分幼虫转蛀到主枝附近。7—8 月幼虫危害最重，9—10 月幼虫老熟越冬。

（四）防治方法

1. 物理防治 冬剪时剪除有虫枝，不宜剪的可插毒签，或用铁丝刺死幼虫。5 月中、下旬绑新梢时，再剪除有虫新梢或刺杀幼虫。用黑光灯、频振式杀虫灯或性诱剂诱杀成虫。

2. 化学防治 生长季节发现蛀孔，注射 80％敌敌畏乳油 500～800 倍液，后用黏泥封孔口，或将 2.5％溴氰菊酯乳油 500 倍液用扁平毛笔在排粪孔周围涂抹成环状做成毒环。因葡萄盛花期是成虫的发生盛期，可于花后 3～4d 喷布 20％氰戊菊酯乳油 2 000～3 000 倍液、10％氯氰菊酯乳油 2 000～3 000 倍液、2％阿维菌素乳油 2 000～2 500 倍液杀灭成虫。也可在花后 3～4d 喷洒 25％灭幼脲 3 号悬浮剂 2 000 倍液或 20％除虫脲悬浮剂 3 000 倍液杀灭小幼虫。

四、叶螨

叶螨俗称红蜘蛛，属蛛形纲蜱螨目叶螨科。危害苹果叶螨主要有山楂叶螨、苹果全爪螨、二斑叶螨等，危害柑橘的主要有柑橘全爪螨、柑橘始叶螨等。这里主要介绍山楂叶螨的发生规律与防治技术。

山楂叶螨（*Tetranychus viennensis* Zacher）也称山楂红蜘蛛，主要分布于我国北方果产区，寄主有苹果、梨、桃、李、杏、山楂等，其中苹果、梨、桃受害重。

（一）危害症状

以成螨、若螨危害叶片和初萌发的嫩芽，吸食汁液。芽受害严重，不能萌发而死亡；叶片受害，最初呈现很多失绿小斑点，随后扩大连成片，最后全叶焦黄脱落。大发生年份，7—8 月树叶大部分落光，造成二次开花。严重受害树不仅当年果实不能成熟，还影响当年花芽形成和翌年产量。

（二）形态特征

山楂叶螨的形态特征如图 17－2－6 所示。

1. 雌成螨 卵圆形，全体红色，体背前方稍隆起。雌成螨有冬、夏两型。夏型雌成螨初蜕皮为红色，取食后变为暗红色，体背两侧分布有不规则的黑色斑纹。冬型雌成螨较夏型雌成螨小，为朱红色，有绢丝光泽。

2. 雄成螨 雄成螨较雌成螨小，体长 0.4mm 左右。初蜕皮的成螨体色为浅黄绿色，随后变为绿色，老熟时呈橙黄色。体背两侧有黑绿色斑纹。

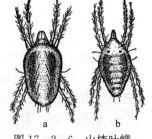

图 17－2－6 山楂叶螨
a. 雌成螨 b. 雄成螨

3. 幼螨 幼螨具足 3 对。初孵幼螨圆形，黄白色，取食后渐变成卵圆形，体色为浅绿色。

4. 若螨 若螨具足 4 对。若螨分前、后两期。前期若螨体背出现刚毛，体背两侧透露出显明的黑绿色斑纹，并开始缀丝。后期若螨可分辨出雌雄。雌性若螨卵圆形，翠绿色，背部黑色斑纹明显；雄性后期若虫体端变细。

5. 卵 圆球形，初产卵为橙红色，随产卵量增加，卵色逐渐变淡，由橙黄色以至浅黄白色。

（三）发生规律

在北方果区 1 年发生 6～9 代，中部果区可发生 10 代左右，以受精雌成螨在主干、主枝和侧枝的老翘皮下以及主干基部周围的土壤缝隙里越冬。在北方果区，翌年苹果花芽膨大时开始出蛰，雌成螨经过取食后即开始产卵。一般在国光苹果落花后 7～10d 是第一代幼、若螨集中发生期。此后随着气温升高，各螨态发育期参差不齐，发生世代重叠。进入 7—8 月高温季节，繁殖速度加快，发生量增大，是全年危害最重的时期。受害叶枯黄，叶片变硬，引起早期落叶。这时，由于叶片枯黄，不利于山楂叶螨取食和繁殖后代，较早地出现冬型雌成螨，转入越冬部位越冬。相反，果树受害轻微时，营养条件较好，冬型雌成螨推迟发生，直到 9 月上旬以后才出现越冬雌成螨。

山楂叶螨危害苹果，一般只在叶背危害，并缀丝拉网、产卵，卵多集中产在主脉两侧。叶片受害重时，则转向叶面危害。螨密度较大时，成螨和若螨活动范围扩大，在叶、枝、果上往返活动，并在叶柄和枝叶之间缀丝结网，借风传播。

（四）防治方法

1. 农业防治　果树休眠期防治，结合刮病斑，刮除老翘皮下的冬型雌成螨；刷除、擦除树上越冬成螨和冬卵；挖除距树干 30～40cm 以内的表土，以消灭土中越冬成螨；或用新土埋压地下叶螨，防止其出土上树。清扫果园。

2. 化学防治

（1）果树发芽前防治。在树干基部及其周围地面上喷布 3～5 波美度石硫合剂，可消灭部分越冬雌成螨。

（2）花前、花后防治。山楂叶螨的关键时期是越冬雌虫出蛰期和第一代卵孵化期。苹果花芽开放和花序伸出期，各喷 1 次 0.5 波美度石硫合剂。苹果落花后 10d，在第一代幼、若、成螨发生盛期喷布 73％炔螨特乳油 2 000 倍液、5％噻螨酮乳油 2 000 倍液或 50％溴螨酯乳油 1 000 倍液等。

（3）生长期防治。6 月下旬至 8 月，是叶螨繁殖最快的时期，为了避免叶螨猖獗，应在大发生前尽力压低害螨密度。另外，在山楂叶螨冬型雌性成螨越冬前，也是药剂防治的关键时期，可喷布虫螨兼治的 20％甲氰菊酯乳油 3 000 倍液或 10％联苯菊酯乳油 5 000 倍液进行防治。

五、介壳虫类

危害果树的介壳虫种类较多，包括朝鲜球坚蚧、草履蚧、康氏粉蚧、桑盾蚧、矢尖蚧、吹绵蚧等。这里主要介绍危害柑橘的矢尖蚧和吹绵蚧。

矢尖蚧［*Unaspis yanonensis*（Kuwana）］又称箭头介壳虫、矢尖盾蚧、矢坚蚧等，属半翅目盾蚧科。吹绵蚧（*Icerya purchasi* Maskell）又名棉籽蚧、吐絮蚧，属半翅目绵蚧科。二者是我国南方橘区的代表性介壳虫。

（一）危害症状

两种介壳虫均以成虫和若虫群集于柑橘的叶片、枝条及芽上刺吸汁液，矢尖蚧也可危害果实，使叶色变黄，枝梢枯萎，果实大量脱落。其排泄物诱致煤烟病，使叶、枝、果成片污黑，光合作用减弱，树势衰竭，提早落叶，甚至枝枯树死。矢尖蚧和吹绵蚧均属多食性害虫，其中矢尖蚧可以危害柑橘、香橼、柚、龙眼、茶、兰花等许多果、花、林木植物，吹绵蚧的寄主植物更是多达 250 余种。

（二）形态特征

两种介壳虫的形态特征如图 17-2-7 所示。

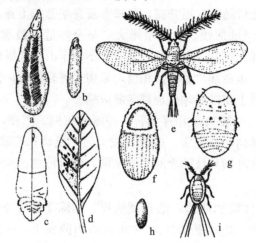

图 17-2-7　矢尖蚧和吹绵蚧
矢尖蚧：a. 雌介壳　b. 雄介壳　c. 雌成虫　d. 危害状
吹绵蚧：e. 雄成虫　f. 雌成虫带有卵带　g. 雌成虫除去蜡粉
h. 卵　i. 1 龄若虫

1. 矢尖蚧

（1）介壳。雌介壳长，前尖狭，后阔圆，略扁，中间有 1 条明显的纵脊，两侧倾斜，深黑褐色；雄介壳白色，蜡状，长形，淡黄褐色。

（2）成虫。雌成虫长约 2.5mm，前胸与中胸分节明显，头胸部长，腹部短；雄成虫长约 0.83mm，翅展约 7mm，体橙黄色，翅狭，略呈长方形。

（3）卵。卵橙黄色，椭圆形，表面光滑。

（4）若虫。若虫椭圆形，足完全消失，触角退化而只有 1 节，腹部侧缘有腺刺，臀叶 3 对。

（5）雄蛹。雄蛹体长 0.9mm，触角芽伸达中足芽基部，前足芽伸达头的前缘，翅芽延至腹部末端，有生殖刺芽。

2. 吹绵蚧

（1）成虫。雌成虫为椭圆形，橘红色，长 4～7mm，体外被白色而微带黄色的蜡粉及絮状蜡丝，腹部后方有白色半卵形卵囊，囊表有 15 条脊状隆起线，卵产于囊中；雄成虫体小而细长，橘红色，长 2.9mm，有长而狭的黑色前翅 1 对，翅展 6mm。

（2）卵。卵长椭圆形，初产时橙黄色，后渐橘红色，密集于卵囊内。

（3）若虫。若虫卵圆形，橘红色，体外被淡黄色的蜡粉及白蜡丝，口器退化，触角与足均黑色。

（4）雄蛹。雄蛹橘红色，被有白色蜡粉，茧长椭圆形，白色。

（三）发生规律

矢尖蚧每年发生 2～4 代，主要以受精雌成虫在叶片和嫩枝上越冬，也有少数以 2 龄若虫越冬。越冬雌虫在 4 月上旬平均温度达 13℃以上时复苏取食危害，5 月上、中旬平均温度达 19℃以上开始产卵。各代若虫高峰期分别为 5 月中、下旬，7 月上、中旬，9 月上、中旬。

吹绵蚧每年发生 2～4 代，以若虫和雌成虫（南方地区有少数带卵囊的雌虫）在枝条或主干和叶片上越冬。一般 4 月下旬至 6 月为第一代卵和若虫盛期。2 代区第二代发生于 8—9 月。在南部地区（福建、台湾和广东）第二代则发生于 7—8 月，第三代发生于 9—11 月，少数第四代盛期出现于 11 月以后。

介壳虫初孵若虫孵化后很短时间即开始分散活动，在叶片背面、枝干及果实上缓缓爬行，找到适当位置后即定居下来。矢尖蚧最后大多集中于细嫩枝叶或果实上，吹绵蚧则以新叶背面主脉两侧者为多。雄虫一经固定取食后终生不再移动。自然条件下，一般雄虫远少于雌虫。矢尖蚧单雌平均产卵量为 74.6 粒，吹绵蚧可产数百粒甚至达 2 000 余粒。

（四）防治方法

1. 检疫防治　介壳虫由于大多是随着苗木、接穗等远距离传播，因此在移植或运输柑橘苗木、接穗、果实之前，应进行检疫工作，如有介壳虫须及时处理。

2. 农业防治　合理施肥，要氮磷钾配合施用，增强抗虫能力。结合整枝修剪淘汰有虫枝，集中烧毁。冬季修剪清园后，最好喷 3～5 波美度石硫合剂。结合喷灌水，清洗枝叶，促进光合作用。

3. 生物防治　选择适当天敌（如澳洲瓢虫、大红瓢虫、蚜小蜂等）进行人工繁殖，在关键时期进行释放，控制介壳虫危害。选择对介壳虫高效、对天敌安全的药剂，避免对橘园多种天敌的杀伤，最大限度发挥自然控制作用。

4. 化学防治　化学防治的关键时期是若虫孵化盛期。常用药剂有松脂合剂（用生松香 1 份、烧碱 0.6～0.8 份、水 6 份熬制）稀释使用，冬季稀释 10～12 倍，夏季稀释 20～25 倍，95% 机油乳剂 60～100 倍液、20% 甲氰菊酯乳油 2 000～3 000 倍液、25% 喹硫磷乳油 1 000 倍液、2.5% 氯氟氰菊酯乳油 2 000 倍液等。

六、其他果树害虫

除了上述常见的发生较重的果树害虫之外，还有一些较重要的常发性害虫。现列表（表 17 - 2 - 1）简要比较它们的危害症状、发生规律及防治方法。

表 17 - 2 - 1　其他果树害虫一览表

害虫名称	危害症状	发生规律	防治方法
苹果蠹蛾 ［*Cydia pomonella* (L.)］ （鳞翅目小卷蛾科）	为国内检疫对象，仅在新疆及甘肃局部有分布。主要寄主有苹果、花红、梨、杏等树种。以幼虫蛀食果实，造成大量虫害果，并导致果实成熟前脱落和腐烂，蛀果率普遍在 50% 以上，严重的可达 70%～100%	在我国新疆 1 年发生 1～3 代。以老熟幼虫在老树皮下、断树的裂缝、树干的分枝处等其他有缝隙的地方吐丝做茧越冬。第一代危害期在 5 月下旬至 7 月下旬，第二代危害期 7 月中旬至 9 月上旬	加强检疫；刮除树枝干上的翘皮，集中烧毁；在各代卵盛期或幼虫孵化期喷药防治，药剂可选用甲氰菊酯、氰戊菊酯、三氟氯氰菊酯、除虫脲、灭幼脲等
金纹细蛾 （*Lithocolletis ringoniella* Matsumura） （鳞翅目细蛾科）	寄主有苹果、花红、梨、桃等，以危害苹果类果树为主。幼虫从叶背表皮下潜叶危害，被害叶仅剩表皮，外观呈黄豆粒大小的泡囊状，严重的每片叶有 10～20 个虫斑，造成叶片提早脱落，树势衰弱	1 年发生 4～5 代，以蛹在被害的落叶内过冬。各代成虫发生盛期如下：越冬代 4 月中旬，第一代 6 月上、中旬，第二代 7 月中旬，第三代 8 月中旬，第四代 9 月下旬。8 月是全年中危害最严重的时期	冬春扫净落叶，焚烧或深埋，是防治关键措施；第一、第二代幼虫药剂防治，可选灭幼脲、氟幼脲、氟啶脲、三氟氯氰菊酯、杀螟硫磷、水胺硫磷等喷雾

（续）

害虫名称	危害症状	发生规律	防治方法
桃一点叶蝉 [*Erythroneura sudra* (Distant)] （半翅目叶蝉科）	危害桃、木槿、梅、月季、蔷薇、海棠、苹果等，以成、若虫吸食汁液危害。早期吸食花萼、花瓣，落花后吸食叶片，被害叶片出现失绿的白色斑点，严重时全树叶片呈苍白色，提早落叶，使树势衰弱	每年发生4～6代，以成虫在桃园附近的松、柏等常绿树，以及杂草丛中越冬。第二代3月上旬在早期发芽的杂草和蔬菜丛上生活，待桃树萌芽时迁往桃上危害，全年以7—9月在桃上虫口密度最高	秋后彻底清除落叶和杂草，集中烧毁；在3月越冬成虫迁入期，5月中下旬的第一代若虫孵化盛期，7月中、下旬第二代若虫孵化盛期这3个药剂防治关键时期，选用噻嗪酮、啶虫脒、吡虫啉等喷雾
梨木虱 (*Psylla chinensis* Yang et Li) （半翅目木虱科）	为梨树重要害虫，全国梨产区均有发生。若虫和成虫刺吸叶、芽、嫩梢汁液，造成叶片向背面纵卷，出现褐斑，严重时变褐皱缩脱落。排泄蜜露引起煤污病菌寄生，叶片污黑。果实污黑层影响膨大，降低果品等级	辽宁1年发生3～4代，河北、山东4～6代，安徽、河南5～6代。以冬季型成虫在树缝、落叶、杂草丛叶越冬。若虫发生盛期在落花后，集中在花丛基部和叶芽缝隙危害。危害盛期为5—7月，各代重叠，全年均可危害	冬季刮掉老树皮，清除园内杂草、落叶；2月中旬越冬成虫出蛰盛期喷药，可选用阿维菌素、甲氰菊酯等；在第一代若虫发生期用吡虫啉、甲氰菊酯；5—9月喷施吡虫啉、阿维菌素等
星天牛 [*Anoplophora* *chinensis* (Forster)] （鞘翅目天牛科）	寄主有木麻黄、杨柳、榆、刺槐、核桃、柑橘、苹果、梨等46种。幼虫蛀食较大植株的基干木质部，严重影响树体的生长发育，部分树木因蛀食中空，出现风折倒伏。成虫啃噬掉树枝嫩表皮，使树枝枯死	该虫1年发生1代，以幼虫在被害寄主木质部越冬。3月中、下旬开始活动取食，4月下旬化蛹，5月下旬羽化，6月上旬幼虫孵化危害至10月下旬越冬。危害期长，生活十分隐蔽，难以防治	5—6月人工捕捉上树成虫，对成虫在树皮产卵的刻伤处涂以敌敌畏柴油乳化剂杀卵；及时查找有虫粪虫孔，清理虫口，用蘸取敌敌畏的药棉球堵塞虫孔，也可用药签堵塞虫孔
苹果小吉丁虫 (*Agrilus mali* Matsumura) （鞘翅目吉丁甲科）	寄主有苹果、海棠、花红等。以幼虫蛀害皮层，初期表皮破裂，有孔状虫疤，以后皮层枯死，逐渐凹陷，呈黑褐色，常有褐色黏液从虫疤流出	1年发生1代，以幼虫在被害处皮层下越冬。翌年3月中下旬幼虫开始窜食皮层，造成凹陷、流胶、枯死等危害状。5月下旬至6月中旬是幼虫严重危害期。7—8月成虫盛发，咬食叶片。初孵幼虫在表皮浅层蛀食，后渐向深层危害	加强检疫；保护利用天敌；人工捕捉成虫；清除死树，剪除虫梢，集中烧毁；刮老皮，挖幼虫；幼虫在浅层危害时，在被害处刷上敌敌畏；在成虫发生盛期连续喷药，可用氰戊菊酯、敌百虫等

≫ 任务实施

一、资源配备

1. 材料与工具　当地果树主要害虫，如桃小食心虫、桃蛀螟、葡萄透翅蛾、叶螨、介壳虫类等的针插标本、浸渍标本、生活史标本、玻片标本等。体视显微镜、放大镜、镊子、挑针、滴瓶、蒸馏水、载玻片、盖玻片、采集袋、指形管、剪刀、锯、挂图、多媒体资料（包括图片、视频等影像资料）、记载用具等。

2. 教学场所　教学实训果园、实验室或实训室。

3. 师资配备　每15名学生配备1位指导教师。

二、操作步骤

1. 果树害虫形态观察

（1）用放大镜或体视显微镜观察果树上常见鳞翅目害虫成、幼虫的形态特征，注意比较其大小、体色等的差别。

（2）观察常见介壳虫的虫态结构，比较常见介壳虫虫态、介壳形状的差别。

（3）用体视显微镜观察常见螨类的体形、体色、色斑等特征。

2. 果树害虫田间观察及标本采集

（1）虫害调查。调查当地果树害虫的主要种类、危害部位、危害特征，比较不同品种不同管理水平下果树的受害情况。

（2）采集标本。采集的标本应有一定的复份，一般应在5份以上，以便用于鉴定、保存和交流。

（3）调查记载。将调查的主要内容填入表17-2-2。

表 17-2-2　果树害虫调查记录

害虫名称	发病部位	危害特点	危害程度	与栽培条件关系

三、技能考核标准

果树害虫植保技术技能考核参考标准见表17-2-3。

表 17-2-3　果树害虫植保技术技能考核参考标准

考核内容	要求与方法	评分标准	标准分值/分	考核方法
职业技能（100分）	害虫识别	根据识别病虫的种类多少酌情扣分	10	单人考核，口试评定成绩
	形态描述	根据描述害虫特征准确程度酌情分	10	
	发生规律介绍	根据叙述完整性及准确度酌情扣分	10	
	发生条件介绍	根据叙述完整性及准确度酌情扣分	10	
	标本采集	根据采集标本种类、数量、质量评分	10	以组为单位考核，根据上交的标本、方案及防治效果等评定成绩
	制订害虫防治方案	根据方案科学性、准确性酌情扣分	20	
	实施防治	根据方法的科学性及防效酌情扣分	30	

▶▶ 思 考 题

思考题参考
答案 17-2

1. 桃小食心虫如何防治？
2. 简述葡萄透翅蛾的危害症状。
3. 简述介壳虫类害虫的防治方法。

▶▶ 拓展知识

果树蚜虫

主 要 参 考 文 献

陈捷，2016. 植物保护学概论［M］. 北京：中国农业出版社.

陈利锋，徐敬友，2001. 农业植物病理学（南方本）［M］. 北京：中国农业出版社.

陈啸寅，邱晓红，2019. 植物保护［M］. 4 版. 北京：中国农业出版社.

丁锦华，苏建华，2002. 农业昆虫学（南方本）［M］. 北京：中国农业出版社.

董金皋，2001. 农业植物病理学（北方本）［M］. 北京：中国农业出版社.

方中达，1964. 普通植物病理学［M］. 南京：江苏人民出版社.

方中达，1996. 中国农业植物病害［M］. 北京：中国农业出版社.

管致和，1995. 植物保护概论［M］. 北京：中国农业大学出版社.

韩召军，2001. 植物保护学通论［M］. 北京：高等教育出版社.

何振昌，1997. 中国北方农业害虫原色图鉴［M］. 沈阳：辽宁科学技术出版社.

洪剑鸣，童贤明，2006. 水稻病害及其防治［M］. 上海：上海科学技术出版社.

华南农学院，河北农业大学，1988. 植物病理学［M］. 北京：农业出版社.

李清西，钱学聪，2002. 植物保护［M］. 北京：中国农业出版社.

李涛，张圣喜，2009. 植物保护技术［M］. 北京：化学工业出版社.

李云瑞，2002. 农业昆虫学（南方本）［M］. 北京：中国农业出版社.

林达，1997. 植物保护学总论［M］. 北京：中国农业出版社.

刘正坪，庞保平，2005. 园艺植物保护技术［M］. 呼和浩特：内蒙古大学出版社.

刘宗亮，2009. 农业昆虫［M］. 北京：化学工业出版社.

马成云，2006. 农学专业技能实训与考核［M］. 北京：中国农业出版社.

马成云，2009. 作物病虫害防治［M］. 北京：高等教育出版社.

陕西省汉中农业学校，1993. 农业昆虫学［M］. 北京：农业出版社.

邰连春，2007. 作物病虫害防治［M］. 北京：中国农业大学出版社.

王连荣，2000. 园艺植物病理学［M］. 北京：中国农业出版社.

王林瑶，张广学，1983. 昆虫标本技术［M］. 北京：科学出版社.

仵均祥，2002. 农业昆虫学（北方本）［M］. 北京：中国农业出版社.

夏声广，唐启义，2008. 水稻病虫草害防治原色生态图谱［M］. 北京：化学工业出版社.

徐洪富，2003. 植物保护学［M］. 北京：高等教育出版社.

许志刚，2003. 普通植物病理学［M］. 3 版. 北京：中国农业出版社.

叶恭银，2006. 植物保护学［M］. 杭州：浙江大学出版社.

叶钟音，2002. 现代农药应用技术全书［M］. 北京：中国农业出版社.

袁峰，2001. 农业昆虫学［M］. 3 版. 北京：中国农业出版社.

张红燕，石明杰，2009. 园艺作物病虫害防治［M］. 北京：中国农业大学出版社.

张随榜，2001. 园林植物保护［M］. 北京：中国农业出版社.

张学哲，2002. 作物病虫害防治［M］. 北京：高等教育出版社.

张中义，1986. 植物病原真菌学［M］. 成都：四川科学技术出版社.

赵春明，赵岩，2016. 植物保护专业综合实践［M］. 北京：科学出版社.

宗兆锋，康振生，2002. 植物病理学原理［M］. 北京：中国农业出版社.